软件系统化创新

[英] 达雷尔·曼恩（Darrell Mann）著

马建红 张满囤 于洋 译

SYSTEMATIC (SOFTWARE) INNOVATION

图书在版编目（CIP）数据

软件系统化创新 /（英）达雷尔·曼恩（Darrell Mann）著；马建红，张满囤，于洋译．—北京：机械工业出版社，2020.9
书名原文：Systematic (Software) Innovation

ISBN 978-7-111-66678-3

I. 软… II. ①达… ②马… ③张… ④于… III. 软件开发 IV. TP311.52

中国版本图书馆 CIP 数据核字（2020）第 187855 号

本书版权登记号：图字 01-2016-4307

Authorized translation from the English language edition entitled ***Systematic (Software) Innovation*** (ISBN-978-190676901) by Darrell Mann, Copyright © 2008 by Darrell Mann.

All rights reserved. No part of this book may be reproduced or transmitted in any form or by any means, electronic or mechanic, including photocopying, recording, or by any information storage retrieval system, without permission of by Darrell Mann.

Chinese simplified language edition published by China Machine Press.

Copyright © 2020 by China Machine Press.

本书中文简体字版由 Darrell Mann 授权机械工业出版社独家出版。未经出版者预先书面许可，不得以任何方式复制或抄袭本书的任何部分。

软件系统化创新

出版发行：机械工业出版社（北京市西城区百万庄大街 22 号 邮政编码：100037）
责任编辑：赵亮宇
责任校对：李秋荣
印　　刷：三河市宏图印务有限公司
版　　次：2020 年 10 月第 1 版第 1 次印刷
开　　本：147mm×210mm 1/32
印　　张：14.125
书　　号：ISBN 978-7-111-66678-3
定　　价：99.00 元

客服电话：（010）88361066 88379833 68326294　　投稿热线：（010）88379604
华章网站：www.hzbook.com　　读者信箱：hzit@hzbook.com

版权所有·侵权必究
封底无防伪标均为盗版　　本书法律顾问：北京大成律师事务所 韩光 / 邹晓东

·· 译者序 ··

第一次看到由达雷尔·曼恩大师著的《软件系统化创新》英文版，是在2010年海峡两岸创新方法交流活动的书展上，如获至宝。软件创新艰难，这方面的著作也少，而本书介绍了软件领域的系统化创新方法，尤其珍贵。多年来创新理论在我国推广应用，大部分案例产生自传统产品的设计、制造过程，而在软件设计方面的创新应用案例极少，缺乏适合在软件领域推广的软件创新方法是很重要的原因之一。

TRIZ创新方法是从大量专利里总结、归纳、抽象出来的，对产品的创新设计具有很强的指导作用。软件也可以作为一种产品，其设计从抽象层次说与传统产品设计方法具有相通性，因此创新方法应用在软件设计领域也同样具有指导作用。但其设计在术语及方法上有别于传统产品设计。软件创新设计不仅仅关乎软件技术本身，也与其周围环境及操作用户直接相关。本书从发现软件问题、分析问题到正确地定义软件问题，再到选择解决问题的工具，最终获得解决方案这一整套系统化软件创新方法和工具来介绍，更易于软件设计者理解和掌握，对软件的系统化创新具有很好的指导作用。

各领域产品都有其领域设计规则或者规范被广泛应用，并取得了很好的效果。但这些规则都是从“优化”或者“平衡”的角度出发进行产品设计，而不是从“创新”的角度出发。创新设计的目的就是解决系统中存在的矛盾。当然这并不是说领域设计规则没有解决矛盾，例如软件设计领域里著名的“设计模式”，也是从设计实践中获得并被广泛应用的设计规则，这些模式的潜在逻辑也是为了解决矛盾，只是没有从创新设计的角度去定义问题。通过阅读本书，你会发现更多软件问题，并借助软件系统化创新方法框架得到更多样的解决方案。

非常感谢中国科学技术学会原总工程师李赤泉、台湾“清华大学”许栋梁博士的信任，使我有机会翻译本书。同样非常感谢出版社朱捷老师给予支持和积极协调，使本书的翻译工作得以完成。期间还有很多老师和同学为之付出努力，在此一并表示感谢，他们是吴鸿韬老师、张权博士、214 实验室全体同学。因翻译水平有限，书中难免存在一些不准确的描述，敬请读者批评指正。

•• 序 ••

在当今迅速发展变化的世界经济中，各种组织实现增长的方式仅有三种：通过递增改变和对现有系统进行优化来实现组织壮大，以新产品、服务、性能和覆盖范围为目标获得增长，以及非线性、阶跃式创新。而只有第三种增长方式才能带来长期的可持续发展。企业无法获得意义重大的商业成果和不能实现增长目标的几个原因包括：创新乏力、对现有商业模式目光短浅、竖井心理㊀、忽略破坏性思维模式迁移、设计和管理方面的组织缺陷，以及管理风险能力的匮乏和迟疑不决。

信息技术目前已逐渐成为全行业变革的决定力量。其中，相互协作、适应性架构、面向服务和软件即服务模型、预测分析和其他信息技术是以科技为主导的思维模式迁移的几个案例。但是，信息技术的大部分投资仍致力于长久的系统维护和优化，而这些系统大多都是落后的系统。再加上像 Sarbanes-Oxley、Basel II、HIPAA 等监管和需求评定，以及预算削减法案专注的预算条令，几乎没有可创新的空间。即便做了创新方面的预算，许多企业也只会顺应形势，将预算用于改善现有的产品和服务，而没有投入充足的资源，也没有充分考虑未来的需求和潜在的客观环境变化。大部分企业最后发现自己正在解决一个错误的问

㊀ 表示每个人更倾向于在自己已经建立的舒适空间内交流。——译者注

题，这是一个令人失望的结果。所有这些，无论对于个人或者集体，其最坏的结果是灾难性的，最好的也难以令人满意。这些都向管理者发出了一个明确的信号，那就是创新与风险并存。

直到现在，对于软件工程师和软件开发者来说，仍然没有一个框架、方法论或者系统化的过程供他们识别并分析潜在的突破性创新。对于软件行业中的一些人，创新被看作一个随机过程。

系统化创新的核心问题是建立创新问题解决理论。这一理论是由俄罗斯工程师、学者 Genrich Altshuller 和他的同事在 1946 年创立的，该理论不断发展，直到 1985 年，通过有效地构建一个“最佳创新实践”库，奠定了克服思维惯性的基础，揭示了世上的发明都是可借鉴的。该方法使得原先随机的创新行为都转化为一系列可复制的模式、连接和关联的行为。

在软件工程还处于萌芽阶段时，创新问题解决理论主要用于解决机械力学的难题。然而，工程师通常也认为软件的创新依赖于基础原创性研究，在本书出版前，没有人能够在机械系统化创新原理法则与软件的系统化、阶跃变化创新之间建立关联。

产生软件突破性创新取决于以下几个关键因素：

1）理解在客户眼里什么才是完美的和理想的，尽管客户可能也无法描述或定义完美。但请记住，要尽量为客户实现完美并且在不断追求完美时超越竞争者。

2）多角度审视问题，放弃会削弱创造力的观点，提出问题并不断变换假设条件，以跨领域、跨行业的视野寻找问题的解决方案。

3）最大限度地使用系统中或系统外已有的组件，尽量避免添加或连接新东西。

4）考虑连接问题和解决方案之间的关键元素、链接、关系和桥梁，同时能够将这些点连起来。

5）识别出非线性问题并解决相应矛盾。这涉及对数字、技术、社会 DNA 之间的交互与组合的匹配和理解，以及对问题的洞察力，寻找冲突并对冲突优先级进行排序。

6）挑战并解决矛盾。正所谓“狭路相逢勇者胜”，这是创新成功的主要催化剂。

7）分析系统处于周期中的哪个特定阶段，并依此使用正确的创新策略。

这 7 个关键因素是本书的核心基础，通过对数百万专利的逆向工程和其他突破性解决方案的分析形成了这些方法支柱。这一切使得 IT 专家能够系统化地、有步骤地进行软件创新，从而有效地预测软件系统的突破方向，使 IT 企业可以进行科学的管理与创新。

Bryan Maizlish

SRA 国际股份有限公司副主席兼首席创新官

畅销书 *IT Portfolio Management* 的作者之一

•• 前言 ••

“人有时会被真理绊倒，但大部分人爬起来就赶快走开了，对绊倒他的真理视而不见，就好像什么都没发生过。”

——温斯顿·丘吉尔

1985年，我写下了第100段Fortran代码。这段代码属于一个软件，该软件用于给工程师提供一个设计工具，让他们能设计出模拟喷气式发动机并使其“飞翔”。当我第一次完成这个软件时，总代码不到500 KB。2001年，我们签订了一份对该软件进行升级的合同，主要是添加一个友好的用户界面以及一两个新功能。从理论上讲，这个工作应该8周完成。第一个项目组（具有数十年软件编程经验的杰出团队）决定在原来的Fortran核心代码上建立图形界面。20周过去了，项目组反馈说这种策略并不奏效，说需要重写全部的Fortran代码。随后第二个项目组加入，又一个20周过去了，他们完成了优雅的35 MB的VB代码。虽然这份代码很优雅，却仍不奏效。当我们考虑是否就此终止这个项目时，项目组又请求延长几个月。4个月以后，我们依然一无所获。随即第三个项目组加入，这个项目组较之前两个项目组甚至拥有更多的经验，这些软件高手说他们将在8周内完成这个项目。然而直到2004年年末，该项目依旧没有完成。在2005年年中的时候，最后一个项目组宣布失败。到现在为止，我们依旧没有一个可运行的更新版。

这究竟是怎么回事？在 1985 年那个计算机不发达的年代，我究竟写了什么东西，以致三个不同项目组都无法复制？要知道这三个项目组都是由极其聪明的成员组成的，并且每个成员使用的工具都很复杂，问题究竟出在哪里？我倒希望是因为我是个天才。然而事实并非如此。最简单的事实是我和这三个项目组之间有两个明显的不同：第一，在我所处的编码年代所有软件资源都短缺，我不得不对算法进行巧妙构思和优化；第二，我对喷气式发动机的知识稍有了解——这也是出问题的更重要的原因。本书主要是关于这两个问题的：巧妙的构思和领域知识。

1985 年我的第一个 Fortran 版本是在打孔带上完成的。本书的大部分读者恐怕从来没听说过打孔带吧？第一个版本中的每一行 Fortran 代码都用一张打孔带表示。看到地上堆着 2000 张那样的打孔带，顿时就会有种崩溃的感觉。在那种条件下，唯一能够有效缓解这种状况的，就是结束一天的工作后打扫地板的人，他会将地板上堆积的打孔带清理干净。因此，在忍受着制作和处理那些打孔带带来的痛苦时，我产生了一种强烈的需求，那就是尽可能使用较少的数字，而且我需要非常清楚每张打孔带是如何和其他打孔带相关联的。人们常说需求是创新之母。不幸的是，这并不完全正确，但和早期的软件设计思想息息相关。在成堆的打孔带带来的痛苦和苦恼的驱使下，我产生了强烈的需求，即用巧妙的构思来解决问题。没有人希望再次使用打孔带，人们的所有痛苦都随着可用的内存空间以及处理器速度的快速增长烟消云散了。因此，巧妙的构思对于我们来说也不那么重要了。不必担心代码运行过慢，因为在 3 个月内就会有新一代芯片问世。科技的进步固然重要，但本书讨论的第一个主题是，科技从来不是，也不会成为软件工程的终极目标。我依然认为，在某些方面，巧妙的构思仍占有一席之地。

过度依赖工具是一个巨大的陷阱，但还不是最大的陷阱。根据近几年我与许多世界顶级的软件从业者共同工作所积累的大量经验来看，最大的陷阱是习惯于将软件行业看作一个封闭的领域。封闭的领域意味着可以独立工作并且与现实世界分离。毫无疑问，这是那个喷气式发动机项目失败的主要原因。建立一个虚拟的喷气式发动机模型很简单，但是建立一个与现实世界的物理现实相结合的虚拟喷气式发动机就有点复杂了。现实世界充满了很多难解之谜，像物理和化学、机械压力和材料温度限制，以及可操作性、可靠性、鲁棒性。如果一名软件工程师认为他不需要知道这些，必将会导致唯一的结果，那就是带来麻烦。

以喷气式发动机建模来举例可能有点极端，但它却代表了所有软件项目的全部相关特征。确切地说，某些情况下软件工程是需要与外部领域交互的，无论这个外部领域是基于硬件定义的，还是由用户定义的，或是由另一个软件定义的，在某个地方都会需要一个接口，而这个接口恰好就是软件最初存在的主要原因。而且，在我与软件工程师一起解决大量问题时，工程师们经常抱怨我们想出来的解决方案不属于软件范畴，从而终止与我们合作。可是如果这样的问题不能算作软件范畴的问题，它又能算是什么问题呢？

本书完全是关于软件问题的。决定一种情境是否属于软件领域的第一步就是了解这种情境。因此本书的大部分内容是帮助读者去了解情境。一旦构建了某种可以通过软件进行改变的情境，本书的其余部分便会专注于帮助大家找出最好的可行方案。这里的“最好”指的是巧妙而可行。

欢迎来到另外一个世界。

Darrel Mann

班加罗尔

2008 年 7 月

·· 目录 ··

01

第 1 章

引言——系统化（软件）创新

Systematic (Software) Innovation

“最大的谬论之一就是音乐来源于音乐，就像说婴儿来源于婴儿一样。”

——Keith Jarrett

某人在某地已经解决了你的问题，这是本书的前提。要论证这个论题，我们还有很长的路要走，如果假设它是正确的，那么它无疑既是一个好消息也是一个坏消息。对于忙碌的软件工程师（或软件项目经理）来说，这或许是一个好消息。因为对他们来说，问题就是麻烦，若能按时交付任务，当然是一个好消息。然而对于许多软件工程师来说，解决问题恰好又是最有意思的工作。他们希望解决那些潜在的问题，以充分体现他们的工作价值。

这就存在矛盾。矛盾中经常涉及“折中”或者“妥协”，“冲突”或者“难题”，本书所描述的系统化创新过程的核心就是解决这些矛盾。要解决这些矛盾，就需要为那些忙得焦头烂额的软件工程师提供结构化的、可复制的解决任何问题的方法，同时需要提供一套工具包和一系列策略方法来帮助软件工程师发挥他们的聪明才智，让他们提出更有效的解决方案。我们甚至可以说，我们提供的方法和工具更具创造性，比那些已经被确认的方法更受关注，这也是我们期盼实现的目标。

阅读本书时，最好具有开放的思维及正确的批判态度，而这又是一个矛盾。开放的思维能够让你发现一些具有挑战性的新方法，甚至更好地解决这些问题。你了解的所有关于软件及其相关的知识都是有用的，而本书是这些知识的一个补充，你可以很快熟悉系统化创新方法。

我们并不要求读者盲目地接受本书。即使通过分析三百多万个（一个具有挑战性的数量）创新案例得到了（我们也确实分析了这么多创新实例）我们所讨论的方法，我们也不敢说这种方法可以解决所有问题，或者预测将来会出现什么问题以及如何解决这些问题。对三百多万个创新案例进行逆向工程是一项巨大的挑战，特别是在当前的计算机还不足以提供最起码的帮助时，这项挑战会被放大。最后，我们希望本书中的内容不仅能证明这些荒谬的陈述是合理的，也能证明这些研究成果对你是有用的。事实上，我们希望你会好奇以前为什么从来没有听说过这本书中的理念和内容。

这又引入了另一个矛盾：对三百多万个案例的研究听起来像是一项前所未有的巨大的创新研究（我们认为我们可以这样声明），但是为什么上大学时没听说过这些？因为这种方法本就不是来自学术团体（它起源于 1946 年，当时还远远没有“软件”这个词）。学术团体擅长采用“折中”或者“妥协”的方法解决问题，或者叫“最优化”方法。最优化方法是十分有用的，计算机领域也十分适合使用这种方法。因此，在软件设计中大量的学术工作是关于如何使用计算机进行最优化。

唯一的问题（也是十分可怕的问题）：最优化与创新是极度对立的。每当我们在解决问题时采用“折中”和“妥协”，也就意味着我们丧失了一次创造突破性解决方案的潜在机会。

最优化自然非常重要，同时也有很多关于它的好作品。与本书有关的书籍中，最优化的典型例子可能就是“Gang of Four”[一]（《设计模式》[二]的作者）的作品。“Gang of Four”几乎从来不用“最优化”这个词。他们转而研究了一套理论，在这套理论中，他们学习他人的“最佳实践”并组织成一系列启发方法，通过这套启发方法，软件工程师在遇到相似问题时就可以借

[一] Gang of Four，又称 GoF，指 Erich Gamma、Richard Helm、Ralph Johnson、John Vlissides 四人。——编辑注

[二] 本书中文版已由机械工业出版社引进出版，书号为 978-7-111-07575-2。——编辑注

鉴那些成功的解决方案。这与本书中广泛使用的理论十分相似：研究最佳实践案例，加以抽象化、通用化，进而使这些研究成果可以被他人更好地引用。你要做的是尝试寻找一种方法，可以将正在研究的项目与已知的项目联系起来。唯一的区别（也将会是一个根本上的差异）是什么是最佳实践。对于“ Gang of Four”来说，“最佳实践”是针对常见问题的优秀的解决策略。本书中的“最佳实践”是对不常见问题的解决方案：提出更好的问题并坚持不懈地寻找突破性的解决方案，这需要构建一个包含数百万个而非几千个解决方案的数据库。本书的基本工作量是通常设计模式工作量的500倍。

除前述的巨大工作量之外，我们还将面临更多的矛盾。最初的设计模式只有几百页文字，而现在已经暴涨到几千页，这种迅速膨胀的现象在很多项目中很常见（包括我们稍后将看到的，目前正在进行的软件项目）。对于年轻的软件工程师来说，令人痛苦的矛盾又出现了。当互联网成为日常生活的一部分的时候，很多人选择了软件工程师这一职业。这里存在阅读量大和阅读时间少之间的矛盾。我们在寻找软件说明书时经常更能意识到这个问题：软件公司还在被迫为其产品编写软件使用说明书。用户使用软件说明书是程序员失败的明显信号。没有人想看（事实上也没有预料到会有）软件说明书。我们也面临相似的问题，我们想展示对三百多万个创新案例的分析成果，但又不想让阅读量变得太大。虽然不能说我们已经完全解决了这个矛盾，但是将页数压缩到五百页以内也是一种成功。更重要的是这本书并不是一本阅读类书籍。几乎没有人，也不应该有人会把整本书读完。但是希望你能读完第1章，因为这一章是对整本书的一个概括，创新是一门与数学学科一样庞大的学科。在这里提一个有趣的问题，你在学校用了多长时间学习数学？有几年吧？但是你又用了多长时间来创新呢？几天？几小时？但它确实和一门学科一样有用、一样重要。

希望你读完本章后继续通读第9章，因为本章概述了软件创新，第 9 章则总结了整个系统化创新的过程。你不需要在学习完本章后才开始解决问题，当然本书希望你这样做。在本章和第 9 章之间的每一章介绍的都是独立的工具和技术。当你需要运用这些章中介绍的方法来帮助解决问题时，再去阅读它们。第 9 章可以帮助你了解工作中遇到的挑战会涉及本书哪些章节。如果你属于“不使用手册”的软件工程师，你可能会跳过第 9 章的绝大部分，直接阅读该章末尾的总结部分，或者只需阅读本书的封底。

本章还会讨论书中“创新”的含义，以及软件部门如何在创新中做得更好，还要弄清楚软件与周围环境之间的关系，我们要看看当三百多万个创新案例被缩减到 4 页时，到底会发生什么。我们会继续讨论创新是什么。

1.1 软件创新简史

什么是创新？在软件领域它究竟意味着什么？一般认为，“创新”意味着一个新的想法，而且被成功运用到市场中，可以满足真正的市场需求并持续产生利润。在软件领域可以应用相同的定义，但是我们很快会发现一个问题，软件通常只是一项重大创新中的一小部分。我们会问：“IE 浏览器是一项创新吗？互联网是吗？极限编程呢？”这些问题都是很难明确回答的。比如，IE 浏览器确实满足了我们对市场需求和利润的定义，但是软件本身的创意是新的吗？另一方面，互联网也从来没有为 Tim Berners-Lee[⊖]带来直接利益（至少在经济方面），仅以软件概念是新奇的就判定其是创新吗？再说极限编程，它是软件开发者通常采用的流行方法，就软件本身而言几乎没有任何创新，只是软件工程师用创新的方式将代码组织在了一起。

⊖ Tim Berners-Lee 是互联网发明者。——译者注

我们通过下面两个示例来梳理一下什么是创新。首先，将“创新”重新定义为**向一个更为理想的系统进行的非连续性跳跃**。这个定义的一个关键词是“非连续性”。这个词给了我们一个清晰的信息：从一种方式明显转变为另外一种方式。其次，是要确定与软件关联的领域。图 1-1 是对此的一个尝试。“领域”在这里被划分为软件、技术、商业和科学四个重叠领域。它们相互重叠的原因是：a）任何界限分明的领域划分在现实世界都是不存在的；b）一个创新往往会跨几个领域。例如鼠标——一个初级的软件领域的创新，也包含了物理硬件的元素。

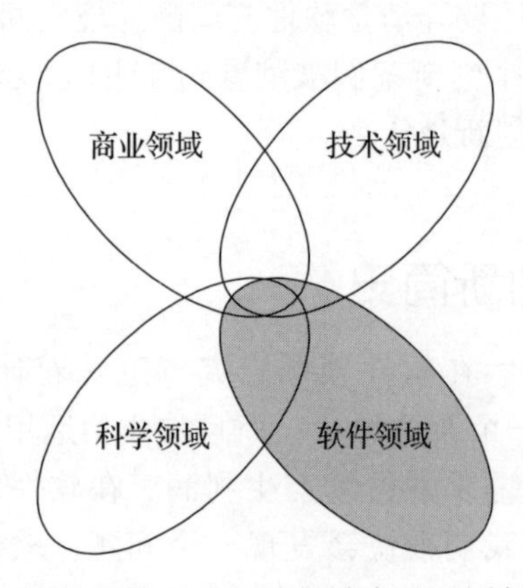

图 1-1　软件领域以及相关领域中的不同创新类型

从图 1-1 中可以看出，虽然极限编程与软件创新相关，但事实上它是商业领域的一个跳跃。与此类似，IE 浏览器完全是商业领域的一项创新，这里的跳跃（也是商业成功的因素）是将导航工具和其他软件产品绑定。明确这些定义和边界后，创新的关注点就集中到与软件领域交叉的区域，更确切地说，该区域是软件领域中出现过的非连续性的跳跃。David Wheeler（参考文献 1.1）可以帮助我们鉴别并规划软件创新任务。Wheeler 发表了许多关于软件系统演变的经典之作。表 1-1 复制了 Wheeler 文献中的数据并进行了稍许修改和拓展。

表 1-1　低级别的软件系统创新

创　　新	来　　源	年　　份
分析引擎（软件）	Charles Babbage	1837
布尔代数	George Boole	1845
图灵机	Alan Turing	1936～1937
存储程序	John von Neumann	1945
超文本	Vannevar Bush	1945
子程序	Maurice Wilkes，Stanley Gill，David Wheeler	1951
汇编器	Alick E. Glennie	1952
编译器	Grace Murray Hopper	1952
高级程序设计语言（FORTRAN）	John Backus	1954～1957
堆栈原理（后进先出）	Frierich L. Bauer & Klaus Samelson	1955
分时	John McCarthy	1957
列表处理程序（LISP）	John McCarthy	1958～1960
可再生的分组交换网络	Paul Baran	1960
字处理	（IBM）	1964
基于鼠标的用户界面	Douglas C. Englebart	1964
信号	E. W. Dijkstra	1965
分级目录	Louis Pouzin	1965
标准化	J. A. Robinson	1965
结构化编程	Bohm & Jacopini	1966
拼写检查	Les Earnest	1966
面向拼写的编程	Ole-Johan Dahl & Kristen Nygaard	1967
将文本内容与格式分离	William Tunnicliffe	1967
图形化用户界面（GUI）	J. C. R. Licklider	1968
正则表达式	Ken Thompson	1968
标准通用标记语言（SGML）	C. F. Goldfarb，Ed Mosher，Ray Lorie	1969～1970
关系模式和代数（SQL）	E. F. Codd	1970
分布式网络电子邮件	Richard Watson	1971
模块化标准	David Parnas	1972

（续）

创　新	来　源	年　份
面向屏幕的文字处理	Lexitron & Linolex	1972
管道	M. D. Mcllroy	1972
多路搜索树	Rudolf Bayer Edward M. McCreight	1972
便携式操作系统（OS6，UNIX）	J. E. Stoy & C.Strachy	1972～1976
使用数据报的网络互联（TCP/IP）	（Cyclades Project）France	1972
字体生成算法	Peter Karow	1973
显示器	Hoare & Hansen	1974
通信顺序进程（CSP）	C. A. R. Hoare	1975
Diffie-Hellman 安全算法	Diffie-Hellman	1977
RSA 安全算法	Rivest, Shamir, and Adleman	1978
电子表格	Dan Bricklin & Bob Frankston	1978
Lamport 时钟	Leslie Lamport	1978
分布式新闻组（USENET）	Tom Truscott, Jim Ellis, Steve Bellovin	1979
模型视图控制器	（Xerox,PARC）	1980
远程进程调用	（Xerox,PARC）	1981
分布式域名（DNS）	—	1984
语义搜索	David A. Plaisted	1985 年之前
无锁版管理	Dick Grune	1986
简单机制的分布式超文本（WWW）	Tim Berners-Lee	1989
设计模式	Gamma, Helm, Johnson, Vlissides	1991
安全可移植代码（Java 和 Safe-Tcl）	（Sun）	1992
重构	W. F. Opdyke	1993
网络抓取搜索引擎	（World-Wide-Web Worm）	1994

表 1-1 中有两个关键点。首先，Wheeler 的研究表明（事实上我们也研究过），创新在软件开发的历史中并不多见。更严格地说，从宏观的角度来看，创新并不多见。具体来说（以美国专利库中与软件相关的专利为依据），本书将各种各样成功的创新案例集中在了一起。

其次，嵌套和递归在软件进化历史中起着巨大的作用。在讨论“乌龟”那一章的时候会再继续讨论这些。在此期间，一件重要的事情就是要注意在向其他级别（高级或低级）进化时往往伴随着分割、单次、双次或多次以及合并跳跃。于是，软件领域逐渐拓展。这种周期性拓展是通过嵌套跳跃或者向下的子系统以及子子系统，或者向上的父级系统以及父父级系统等实现的。现在我们看到的是较高等级的分层结构。图1-2阐述了这种原理。

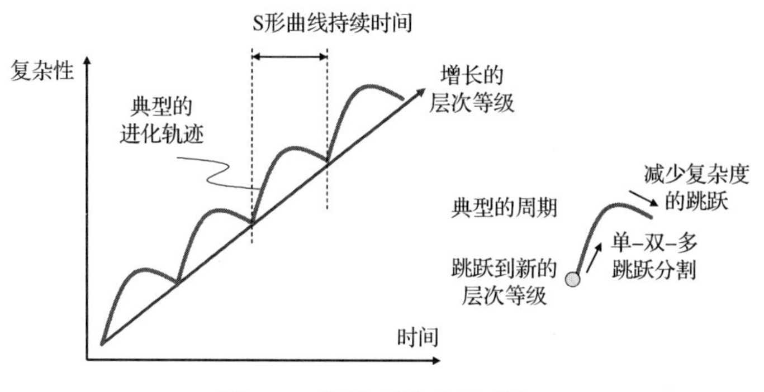

图 1-2　软件系统中的递归

这一原理十分重要。Wheeler 所做的事情就是将宏观的系统化创新集中起来，这类创新对世界有显著的影响。人们可以清晰地看到子系统和下一级系统之间相似的非连续性。这对于大多数公众来说并不常见，但是按照非连续性定义，它们仍旧被认为是有效的“创新”。因此在高层抽象出来一种模式，这一模式将指导我们如何进行系统化创新。当把“设计模式”归为 Wheeler 宏观角度的创新分类时，理解“模式”这个词是有帮助的。“设计模式”（参考文献 1.2）本质上是一个微型的 TRIZ 理论。这些模式都是为了揭示“良好”的设计实践，并以抽象的形式展现给该领域的其他工作者。从宏观上理解，设计模式的出现是向更理想的系统迈进的一个有意义的非连续性跳跃。当一名软件工程师在建立子子系统或 DLL(动态链接库）时使用了其中的一种模式，对外界来说这可能看不见，但是也应该算作创新，因为它已经产生了一次非连续性跳跃。

丰田公司的创新策略也是一个比较好的参考（参考文献1.3）：丰田公司以许多小型的创新而自豪，它的工作人员成功地将这些创新引入丰田车中（每年会有一百次这样的引入）。他们很少或几乎不愿意把这些创新分类为“大”或“小”，相反，他们在高层进行概念抽象，并运用创新朝着“理想化”系统的方向努力。在本书中，我们建议以类似的方式来考虑软件创新，在系统级的架构层次中，与真正产生的跳跃相比，理想的非连续性跳跃就显得不那么重要了。

丰田公司的“百万次跳跃产生成功”的策略在软件行业中的很多方面同样适用，甚至可能比在汽车行业中更加重要。在汽车或雨刮器等实物上引入一次非连续性跳跃需要投入的成本以及要尝试的次数会比修改几行代码所需要的更多。再加上 Linux 的开源共享文化，使得软件行业的大部分工作进化得更快。

如果没有发生跳跃（如那些创新性差的软件专利以及文献1.1 中 Wheeler 提到的内容），很有可能是因为软件行业认为软件开发就是要找足够多的人开发足够多的符合要求的代码，来满足市场需求。这里的关键词是“符合要求”。“创新”一词真正进入软件行业是因为发展曲线变得平缓，软件公司之间的竞争已经变得激烈。所以在软件领域我们不仅仅谈论“创新”，更要强调“系统化创新”。软件的数量呈指数级增长，但为什么在软件领域没有一个很好的创新案例呢？下面我们将讨论原因。

1.2 软件工程——问题是什么

软件行业是世界上的大规模产业之一。软件行业年产值迅速逼近一万亿美元。它正从越来越多的其他传统行业抢走产值——汽车行业中近 20% 的产值是由其包含的软件产生的。但是软件行业却没有相应成比例的创新案例，而且这个行业在系统的鲁棒性及可靠性方面很糟糕。

为什么会这样呢？部分原因是软件属于新兴行业，而在新兴行业中这是一种普遍现象。没有人知道新兴行业的规则，也没有人知道什么是有效的，什么是无效的。新兴行业中有许多进行了尝试但最终失败的案例。大多数新兴行业都有一个共同点，即它们经常会产生大量创意和创新，但是这种现象并没有在软件领域中大规模出现。这听起来似乎有点矛盾——每天都会有数百个“新”的软件产品和系统产生，但是当我们深入软件系统内部时就会发现，几乎所有东西都是前人做过的。事实上，根本没有可以让你为之震撼的软件。

本书的主要目的之一是提供一些工具和策略，帮助你以一种可靠的、系统化的方式开发出令人震撼的软件。在深入了解细节之前，先来仔细回顾一下在过去八年中我与软件开发小组一起工作时所获得的经验。为了验证本书的内容，我们同数千位程序员、架构师和项目经理一起测试了客户提出的问题。通过数千次的尝试，我们发现这些客户提出的问题似乎是有共性的。下面我们来讨论其中的六个问题：

1）客户不知道他们想要什么。

2）软件只是一个庞大的系统的组成部分。

3）解决错误问题。

4）保持简易灵活（易上手）。

5）忘记预测未来的变化。

6）计算能力大幅提升。

客户不知道他们想要什么——大部分软件被外包开发，使得客户需求和软件工程师实现的结果之间存在差距，这个问题愈演愈烈。客户不知道什么是可能实现的，软件工程师也不明白这个软件的上下文应用场景及其作用。通常情况下可以通过两种方式解决问题：客户和软件工程师共同开发软件系统，或进行多次更有效的迭代开发。具有讽刺意味的是，软件行业是一个最能进行快速原型制作的行业，因为操纵数字 0 和 1 比操纵塑料和钢材更容易。竖井心理使软件工程师远离了问题的核心，并阻

碍了其创新。

软件只是一个庞大的系统的一部分——系统化创新研究的成果之一是找到了一些可以应用的规则。所谓的“系统完整性规则”规定，在每个层次等级，系统必须至少包含 5 个元素：引擎、工具、传输、接口 / 用户和控制（见图 1-3）。

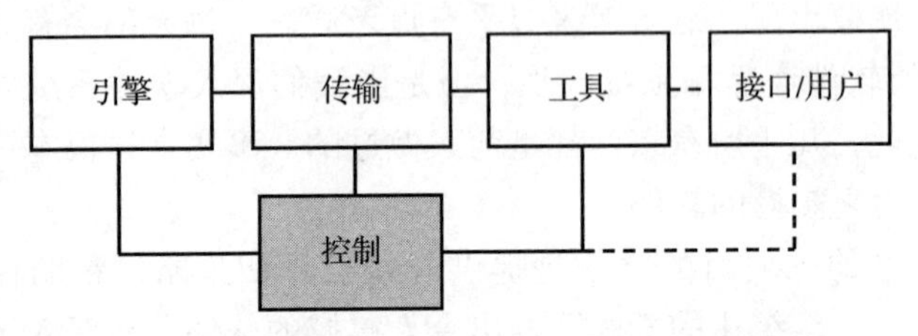

图 1-3　系统完整性规则

问题在于，通常软件工程师只负责给出 5 个元素中的一个——控制。软件工程师不了解其他 4 个元素是十分危险的。这是本书前言中讨论的喷气式发动机控制系统设计不成功的根本原因。据估计（参考文献 1.4），接近一半的软件故障都是因为软件团队未能解释（或不理解）现实世界发生的一些事。

当我们考虑系统完整性模型的层次特征时，事情将变得更糟糕。我们可以以另一种方式去看待它：假设软件工程师的任务是写一段文字处理软件或游戏，最终代码作为“工具”。这样，“控制”成了程序员编码使用的操作系统和语言（C++、VB.Net 等）。然而，越来越多的软件工程师不了解这些语言的内在机理。主要原因是学习如何使用它们内部的协议本身就是一项艰巨的工作，语言开发者也并没有想让工程师从根本上理解每个元件如何在 0 和 1 状态下操作。

解决错误问题——即使前两个问题可以解决，也仍然存在更大的潜在问题。其实是两个相关的问题。第一，人们不喜欢花时间定义问题，大多数人都乐于解决问题。例如，当出现一个新问题时，首先我们会花一些时间理解这个问题，如果它不是一个特别棘手的问题，则开始思考解决方案，然后很快就会开始编码。

在我们把系统提供给客户之后，客户才会意识到他们提出的问题是错误的。换句话说，人们更倾向于沿着问题的解决路线匆匆地确定问题是什么，最终十有八九解决的是错误的问题。

这就引出了第二个问题。因为我们习惯于将“优化”作为一种设计策略，所以往往会给出问题的优化解，从不接受除了优化以外更好的解决方案。“优化”（我们很快就会学习）仅仅是乐观地看待折中和妥协。因为妥协是创新的敌人，所以更好的选择是，在发现问题的过程中定位那些存在妥协的地方并加以消除。

这种“解决错误问题”的现象可以归结为项目实际支出与预算之间的关系，如图 1-4 所示。例如，在新项目的概念设计与架构设计阶段，我们会安排 3～4 个人就此项目展开几周的讨论。与最终的项目总成本相比，这些人的人工成本几乎微不足道。然而当他们完成设计规格说明书时，这些人工成本已经占了项目总成本的 80%。

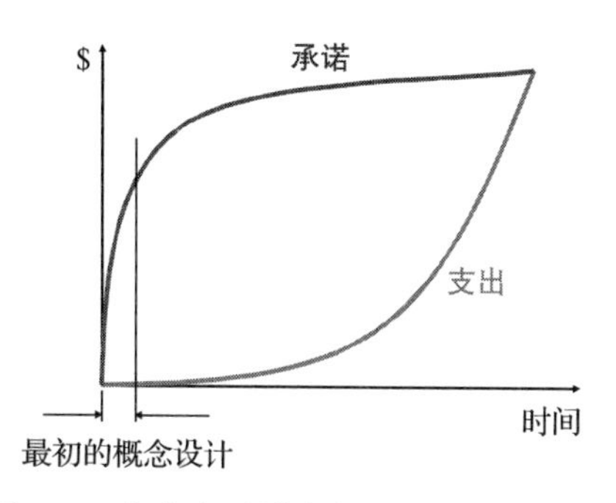

图 1-4　支出和承诺之间的对比滞后现象

图 1-4 表明只有合理地投入，才能获得丰厚的回报。不幸的是，几乎没有项目能做到这样。进度是一切，哪怕我们正在朝错误的方向进发。矛盾的是，解决问题有预算，但多花一个星期来思考这个进展是否正确没有预算。所以，人们一直在积极寻求解决问题的方案来解决那些矛盾。

保持简易灵活（易上手）（Keep It Simple & Stupid，KISS）造成的伤害是巨大的。世界是非常复杂的，所以最好的策略是过滤掉那些看起来并不相关的问题。坦白地说，保持其简单性并不奏效。用物理学家尼尔斯·波尔的话说："每个复杂的问题都有一个简单的错误答案。"之后再也没有简单的问题了。让我们通过一个简短的示例来探究这个问题：一个软件需要设计成面向多个国家的不同用户发行，每种用户需求可能彼此不同。在这种情况下，理想的方式是我们开发的软件适用于每一个用户。然而，实际上更简单的方式是确定出典型用户并为他们设计，所以我们倾向于为典型用户设计。最终结果是：我们对每个人做出了妥协，因为它使软件设计和任务实现变得更容易了。通常设计者没有机会单独去问客户想要什么，即使有机会去问，也会很快发现每个人的需求具有多样化特征。多样化意味着我们需要编写更多代码来适应，所以我们尽可能多地忽略和消除这种多样化。消除多样化的根源在于 KISS 原则问题。在这种情况下，出现的需求多样性法则总是使我们痛苦（参考文献 1.5）。这条从 20 世纪 40 年代的控制论研究中新兴的法则阐述了一个显而易见但极度深刻的事实：只有多样化才可以吸收多样化。

现实世界中没有不变的东西，所以每次有问题被过滤掉或假定为不变时，我们不仅丢失了一个重要的创新机会，同时每个软件用户也都对此做出了妥协。显然存在一些不得不做出妥协的情况，因为整个世界存在无限多的多样化，而且我们设计的系统的内存空间又是有限的（见图 1-5），创新任务的一个重要内容是把多样化转化成财富，而不是转化成问题。

同时，毫无疑问存在一个巨大的问题（几乎所有东西都受影响），管理多样化为我们提供了大量的创新机会。关键字"妥协"又出现了。系统化创新研究清楚地论证了这样一种观念，即某人在某地已经彻底解决了妥协所赖以生存的那些矛盾。我们希望能够证明这个事实的原因之一是，虽然每个客户都不一样，但不必为每个客户解决矛盾，我们需要做的是解决两端的矛盾。

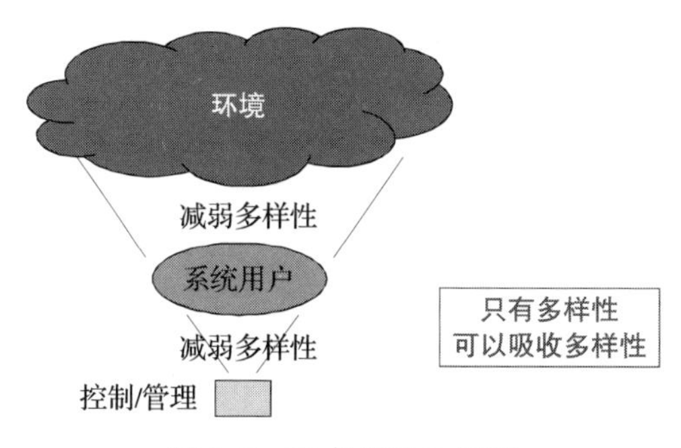

图1-5 需求多样性规则

忘记预测未来的变化——6个关键问题中的第5个，这是与复杂度有关的另一个问题。问题的关键在于试图假设我们周围的一切保持不变。结果是，我们的设计是为了适应今天的情况，却发现我们的设计解决不了未来将要发生的事情。未能预见未来的一个典型案例就是“千年虫”的问题，这是一个极端的例子，但确实每天都在发生。矛盾的是，软件领域变化的速度比在其他任何领域都快，但不可思议的是设计师却仍然忽视未来将会发生的变化。我们再次希望能够以系统化创新的方法，提前预测很多将来会发生的变化。如果这是真的，就意味着我们创建的系统必须能够经受未来的考验。如果能够首先预见到未来将要变化的事情，那么我们将拥有大量的创新机会。

计算能力大幅提升——这是6个问题中最可怕的一个。在早期，计算机的内存空间非常昂贵。把第一个阿波罗太空飞船送到月球的计算能力大约相当于现在的一个电动牙刷的能力。如果你有64 KB内存，就可用来控制你的喷气式发动机了，所以你不得不非常努力地思考如何去实现。如今，程序员可以安心地工作，因为以后计算能力的增加可以弥补算法上的不足。摩尔定律告诉我们，处理器性能可以呈几何倍数增长，如图1-6所示。

虽然没有合乎逻辑的理由来说明原因，但一些软件开发者确实没有努力设计出最高效的方案，导致在实践中出现了许多非常糟糕的代码。

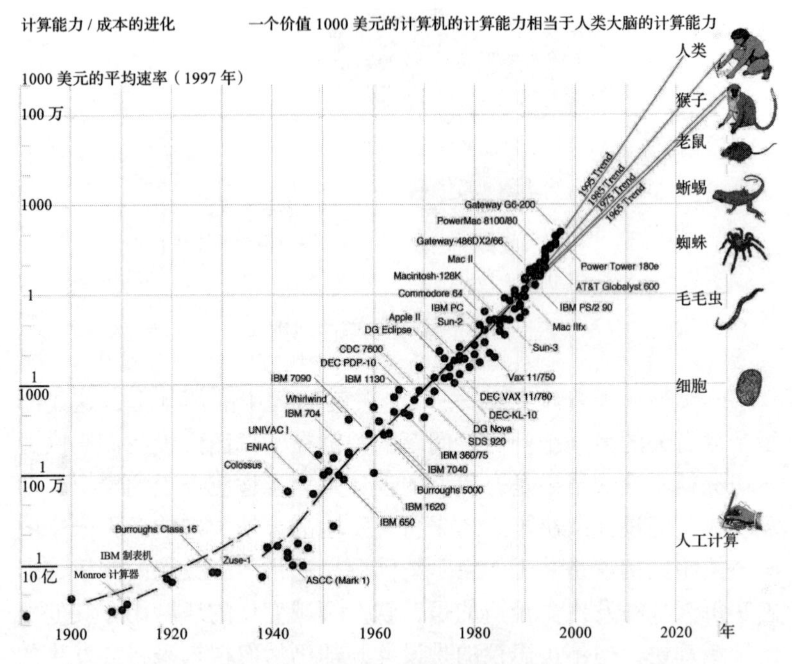

图 1-6　计算能力呈几何倍数增长

糟糕的代码和创新并不能相提并论。与前 5 个问题相比，我们希望本书能够解决那些普通程序员面临的问题。

在处理自己的软件问题时，仔细思考这 6 个问题是十分有益的。不管怎样，这 6 个问题形成了系统化创新方法的基础支柱。

1.3　七根完美的支柱

开车上班的路上，我的脑海中没有任何关于路线的信息。在某种程度上，这让我觉得自己肯定是一个糟糕的司机，但另一方面，我模模糊糊地意识到，我的大脑中已经存储了一个叫作“开车上班”的程序。除非发生意外，否则这个程序可以在后台自动运行，在路上我也不必过多关注这六英里[1]的路程情况。这是大脑的工作方式——记住我们已经做过的事情，并存储这些“程序”，以便我们可以毫无错误地重复这些工作，存储这些程序需要一段时间。还记得你的第一次驾驶课吗，当时是不是觉得开车可没有想象中那么容易？那第三次驾驶课呢，那时候是不是觉得只要认真地关注自己的每一个动作，汽车还是可以控制的？那么现在呢，如果你需要再参加一次驾照考试的话，应该会顺利通过吧？因为你已经学习了许多书中没有的策略和技巧，这与学习系统化创新工具完全相同。第一次通读本书会觉得比较古怪也不自然，读到第三遍的时候，我们才能初步理解那些步骤，但是我们还是需要谨慎地一步一步前进。然而读了第二十遍后，我们会重新发明一大堆东西，因为我们知道如何能比本书中介绍的做得更好，这就是我们大脑的工作方式。

但还有其他的事情。比如你学会开车后，却没有人教你很多“非常重要”的事情，比如制订旅行计划和检查油箱油量，诸如此类的事情被称为“隐性知识”。它们很难表达出来，但决定着我们是不是一个好司机。系统化创新也同样如此。一些伟大的想法并不会出现在专利库或者用户手册中。在软件工程师刚刚制订出巧妙的方案时，如果这时你向他们请教，估计他们也无法告诉你那些高层次的隐性知识。

只有当你看过成千上万的巧妙方案之后，才会发现这些具有重大创意的模式。然而新问题是，当这些模式出现时，通常看起来是与“常识”相违背的。大部分创新性的“重大创意”(或称为“支柱”）都不符合常识，这是因为：

1）教育体系只关注常识；

2）当突破性的解决方案第一次出现时，它们多数不会符合当时的常识和定义。

---

[1] 1 英里＝1609.344 米。——编辑注

令人惊叹的创意和真正的创新常常在人们忽略常识、做一些别的事情的时候发生。然而回头再看，这些东西原来也是完全合乎逻辑的。

我们从对三百多万个创新案例的研究中提炼出了七根支柱。这是一个好消息，因为在人类短期记忆中只能存储 7bit 的信息。从这个意义上来说，七根支柱是完美的，虽然它们可能不是传统意义上的完美（我们很快就会看到，在你认为已经达到完美的时候，只要你往前看，就会发现其实还可以做得更完美）。一个终极的软件理论可能会拥有更多的或者不同的支柱，但迄今发现的这七根支柱，在目前看来是很有用的。

本书的大部分内容都是建立在这些支柱上的，它们中的一些可能符合你当前的常识，还有一些不符合。不管符不符合，你都有必要在头脑中构建这七根支柱（正如确保油箱中有油一样）。无论你正在努力解决什么问题，或者正在使用什么工具，我们的头脑中都要有这些支柱。能否产生真正的突破性创新的根本在于它们。正因为这些支柱是如此重要，所以我们尝试一些容易记住它们的方法。

在这里，PERFECT 的意义是**完美**（Perfection）、**摆脱**（Escape）、**资源**（Resource）、**功能**（Functionality）、**涌现**（Emergence）、**矛盾**（Contradiction）和**乌龟**（Turtle）。是不是发现它们是格格不入的？

P 代表**完美**（Perfection），它是七根支柱中的第一根，也就是 PERFECT 的首字母。这首先是因为"完美"是最重要的支柱，其他支柱最终都支持着这一根。当你正在努力解决问题时，完美就是你的目标。完美是由你的客户定义的，如果你解决问题的方案并不比现存方案更加完美，那么你的客户就不会为它付费。97% 的创新尝试都失败了，因为在客户眼中这些创新算不上是一次改进。"完美"在支柱中与"理想"是一样的。理想意味着向顾客提供他们想要的东西，并且没有添加任何他们不想要的东西。显然，那些他们不想要的东西（"坏东西"）也包含着成本。对于客户而言，“理想”的意思是“免费的、完美的和最新的”。也许将“完美”的产品交付给客户是不可能的，但是有必要总是朝着那个方向前进。至少要比竞争对手更接近完美。如果我们不能把完美的产品提供给客户，那么别人就会提供，这就是它重要的原因，尤其在软件领域，因为虚拟领域中的事情变化得比现实世界中更快。所以，“完美”就是在我们的脑海中对客户的需求保持彻底的了解（这里存在的矛盾是客户可能无法定义什么是完美），并且在日后不断地朝完美前进。因此，在任何问题中都需要有一个明确的定义，要确定客户所要求的完美是什么样子，以及我们如何才能接近这个目标。

E 代表**摆脱**（Escape）。摆脱是一种被称为思维惯性（PI）的现象。思维惯性是阻碍我们产生突破性想法的原因之一。请想象这样一个场景，有人向你提出一个有趣的问题，当听到这个问题时，你首先会问自己：“这个问题我以前见过吗？”如果你见过这个问题，或者你觉得有其他问题和它相似，你的大脑便开始检索答案，直到找到答案为止。如果你没有见过这个问题，你的大脑就开始搜索之前看过的最接近这个问题的答案。不管怎样，你的大脑总是转向最简单的方向，并做出假定。我们的大脑总是试图尽快找到解决方案——这个方案不一定是最好的，仅仅只是一个“方案”而已。这种效应称为满意度，它需要用我们的思维来判断一个解决方案是否足够好。如果所有事情在突破现有状态的时候都涉及非线性跳跃，则发展过程中的某些地方必然要打破思维惯性和满意度效应，这就是创新的基础。“摆脱”成为一个支柱，是因为人们在寻找那些被误认为正确的答案时需要时刻保持谨慎。在寻找突破口时，我们也有必要慎重地采用不同的角度和观点来观察世界。必须做非常识的事情来挑战常识，而后再将常识重新定义。“摆脱”就是使用新的思维方式来看待我们以前可能已经见过很多次的事物。“摆脱”就是提出那些听起来很荒谬的问题，但这些问题最终会变得非常有道理。对很多人来说，这是创新工作中最困难的部分。

R代表资源(Resource)。如果“完美”是目的地，那么“资源”就是旅行的燃料。解决问题时，会有一股非常强劲的动力驱使我们通过为系统添加一些资源来解决问题。但是这可能会让事情变得更加糟糕。补充的代码越多，系统需要维护的工作量就越大，并且更难以让别人明确这些代码的作用。资源支柱全都是在不添加其他东西的基础上解决问题的。资源在系统化创新中的定义是“一切处于系统中的或围绕系统的未能发挥其最大潜力的事物”。你以前设计或编写的代码都没有最大限度地使用现有资源，每个系统都有大量未使用的潜在资源。即使看上去“没用”的东西也可能是一个潜在的有用资源。用户经常给程序员施压，这显然是一件坏事，但是，如果程序员足够聪明，压力也会变成动力。这个系统化创新支柱就是不停地寻找一些已经存在于系统中的资源，然后在不让系统变得更复杂的前提下积极地使用它们，从而创造突破性的解决方案。为系统添加任何新资源都应该是最后考虑的方案。

F代表功能(Functionality)。如果“完美”是预期的目标，那么“功能”则是旅行的原因，创新的“原因”。功能是客户买这些东西的原因，以及客户想尝试做的事情。产品存在的意义在于帮助客户做一些工作。功能正好位于完美(PERFECT)的中间。它是所有一切的支撑。创新任务确定人们要完成的工作，并提出比竞争对手更完美的解决方案。不论幸运与否，这些功能需求在一段时间内是稳定的——或像“写一封信”这样明确的需求，或像“给我的朋友留下深刻印象”这样无法确定的需求。这使得理想解概念在知识组织以及从一门学科到另一门学科的游历过程中逐渐形成。如果可以确认某人在某地已经解决了你的问题，那么功能就是连接你的问题和他们的解决方案的一座桥梁。

E代表涌现(Emergence)。“涌现”是关于复杂度和复杂系统的。计算机和复杂度之间高度相关。高速计算机的出现让我们可以建立一些以前不可能实现的复杂系统模型。“涌现”成为系统化创新的一个支柱有多种原因。第一种也是最高层次的原因就是几乎所有的设计系统以及所有涉及人的事情都是复杂的。我们越是了解和适应这种复杂度，交付的解决方案就越具鲁棒性。从更深的层次看，理解复杂度意味着我们可以识别并积极地利用非线性效应。非线性在创新环境中是非常重要的，我们得到的有可能比投入的更多。非线性扮演着创新活动中的“杠杆”。例如，想象一个典型的软件用户界面，用户可能会被某些动画图像吸引。从静态到动态的图像是一种典型的非线性。更进一步，如果在屏幕上有多个闪烁图像会怎样呢？我们如何将用户从一个图像直接引导到另一个图像呢？答案就是利用另一个非线性，例如，利用闪烁的频率与人眼共振的频率一致这一方法。这样做，用户几乎不可能忽略这个图像。因此，通过在某个频率闪动可以产生一个高度非线性的用户反应的行为。从这种现象着手，系统化创新的第三个与复杂性和复杂系统相关的重要方面是使用虚拟模型的系统，用它来帮助识别那些人类自身无法识别的非线性。这样做的价值在于系统中存在的每一个非线性都代表一个重要的创新机会，因为每一个非线性都来自矛盾。

C 代表**矛盾**（Contradiction）。矛盾、折中、妥协、悖论、难题，无论我们选择哪个名字，在每一次创新中它们几乎都是闪光点。一旦挑战了矛盾，非线性突破就产生了。我们不经常挑战矛盾，我们通常做的就是“优化”系统——因为教育机构花了很多时间教我们如何这样做。优化在改进系统方面可以发挥重要的作用，但正如我们一直在说的：“优化是创新的绝对敌人”。因此本书的绝大部分内容中都提出了先确定矛盾，然后解决矛盾的策略。这些策略是以三百多万个创新案例为基础形成的，因为某人在某地已经解决了一个和你遇到的一样的矛盾。不管它是什么矛盾，结果只有少量的策略可以实现所预想的解决方案。矛盾的解决实际上是支撑创新理论的发动机。

T 代表**乌龟**（Turtle）。这显得格格不入——但或许并非如此。“乌龟”讲述的是系统中的递归和层次结构。这个名字来源于斯蒂芬·霍金讲述的世界如何运作的故事——乌龟驮着地球在宇宙中穿行。这里没有必要引入太多细节，但我们确实需要大量的递归思想来思考设计系统的方式。更重要的是，创新能产生更为优化的系统。本书中将对递归思想进行一些讨论，然而在这里我们应该首先认识到以下三点：第一，所有系统的复杂度都会经过先增加后减少的连续过程，了解系统在此周期中所处的状态对于了解哪些创新策略起作用有着至关重要的作用；第二，与递归思想具有相同影响力的是“系统完整性”思想。这个思想的重要性在于它为创新者指明了保证系统运转所必需的条件；第三点与之并没有过多联系，但在衔接软件设计和用户想法之间有着至关重要的作用。人类的大脑也是一个递归和分级系统：一方面，如果我们了解并利用这些信息，就可以设计出更好的用户界面；另一方面，从计算能力的角度来看，人类的大脑仍然比最快的计算机还要快几个数量级，可以通过观察人类大脑来帮助我们设计出更强大的计算机（以及计算机算法）。思考“乌龟”支柱的最好方式是它定义了设计各种新系统时必须遵循的规章制度。

接下来的7章对每根PERFECT支柱都进行了更详细的阐述。每根支柱都与一系列的工具、策略和过程相联系。我们将依次展示这些支柱，它们汇聚在一起形成了整个系统化创新过程。我们会在第9章中看到这个过程的全貌。第9章的主要目的之一是展示创新领域中的另一个非常识现象，我们在平常的思考和设计中所遵循的逻辑顺序流程对于我们没有任何帮助，尤其是当我们努力进行创造和革新工作时，因为这些工作前人从来没有涉足过。第9章试图解决非线性且缺少可复制性与连续性之间的矛盾。

在第10章中，我们将通过实例对全部过程定义好的整个流程进行验证。在这一章中，我们将研究软件工程领域中的一些典型问题（例如，极端的可靠性测试）并推导一两个研究案例。

第 11 章和第 12 章作为本书的结尾，把七根支柱和创新领域中的三百多万个案例重组到了整个流程中。第 11 章讲述了目前我们所熟知的事情，第 12 章更关注未来可能发生的事情。

系统化创新方法提供一组工具集和列表。这些都是通过对三百多万个创新案例的有效研究分析和提取一系列的知识库得到的结果。回到本书的主题，某人在某地确实已经解决了我们遇到的这个问题。

1.4 本章小结

请牢记软件经常出现问题的最大根源：

- 客户不知道想要什么。
- 软件只是一个更大的系统和系统完整性规则的一部分。
- 解决错误问题（没有投入足够的时间思考问题，没有提出正确的问题）。
- 保持简易灵活（易上手）和需求多样性规则——只有多样性才能吸收多样性。
- 忘记预测未来的变化。
- 计算能力的大幅提升掩盖了程序的上千条错误。

每一个问题都不仅仅是一个问题，而且是创新的源泉。

请牢记 PERFECT 的主要意义：

- 完美——创新的标杆
- 摆脱——我们不得不摆脱思维惯性
- 资源——旅程的燃料
- 功能——旅行的原因
- 涌现——无形的复杂度障碍
- 矛盾——驱动所有创新的发动机
- 乌龟——创新路上必须遵守的规则

无论何时接受创新挑战，我们都应该时刻牢记系统化创新所依赖的那些支柱。

参考文献

1) Wheeler, D.A., 'The Most Important Software Innovations', http://www.dwheeler.com/innovation/innovation.html, August 2001, revised January 2007.
2) Gamma, E., Helm, R., Johnson, R., Vissides, J., 'Design Patterns : Elements Of Reusable Object-Oriented Software', Addison Wesley, 1995.
3) May, M., 'The Elegant Solution: Toyota's Formula For Mastering Innovation', Simon & Schuster, 2007.
4) http://spectrum.ieee.org/sep05/1685.
5) Ashby, W.R., 'An Introduction To Cybernetics', Chapman & Hall, London, 1956.

02

第2章

七根完美的支柱之一——完美

Systematic (Software) Innovation

“一名水手如果没有目的地就不要期望会顺风。”

——Leon Tec

“我到了一家书店，问售货员自助区在哪？她却说如果她告诉了我，自助区就失去它本身的意义了。”

——Dennis Miller

2.1 收益、有形和“足够好”

世界上没有所谓的“完美”，当然，也不能完全这么说。比如，我们可以为解决客户当前的需求而制定“完美”的解决方案，但是当方案制定（假设可以实现）好后，“完美”的定义就又发生了变化。总会有一些我们无法预见的新问题出现，而“完美”的定义也在不断地更新。“完美”有点像地平线，你可以看见它，但却永远无法到达，当你试图靠近它时，它也在不断远离。

系统化创新方法论的核心便基于这种现象，其目的主要是为制定和设计系统提供方向。这是导向性原则。要制定一个完美的解决方案通常是十分困难的，即便实现了，也需要付出超出客户预期的代价。因此，实际上我们的根本目标只是比其他竞争者更接近完美而已。

如图 2-1 所示，对一只老鼠脑来说，“完美”就是迷宫角落的奶酪。迷宫中的围墙阻碍老鼠获得战利品。如何定义这些障碍；如何系统地、可靠地绕过障碍是下一步需要思考的问题。首先，需要了解一些关于奶酪的情况。

奶酪（也就是“完美”）是由许多不同的事物定义的。简单来说，一个系统的“完美”的定义为提供给顾客的收益之和除以顾客所不希望发生的负面问题之和。

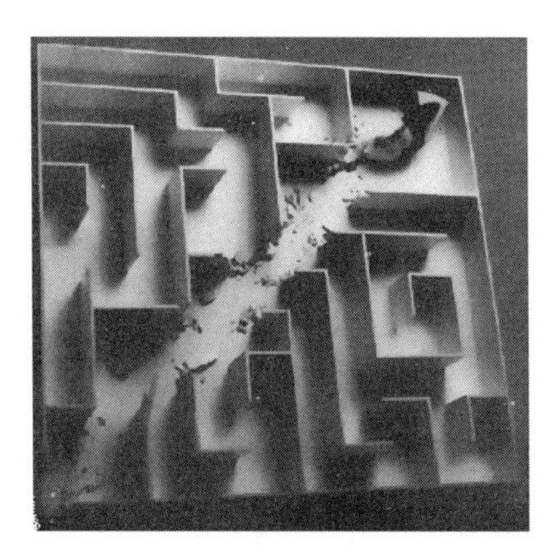

图 2-1　完美 = 奶酪暗示

$$完美 = 理想 = \sum(收益) / \sum(负面问题)$$

与所有等式一样，将公式分成几部分，有助于我们理解。首先从收益开始看，付款人之所以为优秀软件买单，必然是因为该软件能够给付款人带来某种收益。顾客就是付款人，“完美”完全是由顾客定义的。

收益 = 功能 = 工作

完美源于收益，而收益的实现则是由于软件完成了客户需要的某种功能，功能需要与客户的工作相结合。之所以完美源于收益、收益源于功能、功能源于工作，就是因为顾客需要不断地使用软件完成工作。比如，交流就是一份我需要完成的工作，写书需要交流，计算各个州的税金也需要交流，开车从 A 地安全地到达 B 地也需要交流，甚至在虚拟或真实的环境中自娱自乐也需要交流。如果你的软件无法帮助我完成工作，而你的竞争对手可以做得更好，那么，我一定会在你说能完美实现之前使用你竞争对手的产品。

软件领域的顾客流动性非常大。比如，你需要多久才会从谷歌转而使用一个新的搜索引擎，而这个搜索引擎提供的服务比谷歌更好？答案是：很短。

人们使用搜索引擎是为了完成他们的工作：搜索信息。谷歌可以迅速占领如此庞大的搜索引擎市场的原因之一，就是它能够高效地完成搜索信息这项工作——某些功能堪称“完美”。大部分人在使用谷歌后对“完美”的定义也发生了改变，通常他们会感觉完美越来越难达到，因为他们见到的要比之前了解和认知的更多。比如，他们真正的工作本质不是“搜索”，而是“发现”。或者更进一步说，是发现解答某一问题的答案。

谷歌没有被迅速淘汰，是因为它能够跟上人们工作方式的转变。它能够继续在搜索引擎领域存在，是因为它能够很清晰地为客户提供他们想要的内容，而不是满屏的无用信息。

谷歌能够非常清晰地认识到完美公式的分母——负面问题。负面问题通常与钱有关。如果使用者必须为使用谷歌而付钱，那么我们对完美水平的感知就会发生变化。同样地，如果使用者在搜索上耗费了太长时间（0.14 秒内 25 000 次点击量），这也是一个负面的情况，毕竟时间就是金钱，即使时间的度量单位精确到了秒的小数位。

有很多种方法可以对工作开展全面的规划，并对软件的负面问题进行确认。在学习这些方法前，我们还需要了解“完美”的其他方面。

有形 + 无形

首先，我们需要了解有形和无形的关系。软件存在的首要原因是它能够提供有形的功能，比如税金计算。如果缺少这些功能，就不会有人购买它。目前市场上有大量计算税金的软件工具，尽管其中很大一部分都是免费的，但它们都接近顾客心目中的“完美”。当这些产品的成熟水平相同时，顾客就会转而考虑无形的功能。我们想要的无形的功能往往是模糊的，甚至是不合理的。时尚、品牌、“酷”，这些无形的东西会对客户的完美感受产生强烈的影响。能够正确计算税金是一方面，而在软件使用过程中，给用户带来睿智、自信、甚至于“酷”的感受则是另外一方面。在我们制定或设计软件时，任何可以提升完美程度的工作都是必要的。因此，无形的功能也是我们需要关注的。

足够好

对于软件来说，“足够好”和“完美”之间是存在巨大差异的。不幸的是，大部分软件产品都只能达到前者而非后者，导致客户不得不忍受很多糟糕的软件。与“足够好”相对的是“完美”，由于软件开发进度和大量软件公司的公司文化影响，“足够好”成为软件公司目前普遍的行业现象。以微软为例，他们清楚地知道作为一家公司，只要做得比竞争对手好，那么“足够好”的产品就可以带来巨大收益。这是一个非常复杂的计算方法。由于苹果公司是完美技术解决方案的倡导者，因此，业界经常有微软与苹果关于软件理念的论战。微软意识到帮助人们完成一些工作可以带来丰厚的回报，这些工作中包括一些无形的工作，比如，大多数企业的采购部门认为购买微软的产品就不会被炒鱿鱼了。

最重要的一点是在大多数情况下，“足够好”导致了公司的加速倒闭。

图 2-2 阐明了一种典型的软件工具的用户界面。作为一个工具，它有有形的功能。在设计的时候它考虑到了“足够好”，没有收到类似顾客投诉的任何信息，但同时，它的设计也不可能获得任何褒奖。花几秒钟的时间看一下该图，你能看到有待改进的地方吗？

以“完美”的角度审视这幅图时，你会发现一个主要的问题——屏幕中包含太多的空白部分。有时屏幕空白部分是相当有用的，比如减少图形用户界面的幽闭恐惧感。但是，仅就这一例子来看，空白部分可以被理解为无用空间。抛开“足够好”的观念不谈，空白部分紧挨着三列数据，而数据使用的字体太小，这也许可以算作“足够好”，但是离“完美”还差很远。将三列数据进行扩展，充分利用可用空间，应该是一种更好的解决方案。

如图 2-3 所示，表格中共有 48 条记录，如果分为 3 列，每列 16 条记录，可以有效利用空间。

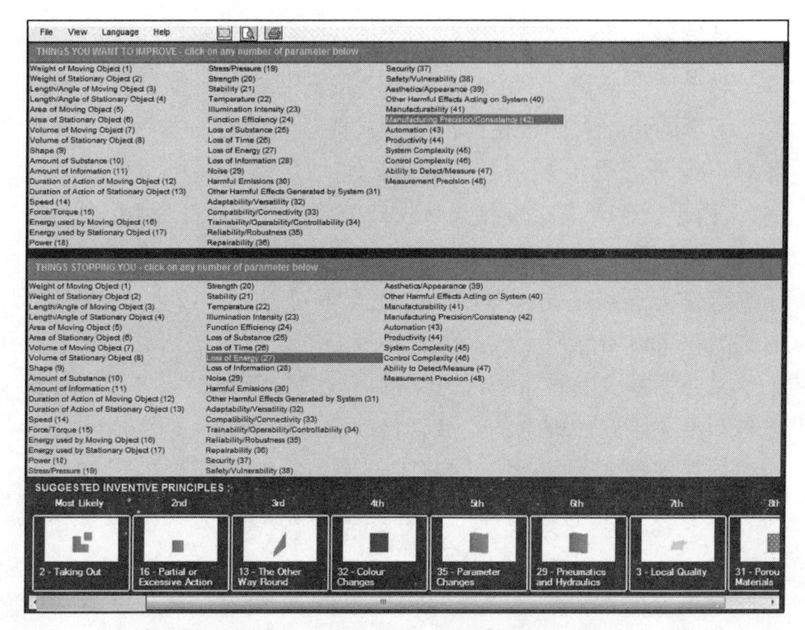

图 2-2 “足够好”的图形用户界面

那么设计者为什么不这样设计呢？一部分原因是在不同的情况下，这个表格中的文字将会以不同的语言来展示，如图 2-3 所示。

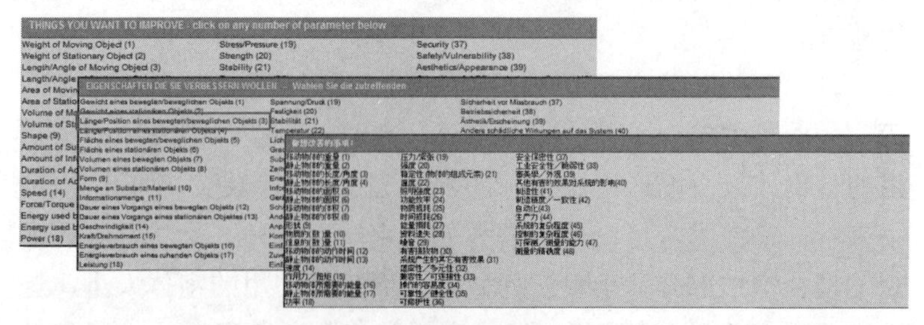

图 2-3 满足最糟糕情况的“最佳”方案

程序员一开始就意识到在不同的语言下这些文本所占据的空间总量不一致。那么在这种情况下该怎么办呢？在“足够好”的情况下，程序员会选择恰当的字体大小和排列来适应最糟糕的情况。为最糟糕的情况而设计的程序，就是一种典型的“足够好”的程序。这可能更糟，因为程序员会为他做的事情而自我感觉良好——至少他考虑到了不同的场景，不是吗？毕竟他在探索和“优化”字体方面也下了功夫。

程序“足够好”其实并不一定正确，如图 2-4 所示，当表格包含的内容小于 48 条时，结果可能更糟。参考之前的选择字体的“糟糕示例”，当表格中只有 21 条记录时，空白部分占据了页面的一半。

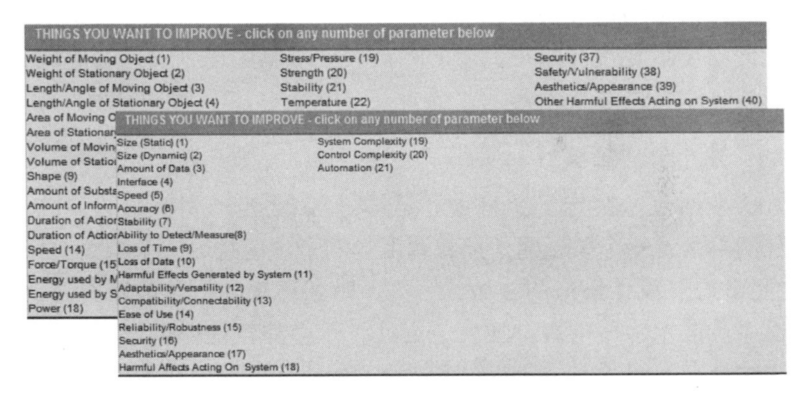

图 2-4　更多的空白区域

所以，“足够好”得到的是不及格的产品。在这里，我们不禁要问，该如何选择呢？要回答这个问题，我们需要开始思考“完美”应该是什么样子的。就像在不考虑表格中有多少条记录且不考虑用哪种语言来展示的情况下定义无空白区域一样，直接进行完美的定义往往也是轻率的。

这更像是程序员的任务，但通常不是那样的。特别是当问题建立在已有的两个变量基础上，而每一个变量的取值范围都可以随机变化时。尽管感觉并不是那样，但是刚刚被确认的内容就是接近“完美”的常用方法。关键是我们必须意识到，无论在什么情况下，变量都应该有一个范围，我们只需要去确认一个“矛盾”点。在这个案例中，“矛盾”点可以解释为“无论表格中有48条记录还是21条记录，我都不希望有空白区域”或“无论文本是以中文还是德文展示，我都不希望有空白区域”。“矛盾”（将在第7章中详细讲述）是所有创新的核心，它也可以描述成图2-1中迷宫中的墙，阻碍我们达到下一个“完美”。

证明这个观点是正确的仍然是必要的。你可能在明确“矛盾”之前就已经意识到了某些明显的矛盾。但是在很多情况下，矛盾点并不明显。因此，在下一章中我们将探索一种系统方法，这个方法可以帮我们找到通往迷宫尽头奶酪的路上的“全部”矛盾点，请相信通过这一章的学习你可以获得这一成果。在这里，我们需要重复声明一下，矛盾点由一些可以考虑到的问题组成，需要迅速并强力突破。

另一个“足够好”

小细节是决定一个程序“足够好”，还是“完美”的关键。我们再来看一个关于网页加载速度的例子。这是另一个能够凸显“足够好”设计策略的领域，因为，带宽速率的提升速度要超过程序员技术水平的提升速度，因此，糟糕的软件得以进入市场。软件带来的问题迟早会被越来越快的网络传输速度所掩盖，对用户来说没有任何感知上的差别。而我们所关心的是“足够好”和“完美”的不同，从长远来看，“完美”最终还是要获胜。

图2-5展示了一个知名网页的加载过程。

不管怎样，所有的内容都会在几秒内加载完成，谁会关心这个呢？在回答这个问题之前，我们需要考虑一下“一次点击”的代价。“一次点击”和“两次点击”的差别是什么呢？一秒？还是半秒？为什么要争论这个？因为人们意识到，从长远来看“完美”总是胜过“足够好”。创新活动都是使顾客的利益最大化和负面影响最小化，核心是实现完美或者淘汰出局。

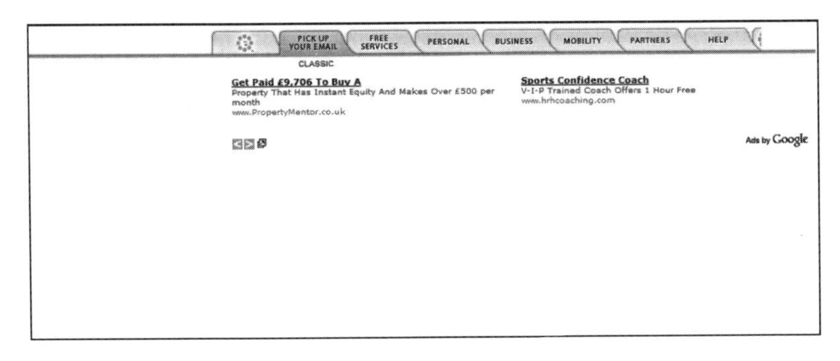

图 2-5 “足够好”的网页加载顺序

从图 2-5 中可以清楚地看出，程序员在调整页面不同区域的加载顺序方面做了一些尝试。我们不知道他是否认为“完美”是必须实现的，但是可以肯定的是要先加载广告，这个页面对于广告商来说比对于它的用户更完美。当然，广告商也是顾客，也要考虑他们对完美的需求。毕竟，他们支付报酬。但是如果你站在这个页面的真实用户的角度来想，当你需要的内容仍然在加载的时候，你希望广告先弹出来吗？你最想先看到什么？这些按钮是否会促使你换到下一个页面？这个页面的主要内容是什么？你是否会觉得这是另一组矛盾点的开始呢？

任何情况下，一旦发现不同的人群对于“完美”有着不同的定义时，一般的优化策略就会失效。加载一个或两个按钮，然后加载一条广告，再用同样的方式加载其他的按钮，这种方式不会对任何人都有帮助效果，这种解决方案纯粹就是妥协。

再次重申，“创新—完美—解决方案”就是，每个人都能够在想要的时候得到他想要的东西。

比如，我们先从用户角度考虑，有些人想先通过结果，有些人想先通过导航按钮跳转到下一页，有些人想要其他。那么理想的顺序就需要针对不同的使用者来搭建不同的环境。第一次访问站点时可能需要某些总结概括，而一些定期的访问者已经阅读了这些总结概括，可能更需要导航按钮，去跳转到他需要的下一页。

发现这些不同用户的想法后，就有机会去解决这些矛盾：如果是一个新访问者则使用第一种方案；如果是一个有经验的访问者则使用第二种方案。具体采用哪种方案，需要确定用户的类型。这是要解决的下一个问题，或许答案现在还不清楚，但是至少要记住这个思想“某人在某地已经解决了这个问题”。在编程实现加载顺序时，需要考虑到这个情况。

假设用户的矛盾点已经解决了，那么还有另一个矛盾点需要解决，这个程序对于广告商（付钱的人）来说并不理想，这是一个更大的矛盾点。广告商希望他的广告有最长的曝光时间，而不是给用户带来更大的方便。有争论说如果页面对用户来说不是完美的，用户将会访问一些可能没有广告的页面。而事实是，如果用户真的离开了这个页面，那么广告商的投资就打了水漂，这并不是广告商所期待的。然而，就工作而言，广告商确实想完成工作。某种程度上，他们看到广告时间最大化，而站在更高的高度上，实际上他们是希望卖掉他们的产品。由此，我们引出了一个更有意思的问题：什么时间点才是展示广告的最佳时间，能够促使用户点击它？或者更进一步说，什么时间点才是展示广告的最佳时间，能够让用户在希望看到广告的时间看到它？要解决这个难题，需要提出一种突破性的解决方案，使用户和广告商都能够准确地得到他们想要的。而且，这是本质上的创新——提出的突破性的解决方案能够使不同利益相关方达到目的。

发现和解决矛盾点变得越来越有可能，到目前为止我们举的几个例子，虽然有点特殊，但是建立一个更系统的方法来发现所有可能的矛盾是非常有必要的。

2.2 定义“完美”，发现矛盾

为了找到能够系统地发现矛盾，并根据发现的矛盾来创造性地优化程序的通用过程，我们回到前面讨论的谷歌的问题。我们的任务是设计一个更好的、更完美的类似谷歌的搜索引擎。

这个过程是从给“完美”下定义开始的，“完美”定义为所有的收益除以所有的负面问题。收益是什么？负面问题又是什么？为了回答这些问题，需要弄清楚我们要完成的目标。这里需要考虑到有多个目标存在：用户、程序员和广告商，这些都是本章前面所提及的。用户通常是三个目标中问题最多的那一个。因为（特别是面向广阔的市场时）有很多不同类型的用户。为了能满足尽可能多的用户需求，最好看一下极端情况。

极端情况与人类的正常行为相对应，正常的方式是寻找平均值。为了更科学地展示人们所谓“尽可能做到最好”的情况，可以通过图 2-6 来理解一下。

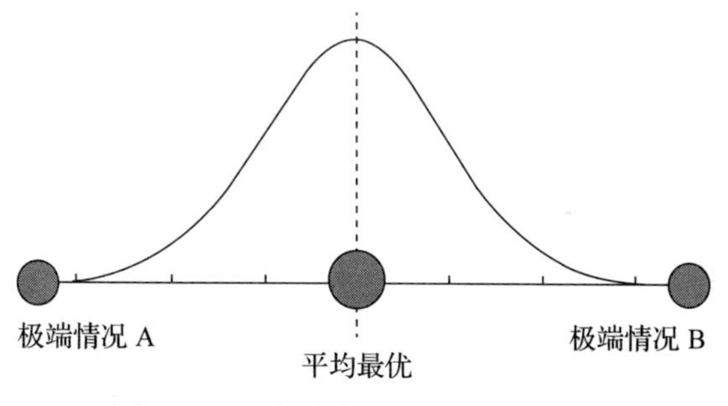

图 2-6　通常的曲线——突破的敌人

人们通常用“优化”这样的词来体现设计已经做到了最好的可能结果。但是，从现在起，“优化”等同于敌人，必须忽略。

先看一下极值，寻找异常点，不要着急向前走。

回到搜索引擎的问题，用户的主要工作是试图“找到有用的信息”。要描述这项工作，就必须考虑与其相关的属性：第一个属性是如何确保搜索的准确性；第二个属性是如何迅速地给出答案；第三个属性是搜索引擎返回多少链接。注意，其中的一些与收益有关（完美定义方程的上半部分），另一些与负面问题有关（完美定义方程的下半部分）。它的重要性在后面将会变得更为清晰。与此同时，有必要将这些属性与前期讨论的内容相结合来寻找异常点。

我们从“点击次数”这个属性开始这一过程。那么，从用户的角度来看，考虑一下点击多少次是完美的？你怎么看？首先，你理想的点击次数是多少？一次？五次？十次？一百次？无限次吗？答案取决于什么？复杂吗？

下面开始分解并了解一下这个复杂的问题。在最差的情况下，“完美”是在一次点击和无穷点击这两个极端之间。事实上，如果把这个极端推得更远，这个范围将会扩大甚至包括零（例如，如果我提出了一些理想答案，但当我搜索时，发现别人已经提出过这种解决方案，哦，不对，是在这之前没有人想到过）。所以完美点击次数的范围是从零到无穷大。

接下来，有必要考虑这两个极端会发生什么情况。我们先从零开始找答案（或者从“一”开始）。如果想接受一次或者零次点击，用户就需要确信这就是正确答案。换句话说，他们理想的点击次数是与准确性紧密联系的。这是在另一个突破性创新机会的环境中的重要发现。

用户的理想点击次数“无穷大”时的环境是什么？“无穷大”可能是用户试图审视一个问题的情况。或者他们试图看一个结果，比如，他们最喜爱的摇滚乐队或足球队有多少页面。当他们想要看到一切时，新的问题又出现了，他们不想在看到一切前翻动大量页面。他们希望无限点击能够结合到另一个搜索引擎的属性。“我想要的信息需要翻多少页？”

这就造成了一个新的问题：“完美的页数是多少？”一页？两页？五页？整个查找范围的过程又可以从这个属性开始。因为这个属性和之前的“点击次数”属性是连在一起的。因此，考虑这两个属性的理想结合点是什么，就变得可行了。一个页面展示无限的信息？听起来很好，或者这是现在提出的一个新的问题，比如：所有这些信息都是清晰的吗？易读性是系统的另一个属性，需要添加到列表中。把点击的数量和页面的数量相结合。

弄清楚我们发现的信息的含义是必要的，这就是图 2-7 阐明的模板的作用。

属性冲突

属性	客户A IFR	客户B IFR	供应商IFR	等等 ⟶

图 2-7　属性相关关系的完美定义模板

模板结构主要有两个维度，行包含每个属性，而列则为每个不同类型的利益相关者。显然，有两列已经填充了“客户”。这两列代表了两个极端“A”和“B”，极端的情况列于正常情况的旁边。而其他的利益相关者同样也可以列在表格的右端。模板允许扩展，添加尽可能多的利益相关者和极端来构建一个完整的图。同样可以使模板保持向下扩展，发现更多的相关属性。

图 2-8 显示了一个模板，这个模板填上了到目前为止我们在搜索引擎上讨论的属性和利益相关方。

属性冲突

属性	客户A IFR	客户B IFR	供应商IFR	等等 ⟶
点击量	0/1	∞		
准确率	100%			
页面数				
清晰度				

图 2-8　部分完成的搜索引擎定义模板

总结一下到目前为止我们已经完成的需要注意的事情：

1）模板左侧的阴影区表示了给定的属性两两之间的关系。因此，在这个案例中，点击次数和准确性以及页面数量是相关的。同时，还可以确定的是页面数量和易读性也是相关的。

2）阴影区的点击量一行体现了持有不同观点的 A、B 两类客户，这样我们就找到了一个矛盾点。

3）通过不断地发现极端情况，并考虑在这些极端情况下发生的问题，总会不可避免地发现新的需要思考的属性。从本质上讲，这个模板是具有“自我修正”功能的。

搜索引擎模板最终的样子可能如图 2-9 所示，假设所有的行和列都已经找到（注：“实际”的分析肯定会有更多的行和列）。

完成这个模板首先需要关注的重点是记住异常点。当问到“客户想要的理想安全水平是什么？”时，能够回答 100% 安全将是十分诱人的。有必要走出隐藏的“寻找相似观念”的心态（大脑精力相当充沛，因此对这项工作的困难不必惊讶）。而开始问一些极端的问题，比如“有客户不希望 100% 安全吗？”或者（换个方式）“达到 100% 安全不是他们的理想吗？”

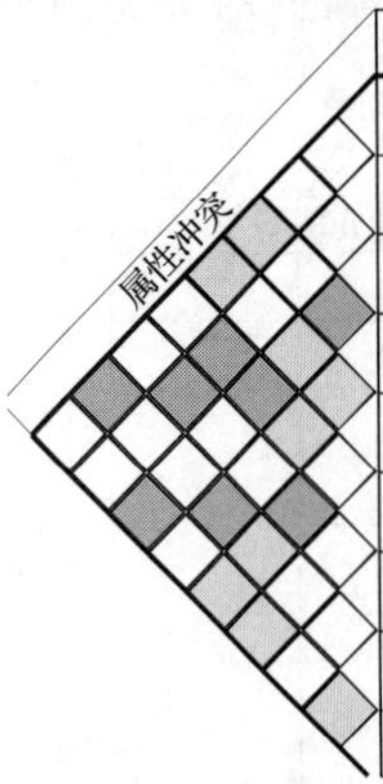

属性冲突

属性	客户A IFR	客户B IFR	供应商IFR	等等 ⟶
安全度	100%	（不安全的）	0	
准确率	∞	∞	（最简）	
点击量	0/1	∞	10	
速度（时间）	∞（0）	∞（0）	∞（0）	
成本（最先）	0	-ve	成本0；价格∞	
加载时间	0	0	（最简）	
状态/风格	∞	∞	总是流行的	
学习曲线	0	0	（最简）	
学习	0	（语义的）	0	

图 2-9　搜索引擎的典型完成模板

强制性地问这些问题是一种好方法，因为每发现一个异常点都能找到另一个矛盾点（因此，会出现另一个突破性的创新机会）。有客户不希望 100% 安全吗？也许搜索时他们希望 100% 安全，但是当他们的孩子搜索时又是怎样呢？客户会不会希望知道他们的孩子搜索的是什么？或者再举一个有争议的例子，如果搜索者是一名员工呢？他们的老板会不会想知道他们在看什么？从这些角度来看，100% 安全不再是理想的要求了。结果，另外一个矛盾点已经暴露出来了，另一个突破性的创新机会也就来了。

在整理模板的过程中逐一发现了所有的矛盾点，最终的目标也逐渐浮现出来。迷宫中出现的每一面墙，都引领着老鼠找到终点的奶酪。

没有必要解决全部的问题。事实上，大部分的问题可能还不知道该如何解决！有一些问题听起来甚至有些荒谬（一次和无限次点击究竟是什么意思？）。但是，我们还是应该感谢这些问题，因为这将是我们未来生存的基础。

仔细看看模板会发现什么，有必要对“供应商”一列进行简要说明，这一列是指发明和拥有搜索引擎的人。谷歌会写下从它自己的角度理解的关于“完美”的各个属性。例如，从谷歌的角度来看，“理想的点击次数”最为简化（每页 10 次点击——典型的“足够好”思维）。可是正如我们所知，理想的点击次数应该根据用户的需求而定，这一点从未改变。

有些时候（例如，考虑和成本相关的属性），用户想要的产品和开发者提供的产品之间存在巨大的差异。有的用户想使用搜索引擎的成本是零。更进一步，有的用户可能为了得到一个理想的答案，而愿意付费（例如，如果搜索引擎能够保证提供正确的答案，那么他们将愿意为此支付费用，因为这会帮助他们节省时间）。还有一些更为现实的情况，把这件事换个思路，也许有的用户的想法是“开发者应该为我付费让我使用他们的搜索引擎”。这就是一个潜在的，用户和开发者之间的巨大矛盾（零成本和它的极端另一面——“无限获利”）。这又是一个矛盾点，因此，这也是另一个创新的机会。为用户付费的搜索引擎仍然能使每个人无限获利吗？

当然这听起来不大可能，但那时我们很可能仍然局限在软件很快就会“过时”，软件会优化的思维方式上。在我们解决这些已经发现的矛盾点之前，还有几个章节。不过别担心，即便不是我们，也会有别人将矛盾点解决。仅就这一点而言，目前保持一个开放的心态是有必要的。当我们完成了这个让人头痛的模板时，实际上我们已经做了一件非常有意义的事情。

分析到最后，你会发现，其实只有两种方式进行创新。是真的吗？整个模糊创新的分类可以只归结为两种方式吗？没错！只有两种创新的方式：

1）解决矛盾点；

2）为模板添加一个没人能想到的新属性，使最终用户能更好地完成工作。

就是这样。故事结束了。如果你不做这两件事情中的一件，你就不是在创新。如果你不创新，那么，你将被市场淘汰。

2.3 为什么我们要获得完美

大部分人在谈论到“完美”这个词时，更多的是感觉没有必要那么努力，而重复警告公司的员工如果没有创新将开除他们，似乎也有点危言耸听，想想也是这样。

机会像是一部手机（或是细胞，如果你喜欢的话），你能用它来完成什么事情？也许你有一台笔记本电脑，你能用它来完成什么事情？同样的问题也适用于你的信用卡、MP3 播放器、导航仪（好吧，也许这些你还没有全部拥有）。那么你钱包中的现金呢？所有这些东西，之所以能够存在，就是因为它们能够提供不同的功能。它们能让人类完成各种各样的事情：交流、计算、发现、娱乐、放松、定位、购物等。

每个人都想完成这些事情，但是它们不一定希望随身携带所有的辅助工具。换句话说，每个人都会不自觉地给出一个关于完美的高层次的定义：“我想完成所有的工作，但是我不想使用这么多不同的设备，它们会让我变得疲惫，花费很多钱，而且使我的生活变得糟糕，这不是我想要的。”

在对完美的高层次的理解中，真正的理想是做所有我们想做的事，而没有花费、没有负担、没有麻烦，并且没有各种负面的因素。如果你能够设身处地地为他们着想，就应该可以想象到人们在那个时候会变得不开心。正如本章开始时提到的，他们不开心是因为，当我们接近用户定义的完美的时候，用户关于完美的定义也在发生改变。

但重点是你会发现世界已经在朝着正确的方向移动（因为即便一个公司不听用户的需求是什么，其他公司也会听的）。正因如此，你的手机已经承载了 MP3 的功能，它有卫星导航，可以连接互联网。现在，手机已经开始代替钱包里的现金；可以提醒人们什么时候该吃药了；在某些领域，它还能用于监控重要的信号。换句话说，手机开始承担很多专门产品的功能。这个故事是关于集成的，图 2-10 描述了这一现象的演变图。

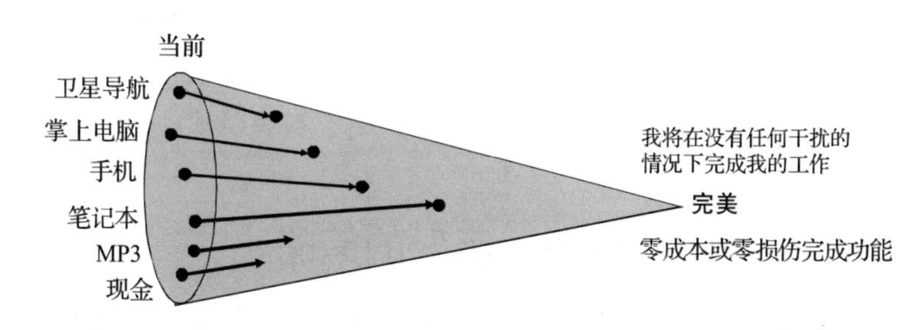

图 2-10　所有系统集成的革命

就所有的事物而言，图 2-10 可能过于简化（以第 8 章为例）。然而，一个人在考虑问题时，如果能时刻保持头脑清醒，确保所考虑的都是“完美”的而不仅仅是“足够好”将是非常必要的。

可能你的工作是设计出世界上最好的搜索引擎，或者是做好一份幻灯片，或者是对资金进行安全可靠的管理。图 2-10 告诉我们，因为有如此多的不同的东西最终集成到同一终端上——终端消费者可以做所有他们想做的事情，不用其他的辅助工具，那么可能会出现一个潜在的、完全不同的行业，最终导致我们全部被市场淘汰。

软件行业最大的隐患就是这种集成发生的情况比其他传统行业要快得多。原因很简单，因为通过软件操作只需花 0s 和 1s，要比操纵塑料和钢铁等物品更容易。

那么最后的结果是什么？难道所有这样的集成都意味着人们将会失业吗？再一次重复本章最开始提出的观点，没有最终的完美，目前所呈现的就是完美的。如同朝着地平线前进一样，没有终点。当你到达终点时，你才会意识到有许多东西和你最开始认为的“完美”是完全不一样的。这个竞争过程确保你至少有一步比你的竞争对手更接近完美。这种系统集成的演变过程提醒我们，真正的竞争对手更有可能来自参照框架的外部。

本节要说明的是，“足够好”不是不能更好，而是因为已经有太多的人集中在这一领域。或者可以这样想，人们想要做的最终只有十几个非常不同的独立工作。现在，数千万人已经在这个领域工作，但还有数以百万的人正在试图进入该领域。

2.4 完美和“从哪入手”的策略

创新系统集成的想法会对你所处公司的战略产生相当深刻的影响。如果图 2-10 远远高于你的薪酬等级，现在让我们稍微放大并检查每天的日常业务写作软件的实用性，然后看看人们可以做些什么。

图 2-11 展示了另一个集成创新的图，这次是关于写文档的工作。和前面一样，在左边的图中，“写文档”的活动包含许多当前的参与者。右边是所有参与者的目标——自动书写文档。

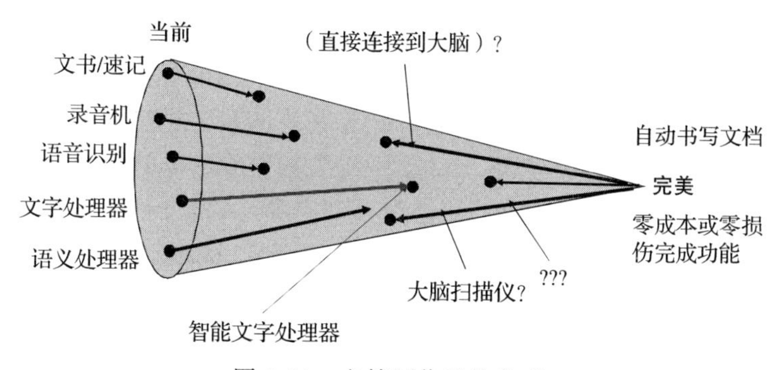

图 2-11　文档写作系统集成

图 2-11 说明了两件事。首先，从左向右看，当前的参与者都有责任移向完美的目标。他们肩负这个责任，因为他们在这一特定领域的动态竞争促使他们必须跟上竞争对手的脚步。其次，也许更有趣，因为我们以前还从未想过，这个图如果从右向左看会怎样？一个当前不存在，而未来可能存在的东西。在达到这一美好愿景之前，会有无法避免的模糊阶段。最好的构建回溯的方法就是先想想"完美"的定义，然后找到离这个定义最短且最可能的实现步骤。要实现"自动书写文档"现在可能还有很长的一段路需要走（尽管没那么远！），但如何将用户想到的转换成文字表述，是一个必然要实现的问题。

一旦潜在的参与者和他们的创新思路被发掘出来，接下来需要做的就是区分出哪些是赢家，哪些将被踢出局。这项工作可以系统地开展，相关知识将在第 4 章趋势工具——系统化创新方法中进行讲解。这些工具将有助于我们了解每个参与者如何创新（这听起来似乎有些难以置信，不过别着急，往下看）。举例来说，今天的文字处理工具集将不会是"自动书写文档"的终结者，如果真正意义上的完美的语音识别能够实现，并且语义处理器能够与之连接，那么谁还会愿意使用键盘呢？这将是突破性的创新。

现在的重点不是讨论语音识别是否优于打字输入（答案见下文），而是为了进一步强调思考"完美"的重要性。这也意味着，考虑客户所努力从事的工作的重要性。

我有一个朋友，他设计了一款安全等级高的通信系统（这个系统可以协调国家的应急服务，或许你可能属于他们公司的潜在客户）。他的生活非常舒适，因为：a）像警察这样的客户有强烈的需求，并不是每个人都知道在遇到问题时该如何处理；b）一旦你获得开发系统合同，客户就会强烈要求想和你保持联系，因为启动这个项目的成本是很高的。总之，这是一个非常安全的市场。除了通信安全，每一位客户对它都是满意的，对于警察来说尤其如此。有人喜欢通过 Skype 通话，仅仅是因为费用低，但随着像 Skype 之类的网络电话软件越来越多，它们之间不可避免地开始彼此竞争，最终程序员将会花费时间来为客户提供更完美、更安全的解决方案。这就是《创新者的窘境》(参考文献 2.1）的一个组成部分。我的朋友也整日忙于给系统升级，根据提出的问题给系统增加越来越多的功能。而这些升级，可能并不是客户所希望的（就像“创新”的另一个例子——Word 2007 中 95% 的新特性，大多数人或许永远不会使用）。与此同时，VOIP 的研发人员也在改进他们的系统，由于创新给他们带来的收益，已经促使他们的系统变得越来越接近像警察那样的客户所真正希望达到的要求了。

从另一个角度来说，尽管我的朋友把目前的竞争对手作为他未来潜在的威胁，但是，实际上，真正的威胁可能恰恰来自在他眼中处于劣势的其他领域的参与者。这可能是整个创新中最困难的部分，也许这就是人们为什么喜欢 Clayton Christensen 的书的原因。如果你需要更多的证据来证明你真的需要抓住这个核心，Christensen 的《创新者的窘境》中有一个典型的例子：每个新一代小型存储设备都曾被现任公司视为“劣质产品”，并且每次市场都能采纳这种劣质产品，因为最终它们都能够更有效地帮助用户完成他们的工作。现在，同样的事情也发生在最新一代磁盘驱动器和闪存之间的竞争上。磁盘驱动器开发者希望磁盘的读写技术有更优异的表现，就像“在海拔 1 毫米的高度驾驶大型喷气式客机”一样。而闪存开发者也一样摩拳擦掌，跃跃欲试。同样，目前 VoIP 的处于劣势的同行，很可能在未来几年内变成通信市场高估值和高安全等级的竞争者。

图 2-10 和图 2-11 都展示了突破性创新的规划图，能够帮助我们辨认那些可能颠覆当前产品的系统或功能，即便它们目前还不够强大。这么做的原因是，如果你知道将要发生什么，你就可以对影响你的下一代发展技术的威胁采取实际行动。

2.5 自我

如果本节会给你带来不舒服的感觉——本该如此！让我们再一次回顾整个故事来结束这一章，思考一下“完美”支柱的一个最重要的元素。

图 2-11 的右半部分是“自动书写文档”，图 2-10 的右半部分是“我将在没有任何负面问题干扰的情况下，完成我的工作”，这也可以重新解释为“自动完成我的工作”。这就是说，作为一般规则，“自动完成工作”往往是非常成功的创新视角。正如第 6 章将会讲到的一样，这并不是完整的故事，因为意识到“如果我们讨论的内容远远超出当前客户所需要的，他们将不知所云”这个事实也一样是有必要的。给客户一种“自动完成工作”的能力，听起来可能是一个有趣的概念，但是当客户开始实现这种能力时，他们很可能会在脑海中形成下一个想法。

市场上提供的“自动书写文档”的软件也像这些情况中的一种。如果有人告诉我，这个建议可能把我从烦琐的敲字工作中拯救出来时，我可能会竖起耳朵倾听，但不久之后，我会想“这是不可能的——这个软件怎么知道我在想什么？”

另一方面，一个软件具有“自我更新”的功能，似乎涉及一系列的事情：a）认为这是可能的；b）这将意味着我不必处理“软件更新”过程中的事情，“自我更新”完全可以帮你避免这些问题。那么，“自我检查”“自我修正”（就像“拼写设置”一样）又如何呢？又或者是“自我校正”“自我监控”“自我检测”等，如果我是控制系统的软件开发人员，那么如何辨别与软件接口的是其他机器而不是人类呢？

系统化创新方式就是：某人在某地已经解决了你的问题。“自我”的好处是它是一个伟大的搜索词，而且可以看到谁已经想到一个更完美的解决方案。

搜索引擎可以简单划分为：

1）你正在完成的工作是什么？（这个功能是调整、管理、编写等）。

2）进入美国专利数据库（参考文献 2.2），并输入搜索字符串，包括功能词，再加上“自我”这个词。

3）浏览长长的专利清单，直到找到一些看起来似乎相关的专利才返回。

当然，要发现某人在某处已经解决了你的问题，需要走一段很长的路。首先你不能简单地重复他们的专利，这样做是不合法的。那么，你可以做些什么？通过一些其他的系统化创新支柱和工具集中的工具，看看他们将如何帮助你设计一个专利（“找到一个可以替代的技术”可能是合法的、可以接受的术语），或者创建一个更强的、更完美的解决方案——与这个专利相比。归根结底，一切最终都会回归到简单的想法——要比你的竞争对手更完美或者淘汰出局。足够好其实就是不够好。

2.6 我该怎么做

这很简单。想一下你的最终客户想做什么工作，然后完成图 2-7 的模板之一。

完成这个模板可能会让你发现一系列的矛盾。选择其中一个，然后解决它。如果在这方面你需要帮助，就去通读第 7 章。

如果你的任务更具挑战性，试图找出你公司的核心业务，谁会来影响你的生意并踢你出局，你需要确保你会是最终的胜利者，那么就为你的行业构建如图 2-11 的视角。再一次记住，一切工作都是从你的客户最终想要做什么开始的。

参考文献

1) Christensen, C., 'The Innovator's Dilemma: When New Technologies Cause Great Companies To Fail', Harvard Business School Press, 1997.
2) www.uspto.gov/patft/.

03

第3章

七根完美的支柱之二——摆脱

Systematic (Software) Innovation

“有些问题很复杂，你必须拥有高智商和渊博的知识才能处理它们。”

——劳伦斯·彼得

“他总是不断地提醒着我们，世界上即便是两个相距3英尺[⊖]的点，也是极其不同的。”

——道格拉斯·亚当斯《怀疑的鲑鱼》

E代表摆脱。摆脱意味着打破思维定式。几乎每个人都曾绞尽脑汁想要打破陈规去思考问题，摆脱就是要打破陈规，创新就需要这样。然而，如果只是被告知必须做一些事情并不一定能促使你去做。用一句老话就是，打破陈规的说明就在规矩中。本章主要讲这些规则，首先让我们讨论一下下面这些问题都是关于哪些方面的。

3.1 大脑不是为创新而设计的

主要问题在于人类的大脑还没有进化到创新的阶段。目前它还处于记忆模式阶段。最好不要在生活中各方面都把大脑与计算机的工作方式做比较，这会将你引入歧途。不过，在记忆模式方面，把二者做比较是非常合适的。人们通过写代码来使计算机完成重复的工作。同样地，人们会在大脑中构思小程序来重复一些以前做过的事情。每个人都构思过一些脚本或小程序，就像第二天早上要穿的衣服要提前清洗好一样，这是一件很自然的事情，重复做就好了，不用再多加思考。大脑中的程序就是这样，它们

⊖ 1英尺=0.3048米。——编辑注

能帮助人们穿过拥挤的马路，去咖啡店买午餐，或在同伴生日的时候买到合适的贺卡等。这就是记忆，记忆模式可以使人们节省很多时间，而且大多数情况下都会完成任务，这变成了他们做任何事的方式。

当人们工作的时候也会发生同样的事情：有人遇到一个问题来请教你，当你了解这个问题后，你首先会问自己："我以前遇到过这个问题吗？"我们来试一下，请看图 3-1，问题是，你能看到什么？

图 3-1　你能看到什么

你有没有觉察到你的脑海里出现过"我之前遇到过这个问题吗"这个想法。如果你之前看到过这幅图（假如你参加过我们的系统性创新研讨会），你就会知道答案。因为不管你承认与否，如果你之前看到过它，大脑就会把它储存起来。

如果你之前没看到过这幅图，你脑海里就没有答案的影像。在这种情况下，你的大脑就不得不进入另一种思维模式。在非科学领域，这种模式叫作"思维定式"。思维定式通过查询你大脑里存储的其他事物来工作，查询和这个图类似的事物。换句话说，思维定式就是与你大脑里存储的东西相关联。"我见过最相近的东西是什么？"是最主要的连接器。如果你之前从没有看到过与这幅图相关的任何东西，很快就会走进死胡同。在一些微不足道的问题上，你的下一个反应可能就是耸耸肩，然后告诉自己这不过是一个愚蠢的问题。如果你的思维更活跃一点，可能会仔细看看这些图，试着去理解它们。在图的左边可能有一只乌龟？在右下角可能有一副太阳镜？

这些答案都可以看成是创造性的。虽不是准确的答案，但你确实进行了关联，这不是一件坏事。

（如果你想知道答案，把书倒置过来眯着眼看。如果这还不奏效，去和你的研讨组讨论一下。）

这里最重要的一点就是你刚才观察这幅图的过程，它们每天都在发生，发生在每个人身上，发生在每项工作的每个问题中。

在许多人的脑海里还有另一个想法，即寻求最优解，特别是那些在诸如 SixSigma 这种大公司工作或是在世界名牌大学学习的人更是如此。在上一章中我们简单介绍了这种现象。从心理学角度来看，寻求最优解是一件好事，但是在创新领域却是一场灾难。如果现在还有人用他的学习过程和职业生涯来说明最优解是最好的，最优解就是他们追求的目标，那么创新就很难实现。最优解只是从“足够好”迈出了一小步，创新者利用最优解只是带领我们前进一小步。实际上，我们需要的是“完美”。

在上一章中我们已经讨论过“完美”的必要性了，现在我们来解释一下重写大脑里存储的一系列程序的必要性。人们花越多的时间来巩固“最优解”这种状态，重写工作就会越困难。再加上他们的老板，早已在自己的脑海中建立了最优解模型，这就使问题更加复杂了。重写不仅是一种不寻常的思考方法，有时候真的这样做了，老板还会惩罚你。毫无疑问，创新工作有时候会让人感觉很残忍。

这还不够糟糕，书中还有另一个“重大冲击”——人们远离软件工具可能比远离人类本身还要困难。编写一款成功的软件需要绝对正确的逻辑，因此软件开发者需要知道“逻辑好，逻辑对”。这是错误的，逻辑是需要在开始编程之前提供给客户的。然而，如果在研究出突破性解决方案后再拿出逻辑给客户看，那可不是他们所需要的。

换句话说，你需要逻辑，你也不需要逻辑。这是另一个矛盾点，但还不足以说明逻辑有时是一件糟糕的事情。

一起来看下面这个问题。突破性的解决方案全部都是不连续的，全部都是从一种方式跳跃到另一种方式，注意，这里是“全部都是”。如果一些人用他们全部的精力设计了一个字处理软件，他们最不希望听到的就是有人已经做出来了，而且可能已经商业化了。按常理来说，他们会把字处理软件做得更好。实际上，更可能的情况是他们的老板会一直提醒他们要把字处理软件做得更好。不管怎么样，他们陷入了如何把字处理软件做得更好的困境。如果现在让他们考虑生产一款字处理的商业软件，这就会出现一个问题，他们所有的逻辑都不起作用了。程序将无法运转，因为他们刚刚提出的问题确实是一个难题。

然而，也许在未来的某一天，某人在某地发明了这款产品。软件开发者和他的老板将会知道有人已经实现了它，结果是：a）他们所有的客户将会消失；b）当他们看到解决方案时，他们会自言自语：“这是显而易见的，为什么我们没有想到？”

这里的悖论（也许是整个创新史上最大的悖论）是因为新的解决方案显而易见，你的大脑告诉你如果进行了充分的逻辑推理，你也会得到这种答案。人们之所以这样想，是因为一旦你看到答案，便开始逆向思维，你将能够构建一个完全合乎逻辑的路径得到答案。因为从后往前看，许多事情都是明显的。然而，这并不意味着逻辑能够引领你从开始到达现在的阶段。在这个角度看，世界是不可逆转的，我们经常被愚弄。

逻辑不会带来创新。如果说这个说法还不够严格，那我们换个说法：最大的创新往往来自最少的逻辑跳跃。即便你能够强迫自己做出不合逻辑的跳跃，你也很可能会否定这些通过不合逻辑的推理得到的结论。摆脱这些问题，你就会变成一个多产的创新者。

如果理解这些有困难，那么考虑一下是什么样的逻辑能够促使 Skype 走在传统电信公司的前面？或者是什么样的逻辑能够促使 Linux 和其他开源程序出现在 Microsoft 统治的时代？或者传统的航班是如何面对瑞安航空抢走他们越来越多的乘客的？或者较早的（更好的）MP3 生产商是如何看着 iPod 占领他们未曾开发的市场的？更不用说，世界最聪明的机器人也许是由一个坐在英格兰乡村没什么钱的游戏程序员，用几个现成的电脑芯片制造出来的。

摆脱思维定式确实很困难，因为人类的大脑不是为创新而设计的。这种困难也可以称为“心理惯性”。

3.2 三种不同种类的心理惯性

首先，心理惯性是可以克服的。如果能认识到那些试图阻止你摆脱思维惯性的问题，通常就已经成功了一半。本节将介绍三个主要的不同种类的心理惯性，这对一名成功的创新者是必要的。这三种心理惯性分别是：

a）惯用词；

b）个人知识领域；

c）错误的假设。

惯用词——人们用到的词语与大脑有着密切的联系。人们平时比较习惯用缩略语来表示一些词语。当说“打开一个新窗口”，你就会知道它的确切含义，更确切地说是你认为你能做到。这个任务你已经做了很多次了，每次做的时候看起来都一样。因此在你的大脑中存有一个强大的脚本，它已经执行了多遍，不会有什么令人惊讶的事情发生。同样地，你知道“最小化”的意思，或“放大”“滚动”的意义，如果你最近 15 年用过了各种计算机，你就会知道最小化按钮在哪，你总是期待在屏幕的右侧看到滚动条，当然，屏幕的下方也可能会有。这就是心理惯性。

现在想一想 iPhone 的用户界面。滚动条去了哪里？最小化按钮呢？功能照样可以用（你也能缩小和滚动屏幕），开发者找到了一个更好的（更完美）方式来展现这些东西。

iPhone 的用户界面打破了人们的心理惯性，使得任何传统的图形用户界面（GUI）都让人本能地感觉不够友好，这令人十分郁闷。从某种意义上来说，这成了新的“常识”，也就成了新的心理惯性。

那么关于“窗口”呢？这是一个更强大的心理惯性。为什么窗口总是矩形的？为什么提到窗口的时候你就会画一个类似图 3-2 的图呢？因为，看一下客观世界，切割玻璃时，用直线切割要比用曲线切割更容易。就是因为这样，基于窗口的操作系统红极一时。把窗口设计成矩形是一个很好的主意，因为人们之前从没见过操作系统。因此，他们会自然而然地将窗口和自己的心理惯性联系到一起。

图 3-2　大部分人心目中的“窗口”

这是一个心理惯性起主要作用的时代——无论你要改变什么事物，人们都可以将其与已经知道的事物联系起来。唯一可以比较和计算的就是你的新想法是否能比已经掌握的知识更有效地完成工作。

但是一旦人们找到了联系，打破心理惯性的时机就成熟了。为了判断改变“窗口”的时机是否成熟，我们可以设想一下最完美的窗口形状是什么？是矩形吗？可能是。可以是其他形状吗？当然可以。这取决于人们想从窗口中看到什么，这也是另一个需要解决的问题。窗口的最佳形状有时是矩形，有时是圆形，有时可能是图 3-3 中的任一种。

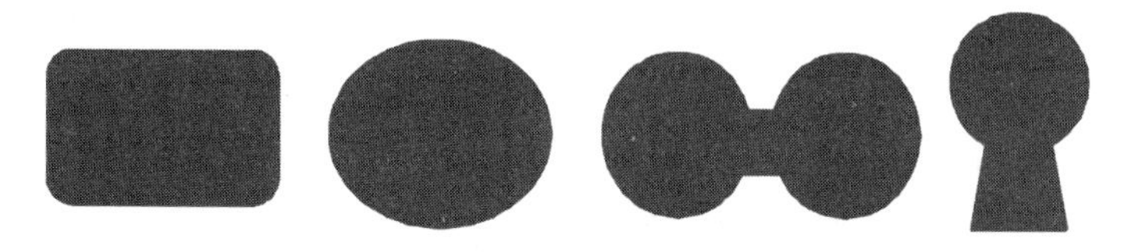

图 3-3 其他“完美”窗体的形状

为什么之前没有人说过这些？你现在已经知道答案了，因为存在心理惯性。

有人看到这些，也许会想“确实是这样，但是……”这说明你找到了另一个矛盾点。因而找到了另一个创新机会。

让我们继续看第二个心理惯性现象，这可能为我们提供其他不同类型的创新机会。

个人知识领域——学术界的读者可能会更关注这一部分。我热爱学术（在某种意义上曾经是），但是他们似乎有个习惯——写论文和编教材，其他人好像只有通过这种方式才能掌握真理。且不说教材中随处可见的种种错误，即便是最出色的学者出版的教材也经常有错。这个事实说明，即便当时写进教材的内容是最好的，也仅仅是当时对现实世界的一个反映。教材是做优化工作的利器，或者说是有助于超越他人的利器。比如，某个手机厂商的语音识别系统可能会优于几年前的论文描述的算法，即便那些论文是由该领域的资深研究人员撰写的（人们也称他们为研究员，因为他们确实在研究）。你所掌握的知识范围迟早会超过教科书上所写的，并熟悉各种算法，这时你应该可以做出一个声音识别系统了（提示：96% 的识别率听起来相当不错，那是当前的技术现状，但只要可怜的用户试图使用它，4% 的错误率就会变得很关键），你会发现在教科书里找不到答案。

这里有一个建议可以彻底克服心理惯性知识领域：看一看你书架中的所有书，你硬盘中的所有文档，你从杂志上摘下来的所有文章，你下载的所有专利，考虑一下如果你的工作是要实现一两个突破性的解决方案，那么哪些是你不需要的。

一切创新都可以从学习开始，但是，教科书中任何绝对正确的内容，实际上都可能是错误的，这听起来滑稽得可笑。现在我们来描绘一种情况，所谓错误的事情，实际上可能不仅仅是真理，甚至可能是比陈旧的真理更好的解决方案。

专业学者几乎全部都是历史学家，他们的工作就是记录和弄清楚其他人的创新。如果你的工作是创造性的，那么你首先要做的就是挑战这些学者告诉你做的所有东西。

这里特别要提"定律"和"法则"。"定律"听起来相当重要，席克定律、费茨定律、莱特希尔定律、热力学定律、三分法则。它们当中的任何一个几乎都代表了对当今世界的理解程度。特别是热力学定律。但要记住这样一句话：几乎每一个主要的创新都会违背普遍的常识（参考文献 3.2）。

当然，你肯定会持怀疑态度（祝贺你，你已经有需要挑战的事情了）。让我们拿一个"简单"的定律来证明它到底有多绝对。如果你是一名图形设计者，你肯定知道席克定律。用数学公式表示如下：

$$T = a + b \log_2(n)$$

其中，T 代表反应时间，n 代表选项，a 和 b 是常数。

这就是说屏幕上展示的选项越多，需要作出决定的时间就越长。这听起来像是常识，也许席克是根据某种事物得出的结论。但是如果你说："不是这样，我的研究是屏幕上展示的选项越多，人们作出决定的时间越短。"这就是创新，人们有权利证明他们是对的。可以从第 7 章中找找线索，当我们要证明一个法则是对的时，通常可以从反面开始。

让我们看看第二种类型的心理惯性现象的另一种方式。想象你是一名学者，回想一下你学到的知识和创造的最主要的东西，所有的知识都出现在你的脑海里。现在假设这些伟大的知识仅仅是用来阐释世界是如何运转的，而当我们开始做创新工作的时候，你需要非常认真地抛弃许多知识，这就像是为了不坠落悬崖，你存在着强烈的求生欲望一样。

当有人问你问题时，你首先会问自己："我之前见过这个问题吗"，你开始在你的个人知识领域寻找已存在的答案。我曾经是一名机械工程师，如果有人向我请教一些问题，我的本能会告诉我一个机械解决方案需要什么。机械学可以用来解决很多问题，假设这个问题很难但是可以通过机械学来解决，可问题是我们的机械解决方案是否比电力工程师（或是物理学家、化学家）提出的解决方案更好。可悲的是，问题的最佳解决方案通常并非出自你的领域。

软件领域最大的问题之一是所谓的"科学"显然已是如此普及，一名称职的软件工程师可能要花三年时间才能在某个项目上达到第一个阶段，而且必须是全身心地投入。他没有时间去搞心理学、热力学，或会计学。因为几乎没有人能弄懂全部的领域，为他们编写的软件遗漏了许多重要的细节。悲哀的是细节经常是障碍或是阻碍了创新的可能性。

这的确是一件困难的事情（尤其是当看到有你署名的证书和信件时），但是要做好创新工作取决于你对创新可能性的开放度，在最佳的位置寻找最佳的解决方案，没有其他地方比你的头脑更可能实现。

这就指引我们来到了第三个相关的心理惯性现象。

错误的假设——有一个研究项目，研究的是创新失败的原因，结论是有很大部分的创新失败是因为人们在创造解决方案时假设是正确的前提，后来被证明是不正确的。因此，错误的假设可能潜在危害创新。主要有以下三类问题：

1）假设绝对的问题。

2）假设恒定的问题。

3）假设独立的问题。

假设绝对——假设绝对的问题通常出现在这些情况下：当逼近近似值时，人们假设事物是绝对的；或是在极限情况下，人们假设事物是正确的，再推导它是不正确的。因为人类的大脑喜欢将事物进行分类并装进不同的盒子："全部的""唯一的”“每一个”“虚拟的”“视觉的”“直的”“垂直的”“光滑的”等，人们倾向于把相似的事物分类到相同的绝对的盒子里。

这个错误主要有两个方面。第一个方面包含像“全部的”和“直的”词语，在某种意义上说是绝对的，因为很难描述他们，表达“非常直”是没有意义的。第二个方面包含像“光滑的”词语，尽管词语本身听起来不是绝对的，但是在人们的脑海里通常认为是绝对的。

这种类型的绝对性假设是非常容易渗透进日常用语中的，这些词语是谈话中为了方便表达而产生的简捷表达方式。就像“地球是个球体”就是一种简捷的表达方式。这样虽然方便，但句子中用到的“是”我们旨在有效地表达这个陈述是对的或者是近似正确的。假设绝对的问题的另一个重要方面是“正常曲线的流行”。因为，人们总是自然而然地将一切正常化（寻找“最优”），可是他们却常常忘记，创新的机会几乎总是出现在曲线的边缘。

假设恒定——人们将非恒定的事物假设为恒定的一种现象。我们用一个例子来解释这个情况，当被问及“你有多高？”这个问题时，每个人都知道这个问题的答案，但是他们都是错误的。或者说，他们在一天中的某个时段是正确的。一天当中，从早上起床到晚上上床睡觉，每个人的身高都会由于重力的作用变化12～20毫米。图3-4是NASA上面宇航员的身高数据，显示了三名宇航员的身高与时间的关系。测量的前12个小时，宇航员还在地球上准备吃午餐，一旦进入失重状态，宇航员的身高就会增长40～60毫米。显然，“我的身高就是我的高度”这个假设是不成立的。比如，在设计宇航服的时候，假定身高是不变的无疑会引起某些问题。

和假设绝对一样，有许多词语可以表示假设恒定的错误。首先就是“恒定”这个词语本身，像“总是”“经常”“瞬间的”肯定属于该领域，其他词语像“暂时的”“有节奏的”在理论上更灵活，但是在人们的脑海中仍然倾向于是绝对的，因为人们常常将他们之前看到的暂态现象和脉冲联系起来。

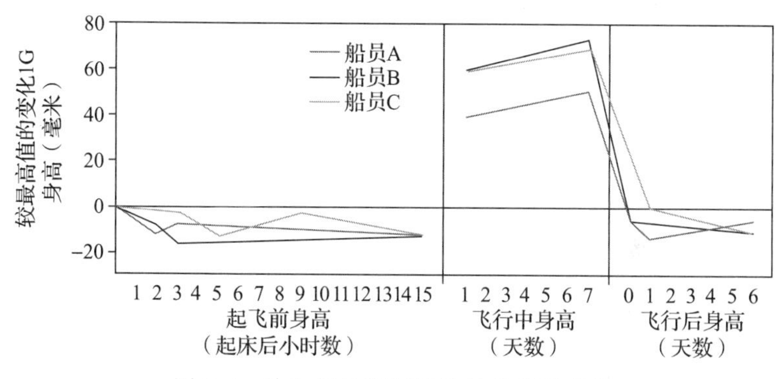

图 3-4　执行任务期间宇航员身高的变化

假设独立——当有人说“商店一直开到下午八点”或是“燃料泵为发动机提供燃料”，他们也犯了另一种假设错误。这个错误关系涉及有条件的真理和省略了的连接。前面提出了两种类型的问题，人们在陷入假设独立的陷阱的过程中会不知不觉地走捷径并将事物分类。“商店一直开到下午八点”在平时是对的，但得看这是一周中的哪一天，是不是法定节假日，这个商店的老板是否想提前关门等，这些都影响着商店的营业时间。“燃料泵为发动机提供燃料”从另一个角度说是一个有条件的、不完全的陈述句。燃料泵貌似设计为是按照恒定速率转动的，随着燃料流量需求的改变，这应该需要一个支路电路。这条语句触发器假设泵独立工作，然而事实上很有可能是耦合的两个（直接和间接）或多个事物。通常，最大的问题是当人们假设没有联系时却遗漏了联系，但是它们之间确实有联系。理论上说，燃料泵和车上仪表盘的电缆没有联系。而实际上，在 MINI 车仪表盘中有电缆穿过孔洞与燃料泵设备相连。

假设挑战触发的词清单

这三种类型的错误——假设绝对、假设恒定和假设独立经常被人遗忘，因为人们在思考问题的时候都喜欢走捷径。假设事物有 99% 的可能性是对的，在人们看来，它就是全对的。表 3-1 列出了需要记住的核心词汇。

表 3-1 假设错误触发词（参考文献 3.4）

	绝　对	解释的绝对
假设绝对	是那个（这个）(the) 所有 / 无一 / 每个，同等 平行的，垂直的，方形的 对称的，圆形的 球体的 水平的 / 竖直的 独特的 法律	光滑的 / 粗糙的 敏锐的 / 迟钝的 卵形的 毛孔 紫外线 / 红外线 生物的 / 化学的 虚拟的
假设恒定	永恒的 / 不变的 必须 / 通常 / 绝不 无限的 / 永久的 年度的 / 每月的 / 每天的 超声的 / 亚音速的 / 接近音速的	转瞬即逝的，脉冲，波浪涌，瞬间的，共振 / 谐波的 有限的
假设独立	独立的 / 单独的 必须 / 不能，只有，完全的 首要的，（通常）正确 / 错误	（大多数动词）

最后，在错误的假设这一部分中，了解一些人脑的奇怪现象将是非常有用的。错误的假设都是关于“人们假设事物是对的，事实上它却是错的”。这些错误的假设从两方面对人们产生影响：1）设计和编写软件时犯的错误；2）误解了我们软件的客户会做什么、不会做什么，或者给他们提供了什么。

多年来，心理学家详尽地总结了影响人们想法的认知偏差和错误的映射关系。参考文献 3.5 很好地总结了一些主要的偏见类型。从软件的设计和用户交互的期望来看，有下面几点主要的偏见：

行为者—观察者偏见—倾向于解释他人行为的影响，过分强调自己的个性和低估环境的影响情况。它的对立面，就是过分强调自己的行为和低估自己的个性影响。

从众效应——因为其他人都去做某件事你也跟着做，与群体思考和羊群效应有关系。

幻觉——倾向于寻找不存在的模式。

确认偏见——倾向于寻找或解释信息，确认人的偏见。

行业偏见——从自己的行业，而非从更广泛的角度来看待事物的倾向。

以自我为中心偏见——在合作中认为自己的地位更重要。

赋予效应——我们倾向于保留已经拥有的东西，即使付出更大的代价。

极端厌恶——避免极限的倾向，更容易做出中间的选择。

福勒效应（巴纳姆效应）——人们对于一些认为是为自己量身订造的人格描述，给予高度准确的评价的一种现象。事实上，这些描述往往十分模糊且通用，以致能够在很多人身上获得验证，因而适用于很多人。例如，占星术。

框架——通过使用一种方法或描述过于专业的情况或问题，基于不同的数据表达得出不同的结论。

赌徒谬误——认为随机序列中一个事件发生的概率与之前发生的事件有关。例如，我已经连续抛了 5 次硬币都是正面朝上了，第 6 次反面朝上的概率比较大。

事后诸葛亮——有时也叫作“我一直都知道”效应，倾向于认为其判断比实际更为精确的现象。

双曲贴现——过分看重眼前成本、忽视较长期收益的倾向。

控制错觉——人们通常相信对于概率事件他们能够拥有比实际情况更多的控制，实际却不是这样。

内群体偏见——人们喜欢优先照顾那些自己组织内的成员。

非理性升级——在理性的基础上作出非理性的决定或为已经采取的行动辩解。

孤立变化的谬误——假设我的系统发生了改变，周围其他的一切都不变。

乌比冈湖效应——人们都会偏心地认为自己比一般人优秀。

损失规避——对于相同的一件东西，人们失去它所带来的痛苦要大于得到它所带来的快乐（参考沉没成本效应和赋予效应）。

过度自信效应——一个人对于问题答案的过度自信。例如，人们自信自己的答案99%会是正确的，结果只有40%是正确的。

售后合理化——通过合理的话语劝说自己买到东西的质量很好的倾向。

单元偏见——期望完成某项任务的某一给定部分的倾向。特别是食物消费的强烈影响。

最后的思考

你是不是在想："这些全部都得知道？"是的，你全部都要知道。可以这样考虑：如果你或你的客户摆脱了上述心理惯性之一，你的下一个创新产生的可能性将大于90%。为你提供了考虑的可能性清单，希望你能一直跟踪到底是哪些心理惯性难题阻止你创新的。

万一这个清单不够详细，下面两节将为你提供一些专门的工具和方案以帮助你在升级一个系统时打破思维定式。

3.3 打破思维定式

最简单的系统性创新工具之一就是九窗口法。这个方法主要是帮助你了解自己的问题并且查找解决问题的机会。九窗口法如图3-5所示。

前两个类型的心理惯性强制一个人从中间的窗口看世界。例如，有人提议你重新设计一个更好的幻灯片版本。当你听到这个建议的时候，在大脑里立刻想到你不得不耐着性子看完的ppt演示，或许你还会为下一次会议疯狂地制作一组幻灯片。无论你的头脑里描绘了怎样的特定画面，你刚才所做的就已经定义了“系统”。在九窗口工具中有一列标识为“现在”。换句话说，你直接定义了自己当前就处于中心那个窗口。编写PowerPoint的人也跟你一样做了这些事情，他们的经理也这样做了，市场部的经理也是这样告诉项目经理的，这款软件的下一个版本要做成什么样子。

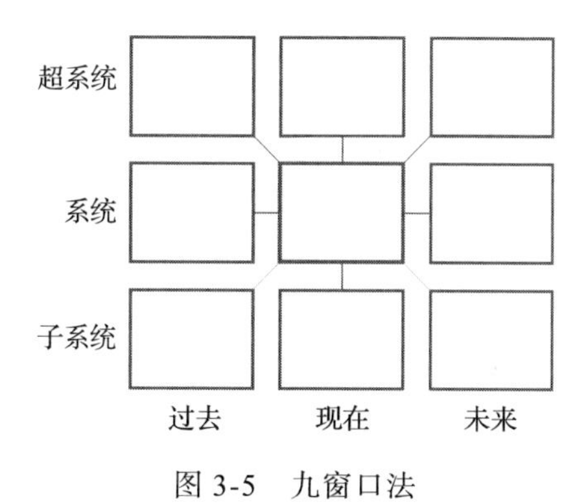

图3-5　九窗口法

重复这种在（中间）窗口停留了几年的思维，最终软件虽然得到优化，但仍然很糟糕。大家不要以为我在专门取笑PowerPoint，我们一样可以把想到的其他商业软件拿来举例。当这些软件达到这种阶段，奇怪的是创新的机会往往会在九窗口的其他8个窗口中出现。

什么？

让我们从图3-5的左边开始，“系统”上面是“超系统”。当你意识中存在这幅图时，我们定义了“系统”后，“超系统”就会被自动定义为“系统”定义以外的一切。Office的其他应用就是超系统；你的笔记本电脑也是这样；将图片放映到屏幕的投影仪也是超系统；演讲者使用的激光笔也是超系统；上班开的车也是超系统。好吧，也许汽车跟我们说的东西有点远，关键是你能尽可能地缩小从现在的系统（PowerPoint）到超系统的距离。

相反，你能放大和专注软件中的精细细节。在子系统中艺术字的按钮、光标、文本框等，屏幕上的一个像素都是子系统。

九窗口中上面和下面的窗口分别是放大和缩小，就像照相机上的变焦镜头。从左到右是更加棘手的问题，这个维度是关于时间的。想一下这个维度就像在放映电影，左手边是“过去”，中间是“现在”，右边是“未来”。所有你定义为“现在”的，当你要考虑一个更好的演示文稿时，你脑海中出现的第一个记忆图像就自动定义了“过去”和“未来”。

唯一的真正的问题是，这两个术语是相当泛化。这个“未来”意味着几秒以后？还是一个小时后？一周后？十年后？答案是都有可能，真正的答案要具体情况具体分析。

有两种截然不同的情境需要考虑：一种是你试图解决的问题，另一种是你想发现的新的机遇。

当你处于解决问题模式时，你需要把时间窗口调得尽可能小。典型的如下：

现在＝当问题第一次出现的瞬间。

过去＝在问题开始出现之前的最短时间。

未来＝在问题出现了第一个负面表征后的最短时间。

我们要把时间窗口调到尽可能小的原因是，面临的挑战的一个重大问题是找出发生了什么变化。将搜索时间的窗口变得尽可能小，搜索问题产生的原因的窗口就能得到最大关注。第10章将看到通过使用九窗口法进行案例研究并解决问题的例子。

这个改善PowerPoint的挑战代表另一种情境，在这种情况下，我们需要尝试抓住机会。我们这样做是为了打开尽可能多的时间窗口（当解决问题时，我们要做的正好相反）。如果你觉得打开尽可能多的时间窗口听起来十分模糊，那就对了。什么才是最好的创新的机会？为了给这个过程下定义，我们需要开始考虑一下“关键时刻”。

术语“关键时刻”起源于快速消费品行业。在这个行业中有两个典型的关键时刻：第一个是当顾客看中货架上的一件商品时，决定是从你这买还是从你竞争对手那买；第二个关键时刻发生在使用商品的时候，“它管用吗？”就是这个关键时刻。如果管用，消费者可能还会去买一件备用；如果不管用，用户很可能就不会再使用你的商品了。

提到软件，也会出现两个关键时刻。当然，由于（希望是）一款软件在市场的“存活”时间要比一瓶洗发水长，通常需要从不同的角度，从各个方面来得出结论，最终达到“它管用吗”的关键时刻。图 3-6 列出了 PowerPoint 版本生命中的一些关键时刻。

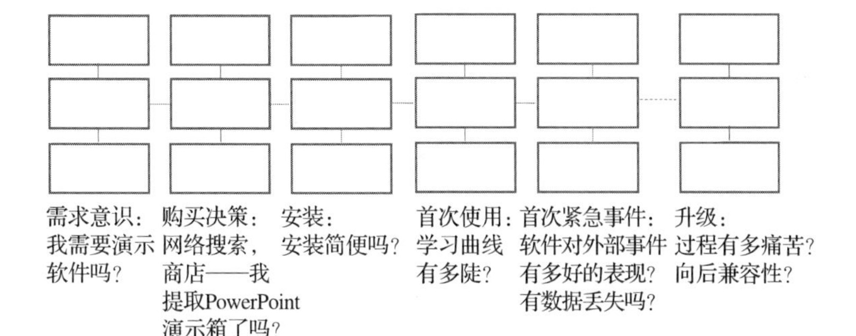

图 3-6 PowerPoint 版本生命中一些关键时刻

注意，每个关键时刻、子系统、当前系统和超系统都在窗口中添加上了。这意味着对于每个新的关键时刻，应该采取三个不同的角度。识别这些方面的目的是克服心理惯性，为如何创建一个更好的版本提出新见解。

以下例子应该让你看到，它们足够能证明新窗口展示的各种各样的东西：

a）看一下子系统级在“共享”的关键时刻，用户不得不保存一个文件，然后将它传递给收件人。有几种方式可以做到：文件可以保存到内存中；你可以用蓝牙或其他东西共享，或者稍后发送。还有问题？或许你想阻止人们拷贝文件；或许你欢迎大家拷贝，但是你要知道它们用到哪里了，因为这是你的版权等，或其他原因。或者是经常遇到的问题——PPT 文件大于邮箱容量。(或者更多相关的是，为什么微软公司让你购买一款单独的软件来将软件压缩到一个合理的大小？）除此之外，最关键的是，即使是在几个不同的关键时刻，也已经认同了改进软件的这三种方法。

b）现在让我们来谈论超系统的现在时刻。演讲者的任务之一就是使他的观众参与到演讲中去。参与的形式能实现双向交流。PowerPoint 是怎样做到这点的？或许演讲者的屋子里有一张挂图。PowerPoint 与演讲者是怎样互动的？希望这次鼠标移动得快点。PowerPoint 甚至都没有开始想这方面的问题(大多数的其他应用也存在这类问题)。人们没有考虑过这些是因为架构师和设计者（即使他们几乎每天都要用这个糟糕的软件）没有从其他不同的角度思考过。

让我们再一次应用九窗口工具，注意“未来”这一列。图 3-6 中“升级”是一个关键时刻。这是另一个领域，有的软件工程师将自己的思维禁锢在盒子里，这会让一些非软件工程师非常反感。“升级”关系到向后兼容，这是一件非常烦琐的事情。从一个较高的阶段来看，“升级”关系到对未来的预期。在这部分，每个人都比较容易犯“孤立变化的谬误”，也就是说，你在忙于将你做的那一部分升级，然而其他的却不升级。当然，大家都知道这是错误的，尤其是在飞速发展的软件行业，它会使你有一种感觉，你无法预期变化。我相信你能行。更多的信息详见下一章。现在，让我们看一个貌似不相干的例子，图 3-7 是一个关于手机行业的预测，他们的技术要么已经实现，要么正在研发中。

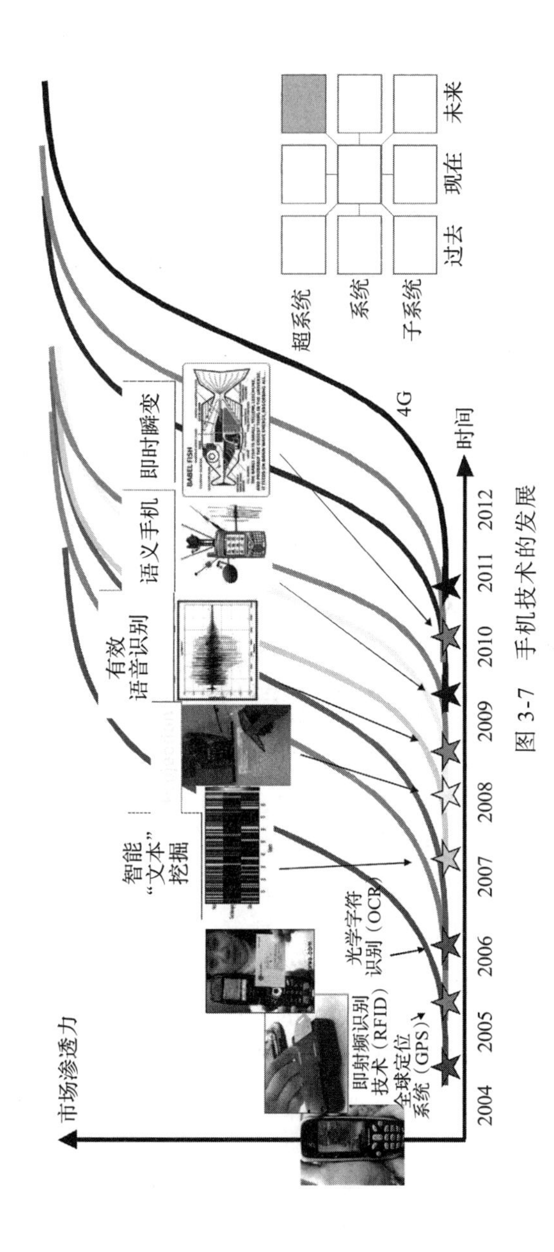

市场渗透力
时间
2004
2005
2006
2007
2008
2009
2010
2011
2012
全球定位系统（GPS）
即射频识别技术（RFID）
光学字符识别（OCR）
智能“文本”挖掘
有效语音识别
语义手机
即时瞬变
4G
超系统
系统
子系统
过去
现在
未来

图 3-7 手机技术的发展

这和幻灯片有什么关系吗？是的，可能没有。如果你不去思考，它们之间当然是没有关系的。尽管有很多不可避免的不确定问题，新手机的问世时间也还不确定，但是使用手机提供微型投影仪的功能正在向人们靠近。有效的语音识别也是这样（手机上需要解决的问题，如果幻灯片中也有就更好了），有效的语言翻译也是这样。所有这些和更多的功能，都会影响你今天思考的这些特点。除非你能肯定你能比其他人更早地解决这些问题。软件行业的赢家总是比他的对手更有远见，这已经提醒了你（下一章开始提供更多解答）。

九窗口工具是为了帮助你战胜心理惯性摆脱思维定式的，使你从不同的角度看问题。它几乎可以用于所有的创新情况。你应该能用这个工具来更好地辅助我们查找资源（见下一章），在所有的工作中，充分利用这些新想法生成工具。关于这些工具的信息详见后文。同时，我们还有必要研究一些其他更专业的克服心理惯性的工具。

3.4　摆脱思维定式的工具

本节将介绍四种不同的工具，既能帮助我们摆脱思维定式，又能帮助我们产生有用的解决方案。这四种工具均来自系统化创新的过程。不过更可能的是，当你想去尝试这些工具之一时，其结构化的工具包中却没有我们想要的。因为这些工具比第 4 章和第 7 章中的工具的结构化等级都要低，它们经常被认为是低级的。值得注意的是，针对某个变化方向，这四种工具的建议将不只是听起来可笑，甚至最后得到的最佳答案也是可笑的。换句话说，不要期望这些工具能解决你的特殊问题。然而，答案听起来越可笑，突破问题的可能性就越大。不要像听到小道消息那样太快地拒绝这个答案。

极端属性工具

每个人都会从不同的角度看世界。你自己特定视角的定义可以被认为是你的“出厂设置”。几乎所有的电子产品都有出厂设置。设计者希望大多数人使用系统默认设置，自动符合他们的要求。设计出厂设置是一项优化的任务，安装一个 CAD 软件包，很有可能默认的是公制单位。Word 默认的是一定的纸张大小等。用户可以根据他们自己的特定需要修改默认的设置。这个默认修改设置能用简单的（虽然很笨拙）方式解决另一个矛盾——我想默认为 A 和 B。

现在让我们来设置场景，从一个稍微不一样的角度来想一下出厂设置。在第 2 章中，已经确立了定义一款软件是否“完美”的系统方式，它包含了不同的属性。如图 3-8 所示，现在想象那些属性是面板上的表盘。

简单起见，我们考虑的表盘要比实际中处理的问题少。将这个表盘面板图像放在心里，现在，基本的方法就是开始扭转一些刻度盘，看看系统上发生的效果。

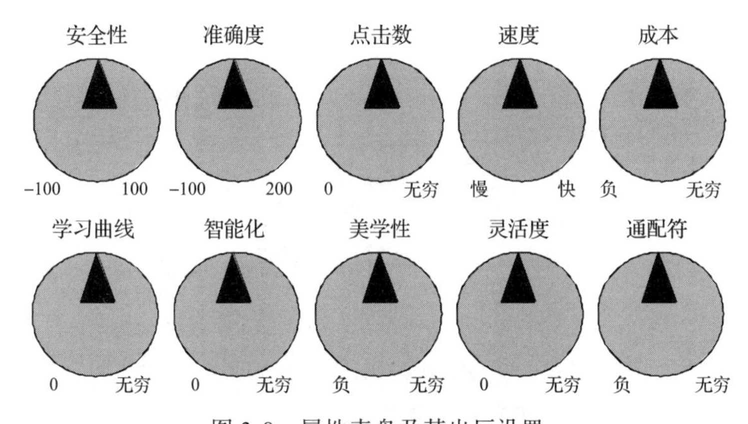

图 3-8　属性表盘及其出厂设置

假设这个面板和上一章中的搜索引擎有关系。依次调整每个刻度表盘，想想这样对我们设计系统会有什么影响。

让我们从转动“链接数”开始。每页的链接数的出厂设置默认为 10 左右。如果转动到了 7 或 8，不会真正地影响该系统的设计方法。每个网页的链接数变少，意味着你要使用一个稍微大些的字号，或者添加额外的一行总结信息，但是总的来说你真正做的就是优化工作。即使你向右拨向“1”，它也许仍然不会从根本上改变你的界面设计，也许只会在同一页面展示更多文字，但绝对不需要滚动条。因此，你做了某种跳跃，但总而言之，它让人感觉像是优化。如果你从另一个方向把它转动到较大的一个数值呢？每页平均链接 20 个或 50 个？仍然感觉像是对字体大小、摘要长度和滚动出屏幕的距离的优化。如果你把表盘调到 1000 或是 10 000 呢？突然间你会感觉你不能把字体调到那么小，也不能把滚动条拉那么长。实际上，将表盘转这么远，你所做的都是关于极端属性工具的。你将不得不重新考虑如何设计事物的呈现方式。也许与图 3-9 中所示的相似。

显然还需要做很多工作，但是这里有意思的是，你至少已经发现了一种非常有趣的新方法来呈现互联网搜索结果。现在需要做的就是开始使用一些其他的工厂设置，看看可能会将什么添加到这里。

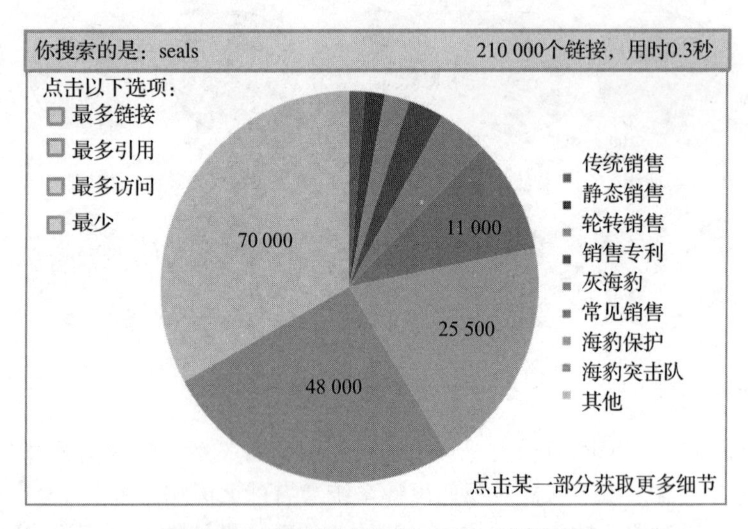

图 3-9　在屏幕上展现 10 000 个链接

接下来看克服心理惯性的第二个工具。

欧米茄生命视图工具

在某些方面，欧米茄生命视图（Omega Life View，OLV）工具仅仅是之前的极端工具的一个扩展。最主要的不同点在于把重点从当前系统的属性转变成了顾客期望的属性。图 3-10 展示了一个典型的用户属性控制面板。

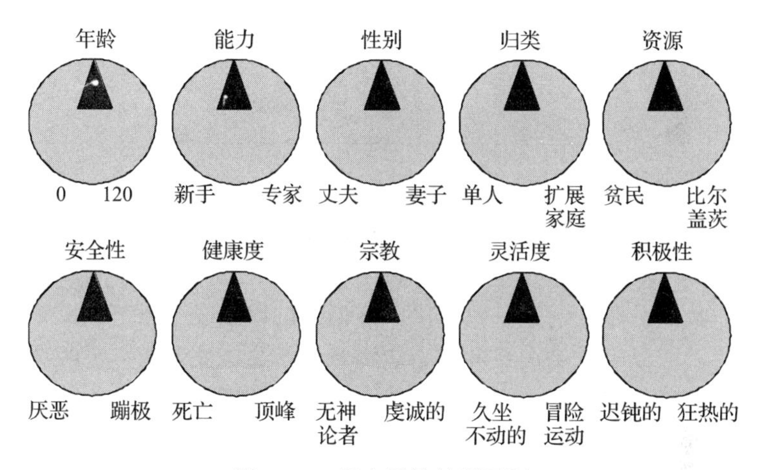

图 3-10　用户属性控制面板

这里的表盘用来探索一个我们想要设计的软件或应用程序，看看其“完美”的定义是如何变化的。这个工具有一个优点，当你越接近极限位置，就会发现越来越多的突破机会。如果你想知道对于八旬老人（也许他身体不好，但却可以蹦极，而且智力正常）来说完美产品 X 的可能值，可以试试这个。相当一部分突破性的发明来自在某个时期处于社会边缘的发明家。对于我们的老朋友 / 新敌人——正常的曲线来说，突破往往来自欧米茄——远离均值 9 倍或者更多倍标准差的部分，如图 3-11 所示。

这并不是说我们八九十岁的时候还能蹦极必然会带来未来搜索引擎技术的突破。即使他们这样做了，偌大的市场也未必会对此感兴趣。但是把刻度转向另一个极端的人，开始思考他们眼中的“完美”是什么样子的，这使事情开始变得更有趣。很快你就会发现他们想要的东西和第一个极端想要的相同。当你发现这些极端的定义开始匹配时，你就会发现更多的创新机会。这些都将成为定义，并且迟早会重新定义市场。

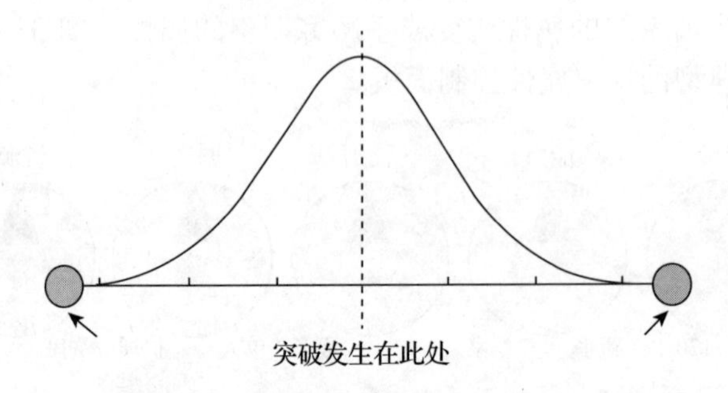

图 3-11 极端的展现：重要突破点

我们需要做的是有效简化自然创新过程：成千上万的欧米茄发明了数以百计个满足他们特定需求的解决方案（请牢记经典的创新思想：脑子里一定要尽量想到问题的更极端的版本，如果能够想到，那么你很可能已经找到了解决方案），一个或两个想法最终会成为主流，因为它们解决了大多数人会遇到的极端问题。OLV 工具能够大大增加命中率。在现实世界中通过每个欧米茄看到的方案只是从他们的角度看问题。通过让自己站到多个欧米茄位置，我们可以得到多种解决方案，能够满足多个极端。如果它们可以解决在这些极端情况下的矛盾，那么我们就找到了一种解决稍大规模问题的不那么极端的方法。

上下文完美代理工具

每个人都知道软件代理。软件代理一般完成一些小的子系统级的任务，如防火墙软件有可能替你巡逻，检查你的拼写，以及管理存储在硬盘上的文件。一般来说，这些小东西足以完成赋予它们的任务。另一方面，上下文完美代理（Context-Perfection-Agent, CPA）更像是你头脑中的一个概念而非在软件中实现的功能。它们的目的是允许你用新的“上下文完美”的视角看待问题，放大到子系统级别的代码是为了帮助你解决问题的，让你的软件更接近完美。CPA 介于尤达、豪斯和马丁·路德·金之间，其属性如图 3-12 所示。

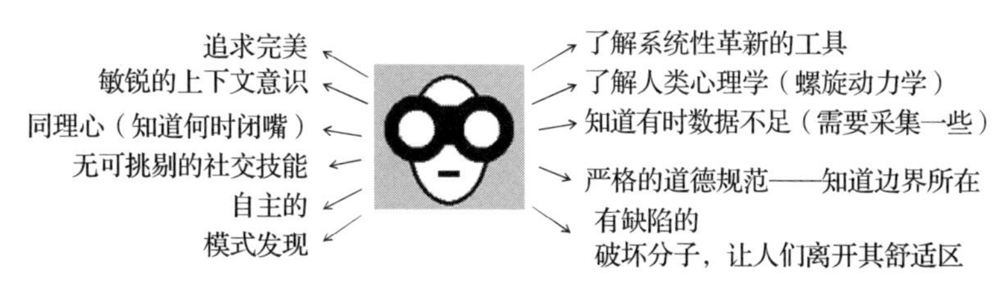

图 3-12　CPA 特点

有一个很好的例子说明 CPA 不是微软可怕的回形针“助手”那样的软件（可能是软件史上最令人讨厌的一款软件）。理论上说，设计的目的是想让 CPA 做事。例如，一些回形针设计团队假设如果一个用户在新的一行开头输入“亲爱的”，就判定这个人一定在写信。是什么让他们这样假设的？这款软件还讨好地问你：“你看起来要写一封信，需要什么帮助吗？”这款软件相当于你在学校认识的一个令人厌烦的小孩，他总是渴望被喜欢，并会为你做任何事情，但他无法与你有效沟通。你知道你自己不应该这样，可是你就是讨厌这样的小孩。当软件产生这样的效果时，就更加糟糕、更令人讨厌了。首先，它讨好式地知道你要写一封信，其次，假设你一定会遇到问题。是什么让它认为你需要帮助？讽刺的是，即使你真的需要帮助，你也不想使用回形针软件，即使它做得再好。

就像学校里讨厌的小孩，拒绝了他几个星期之后，他又跑出来提示你说：“我注意到你一直拒绝我，你想让我走开吗？”这样会让你很不舒服。从设计的角度看，这样做大错特错！

CPA 决不能犯这样的错误。首先，CPA 需要了解人类的心理。因为 CPA 在你眼里不像软件代理，更像一个发明，这意味着你需要了解人类的心理。但如果你是一个非常忙的人，不可能花一个星期的时间阅读心理方面的书籍。那么这里的研究已经缩小到上下文和完美双重范畴。

首先，CPA 从子系统的细节出发考虑问题。如你可能会将 CPA 放在 Word 中的字体选择窗口，你手机中的语音识别软件中，或者 eBay 的 cookie 中。

这里提供一个关于 CPA 的例子供读者参考。我是 eBay 的常客，我喜欢 eBay 是因为它记录了我搜索过的商品的 cookie。我偶尔会搜索 eggle 这个词，没过多久当我输入第一个字母 e 的时候，cookie 就会建议 eggle，这是我原来搜索过的以这个字母开头的单词。所以我只要点击下拉框上的 eggle 就可以了，而无须输入其他四个字母。这些微小的瞬间使得整个过程变得十分奇妙（完美）。但是接下来会发生什么？这里没有那么多的 eggle，但是总会弹出 2 个甚至更多 eggle 的页面。因为这个词使用的次数太少了，有人在 eBay 中统计，包括小的代理商，共统计出 6000 项为 eagle 的商品。你想要的是 eagle 吗？这像在问我。第一次出现的时候我的反应是点头，带着些许崇拜对自己说，这是一个非常聪明的代理人。第二次出现的时候，我发现这个代理再这么做就不聪明了。到第十次的时候，还问我："你确认是说 eagle 吗？"我都准备把笔记本电脑从窗户扔出去。是的，我知道面对这么一个烦琐的事情，这样的反应有点过激。但是，人类的心理就是这样。可是，软件开发者似乎并不了解。

那么，在这种情况下 CPA 应该做些什么呢？从某种层面上来说，它应该说："你现在是不是有足够的 eggle 了？"（实际上，我没有足够的 eggle——它应该知道我上次只买了 2 个），但是，当我第二次输入 eggle 的时候它应该能够很理智地告诉我：

a）我之前输入过这个词；

b）对于我来说 eagle 是一个可选项，我已经忽略了这个建议；

c）总之，这是一个相当好的机会，我确实只需要 eggle 而非 eagle，所以以后不要问 eagle 的问题了。

这就是 CPA 中的 Perfection（完美），CPA 就是用来展现事物可以比原来更完美的，必然要“意识到”当我第二次做了什么的时候，其实并不伴有“是的，但是”反映的错误。“是的，但是”是你下一个要解决的矛盾。即使你还不了解它，CPA 知道这些矛盾都可以解决。

这是 CPA 中的 Context（上下文）。CPA 在 eBay 搜索的时候还可以做什么？首先能够看到的一件事情是我在一个相当不变的基础上搜索 eggle，但显然，我在 eBay 其他地方的链接里没有看到自动选择这种搜索功能，我是如此渴望，可是没有遇到过。在我做了第四次或者第五次搜索之后，毫无疑问，我将获得一些信息。顺便说一下，我知道这是可以实现自动化的。

“上下文”是知识和智慧的区别。在这种情况下，“上下文”要能意识到这个用户从未使用过自动搜索功能，所以也许他并不知道该功能的存在，也许“代理”可以找到恰当的时间来让该用户知道有自动化服务。重点在“恰当的时间”。在我第五次手动搜索时还告诉我，很可能会激怒我（因为有一个隐含的假设，即软件认为我是愚蠢的）。如果在一个周末的下午告诉我，那时候我很放松，并且心情很好，我更喜欢以微笑回应，而不是一个鬼脸，这就是“上下文”带来的区别。聪明的 CPA 具备这些基本知识，还能将它与用户所处的情境相联系。唯一的问题是可怜的老版本 eBay 搜索引擎如何知道我很放松，并且心情很好呢？嗯。这听起来是否像另一个“是的，但是”问题？想想吧，也许某人在某地已经解决了这个问题。

或者，正如在这种特殊情况下的案例一样，一个环境敏感的 CPA 会知道我曾经看过自动搜索功能的网站，但是，我没有用它做任何相关的事。现在 CPA 有一个新的问题，当知道有一个更可靠的完美的自动化版本时，为什么这个人还继续手动搜索呢？ 在这一点上，它也许可以有效地做记录，事实上它有一个问题，却没有足够的信息来回答它。你可以问问用户具体的原因（在正确的时间），但更有可能的是，一个真正好的 CPA 会尝试设计一些其他的方式来理解到底是怎么回事。在这种情况下，可能不会带我们回到螺旋动力学。

与此同时，我仍然少说了一个 CPA 的重要特点。完美其实并不完美。尤达、马丁·路德·金、豪斯，他们也是有缺点的人物。我们讨厌那些没有任何缺点的英雄。这与你的 CPA 是相同的。矛盾又如何？人们想要完美，也想要不完美。

你脑中构建的 CPA 需要经过一段时间后才会冒出来显示出它们的作用。从我和我女朋友的关系中，我思考过这种方式。我们在一起已经 25 年多了，所以有一段时间她在想如何与不完美的我相处。她知道我偶尔会尝试做得更好，有时需要鼓励我来让我做些不同的事情，她还会用一些关键技能。你需要尝试将其构建到你的 CPA 中——什么时候她可以，以及什么时候她不应该做这个鼓励。在正确的时间和地点，我绝对喜欢她与我开玩笑，或者让我吃点我之前从来没有尝过的东西，或让我读一些她的乏味的书籍。她有巧妙的技巧可以准确地知道什么时候可以惹恼我。在你的生活中可能已经有人也能做到这样。你的 CPA 也需要相同的不完美代理。所需的不完美是挑衅者，是让用户偶尔走出他们的舒适环境。有人认为“完美”并不意味着为用户做好一切，因为那并不是最难的。你要知道，CPA 理解或者激怒那些永远不满足的用户，才是最困难的。

“为什么 - 什么阻碍你”工具

第四个，也是最后一个摆脱心理惯性的工具——为什么 - 什么阻碍你（WWS）是关于建立问题的层次结构的。这样做的目的是确保你解决恰当的问题或确定恰当的机会。

这个工具是相对简单的，图 3-13 中的表显示了我们要做的。

开始使用模板时，通常我们会在方框中写下我们认为的目前你正试图实现的。从那里，模板迫使你思考两个不同的问题：1）你为什么要解决这个问题；2）是什么阻碍你——旨在识别更广泛的问题，其他的在揭示缩小的根源问题。问题很简单，但是迫使我们思考的内容却并不简单。

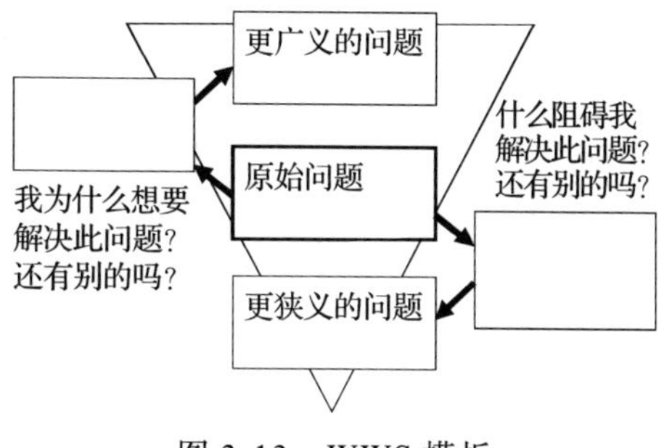

图 3-13　WWS 模板

图 3-14 展示了一个对前面的 PowerPoint 问题进行分析后的模板。注意这幅图上相对于原来的模板向上和向下扩展的部分。在一个真正的设置中，你可能发现自己可能在两个方向或其中任何一个方向都会有更进一步的扩展。

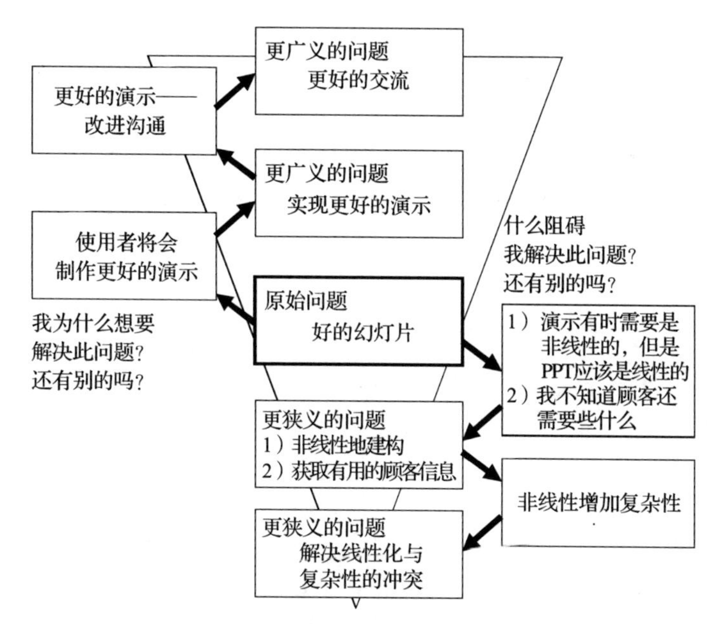

图 3-14　典型的完成后的 WWS 模板

展示完整模板的主要目的是通过图 3-14 的中间部分来说明

一个层次菜单的问题，通常会发生什么，其中一个是“显而易见”的，你应该在这个级别解决这个问题。在其他情况下，事情没那么清晰，你需要开始引进条件和约束，这可能会在某种程度上阻止你定位一个问题。

注意，下一步我们需要接近客户试图完成的实际工作，因此，我们应以此为目标。然而，在这些更高层次解决的问题通常是“超出我们的职责范围”的。当然，帮助用户及其同事实现良好的沟通应该是你的工作，但是如果你的老板告诉你，你的工作是做一个更好的形状填充函数，那么这也是你必须做的（事实上，你可以两个都做，给老板他想要的并且带去一些更高层次的意见，这是唯一的另一个需要解决的矛盾，对吗？也许在当前的情况下这是过于激进的思想）。

一般规则：如果我们达到更高的层次，客户将更加快乐；如果我们在比较低的层次上，就更容易生成解决方案。

有时候，仅从问题的定义上就可以找到“明显的”解决方案。而在“不明显的”地方，接下来的工作就是利用 WWS 工具，它将指导你解决你选择的问题。工作的方式是，如果你看看图 3-14 的右列，写在那些“障碍”盒子中的内容要么是已知的阻碍我们的问题，要么是我们不知道是什么或如何解决的问题。这两种可能性告诉我们，在第一种情况下，我们只发现了一个矛盾点（我需要 X，是什么阻止我得到它，而得到了 Y）；在第二种情况下，我们发现有一个“知识问题”（我需要 X，我不知道如何去做）。不论最后怎样，需要记住的是，某人在某地已经……是的，你懂的。

在第 9 章你会看到，WWS 工具作为一个标准“检查”整体系统性创新过程的描述，它的价值在于，通常我们定义的第一个问题是不实际的（“第一个问题等于错误的问题”是一个启发式问题，值得牢记），即使你选择在整个过程中不使用 WWS 工具，你也可能考虑利用 WWS 资源作为一个独立的工具来帮助你摆脱（不可避免的）问题定义心理惯性现象。

3.5 我该怎么做

打破思维定式是系统化创新方法的核心，仅仅是因为创新的不连续性，定义阶梯式突破解决方案要求我们从全新的视角看世界。

我们能够做到这一点，但这不是大脑自然的操作习惯。因为对许多人来说，这是整个创新游戏中最难掌握的部分。如果你花了十年时间以一种完美的方式做一件完全令人满意的事情，那么确实很难找到一个更好的方法。打破思维定式的步骤1非常简单易识别，可能会有替代和更好的方式，当我们第一次看见它们时，它们可能听起来很荒谬。

如果你不能迈过步骤1，那就没有步骤2。如果可以，步骤2涉及你负责创新的构建九窗口的应用程序或代码。特别是在你寻找新视角时，这将帮助你为你的客户创建一个更完美的解决方案。

步骤3通常是另一个工具包中的工具，看看它们如何能帮助产生突破性的解决方案，配合你获得新视角。不要担心这一步听起来有点模糊，第9章将为你提供一个更严格的循序渐进的过程，所有的工具链都在一起。

如果你不是一个执行过程的人，只是寻找一些令人惊叹的新见解，你可能反而会希望探索本章中描述的打破思维定式的四个工具中的一个或更多。熟悉它们，允许自己做一些可能会觉得有点奇怪的事情，如果不是完全荒谬的（注：如果听起来像这种事物没有创新工作要做，记住，我保证——最大的突破将是你在第一次看到它们时觉得可笑的事物）。

创新是一项严肃的工作。毫不夸张地说，对于你的职业和你的老板来说，未来都是危机四伏的。而在这里我们的建议是你应该寻找和做一些显然是荒谬的事情，这本身不就是一个矛盾点吗？

参考文献

1) Systematic Innovation E-Zine, 'Levers 1) Heating Water Case Study', Issue 74, May 2008.
2) Wolpert, L., 'The Unnatural Nature Of Science', Faber & Faber, 2000.
3) Mann, D.L. 'Blind Alleys, False Givens And Erroneous Assumptions: Using Computer Search Techniques To Find Breakthrough Innovation Opportunities', paper presented at WCC'08 conference, Milan, September 2008.
4) Systematic Innovation E-Zine, 'Convergence And Divergence In Language', Issue 13, February 2003.
5) http://en.wikipedia.org/wiki/List_of_cognitive_biases.
6) Graves, C.W., 'The Never Ending Quest: A Treatise On An Emergent Cyclical Conception Of Adult Behavioral Systems And Their Development', Eclet Publishing, Santa Barbara, 2005.

04

第 4 章

七根完美的支柱之三——资源

Systematic (Software)
Innovation

“水是流动的，又是静止的；它是不变的，却又是恒新的。”

——赫尔曼·赫塞，《悉达多》

“给我一个支点，我能撬动整个地球。”

——阿基米德

第 4 章，支柱三——资源。以下是资源的定义：

系统内外未被完全利用的一切事物。

资源与第 2 章中描述的完美紧密相关。要想创造任何一种更加完美的解决方案，就必须找出并利用以前未利用的资源。

系统化创新研究的关键之一，就是设计者们往往不知道该如何做到资源利用最大化。在仔细审查系统资源时，你一定会发现大量未利用的资源。

之所以如此肯定，是因为一个最重要的理念：没有什么东西是无用的，即便看上去似乎无用，但也一定有其利用价值。本章在上一章中摆脱支柱的基础上，引导你从一个全新的视角来重新认识资源。

高效利用资源是创新的核心。前边已经多次提到创新，这里再次强调要有效利用资源，包括以下五个方面：

1）利用已经存在但从未考虑过的资源。

2）前文提到过的，变废为宝。

3）利用资源实现跳跃式变化（换言之，我们要找到并利用类似“杠杆”的东西，实现四两拨千斤的效果）。

4）有效利用在其他地方已成熟的方法（在后续章节中描述的不连续创新思路，能够更清楚地展示这些跳跃到底是一种什么资源）。

5）借鉴现有的方案，并合法地利用（别人的知识其实也是一种资源)。

6)利用资源来解决矛盾。

本章共分为五个部分，每部分都包含上面讲的前五个方面(第六个方面，由于更贴近矛盾而不是资源，因此将在第7章中阐述)。首先，必须设置场景，才能更好地利用你所拥有的资源。

目前，整个软件领域都在以一种“不可思议”的速度进行着资源浪费，之所以说“不可思议”，是通过总结众多案例得到的结论，这些案例中存在着许多噪声，而且毫无规律可循。但由于计算能力的突飞猛进，却往往能够掩盖其中的问题。因此，基于摩尔定律所阐述的规律，即便没有有效使用现有资源也不会出现问题，因为随着计算机硬件系统的发展，某些新功能能够掩饰或弥补这些不足；另外一个原因是现在的计算机语言的处理能力越来越强大，甚至从某种程度上消除了噪声的影响。我聘用过的大部分软件工程师都对新出现的计算机语言表现得十分热衷。而且可以肯定的是，如果使用新语言，他们都能做好开发工作，因为新语言总会比原来的更加强大。当然，平心而论，在很多情况下并不是这样的，因为学习一门新语言，总是要比学着思考更加容易。虽然令人遗憾，但事实如此。

无论潜在原因是什么，结果总是软件工程师不能很好地利用可用的资源。因此，通过本章的学习，我们可以将资源利用得更好。

在所有创新中，资源扮演了核心的角色，但我们需要注意的是使用前五种主要资源策略的时机。

4.1 发现未利用的资源

充分利用资源就意味着无论怎样，我们都要充分利用系统内部或外部的资源。因此，每当你想加东西的时候，都应该停下来，考虑一下这么做的必要性。然而，你寻找的资源空间巨大，或者说资源本身就是无穷无尽的。我们探讨资源开发策略就是为了让资源的发现过程可控。

当发现一种未曾使用的资源时，往往会伴随着一种强烈的感觉："原来这么显而易见！"进而，如果你发现它还是一项重大突破的话，那么资源之间的联系必然更加紧密。因而更加容易引发感慨，"为什么我以前没有想到呢？"这里通常会有一个比较大的矛盾点。为了解决一个难题，我们有时会要求工程师和设计师列出资源清单，而在随后的工作中，我们往往会发现他们工作的效果远低于预期。这话可能有点苛刻，但是，资源清单中的某些显而易见的未使用的资源总会影响着一部分难题的解决。或者写下所有已有的资源，或者随机写下所有他们看到的东西，最后得到的结果可能只是耸耸肩，然后自言自语地说："这样做有什么意义呢？"这个矛盾的核心点是要在列出所有已知的资源清单与为了列出清单而列出清单这两种行为之间取得平衡。

假设你的工作是要为一个职业生涯规划网站提升访问量。那么要做好这项工作，首先要考虑的是可以利用哪些资源帮助达成这个目标？我们脑海中会立刻出现一些答案，比如以前的客户、报纸上的一篇文章以及著名博客上一些有争议的内容。甚至可以把资源的范围扩大到姑姑喜欢的海棠花，或者是哥哥珍藏的餐巾纸（开个玩笑，只是举个例子），当然这两种资源对于增加网站的访问量没有任何帮助。然而，在这两种极端之间的某处就是所谓的"甜点区"（收获最丰富的区域），而我们的工作就是找到这个"甜点区"。

要发现未利用的资源，首要工作就是提出恰当的问题，而第2章中描述的是通过不同消费者的观点来定义"完美"，有助于鉴别出一些好的待解决的问题。对于搜索引擎这个案例而言，发出搜索命令后返回的搜索结果数量就是一个比较好的待解决问题。这个问题听起来相当晦涩难解，但为了最终解决它，我们要做的第一步，还是要思考两种不同的极限状态以及它们之间的差异。"我为什么要点击？""我在哪？""我在干什么？""我会想到不停地点哪里?”等，在开始寻找资源时，先找出两种极限状态的不同，会是一种较好的方式，可以帮助我们找到思路。在本例中，考虑用户需求紧急程度的两种极限状态的差异：如果处于很急切的状态下，那么用户需要立刻得到答案（当然要保证其正确性）；如果需求不迫切，那么用户会根据其兴趣爱好慢慢做些调查，所以用户需要系统检索所有的结果。

因此一旦你找出差异，那么新的问题就变成了“有哪些资源可以帮助搜索引擎划分用户需求紧急程度”，请认真思考这个问题的以下几个方面。

想一想，与需求紧迫程度有关的几种辨别方式：

1）搜索引擎直接发起询问；

2）利用网络摄像机捕捉眨眼的频率；

3）可以增加一个传感器记录我们的脉搏；

4）可以增加一个汗液传感器；

5）要查询的主题可能与紧迫程度有关；

6）打字速度与紧迫程度有关；

7）打字时出现的错误次数与紧迫程度有关；

8）按下 Backspace 键的次数与紧迫程度有关；

9）二次搜索的次数；

10）处于搜索状态的时间……

很显然，这其中有些选项比其他选项更合适，并且其中的一些选项已经实现了，但无论是谷歌还是其他搜索引擎提供商都未曾考虑过“免费”资源，他们没有做这个连接的首要也是最重要的原因是没有问好第一个问题。关于什么叫“恰当”的问题，会迫使我们以一种全新的角度去思考。

提出恰当的问题是迫使我们专注于获取资源的一种好方法。下一步的工作在很大程度上依赖于解决方案的类型，如果目标非常宽泛，就像“为网站增加访问量”，那么一般而言，你要尝试着打开搜索页面，涉及面要尽可能广一些。相反，如果目标很窄的话，比如客户发现了你发给他们的软件的一个 bug，那么你要集中精力修复该 bug，图 4-1 说明了在两种不同极限状态下的不同策略。

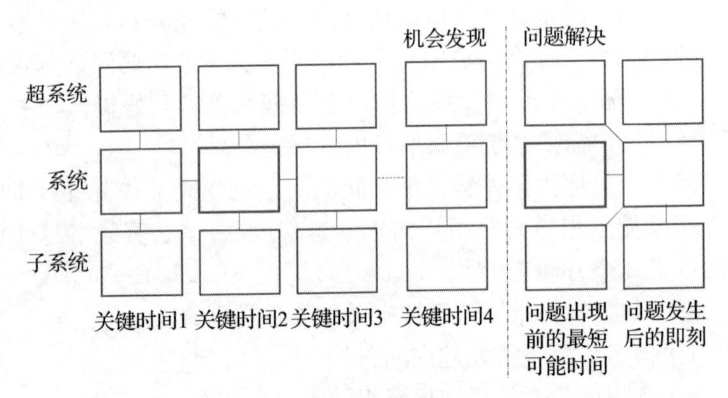

图 4-1　资源搜索体系

这两种策略都会从九窗口工具开始（这点我们已经在前面的章节中讨论过），这个工具可以帮助我们从不同的时间点、有约束地去进行系统性的问题调查，而“机会发现型”和“问题解决型”之间的主要不同，是窗口数量不同。从图 4-1 中可以明显看出，“机会发现型”模式拥有更多窗口，而这种方式更符合我们的需要。

让我们先从简单的开始，在“问题解决型”模式中有一个问题，即在资源搜索过程中，需要尽可能地控制资源数量。正如图 4-1 右侧建议的那样，我们的主要目的是从问题出现前到问题出现后的这段时间的时间窗口中寻找资源，而区分时间窗口内部和外部的特征是很明显的（附录 1 的表单 11 中的“突破发现者”模板是“问题解决型”模式的最好的资源搜索方案之一）。

对于“机会发现型”模式而言，阶段性的搜索最好由整个问题生存期中的关键时刻来决定。然而这样的时刻有很多，以增加职业生涯规划网站点击率为例，就是从潜在客户意识到他们可能需要职业生涯规划帮助的那一刻，到他们觉得互联网是一个搜索的好地方，再到他们在搜索引擎中输入搜索字眼，等等。这样，你理解了吧（对于这种资源搜索最好的解决方案是模板库中的表单7）。

然而，无论要用到多少窗口，以及要在哪里记录结果，你都必须在搜索过程中将精力集中于寻找那些与特定问题相关的资源。利用附录2的核对清单有助于将精力集中在搜索过程中。利用这些清单，可以让我们明白找到资源的重点在于与创新行为的整体期望方向保持一致，也就是说，他们应该尽可能地提供想要的未被使用的资源，同时这些资源不能有副作用。这些限制有助于减少你看到事物的范围，被削减后的核对清单列举如下：

1）开放的环境资源；

2）低成本资源；

3）心理资源；

4）智能资源；

5）商业资源；

6）知识资源。

借助九窗口工具和核对清单可以使我们以最少的成本换取最大的收益。图4-2展示了典型的资源搜索顺序，通过在搜索中增加体系划分标记，可以展示窗口是按什么顺序一步步移动的。

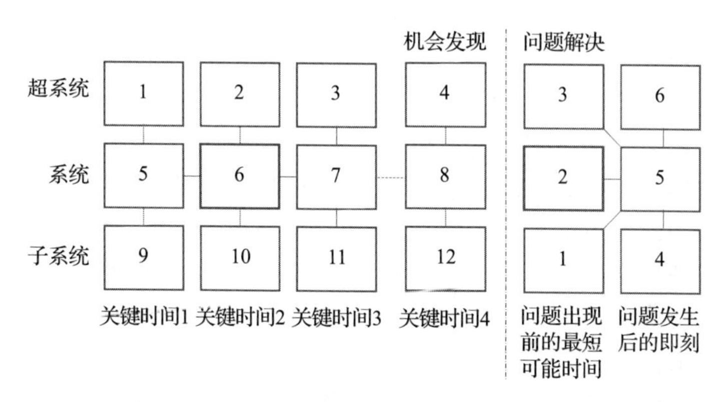

图 4-2　典型的资源搜索顺序

在所有资源搜索机会使用完毕，但仍未奏效的情况下，就需要在整个框架中鉴别出哪些资源能够满足跳跃式发展。通常，某个单独的资源是不能满足任务需求的，但如果与其他资源相组合，就有可能形成一个不错的解决方案。这也就是为什么要记下一些看起来并不是很有用的资源。下一阶段，就是尝试证明为什么这么做是正确的。

4.2 变废为宝

万物皆循环，坏事可能有好的结果，好事也可能有坏的结果。信息传递的闭塞，推动了因特网出现；信息传递的高效性，使得人类的工作更加高效；然而，这也促使了更多信息的产生，最终导致了信息泛滥；进而对于大部分人而言，在做决定的时候，需要考虑更多方面的信息。之所以如此，是因为新出现的语义处理器和能够帮助管理获得信息的知识管理工具并不是很完美。还是那句话，坏事可能有好的结果，好事也可能有坏的结果。

坏事可能有好的结果，这一部分的循环与资源章节具有相关性，同时“变废为宝”这句话也是系统创新的术语。某些看似无用的事物，也可能带来美好的结果。因此，每当经历系统中一些不顺利的事情时，我们需要做的就是观察它是如何转变成有用的事物的。

大多数情况下，这种转变其实就是“换个角度思考问题”。有这样一个故事，故事的主人公首次解决了高层建筑的电梯速度慢的问题，并且这个故事成了一个经典案例，即当提到“换个角度思考问题”时，就会想到这个案例。很多人可能听过这个故事，但请允许我在此再次讲述，目的就是从一个新的视角看待这个故事。

在纽约新建成了一座摩天大楼，它是世界上最高的建筑之一，并且拥有世界上最高级的电梯。尽管如此，从该大楼完工的那天起，许多人就在抱怨电梯的速度太慢。为解决这个问题，业主请来了电梯专家，但他们说需要花费数百万美元来进行大规模的改造，比如需要涡轮动力起重机、喷气式推进器等所有能想到的措施。某一天，摩天大楼的业主接到了一位老人的电话，他说："我可以解决你们的电梯难题，并且我只要 1 万美元"，已经快绝望的业主们很愿意尝试这位老人的提议。两周之后，老人在电梯内部靠近电梯门的地方安装了一面镜子，一个月之后再也没有人抱怨电梯慢了。

这位老人熟知如何将好事和坏事进行转变，在这个故事中，坏事指的是人们不能忍受无事可做，因为等待的感觉很糟糕，所以怎样将坏事转变成好事？答案是将人们的注意力转移到一些其他的事情上面（此处指的是个人形象），这样他们就有事可做了，而不再认为等待是浪费时间。

这位老人所做的事情就是让人们在乘坐电梯的过程中休息一下，即便是一个相对较快的电梯，人们也会抱怨。无论它有多快，因为人们无事可做，所以不得不专注于等待这个过程结束。实际上，速度更快的电梯，会在许多方面加重螺旋向下的过程，这使事情变得更糟。即便速度快了，人们还会期望更快，还有不可避免的失望和挫败感。

很多软件也有诸多等待的问题，很多时候，简单地（有时候加快运行速度其实挺难的）加快某些模块的运行速度，只会使问题更加恶化。就像路怒族，或者飞机"路怒族"，甚至是乘坐一些其他交通工具的"路怒族"，他们正处于"快一些，更快一些"的怪圈当中。当有些事情不能满足人们期望的速度时，他们很快就会变得怒气冲冲，但这并不意味着软件工程师需要对此负责。在某些情况下，软件工程师需要摆脱"快一些，更快一些"的怪圈，至少在某些应用上要将此项弊端转变成长处。

正如本节开头提及的信息循环一样，在沿着这条螺旋线前进时，通过重新思考坏事，跳出向下的螺旋将是必要的，图 4-3 尝试着描绘了一些螺旋状路线和分解后看到的循环信息。

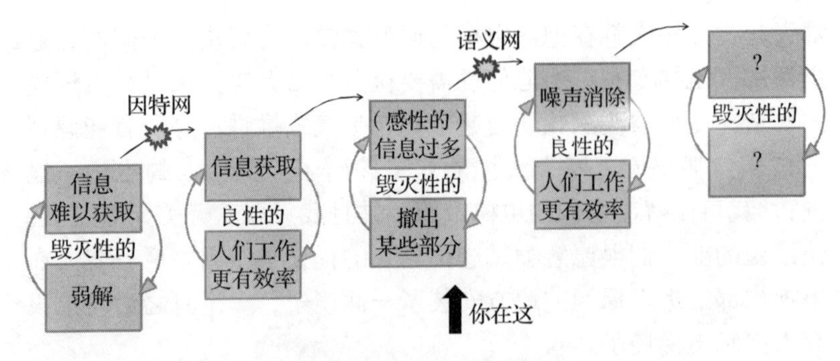

图 4-3　正反交替螺旋循环

从图 4-3 中可以看出，世界是在这种破坏性的循环中不断发展的，有些东西总会不可避免地出现，这样就可以通过开始一个新的有效循环来中断当前的循环。在这种情况下，引发转变的也许是“语义网站”？其实无论它是什么，在这部分我们都需要通过完成前文提到的类似“变废为宝”的转换，才能完成由坏事到好事的转变。因此，我们还不能认为“语义网站”就是最终的答案，需要继续将“过剩的信息”转变为有用的资源。那些认为“语义网站”就是最终答案的读者，也许需要尝试使用这个带有破坏性质的循环，看看是否会启发某些新的思路。能解决那个问题，也许你就会变成第二个 Tim Berners-Lee 了，甚至还可以为这个解决方案申请专利。

这样就引发了一连串的疑问，例如“怎样才能从过剩的信息中发现好的一面”“怎样才能将看似不好的资源为我所用”等，而这些转变是相当有价值的。在软件领域中，这种策略确实起到了很大的作用，即便像木马病毒这些让人很头痛的东西，也一样有存在的价值。因为正是有了这些病毒的存在，才会使杀毒软件变得更加强大，杀毒软件公司往往会雇佣最好的黑客，在病毒大范围爆发前建立起防护网。还有一些软件生产商在测试过程中会采用相似的策略，软件测试人员会尽最大努力破坏代码，通过这种方式使软件在交付给用户之前更加鲁棒。

下面还有一些需要“变废为宝”的实例，这可能会引起大家的共鸣。

- 类似前文提到的，如何将用户的等待过程变废为宝？将这段时间用于下载网页、重启、还是备份邮件？实际上，最有可能的是在百无聊赖地等待。
- 有些所谓的搜索算法，就是在页面上给出一些超链接，这种解决方案从某种程度上来说也许还不错，但最终还是会变得很糟糕。不相信的话，只需看看流行音乐榜，按知名度排名，就知道这种方法是多么不靠谱。所以，如何将坏事（按知名度排名）转变成好事？
- ERP 软件可以使公司更加高效地管理库存，但是另一方面，公司职员的创造性和灵活性也会降低，这算是其不好的一面，所以如何将使用 ERP 软件（在许多公司已纯粹变成坏事）变成好事？
- 如何将数据缺乏这件坏事变成好事？
- 如何将很低的响应率（如网上调查）变成好事？
- 如何将竞争对手变成好朋友？如何才能让他们做有利于你的事情？

提示：寻找捷径，用户做什么才能从不利的事情中获利？

（警告：在至少两个案例中，最有力的回答都和软件无关，可能你认为有些是假的，可这才是世界运行的方式，也许你正梦想着制造出这样一款软件，它可以产生不同行业的解决方案，但同时该软件又和其他行业保持无关性，现在让我们来看看这个转变是如何完成的。）

4.3 杠杆

从字面上看，杠杆指一种手段，通过这种手段可以用小的付出获得较大的收获。正因如此，“杠杆”在一系列创新理论中，是作为一类很重要的资源出现的。如果你能在解决问题的过程中鉴别并且利用“杠杆”，那么你很有可能会提出一种很棒的解决方案。在寻找“杠杆”的过程中将会不可避免地超出软件领域，大多数情况下，它们是对于数字现象的计算机模拟。虽然展开的这个话题有点离题，但是一个好的“杠杆”可能会使软件系统发生质的改变。

尽管各种“杠杆”所带来的功效不同，但是它们都有一个共同的特征，即在一个限定参数范围的系统中，可以通过改变线性输入，得到非线性输出。“非线性或者非连续”的思想，就是鉴别“杠杆”的关键所在。那么，下一个要解决的问题，就是记录未涉及的资源并对其进行分类。如果工作人员仅罗列一张长长的可利用清单，那么其工作效率之低往往是难以想象的，而这正是本章要解决的主要问题。

接下来，不要尝试着从发现“杠杆”的过程中去规范或者总结什么。思考一下，附录 5 中的 40 条准则，每一条准则都可以帮助读者理解“杠杆”，当然，这 40 条准则仅仅是用于解决矛盾的策略的一部分。主要结论：就像这 40 条准则，将已做的工作作为基础，从而形成自己的策略。

在详细介绍之前，要使用和结构有关的词汇对一些观察到的“杠杆”资源进行分类。假设在系统性创新中“时空接口”问题不断出现（在前面章节的九窗口工具中，我们已经看到过时空元素）。经过一些尝试之后，确定出这些主流词汇（这样做虽然有效，但还远远不够）。这项工作在 12.1 节中会进行更加详细的介绍，12.1 节包含了一个修正版本的 Ken Wilber 的“I-IT-WE-ITS”模型。实际上，这个模型把世界分成了 2×2 的矩阵，该矩阵拥有“内外部分割轴”和“独立组合分割轴”。把这个模型和“时空接口”模型相比，似乎可以得出这样一个结论，因为“独立组合分割轴”轴面实际上被“时空”轴面所覆盖，所以一旦将“内外部分割轴”加到“时空接口”上，世上所有东西似乎都可以涵盖了。大多数情况下，“内外部分割轴”似乎只在需要从大量被胡乱贴上不同标签的“杠杆”中筛选时才有意义：有些东西就像是“外部”世界产生的共鸣，而“内部”世界还有更多与人类心理有关的“杠杆”，视错觉就是一个“内部杠杆”的例子，在典型的视错觉中（也可以说是非线性输出），人们会看到原本并不存在的事物。

如果你持有“所有的理论都是错的，只是有些理论还算有用”的观点，那么到目前为止，应用不断积累的经验解决问题会使最终结果看上去还算满意。下一步，我们会将这种形式结构化。虽然这个描述听上去有点复杂，但其实最终的模型还是挺简单的，就像图 4-4 展示的那样，这个模型是一个被封装起来的立方体。

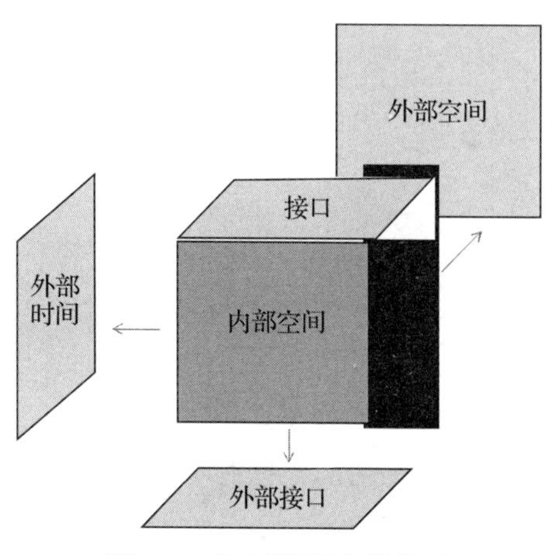

图 4-4　杠杆资源分类体系

接下来，我们需要讨论一下能够在立方体每条边上找到的“杠杆”资源，“外部”面上大多为有形的资源，这也是熟悉 TRIZ 理论的读者最为熟知的部分。核心思想就是形成一张能够在解决问题的过程中起到作用的清单，这就需要翻阅一些参考文献，而不仅仅是随意地阅读某些内容。

外部 - 空间

过渡阶段：越过过渡阶段的边界是创造非线性跳跃的一种极其有效的手段。在许多方面，这是一个非常普通的“杠杆”资源，成功利用的关键在于不停地搜索任一阶段的边界。

分割：适度的分段策略，而不是过度的分段，通常能够发挥其强大的作用。特别是当第一次分开某些东西时，往往会产生巨大而深远的影响（具体参见附录 3）。

嵌套：置某物于另一事物中，不是作为一个独立的整体存在，而是作为其他合成体中的一部分存在。

非牛顿物质：指会因一些参数的改变而改变的物质。

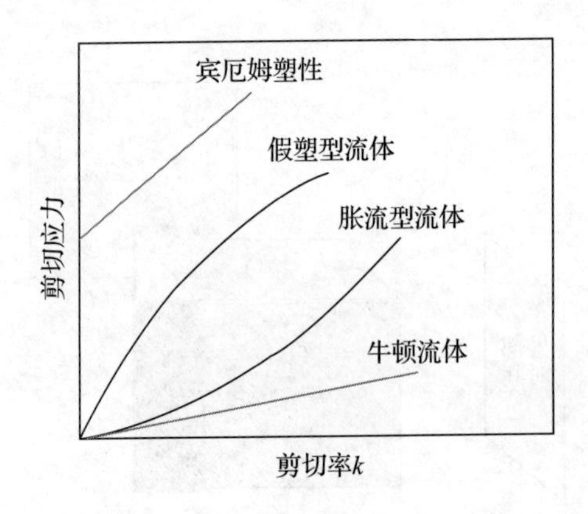

洞：在构造物容器上增加一些洞和孔，如果利用得当，可以创造出一加一大于二的效果。

几何形状：增加一些不对称图形、曲线图形以及本地表面特征图形，并且使用之前未使用的维度。

外部 - 时间

脉冲：频繁地完成从连续到跳动的行为转换，从而非线性地提高性能和效率。

共振：最有力的杠杆之一，通过这种方式可以将小的输入信号变成相当大的输出信号。

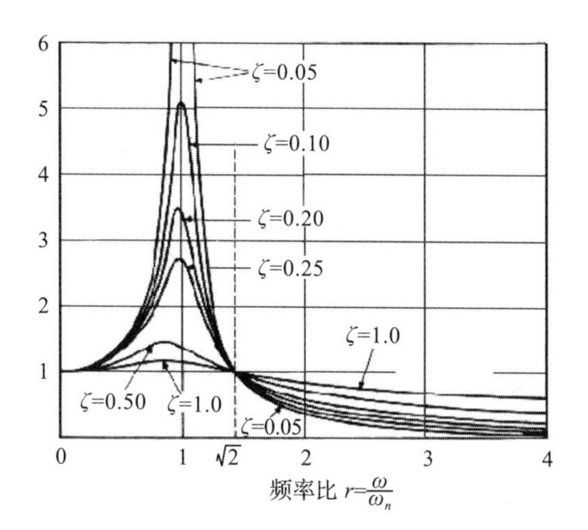

谐波：利用与共振频率相关的谐波，能够传送额外的重要信息。

磁滞现象：有效利用系统在相反状态转换时所呈现的功能行为不同（绝大多数物质压缩时的强度肯定比拉伸时的更大）。

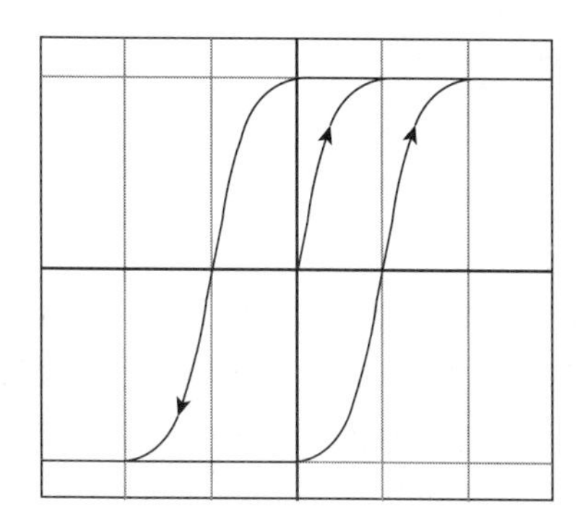

不可逆转性：在系统发生不可逆转的情况下，会产生一个最终版本的样本。

预处理：结构和系统的施加预应力和预激励。

音速：系统经常会从低音速运行状态向超音速运行状态转变，在大气层中，如果物体以超音速飞行则会产生震荡波，如果以低音速飞行则不会产生震荡波。

外部 - 接口

丰富的 / 非活跃的大气[1]：将系统笼罩在外部不断的变化中。

共生性：系统中两个或两个以上的模块或者子系统组合起来起的作用，会比各个独立模块的作用之和大。

转换：通过显示潜在对称性的系统内或系统间的相互作用，形成时空中常规的可预见的模式。

增加场：特指那些具有磁性或者放射性的物质。

（注意："外部"杠杆和附录 5 中的创新准则具有很强的关联性。这些准则基本上可以涵盖那些用来完成巨大跳跃式发展的策略。）

内部 - 空间

重量 / 力：有一些很重要的不连续的转换，例如，尝试用一根手指、一双手、两双手、甚至两个人提起重物。在上述几种情况交叉出现时，通过减少物体重量以方便人们使用就显得尤为重要。

尺寸：与重量类似，当配置一个人工制品的物理属性时，会有某些特定的关键参数，比如，它是否大到人眼可见，或者能否用两根手指夹起来，甚至能否握在手里，一只手不行，两只手呢？等等。

其他物理特性——相关参数：把人们带到外面，为其划定界限并命令他们紧紧站在一起，就会见到非常强烈的非线性效果，比如因温度、高度、阳光、水合作用和紫外线等不同而产生不同的效果。

光照等级：因为人类视觉系统由两部分细胞组成（锥状细胞和杆状细胞），这两部分功能具有细小差别，比如，随着光照强度线性减少，对于颜色的分辨能力将逐步减弱，看到的事物只有黑白两色。

视错觉：利用视错觉去欺骗人的眼球是相当容易的，一般来说，视错觉只应用于娱乐，但现在正在逐渐应用于一些新的领域。

外围视觉：世界之所以不同，正是因为对比的出现。举一个

[1] 这里的大气是指系统存在的上下文环境，即超系统。作者使用"大气"一词形象地表示软件与外部之间的紧密关系。——译者注

例子，达·芬奇的油画《蒙娜丽莎》，它的神秘之处在于人物是否微笑，取决于感兴趣部分的视觉影响。如果直接看她的嘴，她看起来并不是在微笑；如果直接看她的眼睛，而将嘴作为眼睛中心的延伸，毫无疑问，她就是在笑。

内部 - 时间

近因效应：更多地关注首尾，而忽略中间过程。

进度规划错误趋势：往往低估任务完成所需的时间。

后知后觉倾向：通过现在的知识反思过去发生的事情，会发现那些事件必然会发生，这就是人们常说的“我早就知道是这么回事”。

流动效应：当我们参加一项很快乐的活动时，会感觉时间流逝得很快，而如果我们要完成一项很无趣的任务，时间则会过得很慢。

非常规效应：首先，你会注意到一个脉冲信号，如果脉冲速率是一个常量，人们很快就能适应，渐渐可以视而不见；但如果脉冲速率是不断变化的，那么该信号会产生不可预知的影响。人们不能适应这种信号，这就导致这种脉冲总会显得那么引人注目。

节奏趋同：随着时间的推移，两个或者更多人的行为差距会逐渐消失，而同时彼此间的行为会逐渐一致（比如，很多住在一起的女人发现她们的作息时间有很多相似的地方）。

内部 - 接口

认知偏差：心理学家已确定并整理出一整套作用于人类世界观的“杠杆”资源。看一下前面章节中列出的偏差清单，在软件系统中任何一种“偏差”都可以通过正确地使用而演变成“杠杆”资源。参照 4.2 节，其中包含一项关于可变偏差和错误的清单，它是基于“杠杆”资源形成的。然而，由于对“问题和困难”的传统认知，从“杠杆”原理上来说，它们都是潜在资源，这些资源可以为系统设计带来巨大飞跃。

就像我们已经说过的那样，尽管清单已经被分成几个部分，“杠杆”清单仍然很长。在问题解决或构思阶段，可能会因为这张清单过长而无法起到任何有意义的作用。为了使“杠杆”清单起作用，就需要确定哪一部分作为任务的切入点最有帮助，同时又可以最大限度地激发创造性思维。例如，发明一种新型的海下钻井工具，这项任务很可能从“外部杠杆”中获益更多，当然这是相对于“内部杠杆”而言；相反，开发一款图形用户界面软件，这项任务很有可能从立方体的内部和接口这两方面突破。

4.4 趋势跳跃

第三类资源来自辨识并发现阶跃跳跃，这一跳跃已经在其他地方得到了验证。也许最大的最出乎意料的系统性创新搜索发现之一，就是通过肉眼查看其不连续的阶跃，可以将几百万明显不同的解决方案锐减到不同模式的有限个数（比如 27 个）。这些模式的相同之处，在于它们描述的每次阶跃都促使软件系统向更完美的方向发展。实际上，它们为问题解决者提供了一系列的快捷方式，而非随机的头脑风暴，一下想出上百万种下一步该如何做的思路，同时标示“成功之路”的指示牌来引导他们。很明显，在现实生活中，任何事情都没有那么简单，但这种类比会更好理解。

让我们去探索趋势跳跃的意义，你就会知道趋势模式在你创新过程中到底有多重要。图 4-5 说明了已被发现的 27 种趋势模式之一。

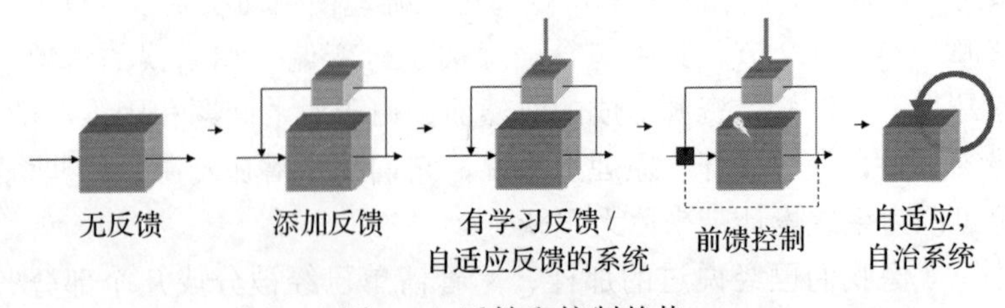

图 4-5　反馈和控制趋势

图 4-5 是一个关于反馈系统和控制系统进化的趋势图。而按照另外 26 种解决方案的惯例，我们可以看出，系统会因从左到右进化而渐趋完美。相对于上一阶段而言，每一个阶段都代表着一次阶跃，例如，将未曾出现过的反馈加载到系统中时，就伴随着一次阶跃。跳跃式发展的益处很多，在这里，所谓跳跃式发展的结果就是因为微处理器的出现和推广。当今时代反馈的应用很广泛，从自动对焦的照相机到 RFID 标记，从亚马逊到句子输入屏幕的拼写检查器。正因为有很多的系统已经实现了这种跳跃式发展，所以其效果也是显而易见的。

很少有系统实现下一阶段的跳跃，因为软件系统一直在“不屈不挠”地持续改进。迟早有一天，相对整体而言，反馈模式会成为系统进化的瓶颈，那些遇到瓶颈的系统设计师和系统架构师最终会发现，下一个阶跃是自适应系统内的反馈循环。虽然已经有上千个系统实现了这种跨越（因为有数百万系统添加了反馈），但实际上要在不同领域实现这步跨越是非常困难的。即使不同业界、解决问题者和设计人员都提出了解决方案，但他们之间却不互相沟通。他们不得不都面临同一问题，且以同一方式去解决。当反馈信息在系统中循环并达到极限时，你可以向那些已经解决这个问题的人请教。虽然你遇到的特定困难对于你而言是独一无二的，但同样，成千上万的其他人也会遇到类似的问题，对于他们而言也是独一无二的。当他们解决了自己的问题时，如果可以使反馈信息流动起来，可能就会给你一个相当不错的启示，然后你也许就会找到自己的解决方案。

接下来介绍趋势应用过程：所有的系统都会遇到瓶颈，而当这个瓶颈出现的时候，就会有人寻找解决方案去克服这个瓶颈。这时应该暂停对当前系统进行完善的工作，着手考虑通过反馈促成的跳跃发展。你会发现，每个人都实现了相同的跳跃式发展，所以会有不断的反馈信息和控制信息在系统中出现。接下来就会有新的系统瓶颈出现，最终会有人对此得出一个解决方案。继而成百上千的人都会得出同一个解决方案，再一次做同样的事情，这次他们会添加一个可预知的元素去控制整个系统，可能遇到的问题有所不同，但解决方案具有一定的相似性。

要使用上述主流思想，首先要确定一下你设计的系统要沿哪一个趋势进行，一旦确定自己在某个进化趋势中所处的位置，下一步就要决定你的下一个跳跃在哪里，下一步跳跃的确定应该会告诉你尚未发现问题的答案。带着这种想法，这些趋势可以指导软件将来的进化方向。这不是“消费者的心声”而是“软件的心声”。很多人都知道抓住消费者的心理有多难，这些趋势告诉我们，所谓的“软件心声”是存在的，它比消费者心理更容易倾听。

也许你有一个很大的疑问，诚然你不会也不能忽略消费者的心声，但是对于整个主题而言仍然显得有些怪异。软件心声实际上来自其他已经成功完成的经过了跳跃式发展的软件。这里所谓的成功指能够为客户做一些有用的事情。毫无疑问，这样一来，软件系统会比之前更加完美，换言之，软件的心声就是在客户提出需求之前就获得其心中所想的能力。

你应该还是有所疑问，附录 3 中展示的 27 种不连续的软件解决方案至今未曾提及。你会注意到每一种趋势都有一张精心整理的清单，上面列举了系统成功地从某趋势的一个阶段跳跃到另一个阶段的普遍原因。这些跳跃式发展究其根源就是客户的心声，也是其存在的原因。所有的这些原因和客户的“完美概念”是紧密相连的。所有的这些优点都是无成本的，同时也没有其他的影响。另外客户也不用对你说些什么，大家都懂的。

但如果简单地把这 27 种趋势当作“有用的启发式趋势”，那么它们能起到的作用只会相当有限。最简单的利用上述趋势的方法就是将所有的趋势都尝试一遍，确定一下系统所处的阶段，同时，看下一阶段能否为你应对正在面临的挑战提供些许可利用的想法。如果真能这样，那就相当不错了，如果不能，那么继续尝试着向下一阶段进发。

利用这些趋势，进行一下头脑风暴，尝试让自己相信书上所说的。对于作者而言，一旦克服了怀疑态度（实际上研究动力在于证明该趋势假设是错误的），这些趋势就可以为任何公司提供有效的决策工具。试想，如果这些趋势是正确的，它可以告诉你，你的系统接下来的 2 步、5 步，甚至是 10 步的跳跃。现在，如果有人找到你并且告诉你，他们可以比这个看得更远，可以提出一些根本性的重要问题，这些问题可以触及本质，影响你做出是否需要这些跳跃式发展的决定。先不考虑客户是否为跳跃式发展做好了准备，暂时也不考虑时机，对于你的工作而言，首先要做的就是确定你需要拥有它们（比如申请专利保护等），进而你可以自己决定时机，而不是让你的竞争对手决定时机。

图 4-6 展示了 27 种趋势，虽然这 27 种趋势的区别并不是特别明显，但它们大体上应该可以汇聚成 3 个大小不同的分组，同时它们与系统空间进化方式以及其他系统交流方式相关。考虑你正在设计的软件系统很重要的任务就是完成交流，所以不要去记录这三个分组中最大的一组，导致“时空接口”的不同的根本原因在于：

1）它进一步提醒我们这三个分组无处不在。

2）这也是一种可以快速启动解决方案搜索任务的潜在方式，例如，有一个与时间相关的难题（处理速度提升或者通信传播进度），其解决方案很可能从暂时相关的趋势中的跳跃式发展中获得。

进化潜力

27 种趋势的最简单使用就可以快速启发问题解决方案。在这部分，通过综合运用所有趋势，可以为你提供一个更加理想的架构图。只有这样，系统进化才可以更前一步。

基本思想很简单。假设需要搭建一个更加完美的 eBay 网站，除了找到那些已知的可以改善用户感知的改变之外，还要探索当前网站的用户“心声”，主要任务就是鉴别出实现 eBay 网站跨越式发展且尚未发掘的资源。

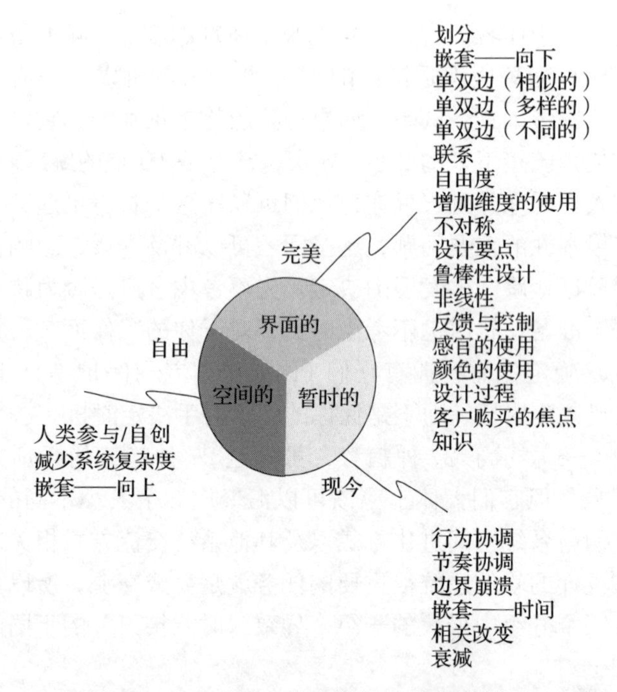

图 4-6 27 种不连续的软件进化趋势模式

在图 4-5 的反馈和控制思路中，首要问题是，“当前 eBay 网站位于该趋势的哪个阶段”，很明显，系统中是有反馈存在的。而现有系统中具备“再次询问你是否真的购买”的功能。又或者“你刚刚得到了一直想要的神秘礼包”的功能。因此，该系统在反馈和控制思路的 5 个阶段中，至少处于第二阶段。而第三阶段是关于反馈的智能化和适应可控化，顾名思义，该阶段的重点是整理本地化的反馈信息。可以以某种方式改变环境，在这方面可以理直气壮地说当前的 eBay 网站不具有任何适应性。举个典型的例子，如果它具有这种能力，系统应该可以自动跟踪用户搜索的物品种类，或者提示用户“如果你喜欢它，那么你可能还喜欢……”所以说 eBay 网站仍处于第二阶段，你可以通过图 4-7 解读该阶段。

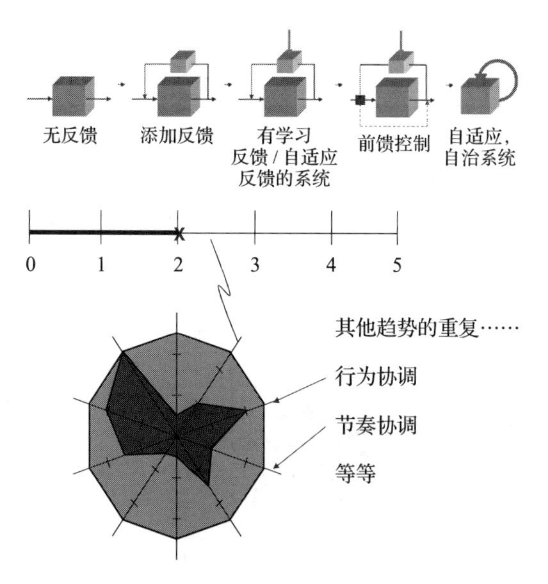

图 4-7　进化潜力雷达图

这张雷达图展示了 eBay 网站在所有类别中的相对位置。这张图会掩饰掉一部分信息，取而代之的是相对于全局的系统快照。更重要的是，在被掩盖区域之间的空间和该区域的边界代表了系统的进化潜力。这些空间可以确定出所有已被别人成功利用的，而你的系统中尚未利用的跨越式跳跃点。这些尚未利用的进化潜力代表了系统中尚未利用的资源。

画出这些小区域的基本元素很简单，客观来说，它们其实是一些在结构化方式中不被允许的任务。这样做主要基于以下 3 个原因：

1）对不同的系统进行基准测试；

2）检查进化速度（比如系统、产品、公司甚至行业）；

3）利用这些分区考虑所有因素，系统性地产生一整套系统进化方向的理念。

标杆分析法——通过比较两个或者两个以上的系统，同时参照思路，比较两个系统的进化状态。不仅是简单地相互比较，而是要和实践相比较。图 4-8 展示了当前 eBay 网站和亚马逊网站的深度比较结果。

不用深入每一个思路的细节，这张图是在告诉我们 eBay 网站比亚马逊网站的进化状态要高级一点点。当两者边界相比较时，两个公司都有数目可观的未转换的跳跃点。对于任一公司而言，空白区域代表了众所周知的可以被利用的跳跃点。

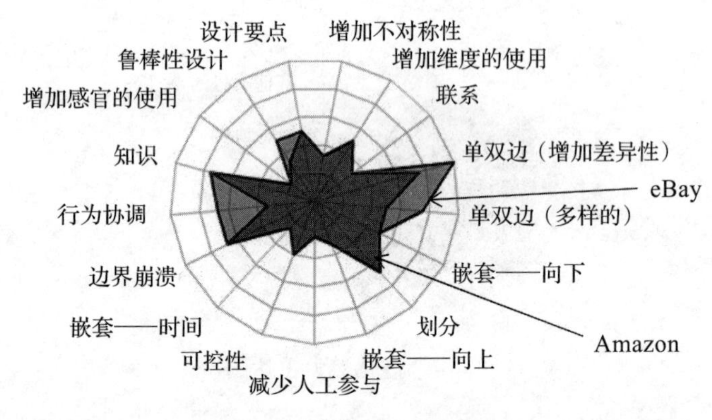

图 4-8　进化潜力比较雷达图

同样，其中任何一个竞争者都可以利用相同的信息，得出更加完美的解决方案，所有这些策略性的问题都可以考虑。目前，关注的要点是进化潜力分区能够为用户提供一系列与系统进化相关的策略选项。

跳跃速率——接下来你要做的事情与分区有关，需要研究一下系统在每个思路上跳跃点的速率。通过例子去理解图 4-9 中的 eBay 网站和亚马逊网站自其 1995 年、1994 年建站时起的升级情况。我们要记录下 y 轴的度量值，通过绘制一条结果与时间的曲线图，用直线画出斜率，这样我们就可以获得单位时间内阶跃的次数。

图 4-9 的重要性在于，它能够指导我们找到下一步可能的跳跃时机。当然，你需要更多更准确的用户信息，进而全面地回答那个问题（跳跃点在哪）。第 6 章会帮助你理解。同时，了解所有可能的跳跃点也是一个相当不错的开始。

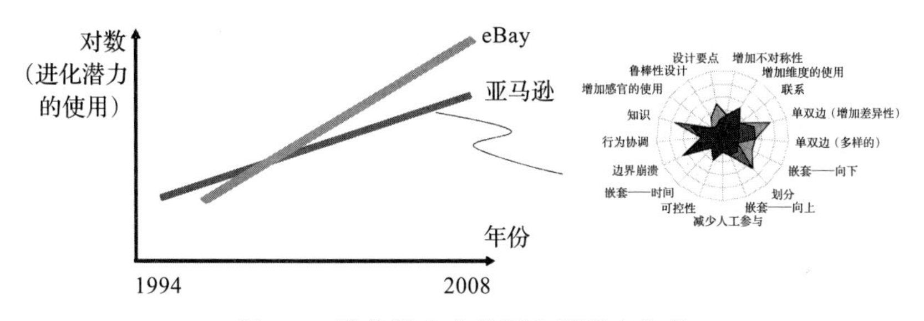

图 4-9 进化潜力曲线图和跳跃变化率

创意产生——策略性的问题先放在一边，进化潜力分区和每个主流集成商的任务是为产生突破性的思想提供一个平台，会向着尚未使用的解决方案的方向推进。我们知道，这些都是资源。资源鉴别的任务包括检查未使用的趋势的跳跃点并写下解决方案建议的方向，当然最重要的是写下得出的思路。即使这听上去不那么有用，即使你已经能够遇见“可行，但是……”，它可能阻止你转向一个特定的方向，但仍然写下这个“可行，但是……”方向的原因是它们也代表了某种创新的“原料”。对于一个典型的来自雷达图的创意阶段而言，它可能会产生好多想法。图 4-10 展示了 eBay 网站的系统级进化潜力分区图谱。

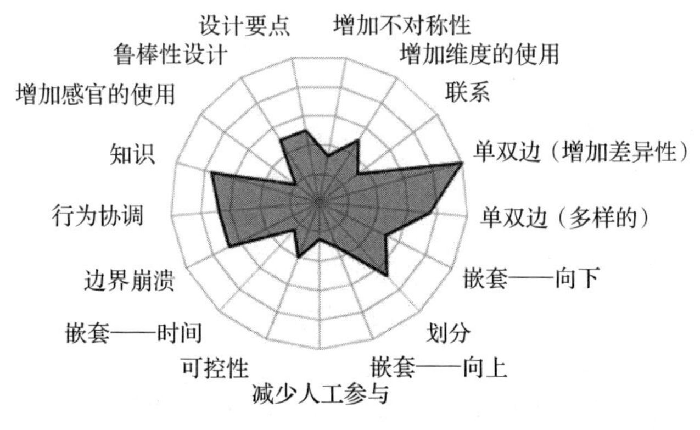

图 4-10 eBay 进化图

同时，这里的一些想法和未使用的趋势跳跃点也向我们暗示了一个简单的创意。我们要记录的主要事件不是想法如何高明，而是稍后可能利用的如下资源：

- “寻找”和“购买”。
- 消费者协会。
- “推荐给朋友”之类的选项。
- 不同的拍卖方式——封闭式竞标/静默竞标等。
- 学习算法。
- 用户记忆——从用户的过往记忆中能得到些什么？
- 群共享——在一群人中分享些什么？
- 语义展示——内容聚集。
- 搜索分布图表（贝叶斯）。
- 语义连接——等级划分的超链接。
- 神经网络。
- 智能标签。
- 半自动的用户代理。
- 自动化的用户代理（当你休息时仍可进行搜索购买）。
- 适应用户行为的渐变性。
- 指向其他离线交流论坛的超链接。
- 电视/广播/频道。
- 易货交易。
- 最佳报价交易。
- 视频超链接/图片。
- 直播拍卖。
- 权威拍卖。
- 指向物流的超链接。
- 指向其他金融机构的超链接。
- 语言翻译。

这些仍然是思路的最低级的使用，分级别的利用进化潜力概念是我们思想的根源。所以用同样的方式，图 4-10 展示了

eBay 网站的系统级别检测，图 4-11 展示了我们如何选择放大，并在子系统的每个级别进行相似性的分析。

同样的概念适用于你负责设计或升级的任何系统。你首先要做的是画出一张与你负责的系统相关程度最高的、系统级别的雷达分区图。假设你负责管理 eBay 网站的消息结构图，同样，无论你在处理什么事务，总会有人在某处找出很多你还没有想到或者没有使用的跳跃点。如果你公司其他部门的同事也在做同样的事情，那你就要快。现在要做的是为整个公司画一张分等级的雷达分区图，头脑风暴一下所有可能的想法。

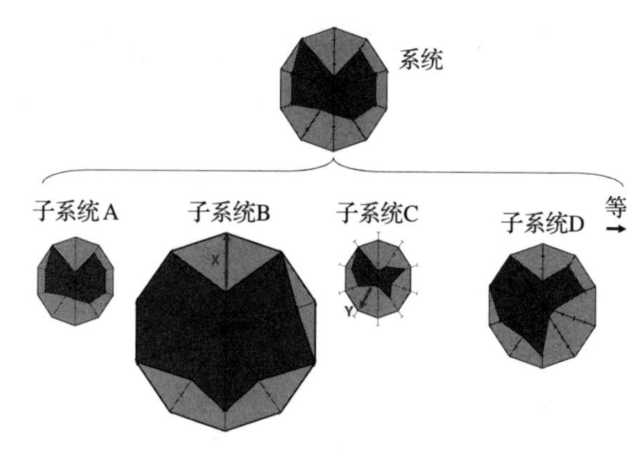

图 4-11　典型的进化潜在图层级

注：以不同的直径画不同的分区，以反映某些子系统相对于其他子系统的相对重要性。在分层的案例中跳跃点的 x 轴比 y 轴更重要，而如果资源受限，x 轴则最有可能成为放置该资源的最好地方

重要性：当你浏览某些想法的时候，你的第一反应很可能是“可行，但是……”，因为你知道 eBay 网站可以自动追踪用户搜索信息，而其中之一可能会与数据保护条例相违背。听起来符合条件的想法有很多，但要记住的是，你刚刚发现了一个矛盾点，而某人可能在某处已经得出了相应的解决方案。的确，其他某个跳跃点也可以为你提供想要的解决方案，毕竟还有那么多可能的跳跃点。如果某人在某处解决了某个前后矛盾的想法，那么各个

趋势 / 想法给我们的答案很可能就隐藏在突变的某处。

到目前为止，你可能已经收集了很多的信息，来补充按趋势和进化潜力进行突变的概念，关于这个主题的讨论可能要在第 10 章中相关的突破性解决方案中才能展开。参照图 4-4～图 4-6，它们提供了一系列的案例研究和更详细的方法描述。

本节内容是关于利用其他人的“趋势跳跃点”来帮助鉴别系统未使用的资源。现在是时候进行下一步了，接下来来看本章的第 5 部分。

4.5 某人在某处已经解决了你的问题

软件创新的困难之一就是，程序员的大部分时间都花在了寻找其他人已经写好的代码上。现如今，软件复用已经成为软件开发过程中的重要一环。幸运的是，任何一个行业进入稳定期后，随之而来的必然是创新期，而我们恰恰已经处于软件行业的稳定期。因此，仅仅套用别人已有的代码，并不是软件人员应该做的。

很幸运，我是在软件革命初期进入软件行业的，20 世纪 50 年代并没有太多的解决方案作为参考，当然也不会有专利申请的高峰。现在，当我看到我的软件开发团队的成员时，好像他们所有人都已经熟知复用已有代码的好处。从某个方面看，这也不失为一件好事，毕竟系统性创新的基本原则之一就是“某人在某处借别人的解决方案为己用”，这是每一个软件专业人员都可以去做的事情。但每当此时，我都会有些急躁，因为我知道这正是世界上所有的大学和学院都会教给学生的方法。

而问题的关键在于，虽然其他人的解决方案中有许多相当不错的思路，甚至是开源社区的评分系统中的优等品，但绝大多数仍然是劣质品。即便参考了第 2 章中的内容，被你留下的是“最优的”结果，在下一波创新浪潮中，这些代码也只可能会给你带来不好的影响。

举例来说，在我们构建软件工具的基本框架中，我总是尝试着将自己放在未来用户的位置上，尽可能去设计出一些能够帮助用户完美地完成其工作的软件。在我将自己的详细要求交给软件团队之后的一两周内，对方可能会反过来告诉我，并不能完全满足我的要求。“完全”通常而言是一种理解，这句话的含义是，他们只能提供和我要求的相去甚远的软件。“为什么你不能接受我的要求？”我尽可能平静地问道。“那是我们所能找到的足够好的软件”，这是一成不变的回答。有时候，即使我坐下来设计一个程序来做我想做的事情，可是它仍然不能实现我要的功能。最后的结果是：“我一次又一次地将需求摆到桌面上，却一次又一次地被拒绝，最终只能勉强接受那个所谓的足够好的东西”。

我喜欢将那些已有的解决方案作为参照，而不是照搬。如果读者当前正处于创新过程中，那么可以坦白地讲，这便是他们应该看待前人解决方案的最好方式。他们应该对能够找到修复漏洞的一系列解决方案保持慎重的心态，因为每一个漏洞都可能代表一个结束，也可能代表一个起点。

对于在本书中是否引用已有的解决方案，我思考了很长时间。最后，当然我意识到了，我正在进行一场毫无意义的争论，本书并不是要讲是否向一系列已有资料中添加新的东西，它讲的是如何创造新的解决方案。因此，你会找到第2章中推荐的资料，在这儿我必须强调一下，当你引用这堆资料中的某一部分时，你要意识到，正在进行的创新性工作正在引领着你的系统向下一级别完美升级，这也就意味着，需要找到并解决至少一个矛盾。

如果那听上去像是一项很艰巨的任务，事实也确实如此，扮演创新角色不可能变得很简单。“系统化”意味着只要你足够努力，就能到达你想去的地方。努力工作之后，除了有奖赏，另外还有快乐以及满足感。假设你生活在一个允许对软件进行创新的国家，通过这些努力，你就可能获得可申请专利的解决方案。

无论怎样，世界上的专利数据是另一种正在增长的“某人在某处已经解决了我的（软件）问题”类的解决方案，尤其是美国数据库。美国允许授予软件专利已经有一段时间了。2008年，美国办公室声明专利个数正在以每周平均3500项的速度增加。这些专利的15%是关于软件创新的，现在很可能这个趋势还在增长。换句话说，不但“某人在某处已经解决了你的问题”，而且还为其申请了专利，所以你不能照搬他们所做的东西。

正如前文所言，软件专利是寻找行业解决方案的不错的地方。当然，它们已成为最先进就意味着要超越它们，任务将会变得更加困难，但是改进仍然是非常必要的。因为：

1）你不能专利侵权；

2）因为你追求完美，所以你不应该给自己特权，在专利基础上创造一个更差的解决方案。

下面，我们将介绍如何使用工具和策略将设计工作做得更好。在本章的剩余部分，我们将讨论怎样达到完美，怎样找到那个能够起到垫脚石作用和能帮你得到属于你自己的、有所突破的解决方案的专利。

现在，全世界的专利数据库加起来，有将近7000万个专利是关于创新的，花点时间看一眼，很快你就能发现，这其中大部分都是很糟糕的解决方案，其中97%甚至糟糕到没有创新点。我们可以将这97%去除（当然并不是所有专利都那么糟糕，一般而言，这其中还是有10%～15%的专利值得我们花费时间去分析一下的），留下最好的上百万个专利，它们才是有用的解决方案，这其中包含了很多有价值的与软件有关的专利。

如果你的任务是寻找好的资源，那么真正的挑战在于，怎样在成堆的资料中整理有用的信息，才能达到最好的效果。

参照图4-12，整个过程中有3个很重要的部分：功能/属性、内容和创新策略。

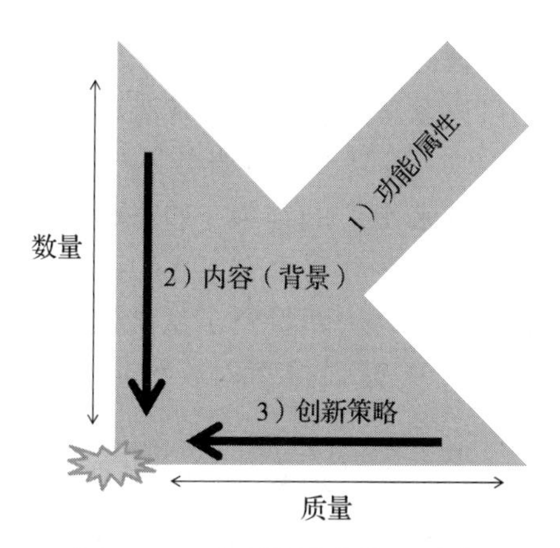

图 4-12 专利搜寻中的三元素

功能/属性：因为每个系统中都存在这个最主要的功能，所以你可以用与你想要完成的功能最相近的词汇去进行专利搜索。基于功能搜索很重要，因为我们使用的关键词很可能就是发明者公布其发明时使用的动词（有时候，一项好的发明，其发明者很有可能会做些掩饰，让你很难找到，通过搜索动词，你可以直接扫除这个障碍）。而我们所说的属性会强迫你记住某些东西，比如你想要的功能是“增加”“减少”或者“测量”。这些动词的宾语就是属性。在那种情况下，包含属性名词，即动词的宾语，可能更有效。例如，你对减少某样事物的消费能力感兴趣，那么，用“能力”比用“减少”更能搜索到想要的结果，“减少”这个词汇太过一般化了。

内容：通过增加或者减少搜索关键词，可以扩大或者缩小搜索数据结果。如果你想从所获得的结果中找出有用的解决方案，那么你需要做的就是尽可能地删除文章中指定的词汇（或者如果你已经有了关于去哪搜索的想法，可以在文章中增加其他结果集中的词汇）。相反，如果你只想在你指定的结果中进行二次搜索，可以增加更多的限定词汇。

创新策略：功能和内容搜索条件可以让你得到真正相关的专利，但为了提高发明的质量，你还要整理这些专利资料。这部分搜索可以从构建系统性创新解决方案策略相关词汇开始，当然这些词汇也可以从 40 条发明策略清单以及附录 5 和附录 2 的进化趋势中找到。类似于“自服务”“非对称”“嵌套”等词汇可以迅速为你带来想要的结果（如果你对此很感兴趣，我可以告诉你，这样做是为了找到这三百万个案例成功的因素，对它们进行了逆向工程，从而得到了这些发明策略清单。当你把这些发明策略当作关键词搜索时，你所做的就是逆向成功过程）。

图 4-13 说明了具备三元素的一项经典搜索的输出结构。搜索的主要焦点在于希望解决与汽车工具面板上的警报信号灯相关的问题。目的是制作一个信号灯，能够提醒司机在工具面板上显示相关的操作。

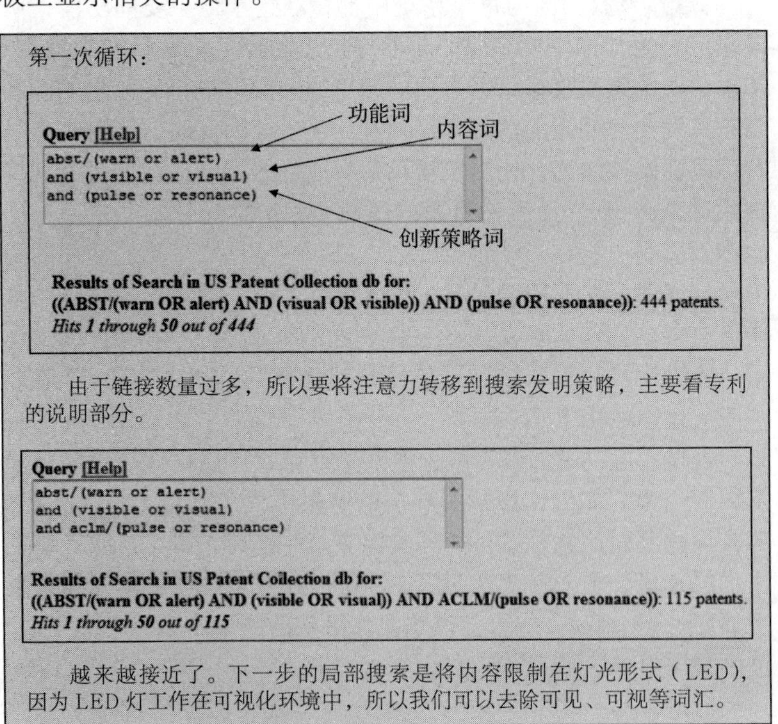

图 4-13　专利搜索范例

Query [Help]

```
abst/(warn or alert)
and LED
and aclm/(pulse or resonance)
```

Results of Search in US Patent Collection db for:
((ABST/(warn OR alert) AND LED) AND ACLM/(pulse OR resonance)): 78 patents.
Hits 1 through 50 out of 78

搜索结果还不错，再进行一次迭代，要注意那些摘要中包含 LED 的专利。

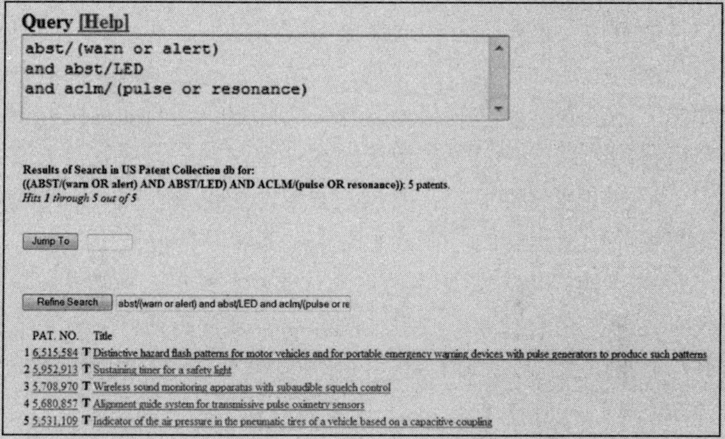

Query [Help]

```
abst/(warn or alert)
and abst/LED
and aclm/(pulse or resonance)
```

Results of Search in US Patent Collection db for:
((ABST/(warn OR alert) AND ABST/LED) AND ACLM/(pulse OR resonance)): 5 patents.
Hits 1 through 5 out of 5

Jump To

Refine Search abst/(warn or alert) and abst/LED and aclm/(pulse or re

	PAT. NO.		Title
1	6,515,584	T	Distinctive hazard flash patterns for motor vehicles and for portable emergency warning devices with pulse generators to produce such patterns
2	5,952,913	T	Sustaining timer for a safety light
3	5,708,970	T	Wireless sound monitoring apparatus with subaudible squelch control
4	5,680,857	T	Alignment guide system for transmissive pulse oximetry sensors
5	5,531,109	T	Indicator of the air pressure in the pneumatic tires of a vehicle based on a capacitive coupling

一张简明突出的清单，从这张清单可以看出结果中 5 项专利中的第 1 项是“可变速率的闪光灯能够提供更快更易识别的警告信号”。

乍一看，这是一个有趣的有潜在作用的创建解决方案的方向——一位发明家发现可变速率的闪光灯可以更快被人识别。

图 4-13 （续）

在搜索过程中，要记录的信息之一就是，在你解决问题期间，总有一个起始阶段，在该阶段你通常要做的就是寻找一系列可控的候选方案，不要为如何精确控制这个阶段而过于忧虑。在许多方面，专利数据库是可自修正的，“好”的专利，很可能被许多其他专利引用（这点专利证书下方有标明），即使你错过了其中之一，你也会发现另一个或者更多其他的专利。

关于这个例子，我们要强调的是，要拓宽视野，看一下汽车行业外的专利，这些事情专业律师是不会做的，因为他们的搜索方式是使用主流词汇，这些词汇会有意将我们留在自己的领域内，当然这很有用，如果这是你的目的所在。在这种情况下，看一下领域外的资料也许更好，原因之一是在其他领域比在汽车领域更有可能找到解决方案，而不仅是汽车上的工具面板。另外，如果你从其他领域找到些东西，然后在你自己的领域中利用这个解决方案（你找到的东西），你的新解决方案很可能成为专利。

注意搜索词汇中是否包含了“脉冲”“共振”和“不对称”，它们将很有用，这些词汇的选择基于本章之前所展示的对工具面板进行潜力分析。这些分析表明，在面板上与警报相关的大部分组件中，还没有出现这些趋势跃升，实际上正是当前系统尚未实现的思路跳跃点引导着专利搜索。在一家德国公司的解决方案中找到了解决可视化警报问题的最佳方案，这也是在网上而不是在专利数据库中搜索到的，在该方案中发明者这样说：

“人眼更容易被可变速率的闪光信号灯所吸引，而不是被静止的或者连续变化的信号灯吸引。EVS 吸引注意力的灯光效果基于不对称的生物机能效应的利用、闪烁的霓虹灯和相互映衬的灯光效果，很能吸引人们的注意。这种现象的神经生物学解释如下：灯光信号的处理在大脑中而非靠人眼，为了有意识地注册某个事件，对大脑的刺激要经过某种形式的过滤，这种过滤有一种“保护性功能”，在睡眠中，它能将干扰刺激降到最低，同时，经常忽略掉有规律的或者连续的信号。不规律的灯光冲击能够屏蔽人脑的过滤功能，随机的灯光信号不能产生适应性效果。同时，大脑也不能避开这种刺激，甚至这种闪烁会持续很长一段时间。

在多个分级别的实验室当中，实验对象被要求去判别不同的灯光信号，还要判断哪一个最能吸引人眼球。研究表明，随机的不对称的闪烁灯光效果最具有引人注目的特质。”

从这段描述中可以知道，用简单的术语来说就是人眼具有生物神经机能，能对危险情况进行反应，所以它天生地被闪烁灯光所吸引，但人们很快就能适应以一定频率变换的图像。还有第二种情况，如果闪烁以随机或者可变的频率进行，它们仍然能吸引眼球，因为人眼并不能适应这种闪烁。

重点 1：相同的解决方案可以从本章早些时候提到的“杠杆”资源清单中找出来，这种情况发生的原因是浏览清单，会让你思考“生物神经机能对危险情况的反应”，这些反过来也可以用作搜索关键词，无论是在专利数据库中还是在因特网上。

重点 2（这也更有趣）：找出这个解决方案之后，你可能要开始思考还有哪些地方需要警告灯，通过灯光闪烁吸引用户注意。换句话说，你只是发现了一种能被利用去制造许多加强版的用户图形界面的警报机，它还可以应用于其他领域。当你写下这些文字时，如果你足够聪明，你可能已经发现自己也将是一个新发明专利的拥有者。

4.6 我该怎么做

对于创造软件创新问题的突破性解决方案，需要鉴别并成功利用之前尚未使用的资源，有时（这点你会在第 8 章中遇到）你所处的环境不会发生这种情况，但在多数情况下，我们的系统之所以复杂，是因为不能充分利用可用资源。

完美之路——只有益处，没有缺陷——这就要求我们不但要利用已有的，而且还要变废为宝。

本章是关于将已经发现并且能有助于产生更多软件方案的资源进行登记并形成核对清单。

偶尔，你可能会发现，仅仅找到之前还未想起或者利用的资源就已经足够带给你创新性的飞跃，而这就已能满足你的当前需要。对于一些人来说这是他们唯一使用过的策略（多数专利来自该策略），对于其他人而言，在综合的系统性创新过程中寻找资源，仅仅是一小步。

你可以随意采取任一策略，这只适用于你，而不是其他。那些想要看到整个过程的读者可以参阅第 9 章。

参考文献

1) Wilber, K., 'A Theory of Everything: An Integral Vision for Business, Politics, Science and Spirituality', Gateway, 2001.
2) http://en.wikipedia.org/wiki/List_of_cognitive_biases.
3) Systematic Innovation E-Zine, 'Evolving Evolutionary Potential – 3) Increasing Differences', Issue 30, July 2004.
4) Mann, D.L., 'Unleashing The Voice Of The Product And The Voice Of The Process', paper presented at TRIZCON07, Milwaukee, April 2007.
5) Mann, D.L., Driver, M., Poon, J., 'Case Studies From A Breakthrough Innovation Product Design Programme For Local Industries', TRIZ Journal, May 2006.
6) Mann, D.L., Spain. E., 'Using Technology and Business Trend Knowledge to Systematically Accelerate Innovation', paper presented at 8th International Value Management Conference 2006, 30-31 October 2008, Hong Kong.
7) http://patft.uspto.gov/.
8) http://www.werma.com/uk/news/product_news.php?id=588.

05

第5章

七根完美的支柱之四——功能

Systematic (Software) Innovation

"所有现在拥有的，都会逝去；所有即将到来的，都将置于太阳之下。"

——Pink Floyd Eclipse

"曾经电脑下象棋赢了我，但要是打拳击，它可比不上我。"

——Emo Philips

F 位于"PERFECT"中间，它代表功能。功能是系统性创新的核心脊柱，它将所有东西都紧密结合在一起。本章相对较短，但同样将许多东西结合在了一起，分为以下 3 个主要部分：

1）详细介绍功能的重要性、功能的分类与映射；

2）构建系统功能模型及功能之间关系的工具及策略；

3）专利的模型化描述，在此基础上进行设计，得到多种可选的设计方案。

合上书静静地想想，你要记住所读的内容，尤其是 5.1 节的知识。

5.1 为什么朝着现在的方向前进

所有的系统——无论是软件还是其他的什么——都会向用户提供有用的功能，如果你的系统不能帮助别人更好地完成工作，那么你的解决方案就不能称为"成功的"。

生活中有一种经典的说法，人们不想要一个钻，而是一个洞(我们可以理解为，只想要鱼，而不是渔)。

因此，软件工程的第一个任务是确定终端用户的需求。在系统创新性理论中，"工作""功能""益处""输出""结果"是等价的。而其他词汇和动作发生的动机是等价的。

整个系统化创新理论是围绕“功能”建立的，因为在不断变化的世界当中，它们是极少数保持不变的，而其他所有事物都以“功能”为中心。创新的含义是给予可以利用的功能以某种变化。

在某种程度上，这听上去可能很简单，不值一提。然而，看看周围的软件产品。设计者更热衷于提供智能特性和看上去炫酷的图片。本书使用 Word 2007 录入。我坐在电脑前，看着无数按钮和经过修饰的界面，整体看上去是巴洛克式风格。那它相对于之前的版本多了哪些特性？重点在于“特性”这个词。结果是，多出的特性并没有那么多！为了与那些追求最新的人和睦相处，我被迫加载了诸多无用的功能。

这就是自然世界中所谓的“过度服务”。对于一些人来说，这听上去是一件好事，而实际上不是。比如编程人员通过移动按钮、重新格式化和重新修饰来改进系统（人们为什么这么做？），实际上这并不能帮助用户更好地完成工作。

外包只能使这类问题变得更加糟糕，因为在编程人员和终端用户之间又增加了一层。在许多案例中，现在的编程人员基本上不知道终端用户要做什么，所以重点落到了“做”上。

这与创新无关，这只是一项工作。问题的一方面是人们被“聆听用户”愚弄了（当然“聆听用户”也是一件好事）。要知道仅通过告诉设计人员用户的需求，完成用户需求分析是不可能的。亨利·福特以获取用户需求而闻名。例如，用户可能告诉他需要“一匹更快的马”，这是用户做的描述，他们可能告诉你要更快、更准确、更可靠、更便宜。但他们从来不去想**为什么**他们需要这些东西。编程人员过于热衷于用户表述的表面需求，同时也过度专注于解决“更快的”问题，而忽略了询问客户为什么有这个需求。

如果你已经问了这个问题，那你可能会对用户需求理解得更加深刻。用户想要一匹更快的马，因为他会使用户从 A 地到 B 地的时间更短，所以这项工作变成了类似于“将我从家里带到工作地点”。

需求获取过程是比较容易的一部分，要求每个人都应该在场，但事实并非如此。让我们假设他们确实在场等一段时间。开始思考下一阶段，我在班加罗尔的许多朋友都拥有或者渴望拥有一辆车。从理论上来说，这会使得他们从家到工作地点更方便，当然这是相对于使用公共交通工具或者摩托车而言的。而实际上，由于最近白天道路很多时间发生拥堵，使用车的效果可能比其他可用选项更差。

即使这样，人们仍然想拥有一辆车。无论他们如何努力坚持并辩解，我仍然要说：当我们排着长长的车队，10 分钟只前进不到 2 个车长的距离时，任何争论都没有意义。我也有些开保时捷的朋友，他们认为自己的决定是合理的（保时捷拥有世界上最好的引擎）。对于他们而言，真正需要的远不是"从家到工作场所"，甚至不是对德国引擎那么具体的需求，还有一些无形的需求。

这就是如何将"功能"映射成一些"工作"，并且是用户确实需要的：

工作之所以成为工作，只有在一个事物对另外一个事物确实"做了些什么"时才能成立。"做什么"是动词的表述，关键在于对事物究竟做了什么。这种关系也可能改变。换句话说，工作，至少是两个事物接口发生的事情，图 5-1 将这种接口的想法分成了四个部分。

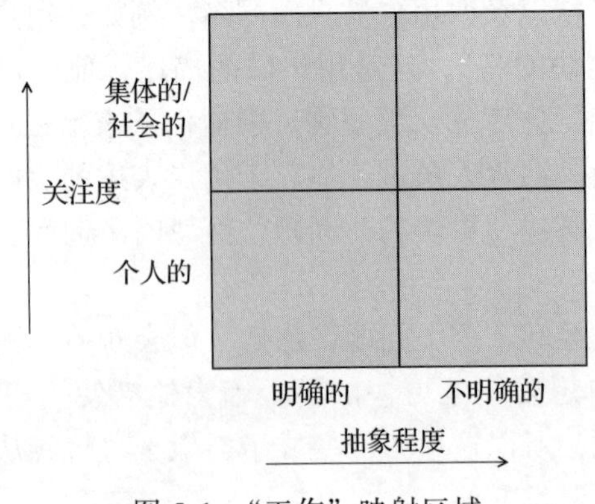

图 5-1 "工作"映射区域

图 5-1 中有两个重要的轴——抽象程度和关注度。抽象程度轴是关于工作确定的具体程度（如“将我从家带到工作地点”是具体的，而“我因工作努力而受到嘉奖”是抽象的，抽象和具体的区别可以认为这项工作是内部与外部关注的区别）。

第二个轴是关于工作的受关注度，我们感兴趣的两部分是：这项工作的存在是有利于某个人，还是其周围的人。后一种分类的跨度可以很大，可以从刚刚结识的朋友，到家人再到整个社会。本质上来说，关注度轴的不同在“我”和“我们”之间。

所有的工作都可以在图中某一部分找到。任何产品（如，一辆车或是软件的一部分）都可能涉及图中的两部分甚至更多。举例来说，图 5-2 展示了生产一辆车的某些典型工作。

	明确的	不明确的
集体的/社会的	接送家人或朋友 保护家人或朋友 搭载乘客 最小程度的破坏环境	提升我的状态 提升家庭的生活质量
个人的	把我从A地送到B地 运送货物 保护我 鼓励我	奖励自己 激发自己 使自己自由

图 5-2 典型汽车的“工作”映射区域

对于任何产品，无论是设计还是服务创新，在你开始编写代码之前，画出一张类似于图 5-2 的“工作映射图”（job-map）都是一个不错的选择。所有你做的事情都需要判断，同时也需要围绕能够帮助终端用户完成他们列在这四个部分的工作构建。几乎没有其他事情比这更重要。这是你将在附录 1 定义模板问题中发现另一版本的 2×2 工作映射矩阵的原因之一。

在创新方案中解决矛盾的重要性在于，现如今已经发现的某些事物在最终的分析方案中，只有两种创新方式，一种是解决与已有系统实现的工作之间的矛盾，另一种是在图中鉴别且合并出新工作，如果你没有做其中任何一项，那么你就没有在进行创新工作。

对某些复杂如汽车的东西使用“工作映射”思想，你应该不会感到惊讶。因为图中的 4 部分，每一部分都包含了很多工作。那么，如果你在稍微简单的系统（比如一个网站）中采用该思想会怎么样呢？

图 5-3 是 Ryanair.com 网站的主页，它是访客进入该网站后看到的第一个页面。

图 5-3　www.ryanair.com 主页

这是欧洲人浏览最多的网站之一。网站设计人员赋予了网站什么功能？当然，我们首先想到的是预订机票。从屏幕顶端的选项卡中可以知道，该公司现在也提供不同服务的登记册，网站首页就是预订机票的页面。网站被设计成允许人们预订大字标题的红色高亮部分显示的航班（忽略对 SEAT SALE 横幅的过分修饰）。你还会注意到这些横幅包含了“预订”“管理”“等级”等。总之，尽管屏幕上的内容很杂乱，但它可以帮助用户非常轻松地找到他们想做的事情所对应的选项。

Ryanair 网站的设计属于图 5-1 左下角的“个人的 - 明确的”这部分设计。图 5-1 的左上部分也起了一定作用，可以实现在一个事务中预订多个座位。除此之外，这是一个网站（当然也是一家公司），实现的都是很清晰的“有形”的交易——毫不夸张，尽可能既经济又有效地将我从 A 地带到 B 地。

如果围绕这个网站进行创新性工作，则有两种可能，要么是帮助用户将已有的功能变得更加完美（通过解决一个矛盾），要么是找出一些能够帮助用户的新功能。如果你准备向第二个方向发展，工作映射图会告诉你更开阔的空间机会在“无形”部分。当然这并不是说没有新的功能可以加载到“有形”上（Ryanair 网站在这个方向上清晰地考虑过，前提是你注意到了其他页面是如何实现用户的具体需求的）。仅仅当工作映射图的某个 1/4 空间快要接近饱和状态时，才会开始开辟新的机会（空间）。映射图存在的意义：通过问题来督促你，公司能够为某个用户提供哪些“无形”的功能（如探索偏僻的地方）？或者在团体或社会层面上有哪些“无形”的功能，例如，跟同事吹嘘，我淘到了便宜货。频繁地提问能够开启你通往创新机会之路。

Ryanair 网站的设计和维护很可能外包给了第三方提供商。这个提供商也可能是你哦。如果你真成了提供商，Ryanair 是你的客户，所以你的第一要务是完成客户交付的工作，就是多卖座。进一步扩大你的视野，帮助 Ryanair 完成工作的最好方式是围绕你的客户（也就是公众），帮助他们更高效地完成工作。不用说，这很难，尤其是当你所做的工作涉及不同国家和文化氛围，距离欧洲数千公里之遥时。听起来你将要做的工作依赖于你为客户与事务之间建立的连接。更直白地说，就是更接近终端用户，或者重新开始思考你的职业。

工作排序

在讨论终端用户及其完成的工作时，很显然系统需要完成的功能可以映射到工作映射图中。要求系统实现的相当数量的工作，开始变得清晰起来。当图 5-1 中“无形”的细节被探索时，其功能数量有时候会多达 40 或者 50。这时，需要将其按照重要性排序，找出最紧要的一项。在一般情况下，会有这样的疑问：“工作 A 和工作 B 相比，谁更重要？”这样的问题就预示了矛盾的发现，而对问题最好的回答是在某种情况下，A 比 B 重要（或者相反）这一点第 7 章中会介绍。

然而，简单的答案也可以通过分析功能分层获得。简单来说，一些功能的存在只是为了更高等级功能的实现。功能分层、工作分层、成果分层，无论怎么称呼，应用的都是同一个基本原理。用户功能等级越高，其在创新过程中所占的重要性也越大（见图 5-4）。

人们利用 Google 获得搜索功能。搜索功能的存在可以为用户提供“找到”功能；“找到”功能的存在，反过来也可以为用户提供“回答问题”功能；“回答问题”的功能为用户提供“看我多聪明”功能，依此类推。Google 在“搜索”领域或者“让我看起来智能”领域中是否算是首屈一指的？好好考虑下。

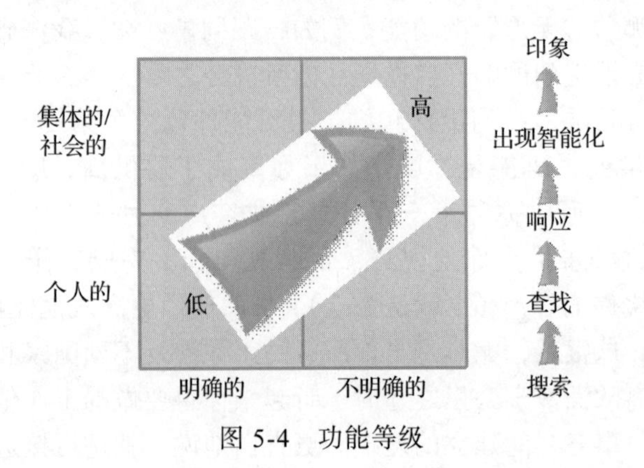

图 5-4　功能等级

一般来说，工作分层的顶部在图 5-4 的右上角“集体的/社会的 - 不明确的”这部分，因为无论你如何努力地将事情合理化，无意识最终仍然会决定人们做这些事情。而正是这无意识会带给人们更多的惊喜。

认真思考下，如果你想用更缜密的方法划分功能，可以使用 WWS 工具（第 3 章有说明）。

说到更缜密的方法，是时候把注意力转向最严密的方法了，清醒一下。

5.2 功能和属性分析

功能和属性分析（FAA）工具可用于创建已有系统的功能表述。从系统层面上讲，所有系统存在的意义都是为了向用户提供可用成果。而从子系统级别上讲，每一个元素的存在都是为了向另一个元素提供可用的功能。

在理论和实践当中，FAA 工具从概念上讲都是非常简单的，其功能可以这样表述：识别出系统中已有的资源，并勾勒出系统中每一部分与其他部分的相互作用。这种重要思想也可以为系统性创新理论增添新的血液，即当描绘系统中可变的不同部分之间的关系时，我们应该对所有有利和不利关系进行检测。

理论就说到这里。在实践中，画出复杂系统的 FAA 模型（其中每行代码和每个变量名都是系统中的一个“元素”），对于那些极不喜欢画这种模型的人来说这项工作相当乏味，况且还需要进行多次快速修改。但这部分通常是在整个定义问题/机会过程中最重要的步骤。因此，你要么自己善于画 FAA，要么找个善于该项工作的人来完成此项工作。

好消息是，一旦你获得了一个系统模型，每当你要创建一个新的工程去改进系统时都可以使用这个模型。FAA 模型基本上是因系统存在而存在的。

图 5-5 展示了相对简单的冰箱上传感器的软件控制器的部

分 FAA 模型。FAA 过程的 3 个基本步骤如下：

1）找出系统中的元素；

2）定义有用的功能关系；

3）定义不利的功能关系（或者有害的、不足的、多余的、缺失的关系）。

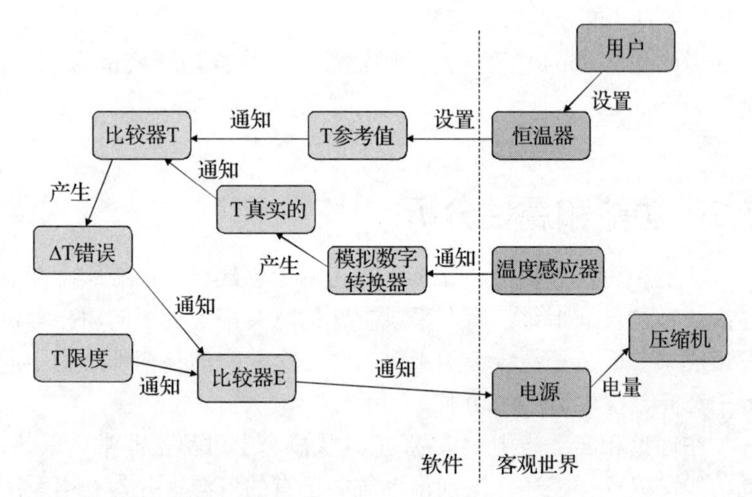

图 5-5　确定元素以及元素之间有用作用的典型 FAA 模型

图 5-5 还展示了完成前两步之后的模型示意图。重要的几点如下：

1）软件和客观世界之间的对应关系，客观世界中“元素”是零件或物体；而在软件世界中元素可以是客观实体（如调制解调器），但更多的是逻辑程序或变量名。

2）“某事物做了什么”作为期望功能，在图中对应于两个元素之间用箭头关联，箭头代表了动宾关系，如温度计测出了温度。

3）模型中的每个元素都至少有一个可用功能。换句话说，模型的每个圆边矩形都至少有一个向外指向的箭头，如果一个元素没有可用功能，要么是你还没有完成模型图，要么就是在系统内部发现了一个无用元素。

完成 FAA 模型之后的第三步，思考当前系统的不利关系，这时实际上你是在思考下列不利关系：

1）哪些是有害功能？

2）希望哪些功能更多些？

3）希望哪些功能少一些？

4）哪些功能缺失？

图 5-6 是在图 5-5 的基础上添加了不利关系。

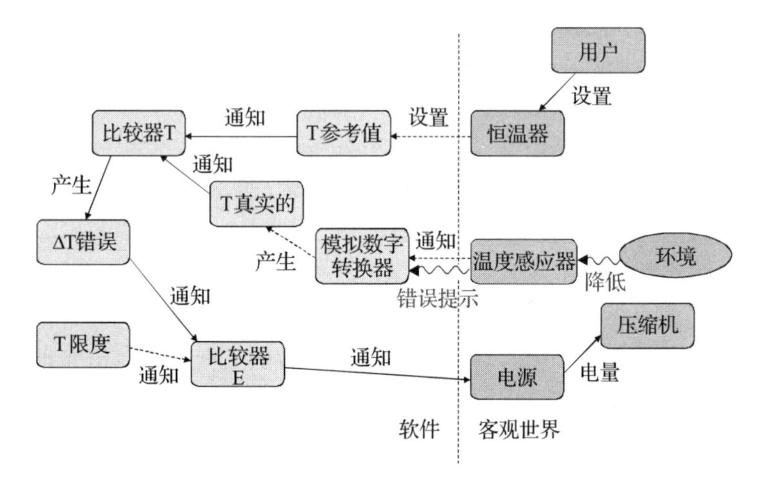

图 5-6　确定元素以及元素之间有用作用、有害作用的典型 FAA 模型

在画 FFA 的过程中，用不同的箭头代表不同的不利关系。最常见的有：虚线代表有用但不足的关系；双线（图中没有）代表有用但多余的关系；波浪线或者不同颜色的线代表有害功能关系；点线（模型图中未表示）代表缺失的功能。

从图 5-6 的模型中可知，大量案例中的有害关系倾向于发生在客观世界中而非软件中。软件设计师近乎完全地控制着虚拟世界，所以不可能故意向代码中注入一些产生有害关系的元素（当然，病毒是引入软件系统的有害功能，所以有害关系也可存在于系统内部）。

在客观世界中加上“环境”作为其元素记录下来，也很有用。环境通常是技术系统有害影响的根源，所以将“环境”作为系统元素，进而帮助观察者，思考它能产生的不良影响，这也算是一个不错的主意。在图 5-6 所示的模型中，时间对系统的影响也考虑在内。随着时间的变化，环境对温度传感器的作用也会慢慢衰减。展示新系统的模型，往往展示的是作用衰减前（即温度传感器性能最好的时候）的模型，通常没有画出环境之间（本案例中是温度传感器）的不利关系。

稍后，我们会更加详细地介绍基于时间效应的模型。同时(为了缓冲头脑风暴)，FAA 模型通常被重新绘制，借以展示过程中不同阶段的系统行为。在极端情况下，你可能会发现自己画了一打，甚至更多模型，就是为了分析系统中正在发生的事情。

为什么你要如此痛苦地做这件事情？因为那样可以找出模型中所有的不利关系，实际上也是找出所有可能改善系统的机会。

不仅如此，你可能已经发现系统性创新解决方案产生工具最有可能帮助改善系统，FAA 模型就成了一个工具，它能帮助工程中的每个人去观察系统中每个元素所做的事情，还可以帮助系统找出哪些地方可以进行改进，以及如何改进。

针对分析结果，给出基本的引导方向如下：

不足或者多余的动作	进化趋势 专利 / 知识数据库
存在有利和不利方面 （不足的 / 多余的，不足的 / 有害的）	矛盾
缺失行为 （无不利作用）	资源　专利 / 知识数据库 裁剪

当构建功能属性分析工具时，唯一要思考的事情就是属性部分，而当你使用 FAA 模型技术去构建专利创新模型时，属性部分尤为重要。

专利模型

在另一种情况下，你可能还会想起创建 FAA 模型，最常见的情况是你发现了一个有趣的专利，而该专利会为你的创新问题提供解决方案。但如果你没有权利使用该方案，那么你就要找出技术上的替代方案并且对专利不构成侵权。

专利证书一般由律师采用通用的格式书写。但并不是所有人都需要这样。尤其是在发明权利声明部分。这部分是为这项发明的创新点提出法律要求，如果你不小心抄袭或者使用了其他专利的创新部分，那就构成了侵权。

专利不是那么容易理解的，所以以一种更加直观的方法将其翻译成描述该项创新的模型是一个不错的选择。做这种翻译的另一个更重要的原因是该模型可以帮助我们深入理解系统性创新工具。而该工具能帮我们确定，找到专利规避方法的可能性有多大。

顺便举一个例子：以下内容是美国专利授予的典型文本。不是说其他细节不重要，但这是声明的第一部分，也是最重要的部分，来自美国 7397500 项专利，该专利于 2008 年 7 月 8 日授予惠普发明者（参考文献 5.1）。

1. A method of improving image blur, comprising the steps of: a) computing a stability measure from digital image data; b) comparing the stability measure with a predetermined value; c) selecting a message based on at least one photographic parameter when comparing the stability measure with the predetermined value indicates that blur may occur; and d) communicating the message to a camera user, the message suggesting to the user at least one camera setting change for reducing blur; e) tracking changes in an edge-detect figure of merit for the digital image data over a predetermined period of time; wherein the at least one photographic parameter comprises one or more of a lens focus distance and an effective strobe range; wherein the camera associates the message with an image file and wherein the image file and the associated message are transferred from the camera to a computer and the message is displayed on the computer; wherein the at least one photographic parameter further comprises a lens focal length; wherein the at least one photographic parameter further comprises a camera shutter speed; and wherein communicating the message to the camera user comprises displaying the message on a micro-display viewed through a viewfinder-like portal in the camera.

暂停一下，如果你在读这份专利声明时遇到困难，你可能会说："这不是一份软件专利。"从某种程度上看，你得出这样一个结论是正确的，实际上这是一项关于如何防止数字图片模糊的发明。但从另一方面看，它也可能为软件创新理论提供一个重要支撑。

首先，无论怎样，我们先建立声明部分的FAA模型。虽然律师的话通常是模糊的、复杂的，但建立FAA模型的过程还是相对简单的。第一步你需要从声明部分挑选出名词部分，这些词可以为你提供构建系统的元素。

然后，搜索需要向动词进发，声明部分的动词可帮助我们找到不同元素间的功能关系。通过名词和动词搜索，建立如图5-7所示的模型。

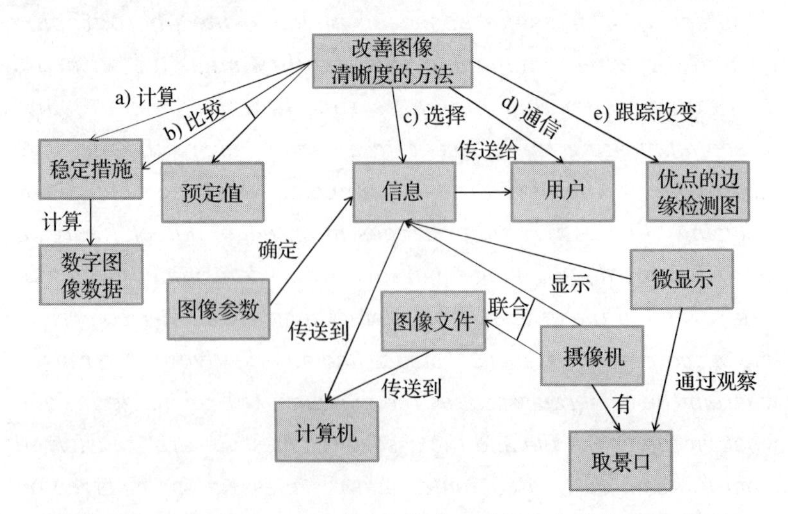

图5-7　对专利US7397500 1文本建立的部分完成的FAA模型

直到现在，你很可能开始注意到，专利声明中的某些部分并未出现在模型中。类似“lens focus distance”“effective storbe range”或者“view-finder like”并没有出现在图 5-7 中。在模型中这两部分可当作单独元素，或当作属性会更好，而且根据发明者描述，它们可当作系统其他部分的属性。(至少一个图像的参数包含一个或更多的透镜焦距和一个灯光范围值) 这两种方法都被认为是合理的，所以不要为这两种方法哪个正确而过度焦虑。当进行专利策略分析时，可以用各种方法对专利进行建模。类似“包含”“占据”“有”这些词汇，就是相当可靠的指示性词汇，我们接下来要寻找的就是属性。

声明中的“类似检像器”显然是描述取景口特性的形容词。在声明文本中对形容词组进行搜索是揭示属性的有效方式，图 5-8 展示了构建属性数据之后的声明的 FAA 模型。

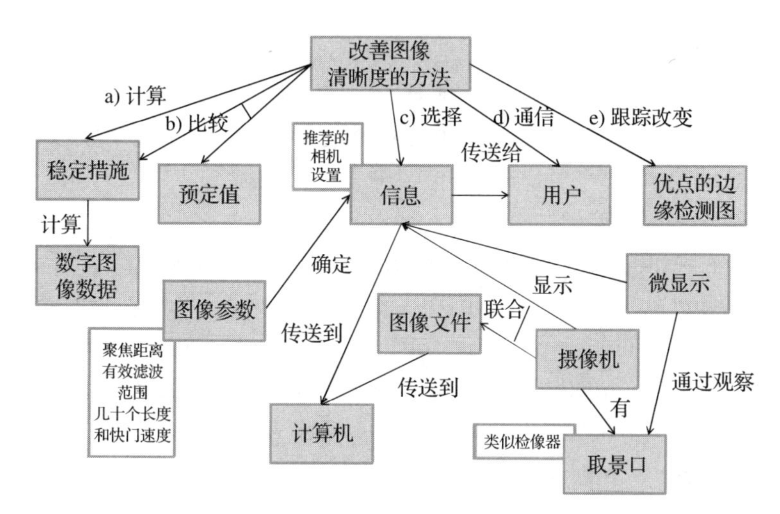

图 5-8　对专利 US7397500 1 文本建立的包含属性的 FAA 模型

如图 5-8 所示，属性数据展示在系统中相关元素相连的下拉矩形框中。如果已有类似的上述模型，下一步就是用它做一些有用的事情，接下来我们展示如下。

我们需要回到之前的软件创新点。需要强调的是专利和功能模型描述了基于时间的过程，而不是固定的实体。

首先是软件创新点。非常简短但值得注意，因为可观数量的软件创新机会就要开始揭示。对于上述的相机抖动专利而言，如果阅读整份声明就会发现，它展示了用软件解决方案解决传统的应用物理手段解决的难题。模糊是由于抖动产生的，但同时也有许多不同的设备可以测量物体抖动，所有设备都有不利的属性，像重量、较差的可靠性和高成本等。惠普的发明家清醒地意识到，相对于物理解决方案软件解决方案更可能会达到完美。物理设备天生就背负了生产成本，所以每一款使用这种设备生产和销售的相机，其成本都比使用数行代码提供相同功能的相机更加昂贵（代码为消费者提供相同功能，这样的更便宜，只需要一次付清代码的费用）。

总结：用虚拟的代替物理解决方案，毫无疑问，你向正确的方向迈出了一步。唯一不足的是你不得不在软件外围徘徊，并寻找合适的最终物理承载体，若你能有所突破，那么就取得了很大成就。

再说说 FAA 和基于时间过程的专利模型，下面一段摘自美国最近授予的专利证书，这一段毫无疑问被微软使用，其本质仍然是软件解决方案：

1. A method of normalizing brightness in an image, comprising: receiving an image made up of areas, each area having an original brightness value; dividing the image up into blocks of areas; determining an estimated brightness of each block; determining a brightness distribution value for each area by fitting the estimated brightness determined for each block surrounding the area using bilinear interpolation and extrapolation; normalizing a brightness value for each area by dividing an original brightness value for the area by the brightness distribution value determined for the area to produce a normalized brightness value; and creating a new image using the normalized brightness value for each area.

（在看图 5-9 的说明之前，你可能想尝试一下，自己画一幅 FAA 模型。）

专利的焦点，虽然你不需要从声明中分析出，你关注的是解释手写在计算机截屏文本打印稿上的注释。下面这段话来自发明者的描述：“有一个问题，将写有注释的打印文件直接转换成电子版会有些困难，要达到完美需要电子影印版和电子版一致，如同电子版要和手写板内容一致。”专利的首要声明是识别出打印文件上手写注释的区域。

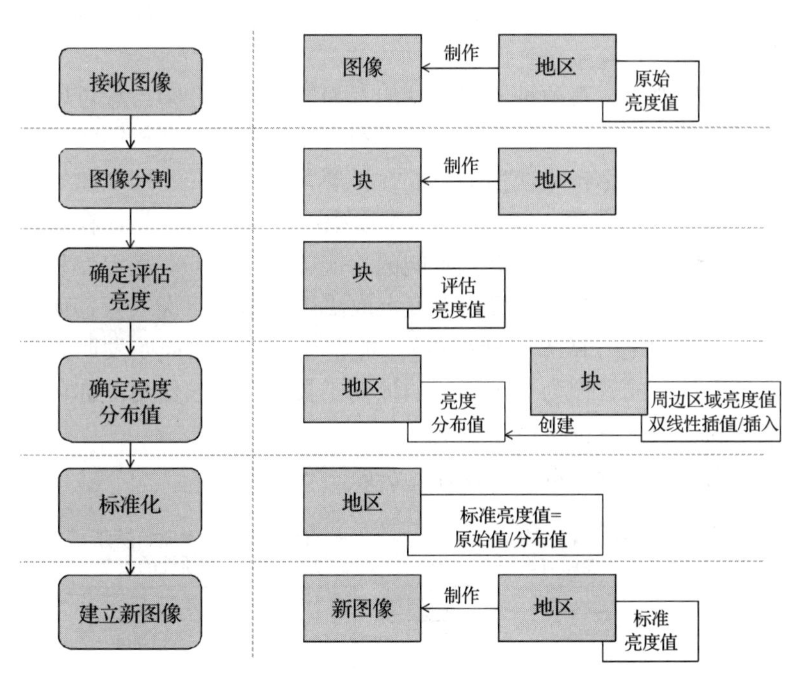

图 5-9　对基于时间进程的专利完成的 FAA 模型

注：右边指的是处理步骤，右边代表元素属性以及处理过程中对其进行的变换，这两者对整个过程总是有用的。

当然，该模型仅仅展示了专利的一部分声明，相信你为每个声明创建了新的模型并描述出了专利声明的权利。当然，事实上也是这样，幸运的是，该过程跟声明是一样的。现在尝试着解决如何画出描述基于专利声明的过程和系统的 FAA 模型。

5.3 技术替代——专利规避设计

简单地说，如果你找到一个可用的但已经申请专利同时你又无权使用的方法，可行方法之一是围绕该专利进行外围设计。这样不会构成专利侵权，而且还可以“自由使用”。

也许，你更想创建一个比之前更合适的新设计。如果这两种方法都可行，那么你的设计不仅可以获得商业价值，而且对用户的吸引力更大。

粗略地说，有两种基本类型的专利需要考虑。第一种可以认为是原有专利的扩展，创建扩展专利可使你取得专利权的解决方案，但不会给你自由使用的空间。扩展，顾名思义，即在原始发明上增加一些东西。就你的 FAA 模型而言，任何时候你在原始模型上增加新的元素或者元素间的功能关系，你都有获得专利权解决方案的可能性（这很大程度上取决于原始发明人或者其他人是否在其他地方做出同样扩展）。扩展专利可阻止原始发明人改进其设计，或者作为某种形式的谈判工具也可以起作用。你可以用我的，当然我也可以用你的。

围绕原始专利进行的设计方法如图 5-10 所示。

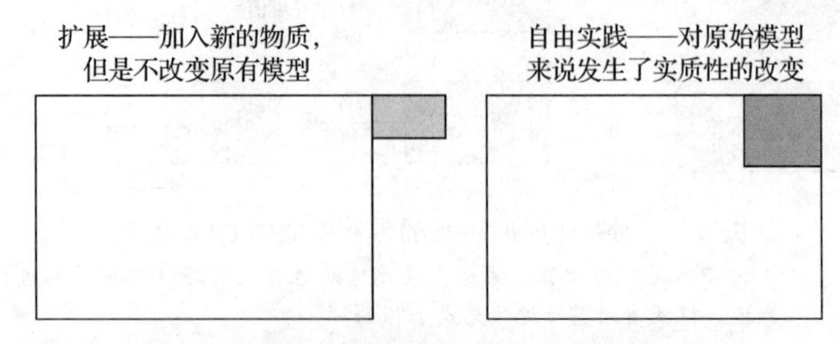
扩展——加入新的物质，
但是不改变原有模型
自由实践——对原始模型
来说发生了实质性的改变

图 5-10 扩展性专利与自由实践专利的对比

自由使用在某种程度上也意味着修改声明部分的原始 FAA 模型，而不仅仅是增加一项新东西。你的工作就变成了做出根本性的改变，这里有六个你可能用到的策略：

- 移开些什么
- 替代些什么
- 移除一个连接
- 改变一个连接
- 一些事物和另一些事物相连
- 改变属性

假设使用其中之一，你可以增加任何你想要添加的东西，而后创建一整个系列的扩展专利声明，这会阻止你的竞争对手入侵你的领域。惠普或者微软发明家不再因围绕这两项专利声明模型进行设计而困扰（很容易就可以看出这会使用多长时间），这场讨论就此打住。尽管在软件世界中开源的力量正在增长，但在许多公司中，知识产权仍然是一项很重要的商务驱动模块。仅为了这个原因，你就要知道这些东西，无论你对该专利是否感兴趣，你都要清楚地记得，当你在解决一个软件难题时，很有可能某人在某处已经解决了。此时，在专利数据库中搜索别人的成果算是一个不错的选择。

5.4 我该怎么做

功能 = 工作 = 输出 = 结果 = 利益，你做的所有事情都需要由终端用户的需求来确定。

画一张完整的示意图（可能会用到图 5-1 的模块），展示我们设计的软件给予用户的各种或抽象或具体的功能。你要给所有参与工程的人看这张图，如果你发现自己正在编一些不会帮助图中功能实现的代码，那么你就要问自己，为什么要做这个？功能即所有！

或许你觉得并不是十分有趣，为一个已存在的系统创建功能和属性分析模型是一种寻找导致未来进化的时机的非常有效的方式。你应该养成绘制这些模型的习惯。

参考文献

1) US Patent 7,397,500, 'Camera Shake Warning And Feedback System That Teaches The Photographer', http://patft.uspto.gov/.
2) US7,400,777, 'Preprocessing For Information Pattern Analysis'.

06

第6章

七根完美的支柱之五——涌现

Systematic (Software) Innovation

"心灵捉弄你，你也欺骗它！就像你正在拆解一件某人一直织着的大麻花针织毛衣。"

——Pee Wee Herman

"注意，耍小聪明的人到处都是。"

——Havamal，13 世纪维京诗

不再有简单的问题。当然也没有简单的软件问题。复杂性无处不在。你越能接受这种复杂性，把它变成你的盟友，你创新成功的可能性就越大。假装它不存在，或者假设你只能过滤掉你不理解的东西甚至是你认为不相关的判断，这常常是一种诱惑，却越来越致命。

本章讨论的工具和策略可以帮助你解决复杂性问题。正如本章标题所暗示的，贯穿全书的关键是认识到复杂性是自然产生的。正如人类生活的复杂性会从一些简单的指令相互作用中显现出来，一个成功的、系统化的软件创新也是通过数字、技术和社会 DNA 的组合而涌现出来的。

我在商业和管理领域写了很多关于系统创新的论文和文章。管理者经常渴望把世界简化为不超过 4 个的盒子。当然软件工程师是优秀的，通常是超级优秀的。因而特别是对于软件社区来说，往往是紧急系统世界的 3 盒模型（见图 6-1）。

复杂的大千世界封装在一个 2×2 矩阵中。本章的后续部分基于它所包含的每个盒子中发生的情况，因为每个盒子都表示你在项目开始时可能遇到的一种情况：

首先，查看图 6-1 底部"我们的系统"的维度。这基本上是你负责的系统。两种基本的可能性是：（1）系统已经存在；（2）你将要创建一个新系统。图 6-1 的左上角是一个维度，它和你如何理解这个已经成功运行的系统的超系统的"DNA"水平有关。此外，这似乎有两种可能性：（1）你理解它；（2）你不理解它。这张图上的“DNA”指什么？就是所有的基础的指令和规则，复杂性将从它们中产生。当然这里隐含了假设，即所有的系统都是复杂的。对于软件而言，做这样的假设是合理的，因为软件存在的目的是帮助人们更好地执行任务，而人类天生是复杂的。我和我的女朋友不得不去杂货店购物，就是在体验一个在混沌边缘运行的复杂系统。让我们放弃“从根本上处理复杂性”这种想法。这样就已经从二维的视角定义了世界，下面让我们来看看构成矩阵的每个象限。

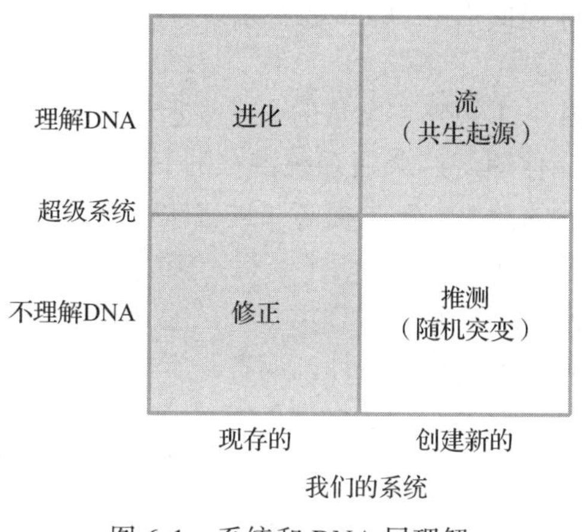

图 6-1　系统和 DNA 层理解

修正：矩阵的左下角经常出现这种情况，即你已经有一款软件，但你不了解超系统下运转的 DNA。如果你不明白系统周围发生了什么，你迟早会遇到问题。因此对于矩阵里的盒子，“突破”任务涉及修正一些东西。在我们的经验中，“修正”的最好的办法是理解超系统的 DNA。为了实现这个目标，这里讨论两个工具和策略：

（1）颠覆性分析和“健壮性设计”——通过识别问题为什么发生的详细 DNA 层原因，可有效修复出现的问题。从某一层面来说，你可能会觉得这里修正已经出现（不期望出现）的问题是一种“救火”行为，但从更积极的层面来说，你可以将其看作在出错之前就修正它的策略。

（2）认知映射——在许多情况下可能没有数据来帮助你了解将会发生什么，或者你有这样底层完整的数据，但数据过于零散，你需要考虑并理解底层 DNA，方法是找到一种可以把你已经获取的零散的碎片数据拼凑起来的方式。正如颠覆性分析工具，虽然你将最有可能使用这个工具来修正一些错误的事情（例如“为什么运营商产生了数据输入错误”）。但我们还可以采取更加积极的态度，利用可用的工具，在需要修改之前尝试和预判一个问题，并把恰当的 DNA 注入系统。这更像疫苗接种，而非事后治疗。

进化：图 6-1 矩阵左上角的盒子表示你已经有一款软件，使用也很顺手，你理解这个超系统潜在的 DNA，并且你的工作就是寻找突破性的解决方案来提高和进化软件。这种情况下的主要策略是确定和利用“紧急矛盾”。得到突破机会的基本思路是建立一个自底向上且能和周围环境交互的系统模型（例如，假设你负责电梯控制系统的软件设计，或者基于控制台的计算机游戏的一个新版本）。

推测：矩阵右下角的盒子描述了一种情况，即你打算设计一个新系统，但你不明白这个超系统的 DNA（例如，你正希望把你的系统销售到市场）。在这种情况下，完成描述产品开发的最好方式是“推测”。令人沮丧的是，它似乎是软件领域内外许多新产品开发的基础。我常常把这类产品开发称作“试错法”。与生物学 DNA 类似，试错法产品开发相当于随机突变。生物学系统偶然产生突变。突变是随机的，并且大多数突变期望都将失败。不管怎样，经过了几代的种群传播后，在偶然的情况下会出现一个比以前更加合适的解决方案。如果可有几十亿的年收益，那么突变是不错的。但在高速变化的全球市场，这种情况会导致浪费宝贵的资源，甚至毁掉企业（看过去 20 年内破产的 .com 企业——一群处于创业阶段的公司，它们不知道市场（超系统）想要什么，用别人的钱进行“试错法”赌博)。从系统创新观点来看，我们可以负责任地说“推测”不是我们感兴趣的。

流：最新的理论表明生物进化的主要机理是共生起源而非随机突变。共生起源包含双赢合作和两个不同实体的结合（共生）。这是我们领域之外的一种方式，但从系统创新角度来看，这个基本的想法有很大吸引力。我们感兴趣的是想去哪儿创建新系统，去哪儿找能使系统成功的超系统DNA。这里的“共生起源”是新系统和潜在市场中已建立的某些需求的双赢结合。这个矩阵的盒子之所以称为“流”，原因在于当你创建一些能够满足一种需求的场景时，整个创新进程将会“流动”。“随波逐流”经常用作贬义。但非常明显，本文中的“流”是褒义。流使超系统DNA为你工作，而不是让你对抗超系统。逆流创新是艰苦的，而顺流创新却能事半功倍，且能畅快淋漓。本章认为“流”是帮助你理解和利用超系统DNA的策略。换句话说，它帮助你理解未来市场，这样你创建的系统将最有可能获得商业成功的机会。

如图6-1矩阵描述的那样，本章后续部分分为三部分——修正、进化和流。这三个主题以逆序方式展开，这意味着首先从矩阵的“流”部分开始讨论，即“从哪里创新”的问题。

6.1 流：从哪里创新

许多人的职业就是试图理解市场并预测将来做什么会成功。这些人可能是市场营销人员，或者更常见的是经济学家，但是很多精明人观察世界的方式都存在着致命缺陷。

一本关于软件创新的书是如何得到这样的结论的？在某种程度上，幸亏经济学家预测未来的记录都糟糕透了，我们得以避免损失。事实上，几乎每一个预测未来的实验（例如，预测股票价格）的结果都是：经济学家的预测结果往往比一个小学生或一个随机数发生器给出的结果更差。对于软件创新来说，更现实的情况是，除非能提供一些具体的关于如何理解客户需求和市场需求的资料，否则讨论系统软件创新是不可能的。我们有三百万个创新数据点，为市场潜在的 DNA 提供了一个完美的思路。

这或许就是我们和经济学家之间的区别。经济学家的“致命的流”是他们试图建立自上而下的模型。我们的方法表明当你拥有三百万数据点时，你在充分理解潜在的模式和规则（“DNA”）的基础上，可以开始自下而上做创新工作。当然，这是前面所有章节建立的观点：复杂系统从简单规则中产生。重要的是，在 DNA 级别上的微小调整往往会对紧急系统复杂性产生巨大的影响。

在预测未来方面，我们不敢说可以比科学家做得更好，但是通过使用 DNA 图，可以建立“简单规则”策略，以便极大地增加我们创新成功的机会。

这是我们给你的一个承诺。让我们一起来看看是否会做得好……

市场变幻相当无常。去年销售火爆的一款产品可能今年突然滞销。在世界某地成功的产品在其他地方却败得很惨。这看起来似乎很不可思议。这就是经济学家和营销人员工资高的原因，而且当他们的预言出问题时，会耸耸肩说：“我们做得已经比任何人都要好。”

不管怎样，去看看成千上万的成功和失败的例子，总会发现一些规律。到目前为止，可以总结出三种模式。图 6-2 阐明了我们开始要思考诸如“到哪里去创新”DNA。

图 6-2 “到哪里去创新”DNA

图6-2试图说明成功的创新时（不仅仅是软件的创新）至少会涉及三个策略：

1）人们发现了一个“空白”：一个没有其他对手存在的地方，并且开辟了一个新市场。

2）人们观察市场和社会的发展趋势，并且成功地发现和利用了至少两种不同的趋势：冲突或是趋同（奇异点）。

3）人们解决了矛盾。

这三个策略在一定程度上互相交叉和重叠，因此一些创新利用了这三个策略中的两个，有的创新可能把这三个策略都用到了。这似乎有着很强的相关性：做得越多，成功的机会就越大。因此，通过三个策略中的一个就可能创新成功，但最大的赢家（例如iPod、MySpace、Facebook）很可能已经把这三个策略都用了。

这三个策略中的第三个策略会在下一章成为主要焦点。第二个策略需要付出最大的努力，但是令人欣慰的是它也是最容易描述的。“空白”策略需要更少的努力，但需要多些解释。

冲突/奇异点趋势的潜台词是，创新成功的重要因素之一取决于消费者、市场或长远发展趋势，或者说“如果我能发现这些事物如何相斥相生（一加一等于三或更多），那么我就找到了创新的金钥匙”。

多数大公司都雇人去研究并跟踪各种各样的市场趋势。这里讨论的是给出大体趋势方向。例如，在软件领域的产品定制是一个趋势。反过来说，定制产品的成功是因为面向更大“个性化”的趋势。趋势冲突思想说明现在已有很好的趋势，如果你仅仅介绍了一个定制化的产品，消费者不可能认为这是一个一鸣惊人的突破。从另一方面看，假如你看到和个性化趋势相对的其他社会趋势，那么你可以以某种方法利用两者，这时你已经创造了一个潜在的惊人之举。举一个相对简单的例子，与个性化趋势冲突的一个社会趋势可能是我们认为的部落文化——许多人都渴望自己成为部落文化的一部分。一项同时满足人们（冲突）个性化和部落文化需求的创新很可能是成功的。来看看 iPod，它不是世界上第一台 MP3 播放器，而且很确定也不是最好的技术，但却获得了相当多的利润，取得了巨大的商业成功。为什么？因为通过成功地把硬件和苹果公司最热门的音乐软件（iTunes）集成在一起，苹果成功地实现用户同时展示他们的个性（“我的音乐和我的播放器和你们的不同”）和他们共享社区的成员资格（见图 6-3）。

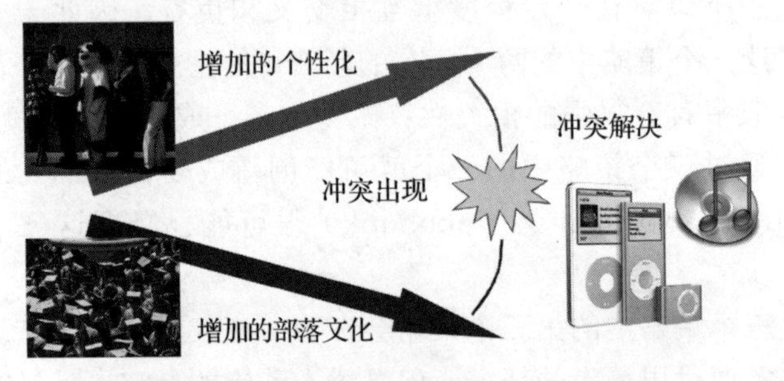

图 6-3　确定和利用市场趋势冲突

以上就是关于趋势冲突主题的全部内容。这个理论很简单：观察一对趋势并发现它们如何冲突或结合，但实践是相当乏味的。这时你开始看到全球数百个不同的趋势模式。令人感兴趣的是，图 6-1 体现的是那些趋势聚集的主要地方，更高级别的趋势 DNA 的描述——包含所有市场趋势的框架模式。同时，孤独烦闷不是不去做事的充分借口，如果去参观苹果公司就会明白这个道理（下一章节建立的认知映射工具将会帮助你处理固有的错综复杂的事物，试图理解那些成百上千的趋势是如何相互影响的）。

现在把焦点转移到“空白”部分。三百万个数据点绘出了一幅非常清晰的事物图，这些事物需要给有机会成功的创新提供恰当的位置。所谓的“系统完备性法则”将在第 8 章讨论，因为还有一些关于如何设计软件的重大问题。从“市场 DNA”理解角度看，这个“法则”告诉我们，在任何可行的系统中，必须有五种东西：更理想的产品 / 服务、市场需求、生产手段、市场路线、协调方法，也就是每一部分都知道其他部分正在做什么。这五部分展示在图 6-4 中。

商业模式	网络	设计（事前）	生产过程（事中）	回报（事后）	互补	渠道	承诺（事前）	服务（事中）	支持（事后）	品牌	体验
协调方法		生产手段			市场路径		更理想的产品 / 服务			市场需求	

图 6-4　到哪里去创新——“确定空白”

这个图也表明五个不同区域可以分别进一步细化（更多内容查看参考文献 6.2）：

更理想的产品 / 服务——当把它归结为围绕更理想的产品或服务的想法进行创新时，你有可能“事先”创新，换句话说，在顾客购买之前提出性能保证（你写在销售手册的内容）。“事中”是当你向顾客交付产品或服务时，如何与顾客交流。“事后”是在顾客已经获得比较理想的产品或服务之后，如何给顾客提供支持。

生产手段——这里要小心，因为此术语可能给人一种正在制造某种东西的印象。而实际上，它的含义是你如何扩展产品或服务，以满足整个目标客户群的需求。换句话说，就是如何产生更多的更理想的产品或服务。以前讨论的把理想产品或服务分为三个不同阶段，在这里也适用。生产手段的事前、事中和事后可被解释为：（事前）是更理想产品或服务的原型设计；（事中）是实际批量生产过程，（事后）是你的回报、恢复或循环利用你所生产的产品的方式。

市场路径——这里，时间维度似乎不那么重要，因此你需要另一种方式来划分可能的创新机会。基于观察到的以前的创新数据库，似乎有两个基本类别：第一类是市场渠道；第二类是协作互补。后者的创新路线图似乎在商业概念创新领域日益普遍，有大量的永久或临时团队合作的例子，那些企业之间不存在竞争但仍然在同一环境中协作。例如，银行和房屋开发商都在帮助消费者购买住宅，因此他们之间有潜在的互补性。

市场需求——似乎与时间不太相关，虽然出现在包括更理想的产品类别中（当然，消费者定义的“更理想”的含义在不同阶段是不同的）。反过来再看看以前发生的，分割这个单元最好的方式似乎表现在两个方面。第一个是广告、品牌和潜在消费者如何理解更理想的产品或服务。第二个与消费者和企业的互动相关。

协调——最后，协调整个系统运转的元素的级别比其他四个单元的更高。举两个子类来定义协调元素中的创新空间。首先是，如何给企业提供资金——股东们如何参与、投资者如何参与；基本上是如何配置和管理企业的金融网络（市场路线中描述的“互补”是建立消费者看得到的联系，然而金融网络中的“互补”是建立消费者看不到的联系）。其次，或者更明显的是，组织机构的基本商业模式设计。

映射和分割创新空间后，下一步的任务是检查你希望提供服务的领域过去发生了哪些创新。完成该任务的最简单的方法就是生成如图 6-5 所示的图。

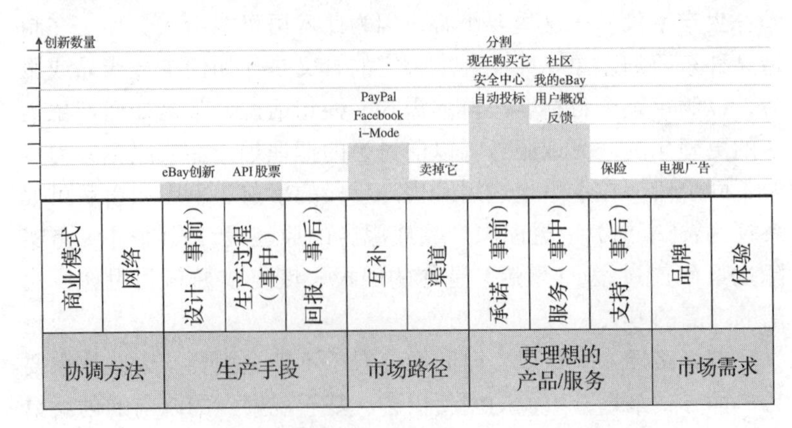

图 6-5 “在线拍卖”企业的“空白”确定图

图 6-5 的目的是通过展示过去的创新发生在哪里，让你可以确定出哪里是还没人去创新的“空白”。为了实现新的突破，这些“空白”(就像合作、交互和生产手段）是你应该关注的可产生突破的地方。

你会找到这种工具的模板，顺便提一下，附录 1 的表 3 仅是“到哪里去创新”DNA 三个部分之一。

已经利用了这么多的超系统 DNA 去辨别创新机遇。现在我们把注意力转移到创新的下一部分——修复，这部分的工作是找到改进你不能完全理解的系统的方法。

6.2 修复：认知映射

在初始定义阶段，软件创新机遇通常最为模糊。最终投放到市场的解决方案很少与第 1 版特别相似。在许多方面，你可以把软件规格说明书看作一个涌现的事件；你可以第一次尝试定义“正确”的事务，以最快的速度去创建、测试、验证和审核规格说明书，并且重复，直至确定都已经完成。在一定程度上，只要你可以足够快地完成这些循环，这种“快速失效”的设计方法可能会是有效的一个。可是它将成为一个相当大的“可是”——它不是第一次具有明显随机性迭代的借口。

“随机性”是最极端的情况，你不完全理解顾客的需求，顾客不知道他们需要什么，或者最糟糕的是你不知道他们具体是谁。专注于功能（工作，成果——第 5 章）和完美（第 2 章）可以清晰地帮助你指明正确方向。通常，你会受益于用更严格的方法去定义第一个“正确”的概念。输入认知映射工具。

最初开发这个工具的目的是定义相当复杂的企业管理问题（参考文献 6.3）。设计这个工具是为了搞清模糊情况，该工具可用于理解许多不同视图和透视图的模糊情况。典型的认知映射练习起点如下：

- 哪种市场趋势将会对我的下一个产品影响最大？

- 为什么人们在电脑系统中输入数据的时候会出错？
- 如何能消除用户关于隐私保护的疑虑？
- 解决身份盗窃的最佳方法是什么？
- 一个网站如何保持客户黏度？

甚至可能考虑更宏大、更模糊的问题，诸如“什么是最好的市场？”“我在哪里可以赚到最多的钱？”或者“我如何吸引和留住最优秀的人才？”，如果我们意识到这些宏观的策略性问题，任务的重要性将会自然地增加。

以一个稍微复杂的问题作为范例。一旦有了示范，它们之间唯一的不同是它需要更多的时间。对进化工具背景或心理DNA感兴趣的读者，可在参考文献6.3中找到更完整的过程描述。

这里需要解决的问题是数据市场录入错误。在一定程度上说，解决这些问题的方法可以让人类摆脱困境。人们都会犯错误。从根本上说，没有一个像六西格玛一样不会出差错的人。虽然人们容易输入错误，但仍旧倾向于把从外界获得的信息以数字信息的形式填入数据表格。这些数据至少对预测将来会起些作用。例如，药剂师为病人安全承担着重大责任，按照规则他们应从医生那儿把药方（经常是手写的）录入安全的数据库。当药剂师录入不正确的数据时，病人就很有可能将会遭受痛苦，甚至死亡。因此，他们有很强烈的动机把每件事做好，但莫名其妙，错误还是经常发生。

认知映射的第一步是定义一个你想回答的问题。对于这个药剂师问题，明确表达这个问题的好的方式可以用“有经验的药剂师录入数据错误是因为……”

要明确地表达这些问题时，要组织句子的前半部分。这个过程下一步的任务是写下你的想法和观点，以形成句子的后半部分，例如“有经验的药剂师录入错误数据是因为有时他们不认识医生写的药方”。当系统地阐述认知时，从不同人群的视角出发是一个不错的主意，包括药剂师、病人、医生和监管者等，因此你会得到广泛可能的输入数据。这个阶段的要点是简单地写下你对这种状况的认知。图6-6说明了由一组测试的药剂师在实践期间得出的反应。

编　号	认知描述
0	工作量太大
1	工作量太小
2	管理者压力
3	不适当的照明
4	不适当的休息
5	不能集中注意力
6	没有人为误差目标
7	施加错误目标
8	模糊的输入
9	不清楚的屏幕反馈
10	管理者/审核员将会检查
11	符合人体工程学的分心
12	来自同事的分心
13	来自个人生活的分心
14	高度任务复杂性
15	没有足够的系统更新训练
16	没有足够意识到后果
17	不愿意怀疑输入
18	注意力下降

图6-6　有经验的药剂师录入数据错误的原因

下一步是最重要的，而且耗费时间。对于每个认知，我们需要回答这样的问题："这个认知最可能导致哪一个其他认知？"我们必须从认知列表中选择一个并且只有一个认知。因此，从认知列表的第一个——"工作量太大"开始，参与者检查列表其余部分的认知，并确定哪些工作负载过高会导致这些认知。在这个例子中，当工作量太大时，导致最后出现在列表中的"注意力下降”。注意力下降是一种错误，当我们下意识地行事时，例如，当你正重复你之前已经重复过很多次的动作时，你可能认为事情都是一样的，而实际上在某种程度上是不同的。因此，在这种情况下，确定认知“0”导致认知“18”。现在对列表中的其他认知重复进行“因果”分析。

当且仅当你已经完成“因果”阶段时，才开始进行下一步——寻找矛盾。特别是我们要寻找认知对，也就是如果一个是真的，而另一个是假的。很明显我们正寻找对立的观点。在图 6-6 列表中最明显的一对是前两个认知：“工作量太大”和“工作量太小”（有趣的是，心理学研究表明，实际上太大和太小的工作量都会导致更多的错误。但是只要和实际映射有关，不管语句是否相互矛盾，无论如何都会把它们标记为冲突对（如果不是潜在的原因））。

到现在为止，我们已经做好了准备，剩下唯一要做的就是绘制认知图。通过把每个认知放到框中并且画上有向箭头来连接每个框。相关框之间如何连接箭头如图 6-7 所示。

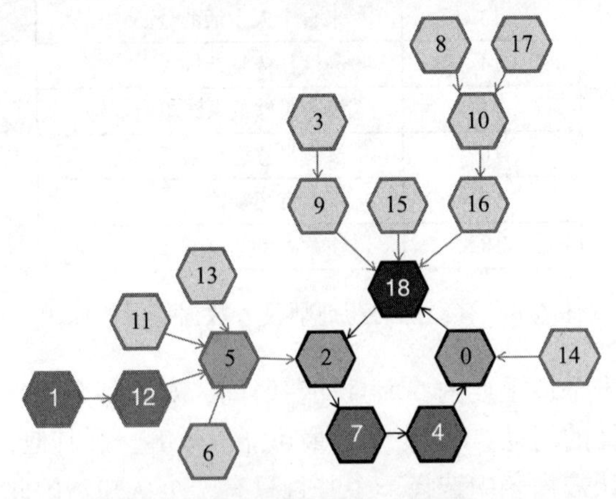

图 6-7　药剂师数据录入问题的认知图

不同灰度的框表明在这个示意图中哪些认知比其他的更重要。以下三个概念决定着认知的重要性。

1）**环**——这是任何示意图中最简单也是最重要的部分，因为它们定义了自循环以致越来越糟，除非中断它们。每个环上的每个认知获得4分。在这个示意图中，我们找到一个环。在其他情况下，你可能有两个或更多的环。环的数量是有意义的，就像每个环都指向与你的问题有联系的独立问题。例如，有两个环的问题，是说至少要做两件事来真正地解决最初提出的问题。由于这个示意图有一个环，也就暗示它将可能集中在一个认知上来解决所有的问题。

2）**收集**——多重认知可导致一个认知——考虑n个认知中每一个导出的认知获得（$n-1$）分。

3）**冲突链**——冲突链内的每个认知获得3分。

一个“冲突链”是指相互冲突的认知对之间的最短路径。由于包含在问题里的成员确定了认知0和认知1是直接相互冲突的，出现在这个示意图的冲突链是0→18→2→5→12→1，因而这些认知中的每一个认知都增加3分。（注意：在其他问题里可能是零或多于一个冲突链，数量将取决于这组能确定多少认知相互冲突。）

从这个示意图来看，认知18作为最重要的一个出现——存在于环内，存在一个“收集者”（四个其他的认知直接导出它），并且在之前提到的冲突链里。认知0、2和5是18之后最重要的认知，紧跟着的是认知4和7。

最后我们得到一张图：按照它们对问题的重要性进行优先排列，还有它们之间的关联关系。就整个过程而言，这个工具已经完成了它将为我们做的一切。当然，在这个阶段我们仍旧没有得到问题的答案。要找到答案，我们就要在这个图中发现冲突并且用矛盾工具（将在下一章介绍）来解决。在画图的过程中（如果我们回溯到最初的问题上），我们会发现药剂师输入数据错误的主要原因是他们所处的环境“强迫”他们出错。第7章将简要告诉你，某人在某地已经解决了这个矛盾（没有折中）。

尽管你对这个过程比对获得答案更感兴趣，但需要指出的是认知映射工具是从全局出发，促使你可以很好地解决你可能认为的“软件”领域之外的问题。很明显，假如你认真分析重要的闭环，能得出一些可行的软件解决方案——例如，数据输入软件如何检测和提示用户可能引起的过错。或者，软件可以提醒药剂师得到足够多的休息（认知 4）。在另一方面，“中断环”可能同样意味着完全脱离软件，并建议监管人员停止向员工施加压力（认知 7），让监管人员意识到他们给职工的压力实际上是适得其反。在这些情况下，致命错误通常是提供低级的软件解决方案，有可能会远远不如其他软件解决得好。

附录 1 中的表单 9 提供了一个构造认知映射图模板。希望你很快能看到这是一种简易工具，是一个很棒的方法，可将那些令工作复杂化的问题 DNA 关联起来。

现在讨论另一个“修正”工具。这个工具比较适合解决那些已经出错，需要找到根本原因以便去修正的问题……

6.3 修正：错误分析

“如果建筑师按照程序员编写程序的方式建造建筑物，那么随之而来的第一只啄木鸟将摧毁人类文明。”

——温伯格定律

“变量不会，常量不是。”

——奥斯本法则

许多软件问题都是在开始写第一行代码时就已经埋下了种子。在任何新的工业领域，可靠性和鲁棒性都很难成为人们关注的焦点。软件行业属于相对新的领域，不足为奇，“可靠性”和“软件”这两个词很少连在一起，直到最近二者才产生关联。于是，在软件领域出现了可靠性设计方法。软件在系统中很有可能会成为最薄弱环节。由于软件的错误给美国企业造成每年增加 600 多亿美元的成本，这说明软件有一定的改进空间。说到“软件可靠性”，当前软件行业没有定义可靠性模式或模型，也没有如何度量软件可靠性的协议，甚至没有方法去改进。本章将会讨论这三个问题，目的是在系统化创新方法里找到“某人、某地已经遇到 / 出现过和你相似的问题了”。假定系统创新的目的是带来切实的利益，那么主要焦点将会放在改善软件可靠性的工具和技术上。但在任务开始之前，通过查看可靠性关联两端点的问题对，可以帮助你检查问题的严重程度。

一个月有几周

一周有 7 天，一个月有 28 到 31 天，平均每月刚刚超过 4 周。这是逻辑上的，每个熟悉日历程序的设计师都知道。如果每月的平均周数大于 4，继续按照这个逻辑，我们应该设计一个可以显示 5 周的用户界面。这听起来是合乎逻辑的，设计师可以做到。一个引人注目的月份显示方案是用 7 列来表示天数，用 5 行表示每月内的每一周。有人能找出这种方案中存在的问题吗？很显然，没有人在设计、测试或审议环节提出异议。但是花几秒钟看看你的日历（假设你仍然使用纸版日历），你将会发现在一个特殊的年份里，经常会有 2 个或 3 个月的周数为 6 ：某个月的第一天在第 1 周的周末，并且该月月末的那一天在第 6 周的开始，如图 6-8 所示。

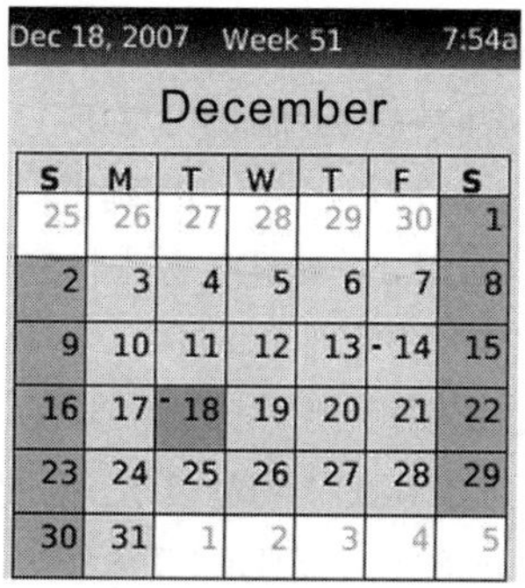

Dec 18, 2007　Week 51　7:54a

December

S	M	T	W	T	F	S
25	26	27	28	29	30	1
2	3	4	5	6	7	8
9	10	11	12	13	14	15
16	17	18	19	20	21	22
23	24	25	26	27	28	29
30	31	1	2	3	4	5

图 6-8　有 6 周的月份

最终结果呢？设计的日历程序不能显示含有“第6周”那个月的日子。这意味着一年365天中的5天“消失”了。一个商业产品怎么可以出现如此简单的错误？日历的出版商不期望以后再出现这种情况。在陌生且精彩的软件设计世界里，很显然，“365天中有360天已经足够好”的理念似乎已成为一个可接受的状态。毕竟写一个软件重新规划用户界面为4、5或6行，让月份类型决定行数，这听起来是一件困难的事情。或者它可能破坏美观，或者用户不可能在一个框里放置一样多的文本。让几百万用户忍受一点痛苦比让一个软件设计师花几分钟解决矛盾更容易些。看上去是经典的“足够好”的设计，不过这听起来不够“完美”。

爱国者导弹

可靠性问题的另一个范例是关于爱国者导弹导航系统（参考文献6.4）的软件问题。这个故事是这样的：1991年2月25日在海湾战争期间，在沙特阿拉伯的达兰基地，一个美国的爱国者导弹没能拦截发来的飞毛腿导弹，原因是计算机算法误差导致时间计算得不精确。系统微秒时间是由系统内部时钟乘以十分之一秒来计算的。该计算是利用24位定点寄存器计算的。十分之一这个数值用二进制，保留小数点后24位。但当与大的十分位数据相乘时，小的舍入误差会酿成大祸。实际上，爱国者电池大约可用100个小时左右，放大了舍入误差，很容易计算出误差大约是0.34秒。（$1/10=1/2^4+1/2^5+1/2^8+1/2^9+1/2^{12}+1/2^{13}\cdots$ 换句话，1/10的二进制扩展是0.0001100110011001100110011001100…现在爱国者的24位寄存器存储的是0.00011001100110011001100，引进了一个二进制的误差0.0000000000000000000000011001100…，或者十进制误差大约是0.000 000 095。100小时乘以零点几秒得到0.000 000 095×100×60×60×10=0.34。）飞毛腿导弹每秒大约飞1676米，因此在这个时间内大约飞行500多米。爱国者导弹没有足够的时间拦截发来的飞毛腿导弹。飞毛腿导弹击中了美国军队的兵营，造成 28 名士兵死亡。

定义可靠性

这两个案例有什么共同之处？它们都涉及软件设计和测试团队，但未能考虑虚拟世界和真实世界的区别。正如你在其他地方看到的那样，这可能是出现软件可靠性问题的最大缘由。不管怎样，如何认识和定义“可靠性”是非常有用的。

在软件领域以外，可靠性通常定义为组件、设备或系统在特定环境中正确运行时在给定时间内执行规定任务而不发生故障的概率。既然是一个概率，可靠性经常定义为 0 到 1 之间的一个数或一个百分比。可靠性为 0 表明一个系统肯定会发生故障，而可靠性为 1 意味着系统肯定不会发生故障。这里有几个数字，我们不要特别纠结于它们含义上的区别，以免偏离了提供高可靠性的问题。

工程部门倾向于用类似“运行时的失效次数”来描述可靠性。例如，每百万次出现一次故障经常描述为故障率是 10^{-6}。另一方面，电信业往往使用“九”这个术语。每百万次一次故障描述为“六九”或 99.999 9% 的可靠性。六西格玛方法通过在图中引入正常的曲线变化而使之更进了一步。没必要了解这个术语的详细信息，除非说，通常采取的“六西格玛”相当于每百万次有 3.4 次故障。下表的目的是把这些不同术语关联起来。简单起见，本章的后续部分将继续坚持采用电信部门的“X 九”的术语，仅仅是因为说着更方便。

Telecom	可靠性 (%)	故障率	六西格玛
“一九”	90	10^{-1}	
“二九”	99	10^{-2}	
“三九”	99.9	10^{-3}	

（续）

Telecom	可靠性 (%)	故障率	六西格玛
“四九”	99.99	10^{-4}	
“五九”	99.999	10^{-5}	
“六九”	99.999 9	10^{-6}	六西格玛 =3.4×10^{-6}
“七九”	99.999 99	10^{-7}	
“八九”	99.999 999	10^{-8}	
“九九”	99.999 999 9	10^{-9}	

可能一个有更多数字 9 的数，是希望已经达到这个精度。通常，可靠性数字和时间单位相关。例如，在电信行业经常使用的“五九”目标，意味着系统每年约 5 分 15 秒是“不可用”的。你可能又进入了“可用性”和“可靠性”的语义争论，但即便争论一天也不会有任何结果。

现在，如果你用可靠性概念去度量上面的日历和爱国者导弹软件问题，你可能会看到日历的 5/365 的故障发生率相当于 98.6% 的可靠性——仅达到“二九”。“爱国者”导弹问题，故障发生率足够接近 10^{-5} 的错误，我们可以将它描述为“五九”的问题。严格地说，在这种情况下，误差用可靠性度量是微小错误，因为它没有考虑和“现实世界”影响有关的一系列问题。目前，之所以忽略了这样的问题，是因为爱国者导弹涉及的问题微小，难以发现错误，日历问题应该很容易发现。换句话说，如果你处理的更多的是“九”的问题，就很难找到问题所在。

软件的可靠性很难一概而论，通常更接近于日历级别，而非爱国者导弹级别。图 6-9 尝试把软件可靠性级别和其他行业中所取得的可靠性进行匹配。这张图显示了软件工程师需要向其他成功的部门学习很多东西，这是好消息。坏消息是这些问题在其他行业已经发现，特别是那些要求“五九”和更高要求的领域，可靠性设计将涉及一些艰苦的工作。当你可以达到“七九”时，你正在解决“一千万分之一”或“每年 3 秒”的问题，这时你肯定进入了大海捞针的境况，坦率地说，数学往往变得无关紧要，尽管出现了几百个所谓的软件可靠性模型。

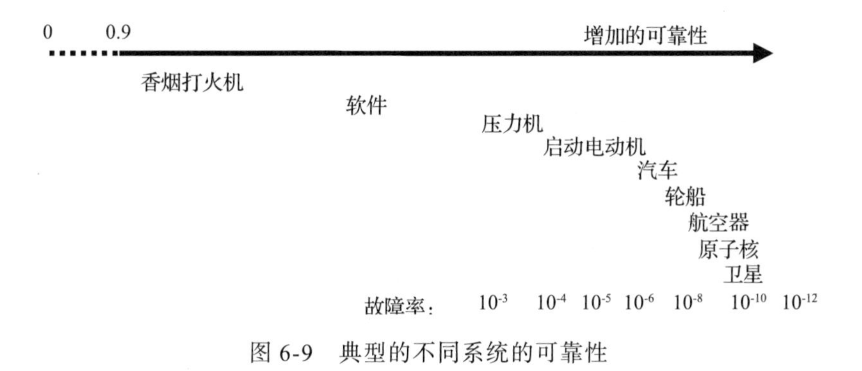

图 6-9　典型的不同系统的可靠性

听起来这是一个相当有争议的结论，那么如何能证明呢？在爱国者导弹案例中出现的问题和现实世界接轨。如果一个目标导弹以 1676 米 / 秒的速度飞来，为了摧毁它，爱国者导弹必须知道与那个导弹的距离，这要求控制算法足够精确。这是重要的数学运算。如果认识到这点，你就会很快意识到 24 位寄存器计算的舍入误差不能实现这一功能。然后，有必要运用数学方法去比较舍入误差与系统所要求的精度之间的误差。这里数学开始变得模糊，你试图把软件舍入误差转化为实际的可靠性数字，实际上是毫无意义的。“爱国者”导弹系统的实际可靠性应直接和它能提供的有用功能相关。你需要知道拦截了多少次飞毛腿导弹的发射。可以想象，这个问题的答案取决于一大堆上面提到的参数，超出了软件能做的事。真实的情况是软件仅起一部分作用，除了计算方法的精确度，还有可用性方面。但许多问题超越了软件本身，包括操作者的精神状态以及导弹表面的尺寸精度，这些都将最终决定可靠性结果。如果这种复杂性并不能使事情显得足够困难，等到你得到“五九”级别的可靠性，你就进入了一个证明实验目标不可能实现的阶段。发射 10 万枚导弹，只有一次拦截失败，这是永远不会发生的。

实际上这意味着，本章关注的只是“可靠性设计”的方法目标，而非深入精确量化的系统绝对可靠，你应该提供能换取相对收益的软件。因为你已经知道了爱国者导弹的案例，你将看到的往往不是软件本身的问题，而是整体系统可靠性问题。

什么时候可靠性会变得重要

正如日历例子中所示的那样，软件行业是唯一能让市场接受存在错误和不可靠性的产品的行业。主要的软件销售模式仍然是让产品尽快在市场销售（因为“第一”会赢得商业先机），然后让消费者发现和报告错误。虽然这听起来像一个非常奇怪的商业运行模式，软件行业实际上和任何其他的产业一样，它们的进化过程经历同样的阶段。系统创新研究明确发现，无论你是在设计航天器、拖拉机、半导体或阿司匹林，设计师的关注点都将转移。就比如在很多事情上，动力是进化的 S 形曲线。图 6-10 说明了依照特定行业的成熟度，设计师的关注点是如何转移的。

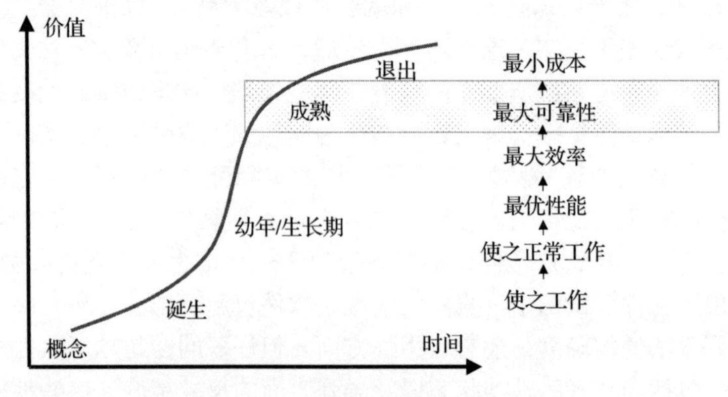

图 6-10　系统进化曲线与可靠性

当然，特性曲线告诉我们不管设计者是否喜欢，日益增长的可靠性需求迟早会变成必要的。很多行业的发展清楚地表明，软件行业正不可阻挡地进入软件发展史上的“可靠性极大化”阶段。在许多情况下，软件是系统中薄弱环节的这一事实正在推动这种转变。

不幸的是，随之出现的新问题是很难为已有的系统设计可靠性。事实上，我们对软件修改得越多，其可靠性会变得越低。人们花费了巨大成本吸取到一个教训：一开始就必须要求有效的“设计可靠性”。测试成本通常与设计和构建系统的初始成本一样大，并且整体成本失控。这使得他们发现，有效的“设计可靠性”是从一开始就应该考虑的问题。

与设计可靠性有关的第二个问题是可用于构建有效的设计方法的设计数据库相对较少。毫无疑问，比较简化的说法是：“可靠性”约占设计挑战的80%，占设计知识数据库的20%。换句话说，在大多数领域中，软件架构师或工程师可将现有的设计规范转变为工作产品（例如，对以给定速率到达、需要以给定速率输出，并且需要一定存储空间的数据进行一些计算）。目前，由于降低成本的压力增加，设计者能够相当好地设计该系统以达到所需的成本水平。能帮助设计人员实现这两个目标的项目管理数据库和软件库的数量相当多。设计师设计的软件要达到一定程度的可靠性（例如，三年免维护生命周期），而突然之间设计数据库不能起到帮助作用。在许多情况下，与其他行业一样，它可能永远不会出现。这是否意味着你可以忘记可靠性，或应以不同的方式思考这个问题呢？我们倾向于针对后者讨论。

这个故事听起来貌似没有那么糟糕，但是你需要认识到，软件系统的故障模式与由物理组件组成的系统的故障模式明显不同，这就具有了另一层复杂性。物理组件一方面有固有的变量，另一方面它们不得不存在于一定环境中，随着时间推移，将逐渐影响到组件的行为。刚下线的一辆新车和一辆已经行驶了10万公里的汽车是完全不同的。但是车内的软件系统（作为数字信号而非模拟信号）将不会逐渐退化。执行 100 万次的一个程序每次都会精确执行第一次执行过程中所做的任务。做“保养”是唯一能使软件可靠性变差的情况。保养汽车是为了保证其良好运行，维护一款软件则会变得更糟。这种差异应引起人们警醒，因为所有软件系统开发最终都是为了对客观世界产生某种影响，甚至是对人而非汽车内的技术产生影响：

一项新技术成功与否取决于它是否能消除人的特征与我们所创造和使用的事物的特性之间的不兼容性（参考文献 6.5）。

一个有趣的统计：所有的软件故障 47% 都是所谓的“遗漏故障”。像前面的日历或爱国者导弹的例子，遗漏故障基本上意味着软件设计人员没有充分考虑客观世界。实际是说，几乎一半的软件故障是这种现实和虚拟的不兼容，可以认为这和讨论的可靠性关系不大。如果你的软件团队不理解真实的客观世界，那么就不要考虑“五九”级别的可靠性。然而，解决这类问题的方法非常简单：远离你的电脑屏幕去观察，并与你的用户进行交谈。“观察”是因为对于大量的隐性知识，用户不知道该告诉你什么；“交谈”是因为如果仅站在这里看着某人，他们会认为你没有社交技能，这在软件社区很不适合。

同时，假设你已经解决了这些问题的大部分，仍然有一半以上的软件问题要求你“做其他事”。

“其他事”涉及深入系统可靠性的 DNA。对于这个问题的所有工作，似乎并不容易理解。在这一点上，世界各地的专家和经济学家的可靠性同他们成功预测未来的概率一样低。完全像经济学家一样，可靠性社区也陷入了从错误的方向寻找错误的事物的陷阱。从 DNA 级别的角度看一百万左右的案例，但是有不同的情况出现了。

由于“可靠性设计”已经发展到全球范围，不同行业的工程师和设计师都具有设计“二九”“三九”“四九”等级别的可靠性的能力，如果你观察他们的设计，就会发现进化的模式。不论你现在处于现实世界还是软件系统，模式都同样适用。

图 6-11 为你提供了 DNA 级别的路线图，在图中你可以找到需要解决的问题存在的根本原因。在你了解其如何工作之前，你首先要了解趋势模式上的每一个阶段。

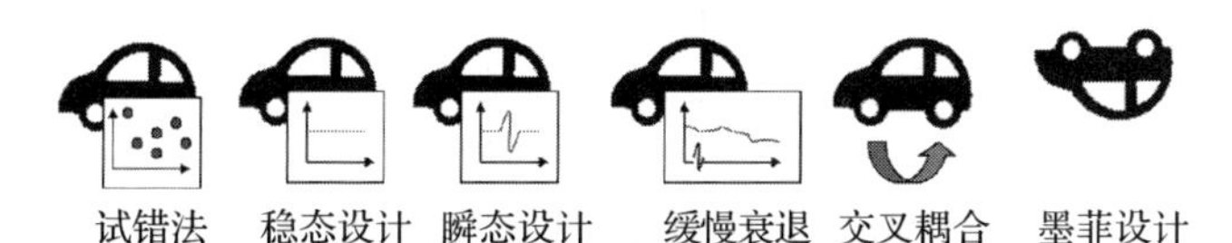

图 6-11　系统进化曲线与可靠性

试错法——这是否算是一个实际设计策略是有疑问的，但当你设计一款软件时，要有效地猜想客户想要什么或你试图掌控系统将如何运行，那么这就是趋势的第一阶段。每当一个新产业形成时，这是有效的唯一可用的设计策略，因为没有任何已知的“规则”可供参考。试错法设计通常能够提供“一九”或“二九”级别的可靠性。任何比它们高级的设计都需要开始建立和使用一些规则……

稳态设计——第一个设计规则出现了，假定系统行为遵循规则和协议。例如，你正在设计一个冰箱的温度控制器，你可以设计算法实现用从传感器接收的温度信号控制压缩机的开关。这里假定典型的“稳态”是压缩机“开”或“关”，并且当互相切换时，压缩机的行为始终是相同的……

瞬态——当然，后来你发现这不现实。到现在为止，稳态设计可实现“三九”或“四九”级别的可靠性。更高级别的可靠性需要你考虑暂时效果和过渡效果——加速、减速、启动和停止等。在设计过渡阶段时，例如你现在开始意识到，当你第一次打开压缩机时，它的行为和它加速到正常的（稳态）速度时是不一样的。同样，当你关闭电源时，行为变化和压缩机减速也不一样。设计系统的瞬态行为通常可以让你设计实现“五九”以及“六九”级别的可靠性（在较简单的应用里）。

缓慢衰退——在“五九”以上级别，你一定要开始考虑的，如磨损、疲劳和环境污染等（注意，在前面爱国者导弹问题上描述的渐变的数学舍入误差是一个没有考虑到缓慢衰退效果的例子）。充分考虑缓慢衰退的结果，通常需要设计师开始思考和实现比“六九”还要高的可靠性水平。到现在为止，人们讨论的要发生的故障不是频繁发生的，所以此刻人们开始用有意义的统计数据。但是从 DNA 角度看，就是这些已成功设计了“七九”可靠性系统的工程师也已开始寻找他们失败的原因。他们要找的下一个创新的地方是……

交叉耦合——这个查找策略在许多方面与直觉相悖。包括认为系统中的事物在理论上应该没有相互影响，但实际上有时有交叉关联效果。例如一辆汽车的后轮轴的设计，人们一度认为和前轴的设计是完全不相干的。现在大多数企业认为后轴和空调系统（举一个极端的例子）是有关的——普遍认为一个物体的性能不会影响到其他物体性能。交叉耦合效应认为一个物体实际上很可能会影响到其他物体的长期行为。交叉耦合设计开始变得相当乏味，因为你需要强迫自己去探索潜在的很多不同的物体，常识告诉你它们不会相关，但实际上它们可能是交叉耦合的。

墨菲设计——在正常情况下，如果客户在使用产品的过程中出了问题，他们要自己承担后果；而在新兴服务市场中，供应商有责任承担后果。“如果在产品使用过程中，客户有可能做一些愚蠢的操作（即使他们这么做，也由我们负责），则在设计中必须将此情况考虑在内”，这非常重要。

到目前为止，这个故事在设计的历史上似乎是可靠的。有效的“墨菲设计”策略建立了“九九”甚至更高的可靠性设计水平，但仍与当前系统的复杂度有关。

那么，这一模式如何帮你更好地跟踪软件问题和缺陷呢？违反直觉的简图在可靠性方面似乎在帮倒忙。然而，真相就藏在问题的根本原因中。我们已经遇到了很多（完全正确）来自社会的质疑，甚至是大胆的断言：出现了明显简单的一系列不连续进化，可靠性世界已然崩塌。我们能证明这是一个普遍情况吗？我对此表示怀疑。至少我们能虚心地尝试一下吗？我真诚地希望如此。

简单的程序工作如下：

1）当前的发展趋势是什么？（这个问题的答案决定了出现问题的原因在哪里：或在趋势的当前阶段，或（通常更可能）在趋势的下一阶段。）

2）系统前一分钟还在正常工作，后一分钟就不工作的原因一定是条件变换了。第 1 步的答案是建议去寻找是什么变化。为了进一步搜索“是什么改变了”，我在图 6-12 中给出了模板。基本上，这个模板强迫你从不同角度看待问题。首先是时间维度，你需要找出问题发生之前的瞬间，以及问题清晰出现的瞬间。其次是空间维度，强迫你一方面拉近看系统的详细细节，另一方面放大看超系统。在每个窗口，去发现可能已经变化的条件。记录你发现的所有可能的变化，特别是如果你正在寻找交叉耦合类型的问题，因为问题的真正原因可能归结为小误差的累加，而不是由大误差引起。

3）已经确定可能的变化，“颠覆性”过程需要你考虑这样的变化：a）如何发生；b）是否有助于解决你正面临的问题。这里需要记住的关键事情是，如果发生了问题，那么必要的资源一定存在于系统中。

4）如果第 3 步还没有让你找到原因和解决问题的方法，很有可能是因为你的个人偏见和心理惯性阻止你看到究竟发生了什么。这里要检查的最大问题是“错误的假设”。

一个典型的“七九”类型故障的例子（但是是一个悲剧）是列克星敦空难（参考文献 6.6）。2006 年 8 月 27 日，当飞行员从错误的跑道起飞时，这架 Comair 航空公司的 191 航班坠毁了。47 名乘客和 3 名机组人员中的两人在事故中遇难。

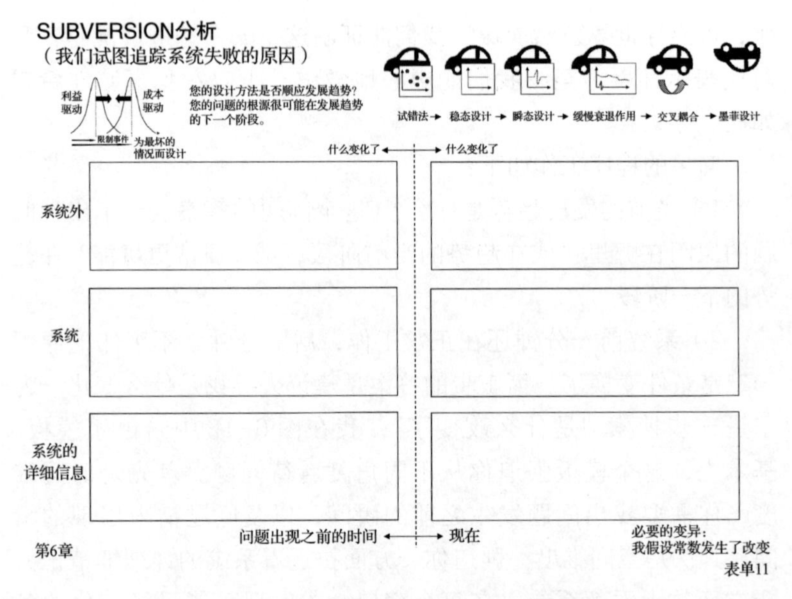

图 6-12 “什么变化了”查找模板

航空航天工业在许多方面建立了可靠性标准。这是因为如果一名航空航天工程师出了小错误，就会造成人员伤亡。业内也有良好的跟踪记录，以便从事故中吸取教训，并且构建尽可能多的协议，以防止再次发生相同的事故。因为这个行业已经处于“七九”水平，并且已经考虑了交叉耦合效应。最可能的事故原因或是以前还没有观察到的交叉耦合效应，或更可能是“墨菲设计”问题。所以，当我们去寻找飞机坠毁的原因时，我们工作的重点在已经发生变化的事物上，以及相关人做出的超出预期的行为模式的事情（一个很好的方式是“去寻找做过常识性事情的人，让他们告诉你他们永远不会做的事”）。是的，试图从跑道起飞，几千英尺可能太短，应用时间窗口检查从飞行员最近一次离开飞机到今天早晨飞机加速行驶到错误的跑道上的这段时间发生了什么变化？驾驶舱内发生了什么变化？这是关键问题所在。在“超系统”里有什么变化？如果你想知道，参考文献 6.6 将为你提供答案。不用说，与这个事故相关的原因是机舱内的软件系统确切知道该飞机在错误的跑道上。换句话说，软件工程师绝对没有考虑“墨菲设计”。

关键是建立一个协议使你系统化地跟踪问题的根本原因。“系统性”——正如你已经听过很多次的——“某人在某地已经解决了你的问题”。对于工程师和设计师来说，如何思考和设计越来越鲁棒的系统是有 DNA 模式的。你不必每次都重新发明，可以借鉴他人的经验。图 6-12 中便给出了一个“什么变化了”的查找模板。

错误的假设

需要牢记的是，尤其是对“五九”或更高级别的问题，搜索到的“什么变化了”的问题的原因很可能与直觉相悖。正如在第 3 章中所讨论的，人的大脑喜欢捷径，做到这一点的最好办法是记住它以前做事的模式。简捷方式的核心是每个人做的假设。在“五九”级的可靠性上，简捷假设极有可能阻止你探索到真相。看看下面软件测试规范的例子：

“为测试这个设备，我们需要建立多个测试用例，所有用例都不能通过编写脚本在内部完成，都必须与设备进行物理交互，例如输入值。同时有外部系统与设备交互以提供中断，设备将根据用户操作和输出处理中断。每个测试用例至少需要 30 分钟完成，没有办法实现自动测试，因为每次测试都需要手动改变硬件。这些附加硬件存储操作外部设备所需的文件和运行时应用程序。需要在此任务上编程的每个文件都很大，将所有文件写入盒式磁带需要 20 分钟。准备测试设备需要 40 分钟，并且只能手动完成。该设备连接到 USB 端口，并且在同一时间只有一个设备可以连接到系统。有 1200 个测试用例用于进行设备测试。在这种情况下，我们如何能缩短测试时间呢？这是一个问题，因为我们绝不可能花 600 个小时单独测试它，也不可能使用 1200 台设备和 1200 套系统进行测试。”

通过阅读本书中充满挑战的观点“错误的假设”（第 3 章），你可能会学会以下所有内容：

“为测试这个设备，我们需要建立多个测试用例，**所有**用例都**不能**通过编写脚本在内部完成，都**必须**与设备进行物理交互，例如输入值。同时**有**外部系统与设备交互以提供中断，设备将根据用户操作和输出处理中断。**每个**测试用例至少需要30分钟完成，**没有办法**实现自动测试，因为**每次**测试都需要手动改变硬件。这些附加硬件存储操作外部设备**所需的**文件和运行时的应用程序。每个执行任务的文件规模都很大，而且将**所有**文件写入芯片需要20分钟。准备测试设备需要40分钟，并且**只能**手动完成。该设备连接到USB端口，并且在同一时间只有一个设备可以连接到系统。**有**1200个测试实例用于进行设备测试。在这种情况下，我们如何能缩短测试时间呢？这是一个问题，因为我们**绝**不可能花600个小时**单独**测试它，也**不可能**使用1200台设备和1200套系统进行测试。”

问题出在哪里？在所有叙述里，人们做了大量的假设。做这种假设可以节省我们的时间。在99%的情况下是绝对正确的，但其中的1%阻止了你去解决问题。如果这听起来像另一个矛盾，那我们再多找几个……

6.4 进化：紧急矛盾

正如你已听过很多次的，矛盾是所有创新产生的不连续转变机会的核心，在后续章节中会更详细地介绍。换句话说，找到一个好的矛盾就像是找到创新DNA。有时，发现矛盾仅需要提出正确的问题。有时，根本很难看清矛盾。测试时，“容易”和“困难”之间的差异与被检查系统的复杂性密切相关。通常，系统越复杂，越难发现矛盾。

本节的思想是，计算机在帮助设计人员找到隐藏的矛盾和不连续性方面发挥着非常重要的作用。根据参考文献6.7，自下而上的系统模型和多智能体可编程建模环境的使用不仅可以用于识别不连续性，还可以使软件设计者更全面地了解紧急系统级行为。 预计通过这种方式，可以识别出更强大、更具矛盾性的解决方案。我们的信念和观点是，在创新领域，计算机已经发挥了重要作用——它们已经远远优于人类。

展示计算机软件的矛盾发现能力的最简单、最有效的方法是举一个例子。公路交通问题可能已经用滥了，但我们再举这个例子，希望可以给这个故事加一些新的视角。交通问题主要是考虑公路上的流量和拥塞。一些研究人员（参考文献 6.8）试图使用多智能体软件模型对公路交通流量建模。这里的主要思想已经表明，经常不期望的复杂系统级别的行为受参与者的综合影响（这里是司机），他们拥有的知识仅限于本地知识。

图 6-13 中描述了一些“本地”规则，它们可能适用于单独汽车中的个体司机。在前面的交通流量研究模拟中，假设每个司机都观察到了这些本地规则。在我们的模拟中，确定两种完全不同类型的司机，在一定程度上已经扩展了分析，这两类司机一类是平静和放松的，而另一类是匆忙而紧张的。

沉稳的司机

- 尽可能在限速内行驶
- 靠左行驶
- 如果外车道有足够空间，超过行驶慢的汽车
- 和前车保持一定的安全距离

好斗的司机

- 行驶速度尽可能快
- 如果被雷达或警察监测到，则减速到限速范围内
- 两边都超车
- 和前车保持较小的安全距离

图 6-13　为多智能分析体定义“司机 DNA”

其他研究清楚地表明，“所有司机遵从相同规则”的模型已经产生了系统的复杂行为，该模型的功能之一是模拟司机在紧张状态下出现的交通行为。而我们建立的仿真模型默认所有司机为“平静”状态。人们从“平静”到“好斗”行为的突然变化过程可编程仿真，该过程与人类大脑的“漏水 - 积分器”模型一致（参考文献 6.9）。在这个模型中，一旦化学信号达到阈值，从一个状态到另一个状态的过渡会是突然发生的。因此，仿真试图模拟大脑的运作方式。处于压力状态时，身体会产生更多的“压力信号”，压力越大，产生的信号越多。同时，为了防止被大量化学信号淹没，身体逐渐释放信号。因此，在这里是积分的“漏”部分。漏积分概念可以用填充底部有一个小孔的容器来做很好的比喻。如果流入容器的流体（压力信号）比从小孔中流走的多，那么容器将逐渐被填满。如果我们充分填充，那么最终容器将完全装满并开始溢出流体。这种“溢出”情况类似司机模型中从“平静”到“好斗”的突然转变。这是仿真模型的一部分。不太清楚的是在公路行驶情况下，司机何时会从一个状态转换成另一个状态。为了模拟这种不确定性，引入两种压力发生器：

1）司机在交通拥堵超过其可忍受度的时候，开始产生压力信号（使用 Monte Carlo 随机算法产生压力信号，人群中人与人的变化程度不同，有些人能比其他人更快地变得紧张），一旦化学物质开始产生，自此将在司机身上不断积累。

2）再用 Monte Carlo 随机算法考虑人群中的变化。道路上的任何突发事件（不期望的）都会给司机“注入”高压信号。例如，如果另一个司机突然停车或突然变换车道，那么压力信号会快速增长。

需要特别注意的是，在构建模型期间，我们几乎没有量化的数据来验证模型。如果我们的任务是尝试和优化公路交通流量问题，这是完全不能接受的，但标识为非线性方法更合理。假如我们试图绘制绝对数值网格，我们能够定性地对相关情况和非线性现象建模，而不正确的量化可能导致我们得出网格上的错误位置。

一旦定义了规则，我们就可以运行多个智能体软件仿真（参考文献 6.10）。在这些模拟中，主要的兴趣点是汽车在不同车辆密度条件下行驶的速度。图 6-14 展示了一个典型的输出，模拟绘制一系列车辆沿公路行驶的距离和时间的关系。在左图中，我们能找到一系列有恒定梯度的线（这里梯度代表速度）。

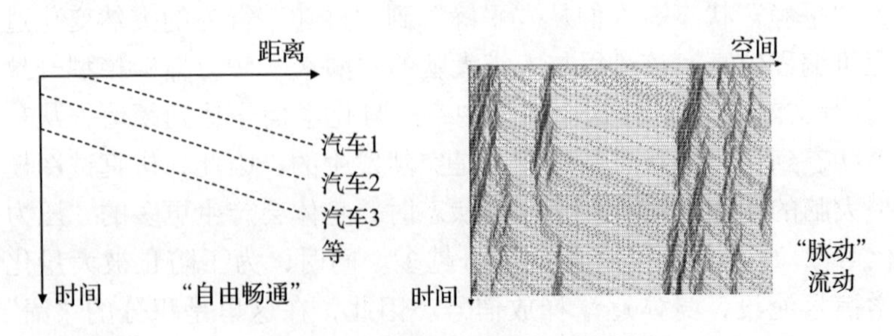

图 6-14　出现不连续阶段转换

如果没有深入理解，那么右图只是描述轿车运动的情景图。一旦整体交通密度超过一定的阈值，图中尖锐的凸脊表示车辆的速度突然变化。

换句话说，就是为所有遵守同样线性规则的司机建立了非线性系统行为。如果你仔细分析所有这些非线性系统行为，会发现有许多不同的公路交通流量模式。这些模式将在图 6-15 中给出。

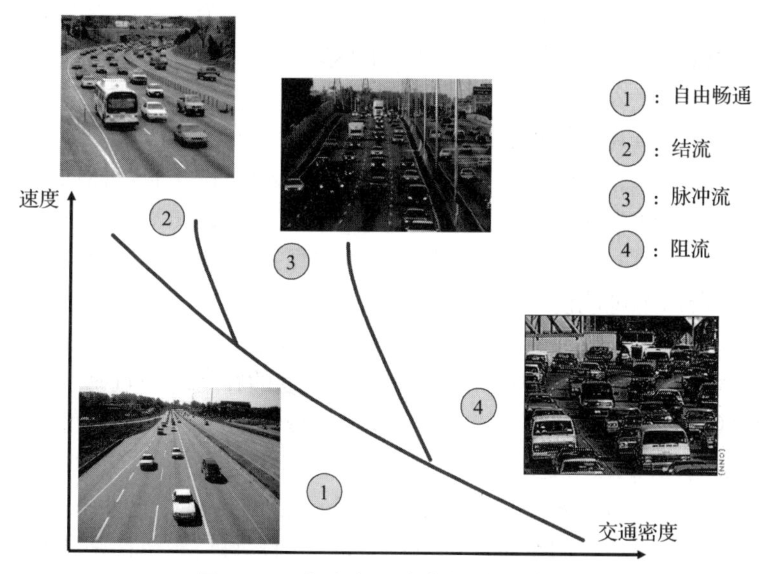

图 6-15　高速交通流中的阶段转换

读者可能会从自己的公路驾驶体验中识别一些模式：

1）“畅通”的交通——在这种模式下，每个司机都能够不受其他车辆的影响，顺利通过。

2）“结”流——一旦交通密度超过一定值，公路上偶尔出现的缓慢行驶的车辆往往会阻碍其他车辆通行。这些“结”意味着暂时阻碍了其他司机的通行，直到他们能够超越这些缓慢通行的车辆。

3）“脉冲”流——这也许是四个阶段中最奇怪的。行车速度经常在低速和正常速度之间跳跃，一秒前车辆在正常行驶，下一秒大家都停车，几秒钟后，车辆又迅速加速到正常速度了。

4）“阻”流——这是最令人沮丧的模式。司机发现自己处于静止时段，进入“爬行”状态。

需要注意的最重要的事情是，这四种模式是**不连续的**，且彼此不同，从一种模式转化到另一种模式是快速的。一个不连续的阶段过渡的类比为：水冷却到零度以下，一秒前是液体，下一秒是冰。通常，从一个模式转化到另一个模式发生得很突然，几乎没有警告。我们需要确定要解决什么矛盾，这个转化过程提供了创新机会。不管怎样，值得更详细探究的是这些过渡阶段如何发生以及为什么发生。

再次强调优化和创新之间的关键区别，水突然过渡到冰的温度、压力等值是准确的，因为已经进行了数千次实验。然而，即使水的精确冷冻温度未知，仍然可以清楚地看到从液体到固体发生的非线性过渡。这里提到的交通仿真案例，没有进行实验验证，所以不可能说出从一个模式到另一个模式迁移的实际速度和流量密度。因此没有在图形的轴上包含数字。我们的兴趣在于创新，我们的建议是，首先识别非线性转变的存在。一旦确定了非线性问题的创新解决方案，接下来就开始量化和优化。好像这个词我们已经听过很多次了，每一个非线性跃迁的两边的区域代表一对矛盾，每一对矛盾又代表着一个创新机会。对于图 6-15 所示的交通问题，四个不同的阶段告诉我们，每对矛盾都是要解决的。可变限速交通控制系统有效地解决了模式 1、通畅流与模式 2、模式 3 和模式 4 之间的矛盾。然而，经分析得知，模式 2 和模式 3 之间，或者模式 3 和模式 4 之间的矛盾还有待解决。同样，我们刚刚发现一个新的创新机会。在下一章中，我们可以开始考虑使用工具解决矛盾。

6.5　我该怎么做

认识到复杂性和涌现的重要性是“我现在该怎么做”的先决条件。

当你理解并想影响“DNA”层面的东西时，你可以利用一个巨大的杠杆，使得在DNA层面上的微小变化转化成潜在的巨大产出。从创新角度来看，如果你积极利用这种效应，整个创新任务会变得相当容易。

一旦你意识到需要利用涌现的力量，你会去哪里取决于你想做什么。以下汇总表提供了一个合适的路线图。

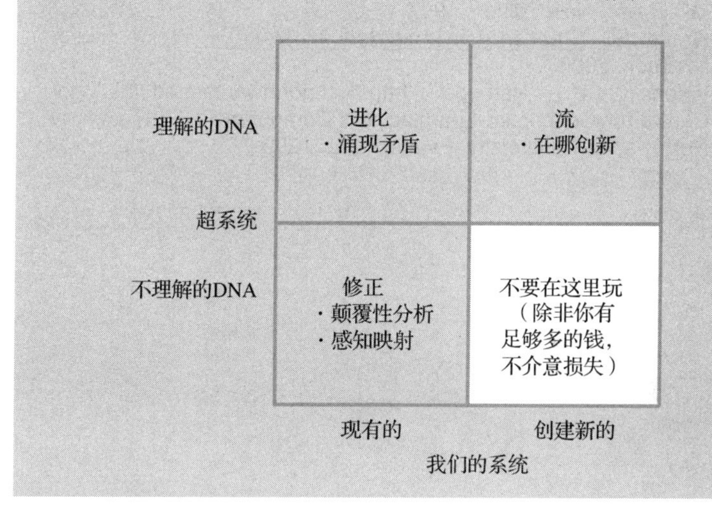

参考文献

1) Mann, D.L., Özözer, Y., 'Trend DNA: Where Consumer and Market Trends Come From, And Where They're Going', IFR Press, in press.
2) Systematic Innovation E-Zine, 'How Big Is The Innovation (Blue) Ocean?', Issue 61, April 2007.
3) Mann, D.L., 'Hands-On Systematic Innovation For Business & Management', IFR Press, 2nd Edition, 2007.
4) Toich, S., Roberts, E., 'The Patriot Missile Failure in Dhahran: Is Software to Blame?', http://shelley.toich.net/projects/ CS201/ patriot.html.
5) Casey, S.M, 'Set Phasers on Stun and Other True Tales of Design, Technology And Human Error', Atlantic Books, 2nd Edition, 1998.
6) Aircraft Accident Report: Attempted Takeoff From Wrong

Runway Comair Flight 5191 Bombardier CL-600-2B19, N431CA Lexington, Kentucky August 27, 2006, NTSB Report Number: AAR-07-05, adopted on 7/26/2007.

7) Mann, D.L., 'Emergent Contradictions: A Synthesis Of TRIZ And Complex Systems Theory', paper presented at 2nd IFIP TC-5 Working Conference On CAI, Brighton, MI, USA. OCTOBER 8-9 2007.
8) Resnick, M., 'Turtles, Termites and Traffic Jams: Explorations in Massively Parallel Microworlds (Complex Adaptive Systems)', MIT Press, New Edition, 1997.
9) Grand, S., 'Creation: Life And How To Make It', Weidenfeld & Nicolson, 2000.
10) Wilensky, U., 'NetLogo', http://ccl.northwestern.edu/netlogo/ Center for Connected Learning and Computer-Based Modeling, Northwestern University, Evanston, IL, 1999.

07

第7章

七根完美的支柱之六——矛盾

Systematic (Software) Innovation

“矛盾是思考的动力，它激发我们的观察力和记忆力，同时迫使我们去创新。它将我们从沉闷的消极状态中唤醒，并促使我们去关注和创造。”

——约翰 · 杜威

“仅在旧的框架内艰难地推进毫无意义。”

——卡尔 · 维克

各种系统创新案例最后都归结到这里——矛盾是创新的核心。如果创新是阶段性改变的，那么解决矛盾是一个系统向另一个系统跳跃的主要方式之一。“矛盾”对于你来说或许是一个崭新的概念。你更熟悉“权衡”“妥协”“自相矛盾”或“难题”，那么，就你将要学习的内容而言，它们的意思都是一样的。无论你更倾向于使用哪个术语，当前的任务就是从所设计的系统中解决并消除“矛盾”。这绝不是寻求“最佳平衡”或“优化”，而是“鱼与熊掌不可兼得”般的去留问题。

所有系统都有局限性。日新月异的全球竞争告诉我们，当新产品或服务进入市场时，持续地改进产品是最重要的问题。起初的改进较容易，但进行多次改进后再深入改进就会变得越来越困难，之后会进入一种回报速减的窘迫状况，即付出越来越多，但收益越来越少。当前，声音识别软件可能是软件领域最具难度的，许多研究机构和商业组织不断投入成本以期获得潜在的巨额回报——真正有效的声音识别系统能改变人机交互的发展历程。

近期，其中一组研究者面临的挑战是将当前系统的精确度从大约 96% 提升到大约 97%，并向我们寻求咨询援助。事实上研究者提出这种目标，就明确说明了当前系统确实遇到了某种瓶颈。而一旦当前系统达到了极限，在这种情况下，以往能够改进系统的“优化”措施将不再发挥作用。

产业并非已经停止追求精确度的提升（因为就大部分潜在的声音识别系统用户而言，97% 仍然相当于没有实用性），而是某些情况促使工程师和科学家无法实现所期望的改进，同时这个情况将很快扩散到全部系统，即无论如何尝试都无法改进系统并实现目标。而期望改进与无法改进就是所谓的矛盾，且只有解决了矛盾才能从根本上实现预期目标。

同时，我们无法让客户确信 97% 的精确度不是声音识别系统的问题，他们固执地认为我们所说的解决矛盾并提升至 99.9% 程度的精确度就是“优化”，这与我们的本意大相径庭。准确地说，“解决矛盾”就是找出阻碍改进的关键点并加以解决才能做出跳跃性改进，而不仅仅是微小的增长。

之前我们已有非常乐观的结论，即无论系统中发生了何种矛盾（且我们能 90% 地确信系统当前已达到其某种极限），一定有某人在某处已经获得了相关的解决方法。实际上，系统创新研究者将大部分目光投向世界上已有的专利和学术文献，以寻求已在解决矛盾方面取得跨越式进展的创新人员和研究人员。

不可思议的是，当创新人员遇到严峻挑战时，只是固执地决定孜孜不倦地寻求答案，甚至没有意识到他们已解决了某种矛盾。当前我们已经研究了数百万个相关案例，结论已十分明确：只要你将“严峻挑战”作为矛盾，就获得了通向你本人（并且更重要的是你的客户）都无法想象的关键性答案的无数捷径。

本章描述了如何反向研究其他人成熟的矛盾解决方案，最重要的是教会我们如何系统性、预见性地利用这些解决方案找到系统矛盾解决方案的突破口。

基于其他人员的矛盾解决方案，本章所陈述的反向工程研究已清楚表明且更重要的是传授给我们一种策略，它能帮助我们系统性、预见性地解决自身矛盾。

这种方法获得的矛盾解决方案使你设计的系统性能提高了 30%、50%，在某些极限情况下甚至达到 100% 或其他数量级的增长。事实上，实现这些跨越性改进的同时，你已经创造了一些专利。虽然对你一无所知，但我们不能期望每一天产生的解决方案都能被授予专利（事实上，最近我们的方案已经非常接近能申请专利的水平，但由于还需要大量的实践，所以尚未达到真正可以申请专利的程度）。提出专利性的解决方案是十分艰难的，并不是说这种方法会使其简单。但可以肯定地说，提出专利性的解决方案的可能性已经变得系统化和可重复化。

本书 99.999% 的可能性已包括了你所寻求的突破性挑战的解决方案。

尝试几分钟的头脑实践并想象如下场景：首先，想象你正面对某个严峻的问题，当然如果你没有在处理严峻问题（为什么没有呢？），就果断创造一个——无论是期望声音识别达到 97%，还是使 Vista 成为可靠的客户满意的操作系统（好吧，终于有了一个比声音识别更严峻的挑战！）——使困难翻倍，如果问题还不够严峻，就把完成目标的难度提高 10 倍或随便选一个不可能的数值。

然后，想象某人某天在某处——希望是你本人——将实现理想中的解决方案。而之后不久，我们的研究团队也会实现该方案（他们的工作就是寻求突破，所以想保住工作必须找到解决方案），然后通过反向思维来研究该解决方案。不可否认，当系统持续进行了重大的改进，就相当于解决了某种矛盾。它们首先发现该矛盾，然后找到问题解决者所用的策略。可以 99.999% 肯定的是完成上述工作后，“答案”就已呈现在书中某处。再次强调：答案就在这里。

当然，解决方案会表现为一般形式而非特定形式。比如，该方法不会列出全部声音识别算法的方程式，而是指出哪些不同因素需要添加（或移除）到当前算法或指出其发展方向。我们所描述的方法已在本书中提过多次，即某人在某处已经解决了该问题。但也许该方法属于完全不同的行业，问题也似乎完全不同于你所面临的问题，因为所有人都认为其问题是唯一的。然而，系统创新研究已经明显地表明，虽然这些问题是独特的，但概括来说它们都遵循某种非常明确的模式。

该方法的工作步骤是：首先，用自己的语言定义矛盾（要求改进声音识别算法的精确度，但不同人有不同的讲话模式，导致了太多变量而无法解决）；其次，将独特的问题翻译成等价的一般问题（该例中“精确性对应适应度”——后文会阐明原因）；然后，方法会指明其他人是如何实现矛盾解决方案的，并提供他们的通用方案；最终，也是最困难的处理过程，需要你本人将这些通用方案转化为适合你的特定约束和环境的方案，以解决你的特定问题，这一步也是成败的关键。后文提到的“通用解决方案”非常泛泛，需要从你问题的角度进行一些实践以掌握其细节。好消息是这种方案虽然不是很多，但你可能已经掌握其中一部分。因此，主要挑战是要能够掌握尽可能多的这种策略，并尽可能地有效运用。

图 7-1 概括了基本流程。如果能遵循这些步骤，毫无疑问（或 99.999%）能实现下一步的突破。

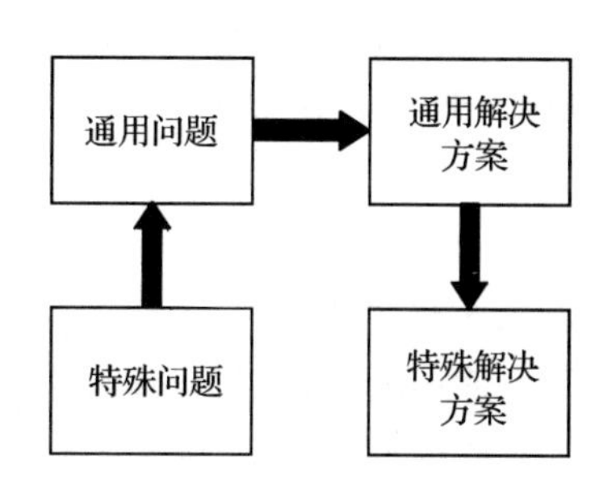

图 7-1　解决矛盾流程

（唯一的疑问是在我们所关注的这三百万个事例之外，可能某人发现了某种新的矛盾解决策略，而在如此多的事例数据之上，也许我们能进一步地提高期望值，进而为它添加更多的“9”。我们坚持进行该研究，部分原因是我们也同样期望能发现新的解决策略。）

下面将阐述四个主要部分。

1）解决矛盾很简单——这只是提醒那些已解决矛盾却未深入考虑的人，因此整个方案不会那么困难。

2）解决矛盾并不简单——说明了那些曾面对过非常严峻的软件挑战的人是如何精确地实现其方案的。

3）工具——详细描述矛盾解决工具及其最佳使用方式。

4）策略——确保能最大限度地利用这些工具。

本书最后有关于矛盾的两个附录——附录4是矛盾矩阵工具，能描述其他人所使用的策略，并能帮助你解决所遇到的类似问题。本质上该工具会为你提供一种其他人解决类似问题所使用的通用解决方案。附录5能为你提供迄今为止已知的关于矛盾解决策略的详细描述及案例。

在竞争之前优先考虑矛盾问题非常利于策略规划。每堵墙都是矛盾，跨越它或击垮它都会使我们趋近完美方案。必须认识到，仅仅掌握下文的矛盾案例或解决了你的某一矛盾，这并不意味着不存在其他矛盾，通常，解决一个矛盾会导致新的矛盾。总的来说，起初的矛盾比新矛盾更重要，因此将会逐渐接近完美方案。然而无论怎样，解决矛盾以期望创新时都必须保证前瞻性。图7-2重现了第2章的“迷宫中的老鼠”。该模型中的乳酪是期望达到的“完美”目标；每堵墙是当下老鼠和“最终”目标间未解决的矛盾。即便突破墙解决了矛盾，但很快会面对另外一堵墙。那么整个矛盾进程中的关键，也可称为花招，即确保至少比竞争者多解决一个或多个矛盾（参考文献7.1）。这说起来简单，但确实需要以踏踏实实的态度去实践。然而，考虑到IT领域的发展速度，对于是否需要提升脑力我们没有任何选择。如果创新的全部意图和目的是解决矛盾，我们必须适应这种发现并解决矛盾的理念。

首先值得注意的是，事实上每个人都能胜任矛盾解决工作。

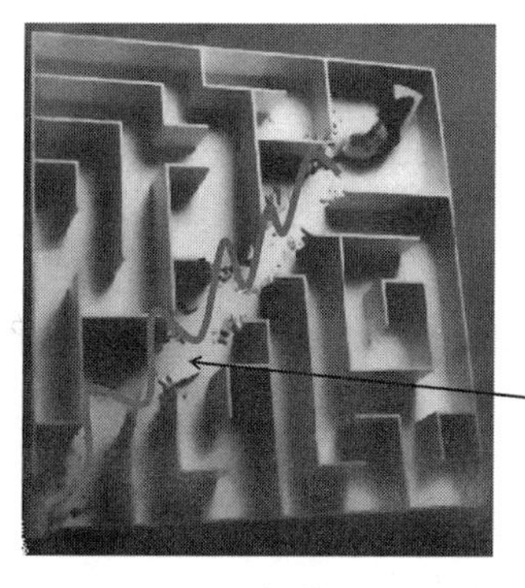

每堵墙都是矛盾，跨越或击垮矛盾都会使我们趋近完美方案。在矛盾迷宫中前进一步就会得到一个好的战略方案。

图 7-2　保持矛盾在竞争中的领先地位

7.1　解决矛盾很简单

许多软件矛盾都非常容易解决，以致大部分程序员甚至未注意到。然而，首要理论是“矛盾链”（参考文献 7.2），即权衡和妥协式的解决方式将会环环相扣，一个接一个。这部分描述了 IT 领域发现的典型矛盾链，以及在矛盾链结束时产生的新的很严重的矛盾。

图 7-3 是微软 Word 软件 2007 版的截图，展示了解决某矛盾的最简单方式。该案例解决用户有权限访问四种不同页面布局选项，而解决方案非常简单，它为用户提供了选择菜单，只要点击鼠标就能选定所需的布局。

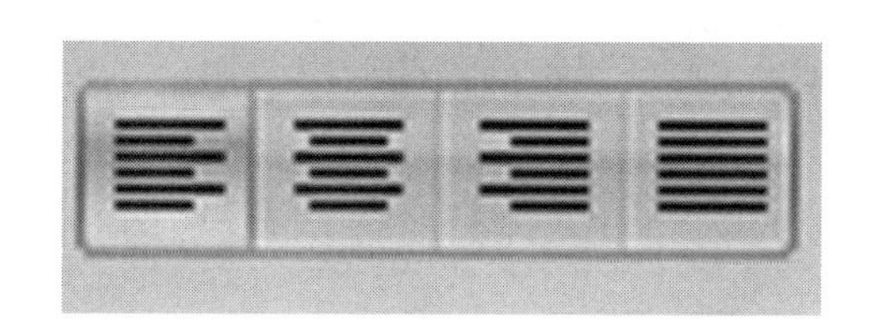

图 7-3　解决“我想要 A、B、C”的矛盾

这种解决方案十分常见并成为软件设计的标准方式。该矛盾解决方案已成为矛盾解决策略中最常见的案例——分割。

第一个矛盾解决后新的矛盾很快会出现，可用屏幕空间的持续减少将导致无法为用户展现可用的全部选项。该矛盾解决方案已成为“显而易见”的方案，这归功于成千上万的其他案例。图 7-4 展现了 Word 2007 的另一案例。

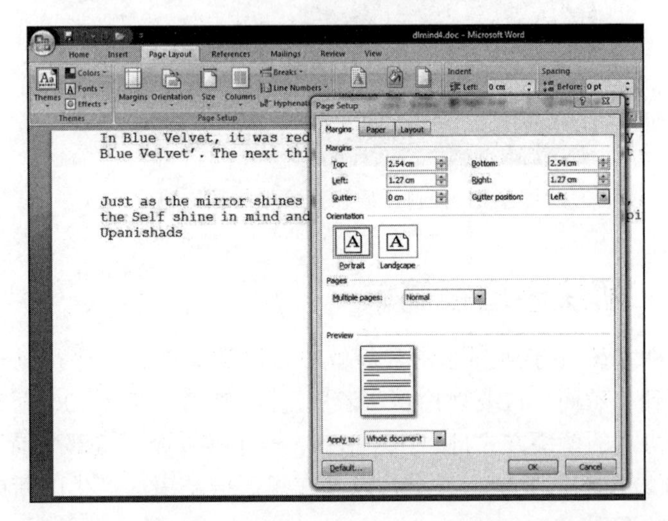

图 7-4　解决“ 我想要 A、B、C”与屏幕空间的矛盾

在图 7-4 中，不同的选项是嵌套的，当用户想改变页面布局时，需要打开选项，这样用户就有多种方法来改变页面布局。拥有不同的嵌套选项，无论用何种方式在何时提出需求要改变，只要使选项可见，用户就能拥有如此多的方式来改变页面布局。显然，该案例已成为另一个经常使用的矛盾解决策略——嵌套。在图 7-4 中有多层嵌套——打开“页面布局”（Page Layout）选项，就能进一步显示出展示其他三个嵌套的选项：页边距、纸张大小和布局选项。

而此时，却为下一个矛盾埋下了微软都没办法及时解决的祸根。新问题（可能已经经历过的）已出现，即经常面对如此多的嵌套选项，将无法记住想要的选项。比如，当打开多层下拉菜单去选择“插入脚注”功能时，你已被矛盾困扰：无法从如此多的选项中找到所需项。

当遇到该矛盾，其实你遇到的正是某种普遍的复杂状况，即系统复杂性经过增长期后将相继进入衰减期，如图 7-5 所示。

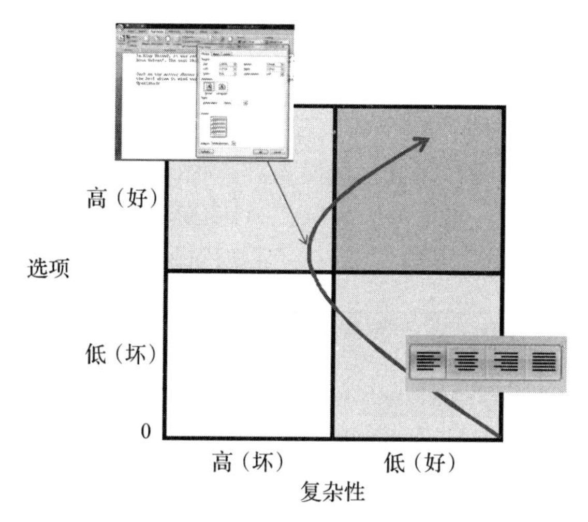

图 7-5　软件选项矛盾的复杂性增长 - 衰减曲线

图 7-5 中右上角的模块指的是遇到“太多选项而无法记住”这种矛盾情况——在该情况中用户不用执行任何复杂操作，就能获得所需的全部选择项。作为一种复杂的矛盾，即使微软也未解决，在这种情况下面临的主要困难是，如何通过软件预测用户的目的，以使用户摆脱复杂的操作。

解决预测问题所必需的策略更类似于另外一个矛盾解决策略，即“自助服务”。如果曾遇到过微软的曲别针助手在你写信时喋喋不休的情况，其实这就是早期“自服务”的尝试，然而所有这些“特性”都基于假设，即“ Dear ”必须是英文信件第一行的起始字。比较合理的假设也可能存在一个问题——只要软件假设发生过一次错误，用户总会莫名其妙地将其归结为不智能的一类，甚至是令人生厌的。无论如何，凭什么这个讨厌的曲别针助手能假定我所需的帮助？在声音识别领域同样存在无法理解用户的心理的问题。如前文所述，语音识别算法在标准测试中的精确程度已接近 97%。然而，有多少人真正使用手机中的语音识别功能？很可能几乎没人使用。重述字眼“家”几十次之后，这种无力的多次尝试可能迫使你放弃语音识别并认定该算法“无法工作”。这又成为一个典型例子，即达到 97% 的高精确度仍无法满足需求。

解决问题的根本在于如何实现智能化，即软件需要获知每个单独用户的习惯和癖好。但没人打算花时间去教软件这些。这成为另一个矛盾，根据研究，某人肯定已解决了该问题。图 7-6 表明了如何能够基于附录 4 将新矛盾映射到软件矛盾矩阵。

IMPROVING PARAMETERS YOU HAVE SELECTED:
精确性（6）
WORSENING PARAMETERS YOU HAVE SELECTED:
数据量（3）和时间损失（9）
SUGGESTED INVENTIVE PRINCIPLES:
25, 37, 2, 1, 4, 3, 35, 10, 6, 24, 34

图 7-6　映射“智能 – 时间 / 数据”矛盾

该工具首先要求定义系统中的矛盾，然后返回一系列解决方案，这些方案是以发明“原理”或“策略”形式给出的。进一步快速验证这些方案的细节。通过矩阵可知，尽管微软尚未给出任何关于该矛盾的解决方案，但其他人一定拥有解决方案。

上例中，图 7-6 中显示了一个推荐的解决方案。预操作（原理 10）是一个非常好的解决方案。即在用户获知之前将智能收集能力布置于软件内部，让后台软件能“学习”用户如何处理（或他们在语音识别算法案例中采用的语音模式）。当软件充分学习之后，用户能打开（更可能是购买）这种“智能化”插件，此时由于训练已经完成，因此不需要再花费任何时间进行训练。

当然，该解决方案仍会存在一些“不错，但是……”的类似问题，这些问题意味着在不断完善的过程中出现了新的矛盾。此时，游戏进入下一关，再一次某人在某处将解决该问题。

7.2 解决矛盾并不简单

再看图 7-5 会发现一些有趣的事实，简单的矛盾如何区别于复杂的矛盾？当然，相比于上一节末尾所提及的矛盾解决方案，这更像是难以预知的方案。如图 7-5 所示，它们之间的区别在于，解决矛盾时有时可能会导致系统复杂性增加，即获取功能的提升伴随着系统其他部分功能的恶化。就软件来说，无论出于什么意图和目的，复杂性增加将伴随产生一定的缺陷。然而，复杂性恶化的一个好的方面是：虽然不得不开发更多行代码，且屏幕看起来更臃肿，但通常这意味着价格更便宜。

当做出某些跨越性的改进时，系统有时会更复杂，而事实证明这正是创新的基本动力。下一章将详细讨论该特性。发明原理，如“分割法”(事实上发明原理在如此多的理论中最重要）经常用来提供简单方案以解决简单的矛盾。当图 7-5 中的复杂性曲线在另一侧下降时，问题开始变得困难。而当已增加的复杂度开始成为问题时，就需要减少复杂度，并与系统维护同时进行，或同时增加系统的性能，因此这一侧曲线常常意味着更严峻的挑战。该问题很少有人解决，并常常伴随大量的抽象原理。

例如，解决声音识别问题的首要策略比解决第二个问题中的“分割法”或“嵌套策略”更加抽象。事实上这种更高水平的抽象与你面对一个矛盾挑战时，想获得一个不仅能解决问题，而且能够降低当前系统的复杂性的解决方案的想法是相当一致的。当然，仅仅是更加困难，并不意味着不可能。下面列出一些其他软件工程师的案例，至少就客户而言，他们在解决矛盾得到更加完美方案的同时减少了系统复杂性。这两个案例均来自美国专利数据库——事实上创新工具的大部分研究都基于此数据库。

US6，785，819——该专利由三菱电机于 2004 年 8 月 31 日申请。其信息披露的背景描述如下：

近期，许多机构广泛采用了一种基于局域网（LAN）的计算机系统。通常，多元局域网位于某机构内部办公网的不同位置，它们连接后组成内联网。更进一步，外联网也已广泛使用，它包括机构内已关联的网络。有各种各样的方式连接多元局域网，比如，可以使用低成本的互联网代替租用专线，同时需要在内网与外网间设置防火墙以管制外部访问，而防火墙是一种限制外部访问至特定位置或特定应用的技术，这有助于增加局域网的安全因素。例如，日本未经审查的专利出版物 HEI7-87122 披露了该技术。明确来说，防火墙主要用于管制电子邮件传输所用的协议 SMTP（简单邮件传输协议），这样，只有电子邮件信息才能穿过防火墙。再如，某系统允许 WWW（万维网）的数据传输协议，即 HTTP（超文本传输协议）通过防火墙；或某系统允许 CORBA（公共对象请求代理体系）通信协议 HOP（互联网内部对象请求代理协议）通过防火墙；或系统允许基于 Java 的 RMI 传输协议通过防火墙。由于防火墙的存在，在网络计算机系统中，某些基于局域网环境的服务无法被采用，如文件共享、公共打印机共享或服务器 CPU 利用。因此，如果某人打算从其他地点获取某些数据或程序，需要依赖于位于其他网络的某人通过独立的通道去发送所需的数据或程序，或只能依靠如磁带等的其他传输媒介。

因此，当前创新者面对的矛盾就是期望同时改进数据传输能力和安全维护之间的矛盾。这里的关键任务是纵览各种关于该问题的创新公开资料，以获得下面两个问题的答案：

1）创新者试图改进什么？

2）在当前的工艺水平下，什么因素阻止了该改进措施？或当创新者尝试做出预期的改进时，什么因素会更加恶化？

这两个问题对于整个矛盾概念来说十分重要。从定义上来说，专利就涉及某种矛盾的解决方案。专利检察员检查应用时就是在寻找“创新点”，而解决矛盾恰恰是实现这一点，且无论问题解决者找出的是“好的”还是“坏的”创新点。自然，当向检察员解释你的发明为何是“好的”时，会基于你自己的角度来说明所解决的问题。

就专利 US6，785，819 来说，创新者更专注于寻找改进和

“恶化”特性，之后就要尽力将问题的特性映射到某种通用框架，下一章会详细检验该框架。图7-7表明已经将具体的“改进数据传输能力问题”与“安全问题”映射到通用框架，成为“兼容性/连接性问题”与“安全问题”。

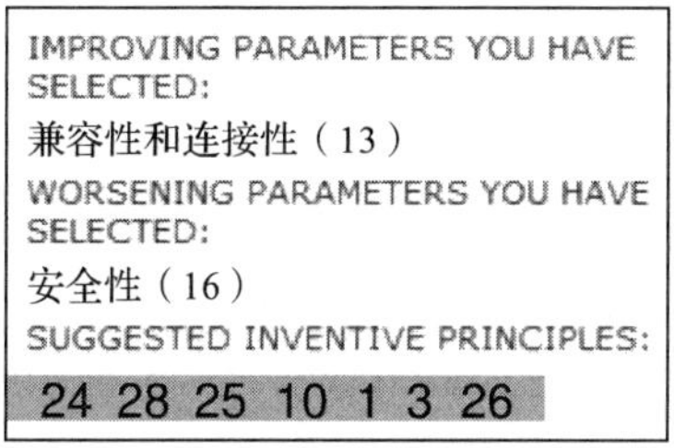

IMPROVING PARAMETERS YOU HAVE SELECTED:
兼容性和连接性（13）
WORSENING PARAMETERS YOU HAVE SELECTED:
安全性（16）
SUGGESTED INVENTIVE PRINCIPLES:
24 28 25 10 1 3 26

图7-7　US6, 785, 819矛盾转化为软件矩阵

图7-7底部的数值指的是其他创新者和软件设计者所用的通用解决策略，他们曾解决类似的矛盾。“通用解决策略”即“发明原理”。如果与“兼容与安全问题”矛盾，这些发明原理的建议事实上将成为一条捷径，通向突破性方案。同样，这些原理将在下一章节中详细论述。同时，US6, 785, 819存在，正是由于创新者坚信他们已经获得关于该问题的很好的解决方案。

接下来，如果需要映射到其他人的解决方案而非自己解决，则需要深入挖掘有关创新的披露信息，如发明专利US6, 785, 819使用软件代理实现解决方案：

根据该发明原理的其中一方面，在网络系统中传输一个代理信息的代理方法：第一部分计算机系统包括一个访问控制单元，能够基于预定义通信规则控制访问权限；第二部分计算机系统由一系列授权步骤组成，并能控制仅将第一部分的预定义通信规则传送至已授权的第二部分；接收并存储预定义通信规则后，创建代理并将其传送至第二部分；访问控制单元将接收代理信息并由第一部分执行。

一旦掌握全部发明原理（至成书时共有40个），通过这些发明者的代理策略，将能有效识别出他们所使用的原理组合：原理24（“借助中介物”）和原理25（“自服务”——使某目标通过辅助性实用功能，进行自服务或组织）。图7-7展示出矩阵工具的推荐方案同时包括原理24和原理25。因此，即使这些发明者很可能没有直接使用系统创新、创新矩阵或创新原理，但他们的工作与其他发明者在类似情景所做的有惊人的吻合。同时，这些发明者也很可能根本没有了解其他发明者是如何解决类似问题的，但他们仍然提出了合适的专利，不同但完全可重复。

你目前最大的顾虑可能是，这些发明者是否像其他人一样，都是通过相同的基本策略得出突破性解决方案的。同时，如果你了解这些策略，那么是否有机会得到更具可预见性的和更可靠的解决方案?

要特别注意，这些发明者或其工作已被分析并且被并入矩阵，其他发明者都不曾“需要”工具或方法去解决严峻问题。那些坚持不懈的人只要有足够的时间，就将会持续他们的做法，直到获得最终解决方案。这就是大脑的奇特之处——人们可能不喜欢遇到问题，但一旦问题出现，他们将会真心喜欢解决问题，而关键是“要有足够时间”。矩阵工具和发明原理被当作一种工具，利用它们可以更快速、更有预见性地找到问题的突破口。因此，该工具本质上就是发现突破口的“增压器”，无论多么优秀的增压器，都需要引擎和燃料以及能发动引擎的钥匙才能工作。后文将更详细地讨论这些论题。首先，快速参阅另外一个例子：

US6, 789, 097——该专利（“大型矩阵位反转的实时方法”）在2004年9月7日被授权于热带网络公司。正如前例所描述的，如果发明者解决了某种矛盾，则首要工作就是尝试建立该案例中的创新披露的抽象概念，表明要同时完善地描述出发明者解决的矛盾以及实现方案所用的策略。

对于大型数据矩阵位反转，数字信号处理器（DSP）包括一个能在第一场景中进行现场位反转常规工作的直接存储器访问

(DMA)，以及一个能在第二场景的内部存储中进行小型子矩阵交换工作的中央处理器（CPU)。根据创新方法中的这种分级方法，通过使用外部存储器以及避免对内存的随机访问，关键性地减少了在DSP平台单一处理器中进行大型数据矩阵排序的实时处理时间。同时，该创新方案应用于密集波分复用系统（DWDM）后，已经改进了其密集集成度并减少了成本消耗。

此处考虑到的基本矛盾涉及时间和存储空间的大小。如果将这些特定术语映射到矩阵中的特征参数，将得到图7-8所示的结果。

IMPROVING PARAMETERS YOU HAVE SELECTED:
时间损失（9）
WORSENING PARAMETERS YOU HAVE SELECTED:
大小（静态)(1)
SUGGESTED INVENTIVE PRINCIPLES:
10 24 5 25 37 3 4

图7-8 US6, 785, 819矛盾转化为软件矩阵

同时，在矩阵所推荐的方案与创新者所用的策略之间会有很好的匹配方案，如该例中使用“两个阶段”：预操作（原理10）和借助中介物（原理24)。

如这两例，应用反向工程找到解决方案，不能完全证明发明原理的重大作用，唯有真正地使用这些原理去解决现实中的矛盾才行，下文马上就会提到。

7.3 工具

根据图7-1的流程来解决矛盾：首先用具体的术语来描述问题；其次，将其映射为一系列通用的问题，就会找到一些通用的解决方案；最后，将通用解决方案转化为具体的解决方案。本

节最后将讨论矛盾矩阵。该工具应用于“通用”领域，并完整地呈现于附录 4。

附录 4 中共有 21 个参数，如图 7-9 所示。

大小（静态）
大小（动态）
数据量
接口
速度
精度
稳定性
检测 / 测量能力
时间损失
数据损失
系统产生的有害因素
适应性 / 灵活性
兼容性 / 连接性
易用性
可靠性 / 耐用性
安全性
美观 / 外形
系统的有害影响
系统的复杂性
控制的复杂性
自动化

图 7-9　新软件矩阵的 21 个参数

明确了系统需要改进的地方后，新软件矩阵的用法是从所列出的 21 个参数中找到一个或多个最匹配的参数。

再回顾第 6 章中提到的两个案例，有时具体与通用间的关联非常简单（如参数“安全”），而有时，关联它们需要进行转换。比如说期望改进“带宽”，明显无法直接映射到该列表。所以此时要寻求最优的匹配，或者说如何建模。对于“带宽”连接，可能矩阵中“速度”或“大小”，或“连通性”，或“对系统的负面影响”都是最贴切的表达，这些似乎都与“带宽”有关。基于这种情况，需要进行如下选择：

1）如果你认为你遇到的问题属于上面的任何一种，查询附录 4 中的对应参数，获得参数中你认为与“带宽”有关的那一个；

2）直接尝试识别出最匹配的那一个。

选择第二种方法的关键是，不要过度思考问题。要进行转换测试，即直接根据问题描述语句，选择字面上最贴近的参数。虽然能明显看出带宽与速率有关，但二者不是同一概念。速率从带宽演化而来，并非带宽的另一种表述。由于“宽度”和“大小”更加接近，所以另一个同义词应该是“大小”。因此，将带宽所期望的改进映射到矩阵的最好方法是转到附录 4 的参数表。如果仍未明确，纵览附录 4 你会发现，每个参数都有其定义和一系列同义词，以准确说明该参数的内容是否与当前问题最匹配。

在矩阵中，完成要改进参数的映射后，需要将矛盾问题中的恶化参数映射为矩阵中 21 个参数中的一个，这一步是非常重要的。在附录 4 中的全部页面表格中，第一列为“恶化参数”。

因此，以图 7-8 为例，期望发现在“时间损失”和“大小(静态)”间的矛盾。首先找到附录 4 中“时间损失”附录页，之后定位到该页面上首行是“大小 (静态)”的一行，在“相关发明原理一览表”列中，将会发现在图 7-6 中所见的数值：

10 24 5 25 37 3 4

这一系列数值代表了其他人用来解决该特定矛盾所使用的策略，这些数值具体是指附录 5 中列出的“40 个发明原理”。

最后，也是最困难的部分，是矛盾解决步骤，需要将通用解决策略转换成对我们所面临的矛盾有意义的具体解决方案。在详细讨论该话题之前，我们先完成有关该矩阵的话题。下面列出一些要点：

1）表中每行的发明原理的顺序十分重要，要注意原理列是“降序排列”的。如前例中解决方案序列中的第一个数字“10”，表明其他人最常用的解决已知矛盾的策略，然而要注意“最常”并不意味着“最有效”。我们会尽力过滤掉“坏的”解决方案，但是“好的”突破与跨越性突破间仍不可避免地存在差异。或者说，该表是统计意义上的重要数据而非对效果的最终判定。

2）如果明确了需要改进的地方但不确定困难所在，或者感觉存在很多困难阻止你改进，那么可以使用该矩阵的替代方案，即应用中一般应考虑原理列表，该表提供了改进该参数常用的原理（降序排序）。

3）最后，要注意该矩阵工具主要是用来作为一个便捷工具，其工作是从40个已知的矛盾解决方法中，找到6～7个“最可能”有效的方法。同样，需要铭记于心的是“最可能”并不意味着“最优”。如果有时间，并且真心希望实现最优的矛盾解决方案，需要采用问题解决小组内部所用的相同策略。即首先采用矩阵所推荐的策略，之后再逐渐厘清其他或全部的原理。选择原理时，将会完整地检测出有多少其他原理，并会发现最不明显的问题的关联信息恰恰就在身边。如果能迫使自己从这个最不相似的原理中发现某些有用的关联，就很可能在其他关联中得到有用信息，并且从最终分析来看，任何有用的关联信息都可能成为专利的解决方案。

40个发明原理

既然已经描述了附录4中矩阵的结构，就不得不陈述关于40个发明原理的更多内容，设计矛盾矩阵就是用来指引我们发现这些原理的。

首先要注意，是“至今40个”，而非“总共40个”，因为我们仍在进行一个大项目的研究以寻求更新的原理。迄今为止，基于各行各业数据库的300多万条数据，我们的原理数量仍停留于

40 个。而探索第 41 个原理的过程正开始产生效果，如同正在探寻将会彻底改变世界的重大发现。思考的正确方式是：如果每个有用的专利都曾源自某个或者这 40 个原理的综合应用，那么很可能它们都能解决问题。我们将再次使用“99.999% 的可能性以解决问题”这一表达方式，以便不与其他人矛盾，而这些人认为这 40 个原理很可能会约束他们的思考方式。

这一点将成为这些原理的另一个关键之处，其中部分原理非常通用。这是一种精心考虑的策略。一些人希望它们较模糊，而另一些人不期望如此。如果你属于后者，则附录 5 中的列表在通用性标题之外，为你提供了更详细的信息。无论你希望这些原理更清晰还是更模糊，都建议你创建属于自己的原理。要充分利用那些有意义的案例，它们如同思想的火花，能更好地为你提供支持。而一个非常重要的观点是，要尽可能多地掌握这些原理。或许我们不需要全部原理（如托马斯·爱迪生在他的整个生涯中也许仅仅使用了 40 个原理中的 5 个），但俗话说“如果你只有一把锤子，则只能解决关于钉子的问题”，如果有更多的工具任你使用，那么你就更可能实现一个简练、出色的方案。

基于以上要点，需要牢记另一重要结论，即设计这些原理并非为了将其当作灵丹妙药，它们只是提供了一条获得优秀解决方案的捷径。再次强调，“好的”并不意味着完美。因为分配这些原理时需要一种非常优秀的策略，即找出每个独立原理，并能因地制宜地提供“局部的”方案。一旦找到方案，无论怎样，先将它记录下来。这样做的明智之处在于，在记录所有“局部的”方案之后，就能将它们合并为最终的完整方案。前面已经提示过，对于大多数没有成功实现系统创新的人来说，他们只会在部分工作的完成情况没有达标时才会使用上述方法。

最后，当得知“健康警告”并进一步获悉“没有灵丹妙药”时，一些问题解决者（通常是一些最有天赋的人）会将“有限数量的原理”解释为每个人都终将聚焦于此的相同的解决方案。假设真的仅有这 40 个原理存在，这种解释感觉是正确的，但经验却说明不同的人对原理会有不同的理解。例如，解释多样性会导致在研讨会中进行多种标准实践，甚至在讨论了多年之后，其他参会代表才会陆续提出新的解决方案。或者说，这些原理不是为了约束人们的创造性，而是为了引导创造性。成功的创新者肯定会以最具创造性的方式解释这些原理。简单地说，投入越多，这些原理的回报越大。

格式化 UAV

现在我们正在面临一个问题：如何实现 UAV（无人机系统）？目前在航空业的一个重大改变是：用可远程控制的无人机代替需要飞行员操作的飞机。实现它有很多益处，使人类远离危险的环境，目前飞行员的身体状况已经成为航天事业发展的一个瓶颈。图 7-10 中显示了用于在敌方领土进行侦查的典型的小型无人机。

图 7-10　RQ-2 无人侦察机

软件系统在 UAV 控制中至关重要。当前，UAV 控制技术的主要任务在于人员的远程操作。飞机上安装了大量的传感器，但最重要的是摄像系统，它能将探测的信息传回基地。UAV 控制系统的设计者所面临的关键问题是，要确保飞机在无法预测的快速变化环境中仍能实现其特定任务。典型的问题场景包括环境变化（空气湍流、侧风等）、外部因素对飞行系统关键部分的破坏以及飞机内部的缺陷。而当前的控制系统无法解决这些问题。

问题如此频繁地发生，所以当前系统其实已经遇到了矛盾。

该问题的矛盾集中于，我们期望在当前环境面对相当多的变化之前，能进行某种预先处理。图 7-11 表明该具体的矛盾对是如何被转化为矩阵能识别的通用参数的。

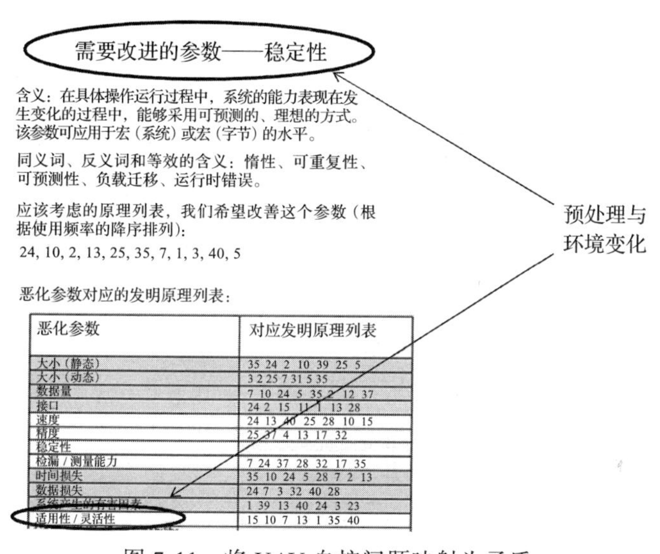

需要改进的参数——稳定性

含义：在具体操作运行过程中，系统的能力表现在发生变化的过程中，能够采用可预测的、理想的方式。该参数可应用于宏（系统）或宏（字节）的水平。

同义词、反义词和等效的含义：惰性、可重复性、可预测性、负载迁移、运行时错误。

应该考虑的原理列表，我们希望改善这个参数（根据使用频率的降序排列）：

24, 10, 2, 13, 25, 35, 7, 1, 3, 40, 5

恶化参数对应的发明原理列表：

恶化参数	对应发明原理列表
大小（静态）	35 24 2 10 39 25 5
大小（动态）	3 2 25 7 31 5 35
数据量	7 10 24 5 35 2 12 37
接口	24 2 15 11 1 13 28
速度	24 13 40 25 28 10 15
精度	25 37 4 13 17 32
稳定性	
检漏 / 测量能力	7 24 37 28 32 17 35
时间损失	35 10 24 5 28 7 2 13
数据损失	24 7 3 32 40 28
系统产生的有害因素	1 39 13 40 24 3 23
适用性 / 灵活性	15 10 7 13 1 35 40

图 7-11　将 UAV 自控问题映射为矛盾

表格中显示的是解决类似 UAV 问题时最常使用的策略（原理 15），之后是预操作（原理 10），然后是嵌套（原理 7）等。只要注意到这三个原理，以及附录 5 中的额外信息，就能找到基本解决方向，包括：

- 允许系统在不同环境中改变。
- 尽早行动。
- 层层嵌套处理。

这些一般的解决方案可以辅助我们得到具体问题的解决方案。

在上述具体案例中（使用这些原理来引导设计小组，能将构思、讨论的时间减少一半），当这些专业人员关注原理 7 时，就会得到最有效的方案——“嵌套解决方案”（参阅参考文献 7.3）。通过考虑 UAV 在进行相同或相似任务时有什么区别，并考虑能将一个 UAV 获得的信息嵌套到其他数据库中，就能逐步提出概念上的解决方案。这里的基本概念是，如果每个 UAV 都知悉其他相近的 UAV 的情况，每个飞行器就都有可能共享信息并能更快地跟踪环境及其变化。

因此，假如飞行时所有 UAV 几乎同时遇到性能变化，则意味着环境同时遇到了干扰。通过将任务的轨迹信息和 GPS 的位置信息合并，会进一步定位环境的变化地点，这样就能帮助附近其他 UAV 飞行器绕过该地点。如果只有一个飞行器出现性能变化，则更可能是因为飞行器本身出现了故障。通过检验性能变化的概率能进一步判断出现该故障的原因——化油器堵塞要比被子弹击中更容易造成性能变化。

在讨论中获得更多关于解决方案的线索，将进一步扩展嵌套解决方案的基本概念，使其支持动态化（扰动因素出现时，毗邻的 UAV 之间只需要进行通信）、预操作（控制系统能预先在无风险环境中“训练”并“交叉矫正”，之后在有潜在风险的情况下能更好地被控制）。图 7-12 展现了最终所选方案的主要特性。

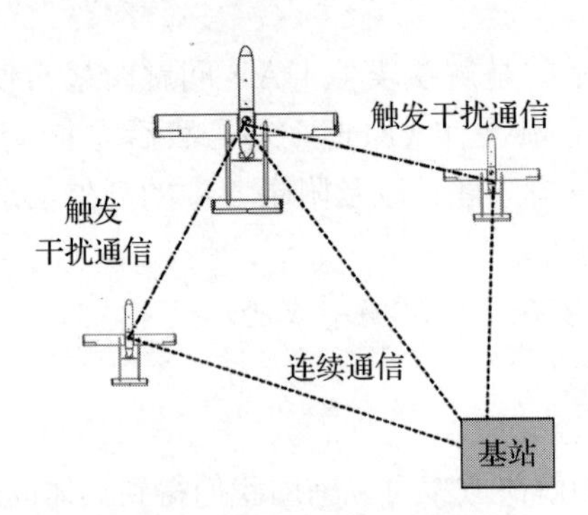

图 7-12　UAV 自控问题的系统化解决

这个简短的例子主要表明了解决矛盾的具体过程。让我们看看另一个问题，这一次将解决关于流程的一两点附加内容，以及我们如何更好地利用它们：希克定律。

希克定律

对于希克定律，许多软件设计者即使不明确，也会有大概的了解。大致来说，该“定律”将某人做决定所花费的时间与可能做出的决定的数量相关联。一旦用图形描绘出这种关联，看起来将如图 7-13 所示。

考虑一下第 3 章的“摆脱”理论，首先要谨慎对待“定律”这个字眼——当发觉这个独特的“定律”是根据经验由某些心理学实验得出的时，则需要格外谨慎地对待该特定“定律”。“定律”听起来让人印象深刻。通过图表观察它们时，它们总试图说明“这是个矛盾”。其次，当画出图表时总能展现这种矛盾，因为一旦你改进了某一参数，其他参数则会恶化。

对于这些图表，人们通常尝试寻找曲线上的最佳点，“最佳”意味着在两个参数的平衡点找到“可接受”值，或者找到两者中较重要的一方的“优化”值，以及另一方的“可接受”值。

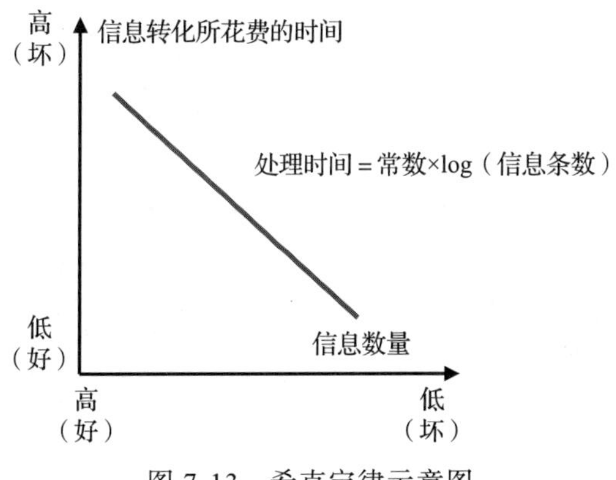

图 7-13　希克定律示意图

图 7-13 中的轴线表明了两个矛盾的参数。在理想情况下，最佳方案应该在图表的左下角——在这里能有大量信息和时间去做顺序处理（且因为这是系统功能，所以能保证做出“正确”选择）。换句话说，理想方案是将信息的数量与处理所用的时间解耦，如将斜率变成零。矛盾工具的任务包括两点：一是将两个参

数解耦，二是促使我们做出跨越性改进，并实现期望的完美的方案。

图 7-14 表示如何将这两个矛盾参数映射到矩阵中。首先，将轴线“信息数量”与 21 个可能的矩阵参数进行对比，由于表达十分接近，有一个明显合理的直接关联参数“数据量”。但由于没有直接关联，第二个参数“信息转化所花费的时间”的映射却十分麻烦。而此时你将不得不考虑问题的本质是什么。比如，矩阵中有一个参数叫作“时间损失”，或许与问题有关联，从某些方面来说确实是，但实际上却发现该问题更像是具体的时间量，而非“损失”。如果问题是这样的话，或许“速度”更匹配？或是“易用性”？或许我们该考虑时间问题的本因，也许这样能得出结论——问题的本质是人们在“面对大量信息时，无法获取相关信息”。考虑到根本原因，或许能重新解释参数“信息数量”：为什么有大量信息？例如，是否由于系统存在内在复杂性？

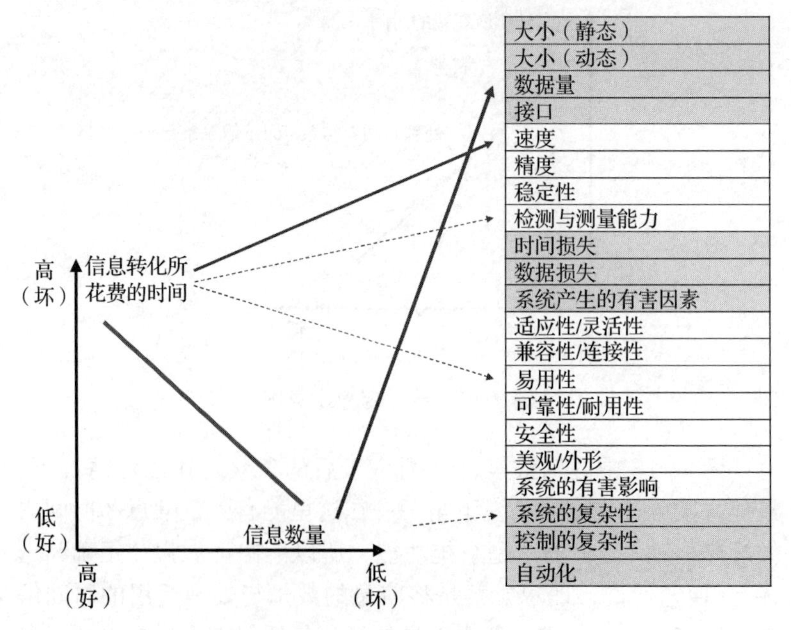

图 7-14　希克定律问题映射至矩阵

这些关联既不对也没有错，然而，它们分别表明了问题的内、外不同的层次。此时，就能简单地遍历每个可能的关联，即矩阵中改进与恶化的特征参数间的关联。但你可能很快会感觉烦躁，尤其在不确定哪个参数能“改进”时。然而，你却能发现改进路线与“创新原理”所提出的建议相同，而这些建议将在一些你关注的模块中重现。鉴于此，你会看出某种可靠的迹象，即重现的原理与那些将要发布的矛盾的可靠解决方案非常一致。

另一种方案，将改进和恶化参数联合并作出决定，目的通常是选择出原始的问题，或者从问题的不同视角选择一对参数。

希克定律所描述的，矩阵参数的最直接匹配是“速度”与“数据量”。之后，如果不确定其中哪个是改进参数，最简单的途径是二者取一，明确哪个是最想要的。在这种情况下，最后的决定取决于是打算增加信息数量还是增加信息的翻译速度。由于矩阵是非对称的，如果你无法抉择，则需要从两面观察问题。另外，如果你确实更倾向于某些因素，那么你仅仅需要观察一组数据。

在我们期望提高“速度”的情况下，我们判定正是（高）数据量使我们无法提高。而矩阵推荐下列原理，这些原理是其他人在相似情况下所用的策略：

7 10 5 37 3 2 28 4

此时，我们将让读者去探索如何利用这些原理，并得到解决希克定律矛盾的方案。不成熟方案应达到 10～20 个。即使某个方案听起来古怪或“错误”，无论如何也应该记录下来。接着，满怀希望地写下几百个想法后，下一步就是去挖掘它们之间的关联。（要谨记，如果每个原理都能使我们向完美方案跃进，那么关联越多，能做出的改进就越大。）

物理矛盾

关于希克定律问题，如果发现获取有意义的解决方案有些困难，那么本节将从另一角度讲述矛盾问题，即所谓的“物理矛盾”。你想改进的事物和阻止改进的因素是同一件事。换句话说，在问题系统中，你希望某元素既是固定的也是动态的，既是大的也是小的，既有许多数据也没有数据，等等。附录 4 中的矩阵工具不能告诉大家如何解决这样的问题。然而，对一些人来说仍然确定的是，某些事既大又小听起来似乎是很古怪的，但某处一定有相应的解决方案。

解决物理矛盾的一个好的开端是识别那些矛盾，它们本质上等同于已经讨论过的矛盾和冲突。图 7-15 提供了一个设计好的模板，能将一种矛盾类型转化为另外一种。

该模板是约束理论中蒸发云模型的修正版（参阅参考文献 7.4——另一聚合创新工具的完美案例）。它基本上表明，使用转接词“因为”和“需要”，任何矛盾（B 对 C）都能转化为物理矛盾（A 对（–A））。

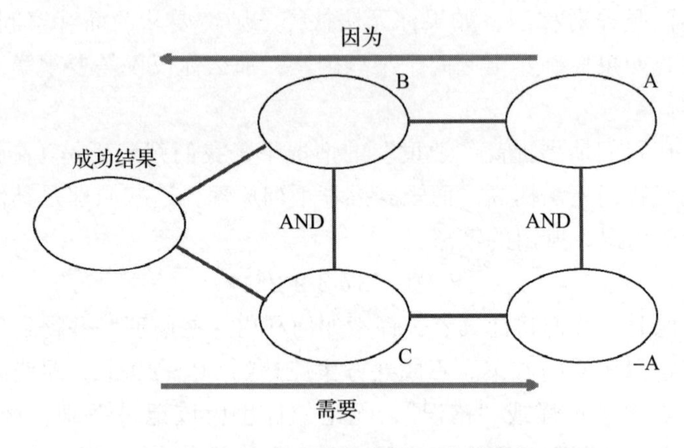

图 7-15　矛盾转化为物理矛盾模板

模板的左边显示了解决矛盾的原因是希望获得一个期望的结果。通过一个简单实例来解释可能会更简单，如图 7-16 所示，表明了希克定律如何利用模板重新进行建模。

对于希克定律问题，考虑 B 对 C 矛盾。为了寻找等价的物理矛盾，我们先要找到 A，以便“B 需要 A”并且“C 需要 (–A)”。

这或许要花费一到两分钟，举例来说，图 7-16 已表明可能的参数是一系列的词汇（每单位面积）。也有可能是其他的（比如屏幕大小），但只要找到一个，就足以探寻出其他人是如何解决矛盾的。

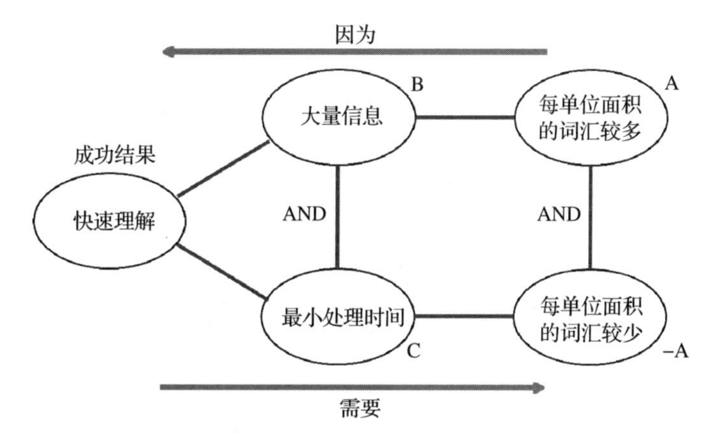

图 7-16　希克定律问题的冲突——矛盾转化模板

还需要彻底想清楚，解决矛盾或矛盾之后的“成功结果”是什么样的。如图 7-16 所示，这里需要定义一个结果“需要 B”并“需要 C”。当你考虑并寻求结果时，希克定律的潜在问题是人们要过多久才能理解这些信息，因为没有这些信息就无法做出明智的决定。

完成该模板会遇到困难，你要解决这些困难，因为该模板能为解决矛盾提供更多的选择。在前一节中，通过将 B 对 C 的矛盾映射到矩阵解决了问题。六条线中每一条都与五个气泡有关联，都可以有效定义问题中的冲突或矛盾。如果你能“突破”它们中的任何一条，另外五个气泡将会消失（参考文献 7.5 解释并讨论了为什么这么做）。这条线需要用更多的信息来突破，这就是我们要找的物理矛盾，它关联 A 和（–A）气泡。

使用讨论过的 40 个原理，最终解决（或“突破”）物理矛盾。然而，想要确定使用哪个原理则需要选择策略，这与图 7-17 总结的策略所使用过的矩阵有一些不同（并且在附录 4 的开始处也有重现）。

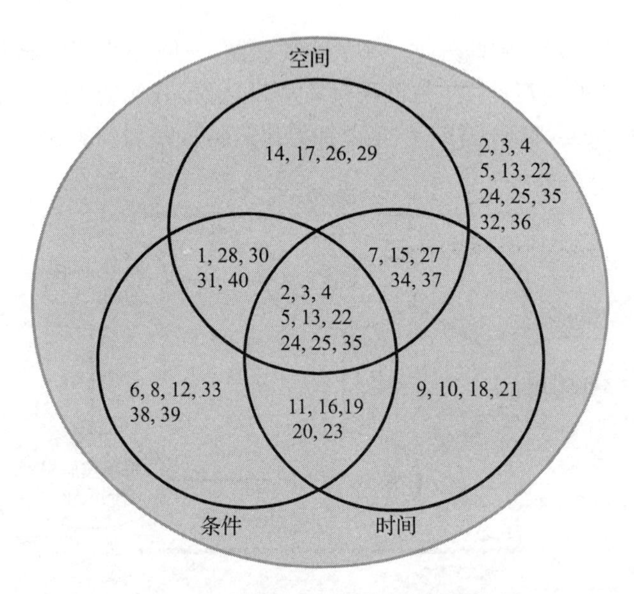

图 7-17　物理矛盾解决策略选择图

图 7-17 主要分为三个部分。这三个部分关联三个可以用来解决问题的基础矛盾解决策略：

1）能否在空间上区分矛盾？

2）能否在时间上区分矛盾？

3）在某些条件下，能否区分矛盾？

每个工作都有类似的模式。例如希克定律，矛盾集中于同时期望大量和少量的词汇。因此，策略 1 要求考虑何处需要大量的词汇，何处需要少量的词汇。两个问题中的关键词是“何处”。如果根据答案发现了两个问题的不同，则你实际上遇到了物理矛盾，它能够通过在空间上进行区分找到解决方案。如果答案相同，则无法使用该策略。

因此，何处需要大量的词汇？在屏幕上，应是用户视线自然而然关注的地方。

何处需要少量的词汇？全部屏幕。

实际上，这两个不同的答案表明了一个事实，何处能实行空间区分策略是一个问题。

探索第二种解决策略“及时修复”，关键是“何时”：

何时需要大量的词汇？当用户精神集中时。

何时需要少量的词汇？当用户精神不集中时。

对于第三种策略“基于条件区分”，关键是“如果”：

如果没有分心，则需要大量词汇。

如果分心，则需要少量词汇。

在这种情况下，由于问题的答案不同，我们遇到一个矛盾，它能用三种策略解决。而追问“何处”、“何时”和“如果”问题之一，将迫使你彻底思考这些答案，也可能已经得到一些关于问题的新视角。例如，已经证明周围环境、用户敏感度及用户干扰会影响矛盾的解决。

这些问题的答案提示你在图表中去何处寻找发明原理及其给出的建议。在该情况下，你既然已经肯定了“何处”、“何时”和“如果”问题的答案，那么你要从图中“空间”、“时间”和“条件”的交叉处开始分析。换句话说，对于该问题，最可能解决“大量和少量”词汇矛盾的创新原理是：

2 3 4 5 13 22 24 25 35

如果没有效果，则移到图中的相邻区域，并利用那些原理进行相同的构思工作，之后不断重复直至问题解决。

此时，问题将提交给你，以探求这些方案、周围的环境因素、警觉性或干扰洞察力是否有助于产生另外的解决方案。

（为避免你产生“作者怎么敢不向我展示解决方案”的想法，或者你真的想解决问题，并以此证明希克教授根本没有发现“定律”，你或许能参照参考文献 7.6 的网页。在你没有获得最满意的答案之前，你至少要尝试着凭自己解决问题。）

同时，有必要继续关注矛盾的最后一部分。即对于你的矛盾问题，如果仍未找到解决方案，应该如何做？

7.4 最大效率策略

对于许多观察者来说，系统化的创新方法中最大的矛盾是40个发明原理看上去简单与使用者很难找到最优的解决方案之间的矛盾。我们努力缩短一般解决方案和具体解决方案之间的距离，但有时它们之间存在一个巨大鸿沟。在本节，我们将讲述一个方法帮助你突破这个鸿沟，这个方法主要涉及两个基本步骤。如图7-18所示，第一步是“关联”，第二步是“方向”。

关联：方向

图7-18 关联：方向方法产生策略

该方法中的“关联”更加关注当前需要解决的问题与给出的解决方案生成策略之间的联系。举个简单的例子，发明原理4，不对称性给出建议“某事物是对称的或者包含对称行的，则会产生不对称性”。

为了合理利用该建议，首先要将原理与需要改进的系统关联。此时，这种关联就依赖于你是否能够发现系统内外存在对称性。一旦发现对称性，那么就能关联。

下一阶段是方向性，也是“更理想系统的指示牌”。只要做出关联（即在原理4情况下发现对称性），此时原理所推荐的方向就称为“产生不对称性”。

虽然不总是很明显，但所有创新原理都包括这种关联-方向对。至于原理4，不对称性如下：

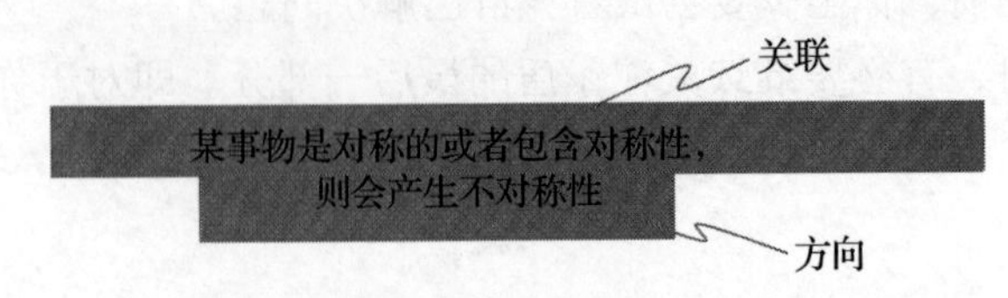

其他 39 个原理的“关联 - 方向”对在附录 5 中有详述。

人的大脑很有趣。人们都倾向于享受解决问题的过程，但同时他们更喜爱“已解决”的问题。而他们喜欢“已解决”多于“正在解决”常常意味着，他们十分相信当前问题“已解决”。因此，一旦做出一个关联，人们就会告诉自己问题已解决，或者在找到一个有用的方向时，会认为问题已解决。陈述中的关键字是“一个”，只要做出一个关联人的大脑倾向于告诉你要进入下一阶段。

然而毫无疑问，做出更多的关联，则能选择更多的方向，也能得到更健壮有效的解决方案。图 7-19 阐述了一个实例，它开创了对各种关联的穷举查找，而这些关联正是我们需要的。图 7-19 中的实例利用了前面小节描述的 UAV 问题。该图同样表明了一种结构化的寻求关联的方法，即将世界划分为“空间”“时间”“接口”这些维度。由于这些原理是通用的，相同的策略能够逐个应用到各种不同的系统中并且效果非常好，它们可以同时应用于商业和技术系统，以及软件和信息系统。

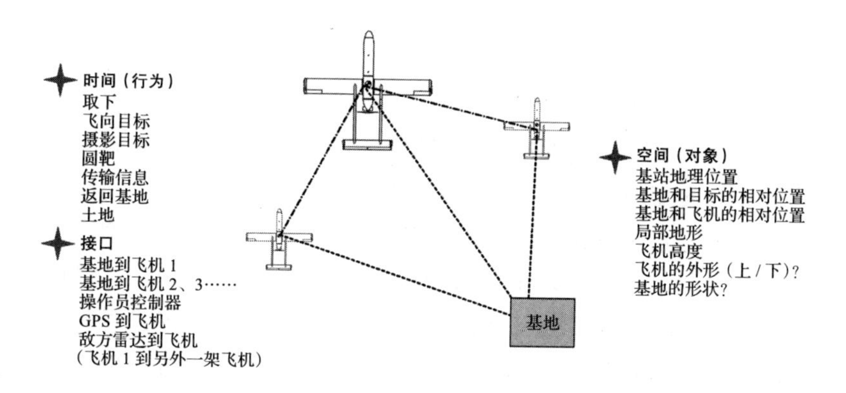

图 7-19　在评价系统中建立尽可能多的关联

在图 7-19 中，除了空间、时间、接口视图，要格外关注如何触发、鉴别这些关联，尤其是早期在原理表中已使用过的。

方向

已经做出许多关联后，原理的方向性更像“指示牌”。其中一部分指示牌的指示作用更加明显。通常，你可能会发现矩阵所推荐的原理是“错误的”，或它的指示对你毫无意义。

当发现“方法无法工作”或“该原理与我的问题无关”时，任一原因都可能会让你忽略该原理，这是错误的。真正要牢记的是，对于经常出现的事物，最好的改进方式将来自那些听起来最不可思议的方向。如果你在一个群体中工作，将很可能会忽略这一原理。或者更严重的是，根本没有提起这些“不可思议”的想法。有些人已经意识到某些时候最好的想法来自最不可思议的方向，他们会明白这里所讲的情况。无论它们听起来多么疯狂，关键是要记录这些想法。

之后，一旦你用尽了这些原理并记录了一些想法，则需要寻找这些想法之间的关联。很多非常有力的证据表明，把越多的想法关联在一起，越能得到健壮的综合的想法。例如，一些最优秀的软件专利，通常能通过反向工程揭露出至少三个，甚至可能是五个发明原理中的四个（参考文献 7.7）。

有时，如果你正与某个特定逻辑。软件工程师（我认为这是对“不深思熟虑、做事无逻辑的工程师”较礼貌的说法）进行团队合作，并且他们没有记录下任何想法。我会要求他们在剩余的实践中去实现完全无法完成的大量想法。并告诉他们，唯一能接近完成的方法是直接记录下每个可能的关联和方向。在他们这样做了几分钟之后，要求他们选出他们认为的最差的想法。有时，他们知道我会奖励最差想法——只有在讨论会上，我曾经考虑“贿赂”其他成员，但这只是尝试打破一点点常规。可以确认的是，当团队其他成员听到这些最差的想法并被要求“将它们转变为优秀想法”时，往往会出现非常令人惊奇的想法。我明白这听起来相当不科学也不系统，但实际上这种运作往往存在于我们的潜意识层，而不是在有意识的想法中。

无论你认为哪个原理最适合你，最重要的规则是避免让自己陷入“这个没有效果”的思考模式。如果无法创立关联，或发现方法同时推荐两个或更多的方向，而你“知道”这些方向是不一致的，你会倾向于指责这个方法而不是自己。只要上述情况发生时，最佳策略将是进行完全不同的活动（或许呼吸下新鲜空气），回来后再次尝试。最差的情况可能是，你提出了一些差的想法，而其中的某些最终会变成好的想法。

然而，如果其他策略都失败了，而且真的无法在问题与矩阵推荐的原理之间做出关联或明确方向，那么还有一个策略，即回溯到矩阵原理的原始数据。

回溯到原始数据

如果矩阵指出某人在某地通过使用某一特定创新原理已经解决了与你的矛盾类似的矛盾，而且你确实无法将该原理与你的具体问题关联，那么较好的方法是从全球专利数据库中寻求帮助。

第 4 章结尾描述了一种从数据库中寻找“好的”专利的方法。使你能够使用十分相同的策略，解决“无法做出关联”的问题。或许通过以下简单实例最容易证明该策略：

当探索其他 IT 专家如何成功地解决这一矛盾时，一方面期望提高程序的运行速度，另一方面该程序事实上是固定顺序的算法（即缺少适应性）。图 7-20 展示了矩阵的建议。

我们想要改善的参数	速度
适应性/灵活性	15 10 1 35 28 29 7 19

图 7-20　关于“速度对固定性”问题的矩阵原理

这是（慎重来说）一个相当基础且有难度的问题。因此，即使注意到矩阵推荐的原理，很显然，仍然很难将这些原理与问题进行关联。

图 7-20 中的第一推荐是原理 15，“动态化”（dynamic）。该原理似乎无法立即与手头问题进行关联。但推荐的方向确实在

要求我们做某些事情。任务一，通常要关联到当前系统中不活动的部分，那么，什么是“不活动的部分”？是一行行的代码？子程序？还是其他？

如果这些推荐没有任何突破性想法，现在就将原理回溯专利数据库以寻求指导。图 7-21 表明了在该问题基础上的构想和进行的搜索。根据第 4 章提出的约定，该搜索包括了功能 / 属性关键字（速度）、上下文关键字（计算机或计算）以及关键字“动态性”，它们都来自创新原理 15 的推荐。注意“原理”这个关键字，对于专利的权利章节的搜索已经被限制了（如在“dynamic”之前，“aclm/”已表明如此）。这样做的原因是，确保能从发明者提出的一个或更多创新步骤中，只检索“动态性”解决方案。

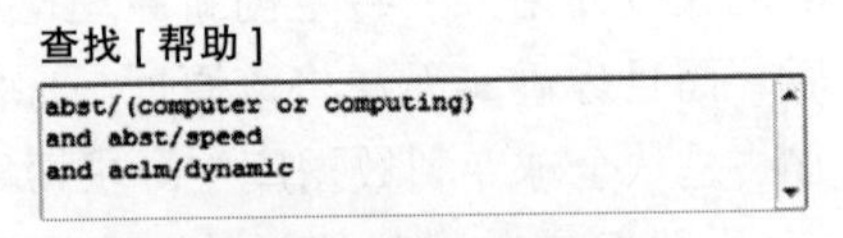

在美国专利数据库中搜索的结果：
（摘要 / （计算机或计算）和抽象 / 速度）和 ACLM/ 动态）；159 项专利

序号	专利号	标题
1	7,398,260	T 效应器机构计算
2	7,353,316	T 内存系统组件之间重新路由信号的系统和方法
3	7,346,067	T 计算机网络设备中高效的数据缓存

图 7-21　US 专利库查找

令人惊喜的是，符合查询条件的 159 条专利信息很快被检索、反馈出来。专利表单最上边的一条专利 US398260 是在 2008 年 7 月 8 日获得的（同一周，正在为本书做案例研究的准备）。当你点击超链接并阅读发明者所做的工作时，可以快速阅读以下内容：

与现有技术相比，发明的优势。

在标准数字计算机中，只有活动的计算元件是微处理器中的专门暂存器。通常一次只能计算一条机器指令。这成了计算瓶颈。而效应器通过**使每个计算元件都活动来突破这个瓶颈**。一旦在硬件上实现，效应器就能同时执行多条机器指令，这一改进**极大地提高了**当前数字计算机的**计算速度**。效应器通过建立亚阈值晶体管回路在硬件中生效，这减少了五个数量级的能量消耗。进一步，相对于数字计算机，产生的热量也大量减少。**在动态效应器中执行的源程序，其指令会改变关联**，从而使效应器能够执行数字计算机无法执行的任务。

请注意黑体字部分强调的关键语句：发明者的描述确实非常接近你想要解决的问题——期望改进速度，但由于“一次只能计算一条机器指令”而无法实现。然而解决方案呢？明显包含在“使得每个计算元件都活动并执行源程序，这种程序中的指令在动态效应器中能随时改变关联”中。

这听起来似乎是一个好主意，对吧？除了这个方案是别人的，而我们没有。或许你应该在几年前就认识到了这个矛盾而不是几分钟之前？或许更重要的是，这是一个鲜明的消息，即某人确实正在考虑这些问题（谨记，159个专利），因此是时候让你去探求其中一些更大的矛盾问题了。

关于该实例的一组较小的附加想法如下：

1）应注意到该创新是如何披露的，它也提到了“元”——你会认为这是种“嵌套”，在图7-21中能看到，它是矩阵推荐的另一原理。这是一个公认的巨大飞跃，然而，会给我们一种矩阵知道在讨论什么的感觉。

2）说到这个，你会注意到该专利被授权于2008年7月，晚于本书确定矩阵的时间。事实上，本书展现的矩阵在第一版本矩阵上进行了更新，而第一版本于2004年发布。2004年版本的矩阵也推荐了同样的原理。虽然这只是一个交汇点，但也同样期望至少能播下种子，使得同这个专利一样的令人振奋的全新的发明，正在完全按预期逐渐成长。

需求多样性法则

如果你认为在最后的小实例中，为了使系统解决缺少适应性问题而更具动态性，矩阵的建议有些累赘，那么你可能会发现这也能解释为什么很难将原理 15 与所述问题关联。

当你在矩阵中发现自己正面对改进或者恶化参数，如“适应性 / 多样性”，则不得不表明该实例多少涉及需求多样性法则。如上文所述，必要的多样性法则指出“只有多样性能承受多样性”。在你正设计的系统内外你都能遇到非常多的矛盾，这些矛盾的核心就是，代码多样性的缺失无法适应代码外部的多样性环境。

系统化地探索需求多样性，一种好的方式是利用窗口工具。如图 7-22 所示，正是缩小和放大，这些窗口的空间维度符合需求多样性法则，最可能帮你解决问题。所以从“什么在改变，我的系统是否适应这些改变”视角来说，纵览“超系统与系统”以及“系统与子系统”的边界是一种非常好的方式，能定义具体范围和需要设计的能力。

为了处理更高层次的多样性，会发现系统的多样性不充足，这意味着你已遇到另一个矛盾。不必使用矩阵和原理去解决矛盾，需求多样性法则提供了一个更直接的答案：将所需的资源添加至你的系统来解决高层次的多样性。

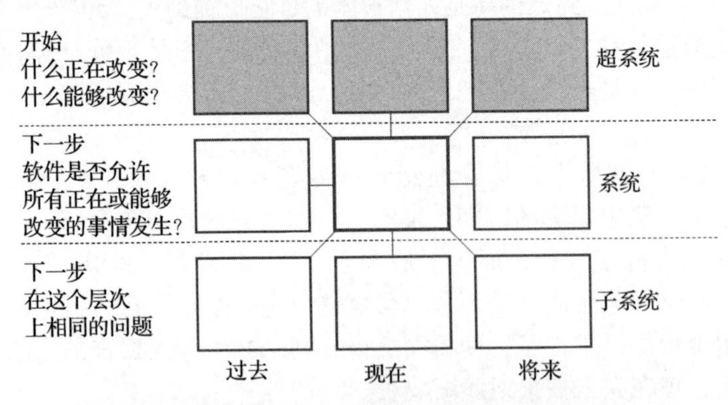

图 7-22　利用 9 窗口工具来识别系统的各种不匹配

40 个发明原理——有一个更好的方法

如果你仍在困境中挣扎，请不要太担心，因为这些东西刚开始让大多数人都很不适应。关键在于，要迫使自己至少掌握 3 个问题。之后，面对第 4 个问题就如同在公园漫步一般容易了。

如果你确实正在非常非常顽强地挣扎，或者对这 40 个原理感到非常困扰，并且它们之间的重叠和某些情况下的互相矛盾也在困扰你，请参阅 www.systematic-innovation.com/i-hate-the-principles。

7.5 我该怎么做

通常，解决矛盾是创新的关键核心，尤其是系统创新的关键。

附录 4 中的矛盾矩阵引领问题解决者找到其他人的优秀矛盾解决方案。人们要想彻底完成工作，首先要用自己的术语描述问题（你要改进什么？什么阻止了改进？），之后将那些术语映射到矩阵特性参数已识别的术语。矩阵将提供一些别出心裁的原理建议。接下来的（最困难的）工作是将这些通用答案转化为那些适合你的问题特定上下文的解决方案。

某些人认为矩阵是一个烦琐的工具。如果你也这么认为，请忽略附录 4，并直接参照附录 5。先描述你的矛盾，再浏览 40 个原理（最好是随机顺序），利用它们来激发新的想法。40 并不是一个大数字，只要在每个原理上花 5 分钟，你的脑海中就能形成一个非常完善的脉络，它囊括了可行的解决方案。

某些人更倾向于从物理视角看待现实中的矛盾，如果你也这么看，在哪里、何时使用以及是否分离等问题让答案指引你到图 7-17 的相关部分 —— 这部分将再次指引你使用别人用过的发明原理来解决遇到的相似问题。

最后，如果仍不能解决矛盾，就要考虑利用图 7-15 的模板来拓宽你的选择。

如果依然失败，寻找另一个矛盾并尝试解决它作为替代方案。

最关键的是，在认定你的创新项目获得成功之前，要发现并解决至少一个矛盾。

参考文献

1) Systematic Innovation E-Zine, 'More On 'Staying One Contradiction Ahead Of The Competition'', Issue 69, Dec 2007.
2) Mann, D.L., 'Contradiction Chains', TRIZ Journal, January 2000.
3) Mann, D.L., 'TRIZ And Software Innovation: Historical Perspective And An Application Case Study', paper (accepted and almost) presented at TRIZCON2007, Louisville, April 2007.
4) Scheinkopf, L., 'Thinking For A Change: Putting The TOC Thinking Processes To Use', St Lucie Press, 1999.
5) Mann, D.L., 'Evaporating Contradictions – Physical And/Or Technical', TRIZ Journal, March 2007.
6) www.systematic-innovation.com/hickslaw.
7) Systematic Innovation E-Zine, 'Combining Inventive Principles', Issue 13, February 2003.

08

第8章

七根完美的支柱之七——乌龟

Systematic (Software) Innovation

一位著名的科学家曾经做过一次关于天文学方面的讲演。他描述了地球如何绕着太阳转动，以及太阳又是如何绕着我们称之为星系的巨大恒星群的中心转动。演讲结束时，一位坐在房间后排的矮个老妇人站起来说道："你说的这些都是废话。这个世界实际上是一块驮在一只大乌龟背上的平板。"这位科学家很有教养地微笑答道："那么这只乌龟站在什么上面呢？""你很聪明，年轻人，的确很聪明，"老妇人说，"不过，这是一只驮着一只一直驮下去的乌龟塔啊！"

——摘自斯蒂芬·霍金《时间简史》

"只要不违法，时而打破常规是无罪的。"

——梅·韦斯特

正如第七个（最后一部分）关于"完美"的概念——乌龟，或者说"层叠""嵌套"，其表达的就是系统或思路中的"递归"概念，也就是说，同样的思路和解决问题的方法在你从不同角度看待系统的时候一直保持循环出现。其他系统化创新支柱中最接近的是字母"E"代表"涌现"。"涌现"就像简单的DNA法则中造成的复杂性一样，说明或指导如何利用和操纵这些规则更好地开展创新工作。涌现和乌龟之间的不同，关键在于"通用性"一词上。从创新的观点来看，要去改变或创建一个系统仍然要谨慎地遵循一定的普遍性规律。

使用乌龟的一种方法是用一系列办法来评估所提出的创新方法的完美程度；另一种方法是更主动地使用通用方法作为指导，提示你哪种系统化创新工具更适合哪种类型的问题。乌龟的这两种方法都会在本章得到检验。

8.1 通用 S 形曲线

本书的前几章对于所谓的“法则”似乎有些轻描淡写。重要的是你可以把它们看作对当前理解的最佳概括，而绝非不可触及的东西，任由自己去挑战它们。挑战的回馈就是创新。创新就是要摒弃常识，建立创新意识。法则给出的证明可能是错的（太阳不围绕地球转动），或至少是不完整的（牛顿的世界说）。

另一方面，如果你注意到在每个领域反复出现过的一些结论，或者当你看到很多人的出发点不同，但最终不谋而合地得出相同结论，这是一个相当公平的社会，你起码可以发现一些有用的结论。当然你可能仍然翘首以待一个更佳的方法，但是如果用一个普通方法帮助你创造一个突破性的解决方法，那时你会兴奋地感谢某人在某个地方确实为你做出了不少艰辛的工作。

让我们试着看看通用原则到底可以为你做些什么，图 8-1 展示了前文中未曾提及但贯穿了整本书的通用原则——乌龟法则。

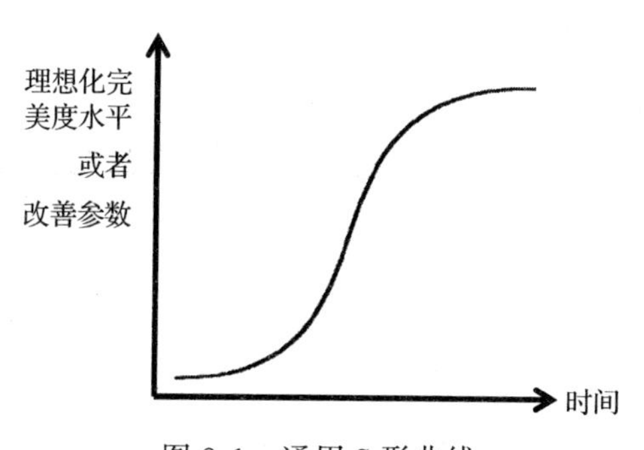

图 8-1　通用 S 形曲线

S 形曲线无处不在，它不仅适用于软件领域，而且覆盖技术、科学、社会、建筑学、政治、体育等所有人们能说得出的领域。S 形曲线表明如果你想方设法改进系统（在图 8-1 中所有可能的改进方法都在 y 轴上表示，称为“完美”），在一开始容易改进系统；随着时间的推移，S 形曲线变得越来越弯，经历一段时间后，到达了拐点，曲线的弯度不再快速增长；而后，曲线的弯度逐渐平滑，直到整条曲线最终变平。此时你可能还想提高系统的完美程度，但是无论你如何努力，总有一些问题随之而来阻止其进程。

例如，我们想象一下语音识别软件，在这个图中代表“完美度”的坐标轴与“识别率”关联。最初，声音识别算法的确做得不尽如人意——在最好的情况下准确翻译出的字词不超过所有字词的 30%～40%。在这样的基础上提高相对容易，到了 20 世纪 90 年代末，语音识别技术发展为当时的尖端科技。现在离语音识别正确率 100% 的时代已经很近了，越来越多的研究者和公司相互竞争。但是尽管近些年专家越来越多，而成果却越来越少，识别正确率从 96% 跃升到 97% 所用的时间竟然和最初从 92% 跃升到 96% 所用的时间相同。

在语音识别系统中出现的这种“普遍”现象随处可见。我最初在软件业遇到的挑战之一就是编写计算流体动力学（CFD）代码。早在 1985 年，我们的理想目标就是能够准确地预测空气在动力表面（如机翼）上的流动。在最困难的时候，现实中哪怕只有不到 20% 的正确率，我们都认为能主宰这个世界。到了 20 世纪 90 年代中期，我们希望预测准确率能达到 4%～5%。尽管现在在这个问题上付出了大量努力，但这种情况依旧没有明显改进。

诸如此类情况，达到完美的过程都是循序渐进的。看看吉尼斯世界纪录，你会发现这种想象多么普遍。有些人想破一项新纪录，例如，用最快的时间去赢得专家级扫雷艇。起初，这项纪录会被频繁地打破，而后速度越来越慢，进步幅度越来越小，最后这项纪录就保持在无人打破的程度上了。

这种现象就是“普遍性”，S 形曲线顶端的扁平化即为普遍意义上的矛盾：你想继续提高系统性能，但是总因其发生某种状况而很难着手，从而阻碍进程。譬如扫雷艇，在人机接口方面可能出现限制。在语音识别方面，大概是因为没有充足的输入数据而受到限制。

无论限制条件是什么，S 形曲线研究的关键是关于曲线顶部的限制问题。从根本上说，你可以从现在一直努力到游戏（如扫雷）的最后 35 秒，但是你不会达到目标，因为当前系统的限制不允许你这么做。

唯一的可能是对该系统稍做调整，这也就意味着在某种程度上解决限制系统发展的矛盾问题。根据前面的讨论，解决矛盾就是创建解决问题的方法，逐步完善。就 S 形曲线模型来说，这些改进基本上对应了一个新的曲线。正如图 8-2 所示，广义上的创新是这些方法更新的模式，随着系统逐渐达到发展瓶颈，有人发现经过几个不连续的跳跃最终会出现一个更趋于完美的新系统。要一次次不断改进、完善系统，直至达到系统发展的极限。

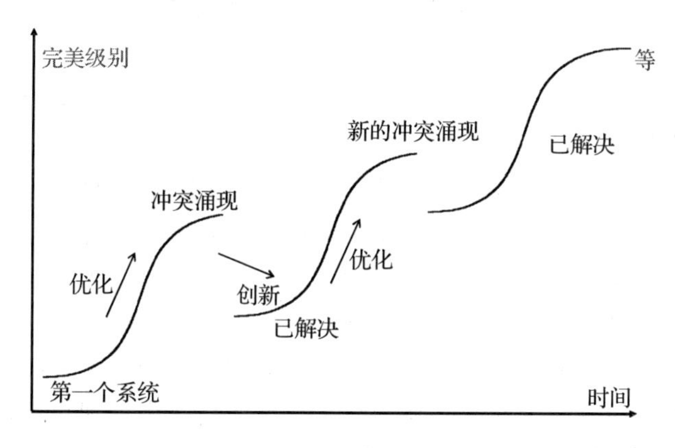

图 8-2　S 形曲线模式

图 8-2 表明了新的 S 形曲线较之前形成的曲线终点，其起点的完美度略低。当然，理想的新曲线开始时完美度较高，但即使新系统出现明显的优化，当它第一次出现时，往往都会感觉到莫名的糟糕。这种感觉是导致现在众多公司难以从当前系统转型到新系统的原因。

最能说明问题的经典例子是近年来从胶片到数码摄影的转型。当第一台数码相机问世的时候，其完美水平明显低于已经占领市场主导地位、深受顾客青睐的 35mm 单反相机，其图像质量低下，构图能力有限，而且在按下快门拍摄和成像的瞬间还有一个恼人的延迟。但是，对一些顾客，例如，对那些看中使用数码相机就不用再为一半没照好的胶卷而浪费金钱这一优点的顾客来说，数码相机可谓深受欢迎。这里我们目睹了所谓创新的一个缩影。当时的胶卷制造商和许多传统相机制造商认为他们的系统会占上风，对于新系统视而不见，不幸的是，待他们察觉到时却为时已晚。

这一点很重要，因为如果你考察附录 3 中描述的发展趋势，你会发现它精准地描述了由一条 S 形曲线跳跃到下一条 S 形曲线的过程。事实上，每条 S 形曲线都能代表每个模式中的每一个步骤，换言之，那些趋势也能精准地预测随之而来的发展趋势，使你的软件及其应用程序变得一文不值。

再仔细想想，不可避免地会产生这样的想法：如果由于矛盾的出现使 S 形曲线的顶部变平，继而通过每一次跳跃到另一个新的 S 形曲线去解决矛盾，如果这种发展趋势反映了 S 形曲线模式，那将意味着在系统化创新中趋势和矛盾这两部分有相当多的重叠。因为二者都在做不连续的改进工作，两者如出一辙，在许多方面出自相同的通用规则。唯一真正的区别是矛盾解决法需要你在跳跃到新系统前定义矛盾，而趋势模式中的每个连续的步骤事实上是在讲“现在得去找解决了什么矛盾才出现现在这样的结果”。就好比有些人擅长做一种工作，而另一些人擅长以其他方式完成它，但是最终他们做的都是同样的工作。

在深入探讨这个话题之前，让我们从乌龟法则的角度审视一下 S 形曲线。如果你在系统化创新中的趋势部分上多花些功夫，得到的成果会更好。从系统中完全剔除人为干预（“减少人为因素”）是不同的创新方法，也就是说，从常规的矩形窗口变成曲线窗口形状。不幸的是，在这个时间点上没有通用的规则规定哪种趋势比其他的更重要——通用规则就是哪种趋势更重要取决于环境约束。在某种情况下，一次微不足道的小跳跃就能改变整个产业，而在其他产业中，那些众所周知的大跳跃在很大程度上却被市场忽视了。对于你感兴趣的系统，最安全的选择是研究跳跃到下一个与所有已知的 27 个趋势模式有关的 S 形曲线，并在一大堆想法摆在你面前的时候决定哪些是最重要的。

此时需要注意的是如图 8-3 中说明的 S 形曲线概念中分层和递归的问题。

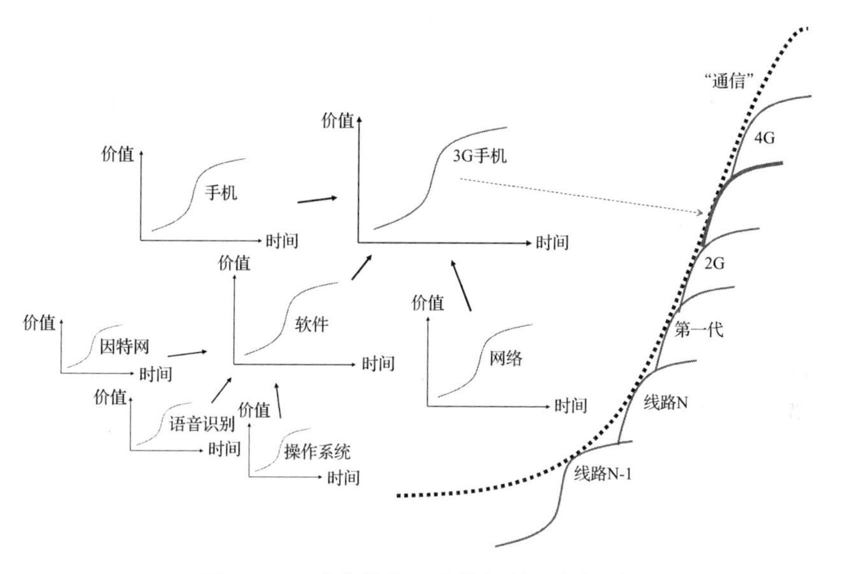

图 8-3　S 形曲线族和曲线间的递归性质

图 8-3 中所示的两个方面应该很有趣。首先，如果你将左边图像对应到事实，也就是说，把第三代移动电话想象成左边的 S 形曲线，每代子系统也形成一个 S 形曲线，每个系统的子系统又形成一个 S 形曲线。然后，右侧的图像告诉我们 3G 电话如何逐级发展为更高级的系统，即所谓“通信工具”的一条条 S 形曲线族。这个更高级的系统也有自己的 S 形曲线。当电信业管理新一代电话系统时，这些 S 形曲线就这样出现了。所以，当目前的 3G 电话的容量触及极限时，这个行业早已经在规划它的下一个技术飞跃，让它的层次系统继续描绘它的上升轨迹——“向上”

进化，顾名思义，就是为消费者创造更好的服务。

8.2 复杂性先增长后衰减

另外一个由 S 形曲线理论得出的“通用原则”是：每一个系统都经历复杂性从增长到减少的反复循环。基于数百万的数据可知，这个反复循环适用于任何系统，不管是技术性的还是非技术性的，物理的还是虚拟的，这个过程有时要经过数十年，有时会很快。这个增减复杂性变化与图 8-4 展示的 S 形曲线进化图密切相关。每一个 S 形曲线都对应着一个增减循环。

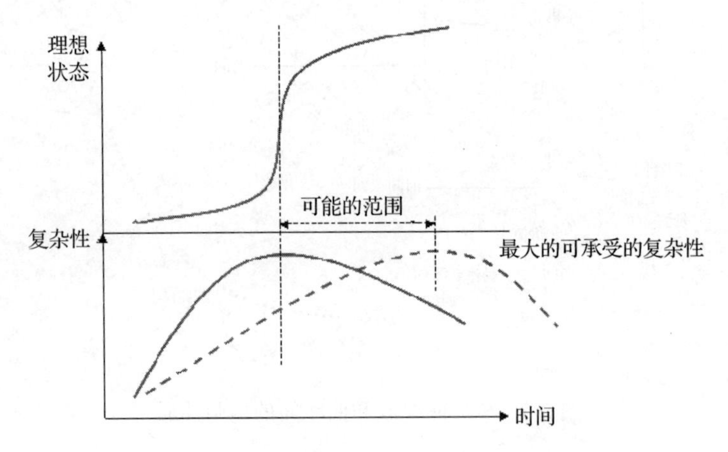

图 8-4　复杂性增减循环与 S 形曲线的关系

在复杂性增减循环的背后，还有许多潜在的原因（见图 8-1 到图 8-3）。然而，软件领域的主要问题是你似乎常常看不到该循环中复杂性日益减少的部分。因此，乌龟法则的首要目标是探索这种“通用”现象和计算机系统之间的联系以及是否有能够解释不能明显看到复杂性减小的原因。至少在你审视有关 S 形曲线中复杂性增减部分时，你能得到一些答案。图 8-5 描绘了更高一级“通用性”的样子。

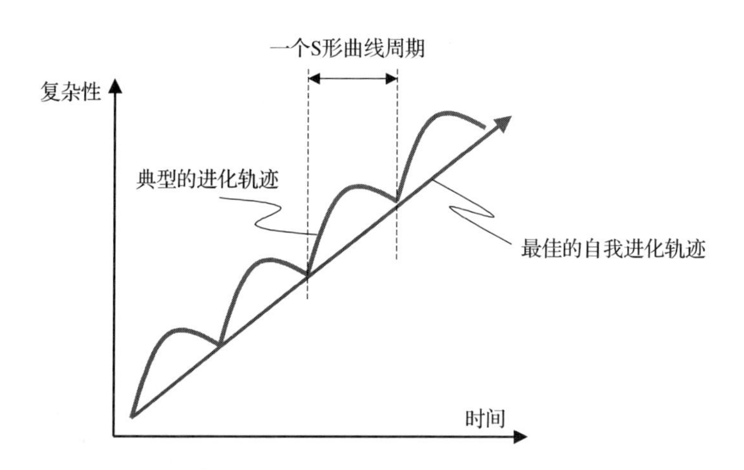

图 8-5　复杂性增 - 降循环和随时间变化的净增长

在一篇关于人工进化和技术系统的论文中（参考文献 8.4）第一次讨论了复杂性增减循环特点。讨论的灵感来源在于探索生物系统复杂性的增加是否可以推动技术系统的发展进化。该论文因此受到了许多批判（参考文献 8.5），查阅与图 8-5 中的假设相对应的参考文献 8.5，该文献表明了对原文的更正。这篇论文中的观点——所有的生物系统都在往复杂性增长的方向发展，打破了我的一条规则，反思一下，我本应该遵从自己的意见，我认为“大多数的生物系统都在往复杂性增长的方向发展”，而不应该用“所有”这个词。在一些极其罕见的情况下，当环境发生变化时，有些生物系统的复杂性会衰减。一个典型便是人类的大脑。人脑是一个极其复杂的系统，是自然界最伟大的创造之一。然而，在人类进化的过程中，有一段时期人类大脑的复杂性衰减了。当人类开始和群居动物“合作”的时候，人类大脑的体积大约减少了 10%。人类把大脑的部分功能让驯养的狗和建立的社会网络完成（参考文献 8.6）。这就是人类大脑系统复杂性衰减的例子。但是不管怎样，整个系统的复杂性是不会降低的。大脑功能从个人转向了社会群体，因此，群体的复杂性不会减弱。事实上，在进化的过程中，社会群体复杂性会持续增长，正如人脑的体积。换言之，个体大脑复杂性的减弱是暂时的。仔细地观察(参考文献 8.5 中包括的例子)，你可以在生物学的其他领域看到类似的例子，当然，这和现在所讨论的没有太大的关系。

图 8-5 表示了复杂性的增减在软件系统中是如何体现的，这是一件很有意思的事情。图 8-6 所示的飞行控制系统的进化也是一个不错的例子。

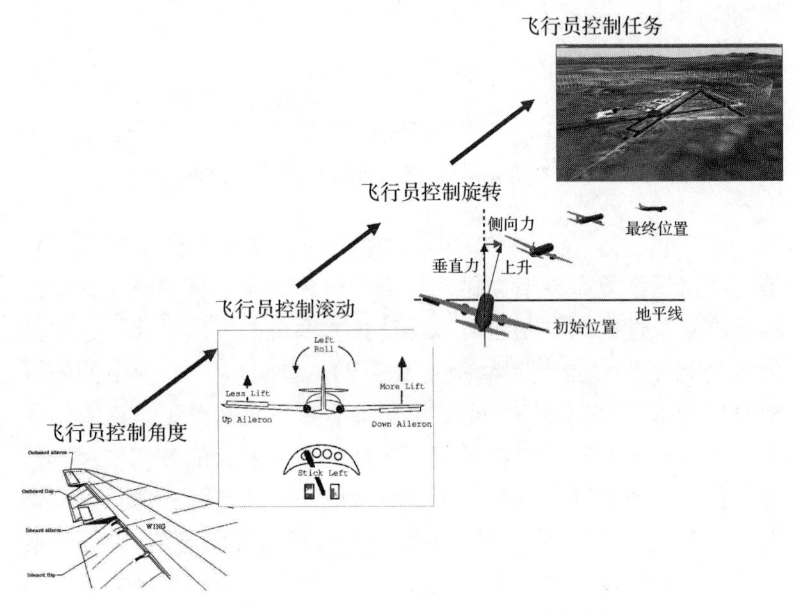

图 8-6　复杂性净增长示例——飞机控制系统

图 8-6 展示了航空系统发展进化过程中的四个主要循环。每个循环都可以看作一个 S 形曲线，同时也代表其复杂度增减循环。

第一个阶段，飞行员主要控制飞机机翼的飞行角度，这是一件相对容易的事情：通过操纵杆手柄控制飞行，同时获得反馈，不断矫正飞行角度，最终达到预期的襟翼角（有误差范围）。在最早的机翼控制系统中，连接线多为电缆。在后续的循环中，由于量化反馈的需求使得系统变得更加复杂。例如，增加第二个后备电缆的作用在于，当第一条电缆不能工作时，系统仍然可以继续提供服务，这可以视为弥补电缆的热胀冷缩或其他影响因素带来的变化。

当机翼的襟翼角函数功能提高到更高的水平时，则进入第二个进化循环。在第二个阶段中，我们意识到飞行员需要一个特定的角度来获得特定的倾斜度、偏航或侧倾角。在第一个进化阶段中，飞行员不得不计算什么角度才能得到期望的侧倾角度。在第二代飞行控制系统中，系统承担了这部分任务，飞行员要做的是计算出飞机的侧倾角，然后该控制系统就会计算出完成该侧倾所需要的襟翼角。控制系统的复杂性也因此而增加，不可否认，这些复杂的计算都隐藏在飞行员的操作中，但重要的是，系统的复杂性的增加来自把侧倾角 - 襟翼角算法“嵌套”（参考文献 8.7）在控制体系结构中。然后，再次强调，随着时间的推移，这个基本原理的复杂性也经历了复杂性增减变化的循环。

第三个主要的跳跃发生在另一个“嵌套”复杂性的迁移中。在该阶段，飞行员不再指定一个特定的侧倾角，而是仅仅通知控制系统想做一个指定的旋转。控制系统会进行必要的计算来获知旋转角度，完成该旋转需要多大的襟翼角和侧倾角，这样，又一个复杂性增减的循环随之产生。

最近，飞机控制系统已经有了长足发展，产生了另一种复杂的嵌套，导致飞机控制系统的复杂性再一次增加。在第四个阶段中，飞行员要确定任务或者部分任务，例如，“在跑道 150 上降落”。现在，飞机控制系统会得出从当前位置到终点位置所需的路径和转弯以及在任意时刻所需的侧倾角，最终来设定合适的襟翼角。如果之前的每一个转换过程都按照约定重复着复杂性增减的循环，那么你将会看到未来系统中同样类型的进化，到那时，留给飞行员的唯一任务就可能是确保副驾驶员不随便触碰任何东西。

把四个阶段整合在一起，图 8-6 所示的进化效果就呈现出来了。严格地说，这些不同阶段有些重复，所以该图并不像模型展示的那样明确。但无论如何，当你要着手把复杂性进化模型应用到任意一个你可能感兴趣的系统中时，该模型图是一张十分必要的通用图，你应该记住它。

从本质上说，你的系统发生了什么？其原因又是什么？如果你感兴趣，可到附录 3 中寻找答案，它与附录 3 中的另一个软件进化趋势——减少人为因素紧密相关。在飞机控制系统中出现的问题很可能也在其他许多系统中发生过，对于系统的控制逐渐远离人类而朝所支持的技术发展。

当人类第一次进化出社交网络时，人类大脑的复杂性也从个体转移到了集体中。作为个体的人类大脑处理的事情较以前减少，因而容量也随之变小。以往由人操纵的飞机控制系统越来越多地转交由控制系统操纵，是不是类似大脑容量变小的情况也会发生在飞行员身上（只是开个玩笑）？同时，我们假设系统复杂度将会沿着图 8-6 所示的曲线呈上升趋势。

从软件的角度看，其复杂度并没有明显减少的原因是难度从飞行员身上转移到了系统中。然而无论如何，从整体的复杂性来看飞机控制系统的进化过程，你肯定会看到其增减变化循环的现象。

此时你一定会沾沾自喜，但很有必要认真考虑软件进化是否有可能沿着图 8-5 进行，你是否不需要为降低复杂性而焦虑。在系统中增加不必要的复杂性永远都是不明智的做法。其下降趋势也许并不能立即展现出来，但是毫无疑问，弊端肯定存在，很容易成为整个软件系统的隐患。

本章后续部分会分成两个方面：第一个方面是调查专业的软件人员用什么策略使复杂性转移，进而为专业软件人员和终端用户带来好处；第二个方面是检测工具能否保证识别不必要的复杂性并从系统中剔除它。

8.3 结果迁移

图 8-6 展示了出现在所有行业和部门中的现象。高性能计算系统的出现无疑加速了新模式的到来。加速之所以得以实现，

是因为随着计算机能力大大提高，可以开始处理以往只能由人类才能完成的任务。

当我们回顾那张越来越庞大的图片时，会清楚地看到递归的乌龟模式就是功能逐渐升级的过程。

手机升级是功能迁移的一个典型的例子。越来越普及的手机承担着越来越多以往需要靠其他方式才能完成的任务，过去手机只是用来打电话，用户可以和第三方通话。现在的手机具有“导航”“闹钟”“备忘录”“日程安排”“照相”等功能。有了这些功能，用户就有了更高的要求。他们希望可以交流信息，比如说告诉对方他们会晚些到，或者有时只是要表达“我在想你”。更高等级的要求是抽象的，有时是有形的、真实的，有时是无法确定的、不可见的。无论如何，如果功能已经可以满足某些要求，则系统必须存在该功能，最基本的准则之一是“系统完整性准则”。该准则（注意，这些准则仅是目前的理解水平的一种代称）告诉我们为实现某些功能，必须具备至少五个不同的元素，如图 8-7 所示。

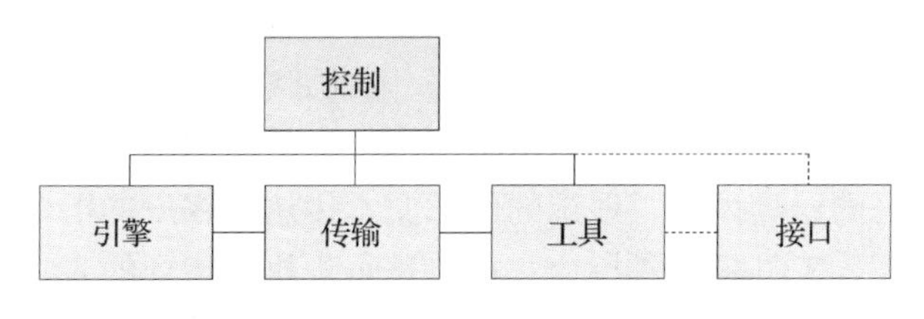

图 8-7　系统的五个基本元素

所以，为了成功地实现“办公信息化交流”，你首先需要的是一个听筒（工具），同时在办公室里还要有一部手机（接口）。你的听筒需要电池（引擎）供电，还要有一个单独的可用网络（传输），一个识别系统以及文件传输协议，好比全球移动通信系统 GSM（控制）来确保所有的部件都能与其他部件相互协调。同时，如果你要放大观察子系统，比如手机上的 LCD 显示屏，你可以看到五元素准则也已经应用在了显示屏上，用来确保其预计功能——告诉用户正在发生的事情。这次，显示屏是工具，用户是接口，引擎同样是电池，为其他功能的实现提供动力，传送器是电池与显示屏之间的连线。控制器是用于与听筒内部其他正在运转的部件进行交互的软件，从而保证显示屏展示正确的信息。如果正如期望的那样，你可以画出一张这个系统以及与更高级系统相关的示意图，如图 8-8 所示。

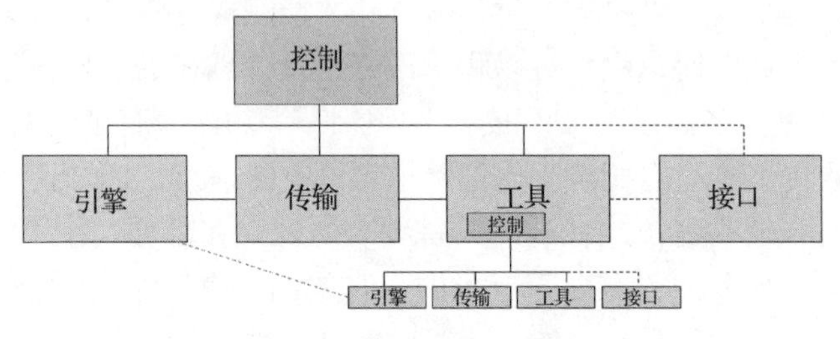

图 8-8　多级五元素模型

回想起早期关于功能升级的想法，完全可以用五元素模型来实现其功能升级。用这种方法，例如，位于“通信信息”功能之上的潜动力，在这种情况下就好比让某人在办公室照章办事一样。

现在，事情变得有些抽象了。因此，为了把问题谈得更具体真实些，我想举一个如何向办公室传达信息的例子。信息是把我们美好的、具体的、系统的创意文本传达给客户的指令。在这种情况下，工具是基本指令，接口是负责执行指令的人，引擎是让别人工作的权力，传送器是电话，控制器是当我为要做的事情考虑各种因素、权衡利弊时，头脑中想到的方方面面的事情。如图 8-9 所示，手机是这个更高级系统的一部分。

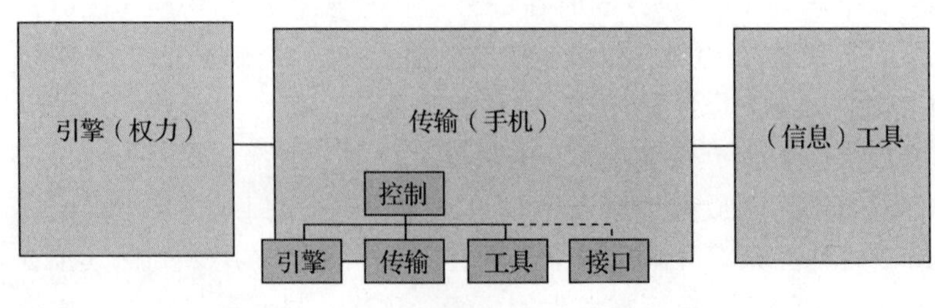

图 8-9　超系统多级五元素模型

基于以下双重考虑，用这种嵌套式的多级五元素模型的方式来思考各种问题：

1）功能迁移到更高层次，子系统将消失（很难想象，在这个时间点，或许终将在未来的某个时间，人们不需要用手机实现功能升级）。

2）它为我们提供了一个考虑同一级别系统间以及不同级别系统中的资源共享问题的机会。回顾图 8-8，例如，手机并没有分离引擎去控制屏幕以及其他有关的电源系统，但却可以共享电池电源。

用更为通用的术语，系统完整性模型中的乌龟法则如图 8-10 所示。

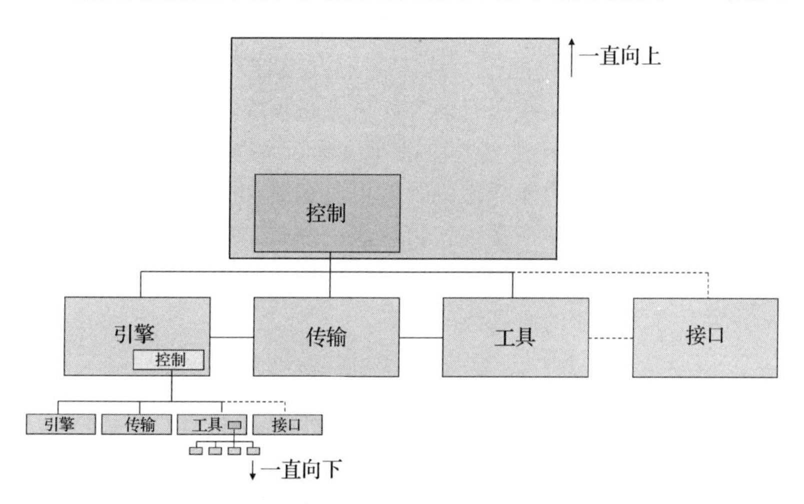

图 8-10 “乌龟法则”的多级五元素模型

当然，要表示一个真正的系统，这张图显然太简化了，但的确描绘了一个完整的系统，比如，遗漏了本该完美呈现的所有同级系统。好比手机需要遵循五元素法则一样，GPS 全球定位系统或闹钟功能亦如此。当把这些系统实现的不同功能集成到相同的基础包中时，需要仔细考虑：a）你仍要服从对每个功能的五元素法则；b）更重要的是在可能的情况下共享资源，整合具有不同功能的各个元素。这种像处理电池一样的事情看似容易，但

像传送与控制 / 协调功能就不会这样轻而易举了。你手机中的GPS“传输”功能来自太空中的数组赤道同步卫星，它不依靠以往把声音从一个网络传送到另外一个网络的传送功能。随着系统的逐步完善，有朝一日，所有外部的系统元件本身都将被合并。

为了方便讨论，我们举一个例子。你的手机目前提供10种不同的有用功能，在理论上可能需要50倍（系统运行中最小的变量数级），即50个不同的系统元件。在这个“完美”的系统中，十大功能可以仅依赖于5个元件的支持。即使到了那一步，你也想通过寻找系统外部的资源减少元件数量……总会有5个元件出现。换言之，有些自然环境中的资源可免费使用，比如太阳能。

虽然软件领域可能没有像太阳能发电这样的任务，但它的确为大量的传输和几乎所有的控制 / 协调系统软件起到了重要作用。如果控制协调元件建构在其他4个元件基础上组成一个完整的系统，那么在功能迁移中软件担负了最大的责任，也必然有更多的机会负责为整个系统转移功能。没有人只想要一个移动电话；他们想要的是手机提供给他们的功能。反过来，他们也在追求电话上方便快捷的更高级的功能。

8.4 裁剪

五元素系统完整性法则同样适用于所有的软件领域。例如，“引擎”可以像太阳能电池一样容易地成为一种算法。

裁剪有助于从软件系统中移除不必要的复杂性。你可以通过分析复杂性的增减周期来判断是否存在不必要的复杂性，目前的系统是否位于或接近复杂性周期的峰值。系统完整性法则的作用在于一定会有你能或不能从系统中剔除的东西。另一方面，复杂性增减曲线也会清楚地告知系统是该进行宏观调试的时候了。但你还可以用典型的测试方法来确定系统是否具有以下多余的复杂因素：

- 系统维护是困难的。
- 可靠性问题更可能。
- 系统不同部分间的连接、交互和反馈循环会越来越难管理。
- 生产成本变得过大（特别是对系统的物理部分），客户开始抱怨成本太高。

消除复杂性的同时，另一个愿望是提高系统维护的能力。在这个意义上，可以视“裁剪”为矛盾的一种特殊类型。你想要具备更多功能的、更简化的设备。裁剪通常始于功能－属性分析模型（FAA）的一个系统（见第5章）。针对模型中的每个元素，你可以通过一系列问题决定该元素是否可以从系统中被“裁剪”出去，基本问题如下：

你需要该元素提供的功能吗

这是第一个问题，这个问题在很多方面都希望在一定程度上通过去除其功能来解决复杂性与能力的矛盾。这个问题的主要用途在于迫使你必须专注于功能和目标客户的需求。在一个精简的系统中，如一次性手机，很多的外设功能已被“裁剪”为的是保证其性价比高。功能的另一个重要作用是控制多样化的能力：需求多样性原则讲的就是只有变化才能吸收多样化。裁剪，特别是对系统中控制或协调元素的调整会使外部管理多样化的能力大打折扣。你应该只裁剪那些后期需求多样性带来更大复杂性的元素。

别的东西可以在系统中或系统周围发挥作用吗

如果决定需要通过目标元素实现功能，那么接下来的“裁剪”策略是寻找系统中或系统周围的其他元素，确定它们是否可以发挥作用。此时，无论是阻止你去掉那些不能发挥作用的东西，还是帮助你确定系统中具备像发动机、变速箱、工具等同样功能的计划去掉的其他部分，例如每个子系统中都有一个手机电池（引擎），系统完整性法则都充当了一个出色的向导。

现有的资源可以完成这些功能吗

如果不可能利用另一种元素直接承担你想要裁剪的那部分功能，这项研究就要转向“资源”。此时你可以参看第 4 章中谈到的想法——尤其是“检查清单”和“趋势跳跃”，期待资源的自由组合并不是足够好的办法。

是否有一个低成本的选择来完成这些功能

最后一个问题是让你转而考虑那些折中的办法。然而，裁剪系统中成本较高的元素并用一个成本相对低廉的选择来替代，这种想法有时也是切实可行的。在软件领域的许多方面，这个问题与资源开放和再利用的研究是紧密相连的。

在第 5 章提到基于软件的相机模糊检测系统是一个通过裁剪，把系统仿真部件转化成可以储存在系统中可用资源的范例。这或许是软件行业利用“裁剪”思想获取最大利益的案例——移除系统仿真部件，采用基于软件的方式实现其功能来改进系统，正是朝着趋向完美的目标逐步迈进的过程。

最后，尽管这种方法收效甚微，但是软件领域的这种裁剪元素的可能性还是值得我们考虑的。要是有人能在你的程序代码之后继续维护系统，这项任务就不那么复杂了。

8.5 我该怎么做

所有的系统递归地遵循着由 S 形曲线、复杂性增减循环、系统完整性和功能升级法则所规定的指令。因此，把那些模型当作镜子经常性地检查系统是一个不错的办法。

要特别注意由系统仿真实体承载的功能有可能转移到完全软件化的解决方案中。根据定义，这意味着软件专业人员需要扩大视野，清楚地看到客户想实现的更高级的工作。

同时也要看同一系统内不同部分的协同以及两个不同系统在合并时的协同作用。创新的赢家并不是简单的“把东西堆放在一起”的组织体，而是将两个系统汇聚在一起时裁剪多余的复杂因素。

记住裁剪问题中的这四个基本问题，无论何时，在处理功能和属性分析模型时都要牢记于心。

参考文献

1) Systematic Innovation E-Zine, ‘Product Life And The System Complexity Trend’, Issue 28, May 2004.
2) Systematic Innovation E-Zine, ‘Over The Hump – Getting Beyond The Point Of Maximum Complexity Without Compromising The System’, Issue 32, October 2004.
3) Systematic Innovation E-Zine, ‘Some Contradictions Are More Important Than Others: Managing Conflict Complexity’ Issue 22, November 2003.
4) Mann, D.L., ‘Complexity Increases And Then… (Thoughts From Natural System Evolution)’, TRIZ Journal, January 2003.
5) Kaplan, P., ‘Adaptive Evolution In Biology And Technology: Why Are Parallels Expected? – A Comment On Mann(2003), TRIZ Journal, May 2003.
6) Margulis, L., Sagan, D., ‘Microcosmos: Four Billion Years of Microbial Evolution’, University Of California Press, 1997.
7) Systematic Innovation e-zine, ‘New Trends – ‘Nest-Up’ And ‘Nest-Down’, Issue 51, June 2006.

第9章

非连续的系统化流程

Systematic (Software) Innovation

“谁看到了多样性而非一致性，他一定徘徊在死亡的边缘。”

——《卡达奥义书》

“我正在弹奏所有正常的音符，但没必要按正常的顺序。”

——埃里克·莫克姆

险恶的问题。如果解决方案具有创新性，很大程度上你需要解决一个险恶问题。险恶问题的典型特征是具有不完整性、矛盾性，或者不断变化的需求，由于存在复杂的相互依存关系，往往很难识别出解决方案。仅仅形成部分创新流程是一种非常好的想法。创新是一项艰苦的工作。

迄今为止，本书通过完美的支柱理论已经研究了系统创新的世界。在讨论每一个理论的过程中，已经介绍了一些工具和技术。如果你正在从头到尾读本书，到现在为止可能会有点不连贯的感觉。实际上章节次序是完美的。如果你想用一种方式把所有不同的工具连在一起，次序就不一样了。本章主要有以下三个目标：

1）解释这样安排章节次序的原因。

2）逐步为你提供可使用的流程，以恰当的顺序把工具和策略连起来，以解决你希望处理的问题（可能是你认为的最重要的一点）。

3）让你确信，为了实现你的目的，你并不需要知道一切。

9.1　当我们解决创新问题时会发生什么

理论很简单：先定义问题，再生成解决方案，从中选出最好的解决方案，然后执行并产生数十亿美元的效益。可惜的是，即使你有意识地以这种思考方式进行训练，实践中似乎也从未轻易成功过。图 9-1 说明了当我们解决遇到的险恶问题时要观察什么（参考文献 9.1）。从理论上讲，我们是使用系统创新工具进行系统创新。但从实际行动上看，我们在应解决的问题和解决方案之间一直摇摆不定。我们希望看到的结局是好的，仅仅是那样的……好了，不应该更系统化地解决问题吗？

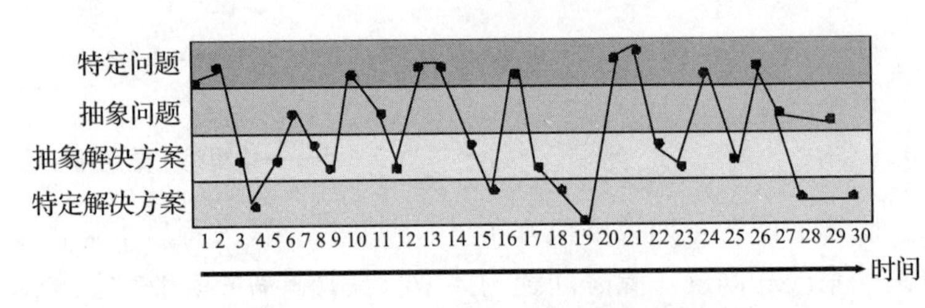

图 9-1 解决一个典型的险恶问题

我们并不缺少这方面的实践经验。以“险恶问题”专家杰弗里·康克林（参考文献 9.2）为例。康克林对于建立逐步的、顺序的解决问题的方法有相当重要的理论。也许他说的最重要的事情是他们无法正常工作。

但不是所有情况都是这样，也许在软件领域更明显。在软件领域，用户不知道他们想要什么，直到他们看到第一个原型，才意识到他们想要额外的东西或完全不同的东西，这种现象是软件工程师工作痛苦的根源。但是，这也许仅仅是大脑的基本工作方式。在人们知道某个软件是否是他们想要的东西前，他们需要看到原型。

大脑是一个奇妙的器官，但它似乎拥有一些特质，来试图对抗一些强加的墨守成规的做事方式。一般来说，相对于“定义问题”，“解决问题”能让大多数人的大脑更快乐。换句话说，一旦它们得到一些解决问题的线索，就都被吸引着去探索解决方案，即使他们仍然处于定义问题阶段。

这里有一个关注点，那就是设计者在顺序解决问题过程前没有强调：

循序渐进的创造性解决问题过程不会也不能奏效。

因此，不要尝试开始这些过程。

为了各取所长，可以试图定义一个思维意识在连续与不连续之间转换的解决创新问题的过程。在案例中，如你在附录1中发现的问题管理系列模板中那样，告诉用户以什么样的顺序完成模板表并不重要。当然，有一个默认的顺序——教科书教你做出某种选择——但如果用另一种方式可能会更好地工作，关键是可以自由地改变顺序。最好扔掉你不喜欢的表单，然后做你自己的版本。如果你想自定义顺序，但要记住，即使你的大脑喜欢这个想法，你的潜意识也绝对不喜欢。

大量其他创造性的方法也陷入了必须顺序执行这样的陷阱。每个人都陷入同样的心理惯性圈套。这个圈套是说必须有一个过程，该过程必须遵循1-2-3-4这样的顺序，如果第“n-1”步还没有成功完成，第“n”步也不会执行。

难道这个问题就是导致设计的每一种创造性问题的解决方案都未达到被广泛接受的关键原因之一？

一种新的矛盾及其解决方案

如果这在某种程度上是正确的，那么这就是一个矛盾：当大脑以一种非线性的、非结构化的方式工作时，如何创建一个线性的、可复制的、结构化的过程？也就是说，如何同时具有系统性和非连续性、结构化和非结构化。好了，第一步以用户期望的顺序填写排好序的问题浏览模板。但这远远不够，因为没有“允许”用户从问题定义模式跳转到“生成解决方案”模式。但这正是我们在内部实践中所做的，我们怀疑许多用户也会遇到这种情况。但我们从未明确提出来：“每当你认为你已经发现了一个有趣的问题时，可随时跳到生成解决方案阶段”。

因而，结构化问题定义方案的全部要点是希望以这样的方式把所有可用的定义策略放在一起（如果需要的话，成线性序列）。每当跳转到解决方案生成时，知道你在定义过程中的位置，这样你就可以回到你离开的位置并使用其他定义工具继续工作。

基本思路如图 9-2 所示。每一个空白矩形代表一个问题浏览模板。或者换一种方式说这是一种系统化创新的组合工具。

因为我们一直在和客户使用图 9-2 所示的方案版本，在现场解决问题时，我们发现几乎没有失败。我们也注意到在比较短的时间内，问题得到了“圆满”的解决。在一个特别引人注目的案例中，我们填写的第一个表是“你试图在哪里得到解决方案?”，由此认识到管理者的需求和客户需求之间存在冲突，将问题转移到矛盾矩阵，10 分钟以后获得了我们所需要的突破性的解决方案，这就是故事的结果。不管我给团队施加多大压力，看看我们是否能做得更好。

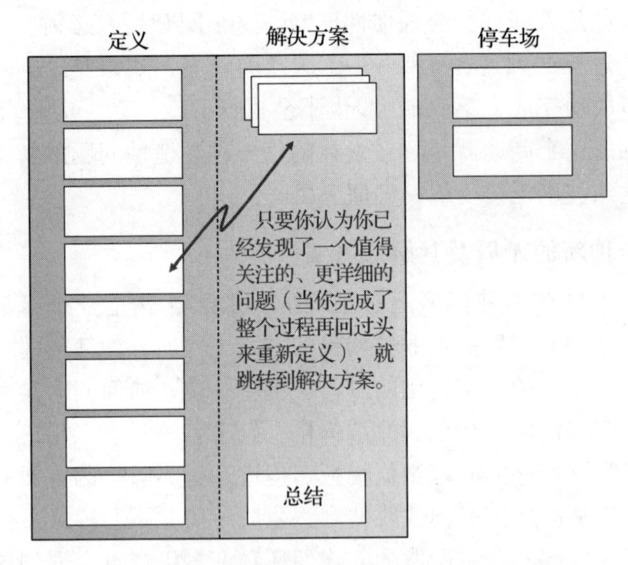

图 9-2 “系统化不连续的”发明问题解决过程

注意“停车场”的存在（如果你倾向于称之为“停车场”）。这是“停放”想法的地方：停放在整个流程中看似随机的想法，以及你不想放弃但又不适合现在正在做的事情的想法。

附录 1 中的模板表按如下默认顺序给出。括号中的数字涉及本书章节，你会发现关于那个表的更多信息。设计的表已是不言自明的，所以希望你不再需要继续参考本书，尤其是在你解决了1～2个问题之后。

表单1——“你正在试图改进什么？”

（该表中有日常的资料，应该在任何会议开始时写下来）

表单2——“理想的最终结果/查找属性冲突”

（第2章）

表单3——“在哪创新”

（第6章）

表单4——“功能和属性分析”

（第5章）

表单5——“专利/知识搜索”

（第4章）

表单6——“为什么-什么阻碍”分析

（第3章）

表单7——“资源”

（第4章）

表单8——“趋势/进化潜力”

（第4章）

表单9——“认知映射”

（第6章）

表单10——“矛盾”

（第7章）

表单11——“破坏性分析”

（第6章）

表单12——“解决方案总结与实施”

（该表中是日常的所有资料，应该在会议结束时写下来）

为满足你的要求，可随意添加、删除、编辑、重新排序这些表单。资料以什么顺序排列其实并不重要。如果你愿意，也可以从 systematic-innovation.com 网站下载一个可编辑的电子版。

是时候让人们从单步执行过程解脱出来了，下面就介绍完整的系统化创新流程。

9.2 连续的“系统化创新流程”

固然，流程的关键是灵活性。尽管如此，你不妨在头几次的流程中遵循这里提出的基本流程结构。

流程的设计是为适用于我们可能面对的任何软件情况。无论是一个“问题”（有问题需要修正），还是期望完成比现在更好的功能，设计相同的结构是为了能够同时适用于这两种情况。

图 9-3 展示了整个流程。到目前为止，通过对软件领域内外几百个案例的研究，已经验证了这个基本的流程结构。很明显，即便是几百个案例，仍然是一个相对较小的数字，所以不可避免地存在改进的空间。这也是建议你在遇到各种问题时对流程进行优化的原因之一。为满足最广泛的应用，流程的优化是不可避免的（我知道优化常被看作创新的“敌人”，你忍耐一下，看看接下来我们如何着手解决矛盾）。

当前的流程以“你正在试图改进什么？”这个问题开始。此框旁边的数字 1 表明这个问题的答案应该填写在模板表单 1 中，以便尽可能清楚地回答这个问题。从广义上讲，这个问题似乎有三种可能的回答：你清楚地知道你正在试图改进什么；你不知道你正在试图改进什么；你不想改进任何东西。三个回答中的最后一个是最容易处理的。第二个回答“你不知道你正在试图改进什么”是最具挑战性的，因此让我们先着手处理这条流程……

采用流程的目的是让你确实知道你现在正在试图改进的点在哪里。前两步带你使用了“最终理想结果”（Ideal Final Result，IFR）模板（表单 2）和“在哪里创新”（Where To Innovate，WTI）模板（表单 3）。为了激励你开始思考目标客户是谁以及他们正在尝试做的工作，这里放置了理想化工具。这应该也是观察积极和消极因素的环节。正如在第 2 章中提到的，通过填写此模板，你想要得到的主要结果之一是确定“所有”的冲突和矛盾，这些矛盾存在于你和不同客户定义的“完美”之间。

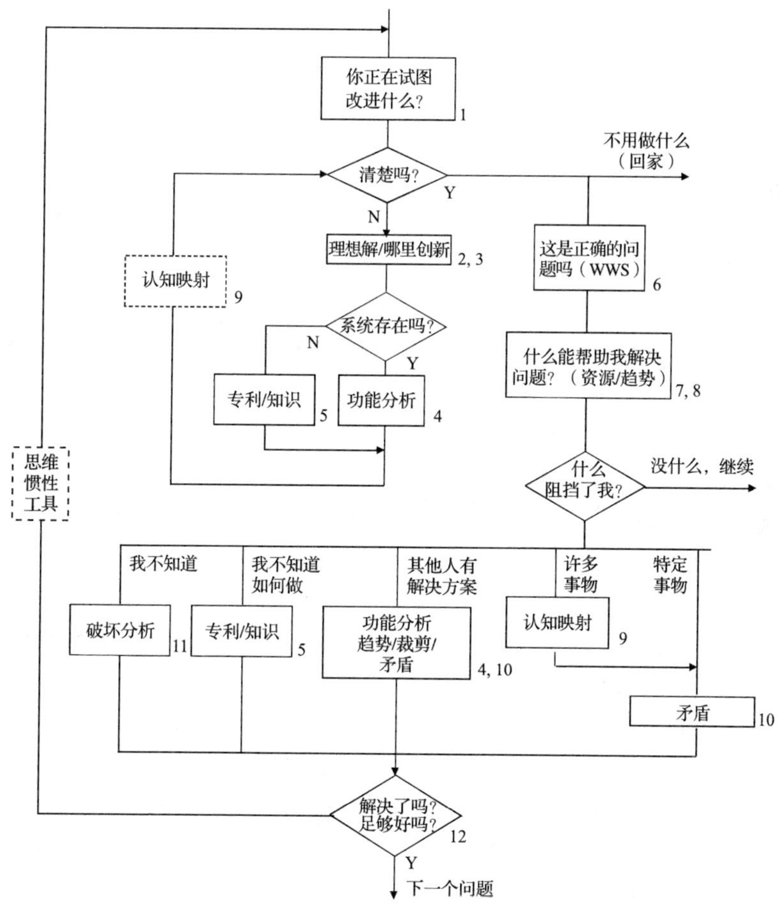

图 9-3 系统化创新的完整流程

在哪里创新（WTI）的工具和模板采用了“你要做什么”这一更宏观层次角度的问题。从宏观市场的角度审视自己，思考确定“空白”机遇、相关的趋势和趋势之间的冲突。

下一步你去哪里取决于你是否已有现成的系统，还是正从零开始开发新系统。如果是前者，你现在应该制订一个功能属性分析模型（表单 4）；如果是后者，那么你需要寻找起始点。获取来自 IFR 工具和 WTI 工具的输入，去寻找可提供类似功能的人或资源。模板表单 5 旨在引导你完成此过程。

完成这两个任务中的任何一个，你就有希望回答“你正在试图改进什么”这个问题。如果你不能完成的话，那么你需要通过工具和模板重新迭代一遍，重新定义你的想法。在第二轮仔细检查你已做的事情，如果你还不能确定，很可能是因为你有太多的可选项。如果是这样的话，设计认知映射工具（表单 9）能帮助你把可选项进行分级，从而将列表中的选项数量减少到足够小，现在你可以考虑从中选择一个开始工作了。

现在，相信你应该准备好在流程表中写下“是的，我很清楚我想改进的是什么”了。这个流程的第一站是：“为什么 - 什么阻碍”分析工具（表单 6）。从本质上讲，这是一种早期的“理智”检查，用来测试是否在最合适的层次上解决你选择的问题。此后，这个流程带你搜寻资源（表单 7）——包括对进化潜力工具的趋势检测（表单 8）。你要停下来，清晰地勾勒出未开发和未充分利用的资源，这要优于使用其他的方案生成工具……这是一个好主意。

下一阶段使用哪个工具？这取决于你对“什么阻止你”这一问题的回答及对实现改进的预期。有六种可能的选项：

1）没有什么能阻止你。（这是最简单的！）

2）有一件非常明确的事情阻止你——在这种情况下，你可以直接进入矛盾工具（表单 10）。

3）有许多已知的因素阻止你——这种情况下，在你使用矛盾工具之前，应该使用认知映射工具把长清单提炼成短清单。

4）你发现别人已经拥有的解决方案正是你想使用的——在这种情况下，你需要应用相关工具，系统化地找到现有解决方案的替代技术，这个顺序是：功能和属性分析（表单 4）、裁剪（见第 10 章的案例研究），如果你还没有设计成功，可以应用矛盾工具解决（表单 10）。

5）你知道你要做什么，但不知道如何做——在这种情况下，你需要找到一个可用的外部知识数据库（表单 5）。

6）你不知道是什么阻碍了你。这种情况通常出现在问题场景中，即在你意想不到的方面发生了问题，而你正试图寻找问题的根源（表单 11）。

这六条主要流程中的前五条在最后一个问题上重新汇聚：你解决了这个问题吗（表单 12）？如果你解决了，衷心祝贺你已经到达了终点。如果你没有解决，或者你认为可以做得更好，那么你需要再返回流程的开始。不要担心，这个过程不像听起来那么痛苦。你在第一轮中做的很多工作对第二轮很有用。在第二轮中你具备一个优势，就是拥有从第一轮中收集的一些见解。

“你解决这个问题了吗?”，到了这个阶段还没有产生任何解决方案是不寻常的——通常问题是，你有太多的解决方案，不知道该如何在它们之间进行选择，或者你有“局部”的解决方案，你还想改进。但一些事情“不寻常”，不意味着不可能发生。如果在流程中的这个阶段你还没有解决方案，没错，就意味着你的思路“卡住”了 。在这种状态下，应选用心理惯性工具。在开始循环前应用这些心理惯性工具，目的是在回顾上一次迭代之前打破自己的心理惯性。

现在你看到了一个将所有散落在本书不同部分的各种工具和技术连接在一起的流程。

该流程是可以设计的，因而如果你不知道或不喜欢某个特定的工具，那么可以简单地把它从流程图中去掉。另外，如果你已经在使用其他系统创新组合之外的工具，那么通过各种手段随时可以将它们添加到流程中，无论添加到流程中的哪个步骤，只要你认为它们能最好地为你服务即可。

到了最后，更重要的是要记住：应该让这个流程适应你，而不是你去适应这个流程。

9.3 自校正

人们可能对严格使用上述流程感到厌烦，原因之一在于许多不同的方法都会得出相同的基本结论。在系统化创新领域，条条大路通罗马。常识会告诉你，整个创新过程都是收敛的，如图 9-4 所示。

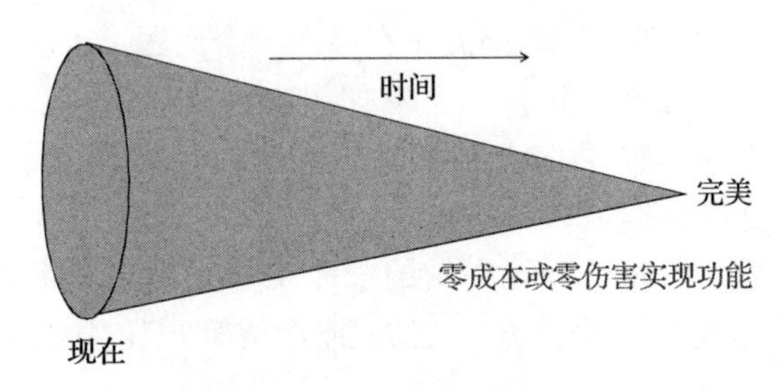

图 9-4　趋同进化

我们不用费那么大力气去证明这种收敛。事实上，它可能是不可证明的。因此，它不是绝对的，我们姑且称之为“有益的探索”。

至少对于现在世界各地的软件和电子产品，趋同是一个普遍话题。因为人类想要完成的工作数量相当有限，而且没有变化，但试图从你的业务中分一杯羹的企业数量正在不断增加。或者说，因为所有公司都必须为生存而成长，最终你会发现他们在互相践踏。因此，谷歌进入电话领域，微软进入娱乐领域（不只是消费者在笑话 Vista 是多么糟糕），新闻集团收购 MySpace……系统化创新研究表明这种趋同是系统进化的基本趋势，它们也经历了分化和分裂的时期，但都只是整个进化周期的小插曲。当系统朝着它们当时对完美的定义演进时，它们必然经历了复杂性先增加后减少的阶段，如图 9-5 所示。

趋同的重点是你从哪里开始并不特别重要，最终都会达到相同的目标，即每一个客户都能得到他们想要的，并且没有不满情绪。

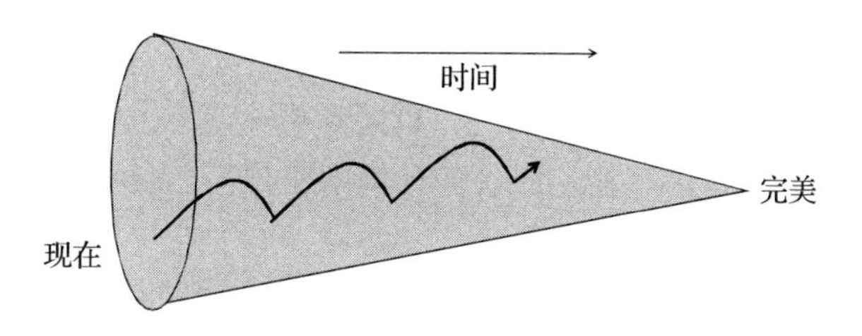

图 9-5 增加－降低复杂性周期仍然会导致趋同进化

40条发明原理中的每一条原理以及每个进化趋势都是一个指示牌；它们为你指示方向，你将走向正确的方向。即使你选择了“错误”的方向，它仍然可能给你一些有用的启示。这一步的重点是：不要纠结于“我这样做对吗？”这一问题。如果三百万人遵循这些方向并且走向成功，你做同样的事情，成功的概率也是相当高的。

如果你不信，这里有另外一个思路：整个过程中有各种内置的检查和平衡设计来重新完成自校正的功能。该方法将让你思考更高层次的问题，迫使你去考虑现在可能会影响系统而在未来可能发生改变的是什么。它会告诉你，何时你需要尝试将坏事变成好事，何时你需要降低系统的复杂度。

职业生涯中的大部分时间，我扮演的都是在咨询行业中甲方的角色。咨询顾问来找我，向我推销他们的东西。我发现当他们说“相信我”的时候，就该起跑了。现在，我基本转换了角色，我将成为一名顾问。作为一名咨询顾问，我会对你说：“相信我，这个过程是可以自校正的。”

这里说的“跑”，就是向目标冲刺。不要只听我说，你可以自己去证明这一点。针对任何一个你喜欢的问题，随机挑选一个起点开始解决问题。当你得到你喜欢的思路后，回到起点再选择另一种完全不同的起点。然后看看会发生什么。不要听我说，要相信你自己的眼睛。

嗯。“随机”这个词竟然出现在一本关于系统化创新的书中。当你尝试进行自我纠正的实践并亲历趋同效果后，也许你可能开始有了更多的信念：这个流程的系统化部分可能对你有用。

当你开始相信这种方法时，可以参考一下图 9-6，这是另一个有用的图，展示了在何时、何种情况下使用何种工具。

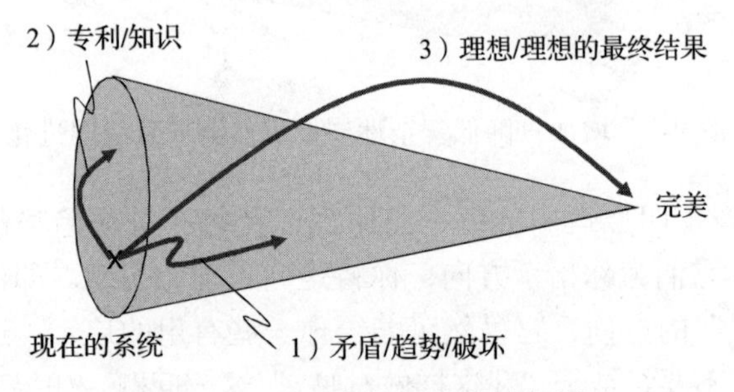

图 9-6　通向完美的主要路径图

路径 1 是你最有可能会选的路径，因为你不愿意停止正在做的工作而重新开始。路径 1 是为了改进你现有的系统。矛盾和趋势工具最能帮助你逐步改进当前系统。通过比较趋势工具建议的方向与现有系统，这些工具基本有效。

路径 2 往往使公司破产。当你忙于改进你的系统时，路径 2 将来自另一个产业的某个人的解决方案与你的问题关联起来。如果他们的解决方案比你的好，可能会导致你停产，或者让你花很多钱来购买竞争对手的公司。然而，100 次中有 99 次是你要停产。反过来，路径 2 也是你用解决方案闯入别人地盘的路径。或者积极主动地学习其他行业和学科的知识，在他们察觉到以前，找到问题的解决方案。路径 2 是所有关于打破不同行业之间的壁垒并确保你有最好的解决方案，并试图为最终客户完成服务的路径。

最后还有路径 3。路径 3 表示如果一切都朝着“完美”的方向前进，那么你应该从零开始，给你的客户定义完美的概念并从那里开始。当你目前在某些方面无法“完美”时，那只有妥协。路径 3 对现在的公司也是非常具有破坏性的。在软件领域的发展比在其他领域更快，企业中有人思考这条路径也是必然的。

如果你想知道，所有的3条路径是否与图9-3所示的整体过程是一致的，如果你在使用流程图之前知道你的路径，你通常可以以自己的方式更迅速地使用不同的步骤。

如果你想更快一点，那么这里有三个快捷方式，你可以尝试：

1）找到一个矛盾（任何矛盾），或使用矩阵，或直接去找发明原理，看可以采用何种解决方案。

2）找到系统还没实现的趋势跳跃，或找到一种你尚未使用的资源，看看做什么可以改进系统。

3）如果你有一个非常模糊、定义不清且有很多选择和意见的问题，建立一个认知映射图，能使你的故事更清晰。

无论你选择什么方式，你都必须记住要记录下所有想法，即使是看上去并不好的想法。一些最大的创新来自听起来很可笑的想法，它们在开始时都是完全偏离轨道的。但是，写下所有想法，某些时候，当你把它们组合在一起的时候，再细细琢磨发生了什么。一个想法本身可能是无用的，但与其他想法相结合时往往能成为新的伟大的发明。

最后，应用这些快捷方式也好，应用整个过程及所有步骤过程也好，请记住，潜意识对创新来说非常重要。有时，大脑需要用潜意识创新。

另一个矛盾。“系统化”和如“从下午2点开始，5点给出你的答案”是不一样的。5点时你会得到一个答案，但很可能你一觉醒来已经是上午7点，或许翌日早上会更好。或者至少，如果允许你考虑在哪里可能有更好的解决方案。这些天，每天晚上关灯之前，提醒自己还有一个悬而未决的问题。十次有八次醒来我会有答案。十次有九次，如果第一个晚上没有答案，第二个晚上就有了。

潜意识是创意过程中的一个重要组成部分，系统化则相反。潜伏过程中你脑海里保持着许多“飘浮在空中”的选项。你的潜意识里不希望复杂，但另一方面，你的潜意识又是异想天开的，但需要潜伏时间。你的潜意识需要一点信念支持。

如果你不相信我，想想上次有一个让你兴奋的想法时，你在哪里以及你在做什么，你很可能不是在工作。

实际上，这是一个勇敢的经理开始将一个项目推进“潜伏时期”。潜伏听起来不像是真正的工作，也很不科学。这是另一种矛盾：我想潜伏，并且我想看起来像一个认真的软件专业专家。我想你会明白的。你现在有了一个流程，对吗？

9.4 我该怎么做

系统化创新存在的唯一理由是可以帮助你快速且可靠地获得突破性的解决方案。因为进化是趋同的，突破性的解决方案最终将出现在世界上。在当今竞争激烈的环境里，等待“不测”是一件相当危险的事情。如果你是为了生存，你需要采用快速和可复验的方式产生突破性的解决方案。竞争已经很激烈，并且越来越激烈。人类正进入“持续创新”的时期——在这个时期里，“不断提高”(即优化）不再足够好。创新或“死亡”。或进局，或出局。

你需要从领域中已经得以解决的案例中选择一个，针对该案例解决的问题探寻创新方法。如果你正在寻找一个“粗制滥造”的方法示例，那么从推荐的方案中快速选择一个，看看会发生什么。

一旦开始在你的领域获得一些成功，你可以考虑构建一个你喜欢的、有效的工具组合，并开始创建如图 9-3 所示的流程图中的版本。如果你觉得需要花费太多的精力，你可以不改变图 9-3 的流程。

写下所有的答案，不管它们听起来多么离奇。稍后你将浏览它们在组合中的样子。

记住，让自己有一点“潜伏”的时间。告诉你的老板这是可以有的。

参考文献

1) Mann, D.L., 'The Problem With ARIZ And Other Innovation Processes… And What We Can Do About It', paper presented at Mexican TRIZ Conference, September 2007.
2) Conklin, J., 'Dialogue Mapping', John Wiley & Sons, 2005.

10

第 10 章

案例和场景

Systematic (Software) Innovation

“我们探索的脚步将永不停息，
直到回到最初的起点，
到那时，我们才会第一次
真正了解自己出发的地方。”

——艾略特《四首四重奏》

“几个字足以概括我学到的人生哲学：一切都将继续。”

——罗伯特·弗罗斯特

本章主要介绍软件系统化创新的应用。前几章已经定义了系统化创新流程，并且分别介绍了流程中每个独立的部分。本章主要研究该流程的实际应用。本章主要分为两部分：第一部分通过两个完整的案例研究，强调在解决问题的过程中结合使用各种工具的实用性；第二部分讨论更专业的软件创新场景，以及系统化创新的不同工具、策略的应用。本章主要包括三种场景：软件测试、需求多样性及度量问题。

首先我们从一对更普遍适用的案例研究开始。主要困难之一是找到合适的真实的软件案例。在过去的六年里，我们一直在向软件团队公开征集可以验证该方法的问题。许多敢于接受挑战的人接受了我们的提议。然而，他们提出的绝大部分问题并不是软件问题。或者更糟的是，这些问题要么是错误的问题，要么描述的所有意图和目标与事物的整体规划不切合。

此时你可能在想：“你怎能如此断言？”谁说他们定义了错误的问题或者正在研究不合适的问题？以“旅行推销员问题”为例，这是一个著名的运筹学问题（参考文献10.1），这个问题因为讨论量巨大还有自己的Wiki主页。问题本身很简单：给定一些城市并已知任意两个城市间的旅行开销，制定旅行路线要求必须经过每个城市并且最终返回起点，同时旅行成本最低。抛开航线价格可变等情况（因为某个时间打折、价格变动、点到点航线等会使问题变得过于复杂），这个问题的核心其实是如何在众多方案中找到最佳解决方案（可能有 1/2（n-1）个方案）。最笨的解决方案是利用一台性能很好的计算机列举所有路线组合，寻找成本最低的路线。然而在实际生活中，人们总是注意真实世界的各种影响因素（“资源”），这意味着其实你不需要完成所有的选项就能得到答案。数学家和运筹学家总是倾向于把利用“真实世界”的资源产生的影响称为“欺骗”。换句话说，可用资源阻碍了获得纯数学答案。也许哪一天单纯的数学答案就能够让你获得博士学位（尽管耗费了很多精力，但至今仍没人真正解决这个问题），对于你关注的小小世界之外的任何人来说，你不过是花了三年时间有效地完成了一项难度很大的填字游戏。但从创新的角度来说，这种益智游戏毫无意义。判断是否创新有一个很简单的原则：一个解决方案必须使客户在某些方面感觉更好或更完美。

和其他事物一样，纯粹的数学问题对于现实的意义并不明显，它就像一个盒子，将你困在其中，总是将精力聚集在解决这类纯粹的数字问题上，没有任何实际意义。而当人们跳出盒子的束缚时，突破往往随之而来。明智的软件工程师很清楚，不管什么解决方案，都是可以通过编码的方式实现的，而编码其实是整个工作中相对容易的部分，真正的困难是摆脱“软件”式的思维习惯，将之与实际生活需要相结合。

在为本章寻找合适案例的时候，我也一度十分迷茫，也曾通过谷歌去寻找合适的案例，在这一过程中，我发现很多人都处于前面所述的状态，将自己困在了错误的盒子里面，去解决错误的问题。

本章使用的两个案例存在相关性，并且有一定规模，通过这两个案例可以让各位读者了解突破“软件”思维、解决现实世界的问题、找到创新点并非遥不可及。第一个案例在本书前面曾经提及——语音识别问题。这是一个真正的难题，我们通过这个案例来说明整个软件过程，而不是解决语音识别这个问题。大量的工程师已经耗费了多年精力来解决这个问题，但时至今日仍然没有好的解决方案，所以也不能指望在本书这有限的几百页里得到更好的解决方案。特别是语音识别中包含了一些复杂且有深度的数学算法，而本书并没有足够的篇幅让读者了解这些算法。不过，我们希望可以通过这个案例说明，在软件设计过程中可以提出更好的问题并且指出解决方案的新方向，使该领域的研究人员能够更快地获得一个更为确切的答案。

语音识别问题的缺点是它的复杂性，但是它的立意十分明确。而第二个案例——Design4Wow 网站设计问题，相对于语音识别问题要简单很多，但是这仍然是一个很复杂的工程，因为人们要把它做成“一个不断访问的大型网站”。

附录 1 中的模板将被运用在这两个案例中，其中的关键点是，在表单填写完整性和各个表单使用顺序两个方面能否做到活学活用。总的原则是，在符合上一章讨论的“自我修正”想法的前提下，如果你在工作中使用了一个模板（表单），但这个模板（表单）似乎对整个软件设计并没有什么作用，则继续尝试下一个模板（表单）。同样地，如果在使用一个问题所定义的表单时找到了一个新的角度，我们就可以选择直接跳到解决方案模型的设计中。下面，让我们来看看这些工作方法在两个案例中是如何应用的。

10.1 案例研究 1：语音识别

语音识别的案例曾多次出现在本书中。一旦电脑能够准确地理解人类在说什么，整个人机交互的历史将发生改变，整个软件产业也将随之发生巨大变化。最初的语音识别问题定义相对简单，图 10-1 展示了第一个系统性创新表单是如何解决语音识别问题的。

语音识别	日期	08/08/08
公司	项目组	DLM, RB, KR
所有软件用户	非用户（目标）	-

要达到什么目的（所期望的结果是什么）？		如何知道已达成目的（衡量成功）？	
同顾客一样			
所有语音的实时识别		超过99.9%的概率应对最坏情况测试	
同顾客一样			

集体的/社会的
个体的
有形的 无形的

图 10-1　语音识别问题——初步定义模板

在图 10-1 中，衡量语音识别有效性的标准是针对“最坏情况”的测试准确率达到 99.9% 或更高。事实上，我们的目标是开发一个用户可以实际使用的语音识别系统，但是利用“标准”情况下的测试数据进行语音识别测试其实没有实际意义，这些数据无法证明系统在真实环境下的有效性。

“标准”情况下的主要问题是，测试时利用的环境是一个非常“干净”的环境，就拿发音来说，“干净”环境使用的是普通话，而实际生活中大多数人说话都有口音，或者处于异常状态（比如咳嗽和感冒），或有其他习惯，往往和“干净”环境下采集的语音信号相差甚远，因此，测试数据本身是“可测试的”，而非“实际的”。试想如果软件测试者使用错误的测试数据证明语音识别软件的有效性，那么语音识别软件的实际应用效果肯定不会很好。

再换个角度，我们来看看“Why-What’s-Stopping”模板，了解一下某个问题为什么会成为一个问题。图 10-2 展现了这种分析的结果。

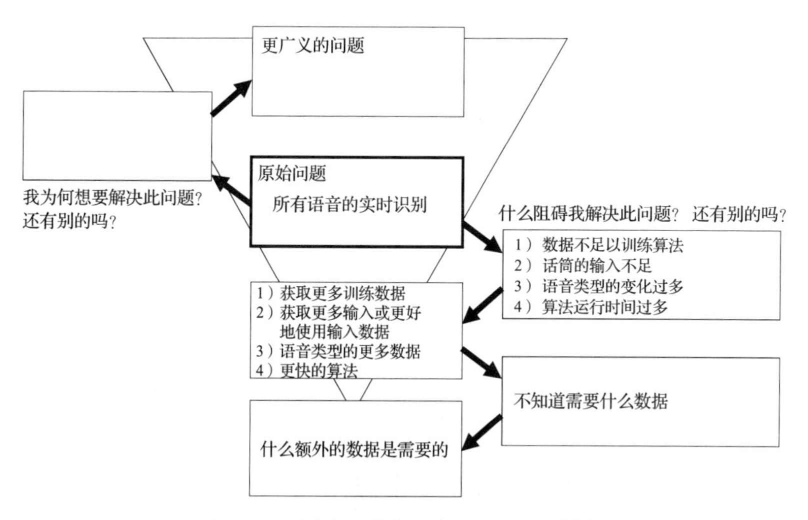

图 10-2　语音识别问题——WWS 模板

从图 10-2 中我们可以看出，在模板（表单）中并非每一个框都需要填写。这些框的目的是促使你去思考一些事情。在 WWS 表单中，项目团队认为解决语音识别问题的意义显而易见，因此并没有在框中进行扩展。同时，项目团队知道他们需要在语音识别方面做一些特殊的工作，因此需要深入寻找无法进行实时语音识别这一问题的根源。

而从对“什么阻碍了问题的解决”这一问题的分析中，项目团队很快发现了一个矛盾（问题），即语音识别算法需要训练数据。尽管这一矛盾在第 7 章中已经进行了详细的论述（见图 7-6，可以看到具体矛盾是如何映射到矩阵工具的），但同时也会产生一些新的问题，比如目前语音识别算法确实缺乏有效的实时输入测试数据。

出现“缺乏输入 / 使用更好的输入”的问题，表明需要找到更合适的资源。因此，开始启动两个方向的资源搜索，一个使用九窗口工具，另一个则是向现有识别系统尚未开发的潜在发展方向分析。

向潜在发展方向分析，首先需要探索的是现有的语音算法的结构。图 10-3 展示了将一个模拟音频信号转换为可识别的电子“声音”的过程，这一过程主要由三个部分组成：首先是把模拟信号转换成数字音频信号；然后从数字音频信号中提取所谓的音素（音素本质上是组成每个单词的各种音效，大致来说，一个音素可被看作每一个音节的声音）；第三是解释音素，利用音素组成单词。

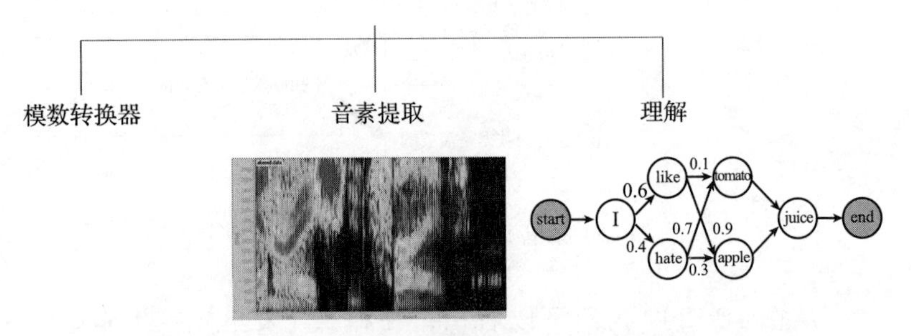

图 10-3　语音识别问题——算法层次结构

目前的语音识别过程主要由这三个部分组成，但是组合方法有很多，以隐马尔可夫模型（HMM）为例，它用一种特定的语言描述多种不同的音素数据组合。举例来说，当一个人开始讲话时，只有一定数量的有效的音节可以符合一些给定的音节，这是由于在人类语言中只有有限数量的有效词汇。

图 10-4 说明了潜在发展方向分析的结果，这是基于与两个识别问题联系最密切的系统完成的。

在这两个实例中，使用了美国专利数据库中最先进的专利进行分析。两张图突出显示了大量未被开发的潜力。经过分析之后，团队依据解决方案的可能方向开始挖掘哪些是尚未开发的潜力。主要的潜力方向如下：

- 使用第二和更高的音素分析的派生品。
- 隐马尔可夫模型的前馈预测。
- 利用信号不对称性，如音素的开始和结束。

- 使用时间长短不同的样本采样间隔。
- 多步骤分析，首先提取高低信号变化率，然后使用这些信息来调整第二步中的样本间隔。
- 分析不同采样率下的不同的声音频率。
- 将不确定性测量方法与 HMM 结合使用，调整时间间隔的带宽（更高的不确定性 = 减少的时间间隔）。
- 利用额外的指标来鉴定发音含糊、模糊不清、鼻音和其他局部畸变对发音的影响，使用这一信息调整采样，将声音样本分割为短信号。
- 提高采样率。
- 分层构建音调 / 音素 / 单词 / 短语。

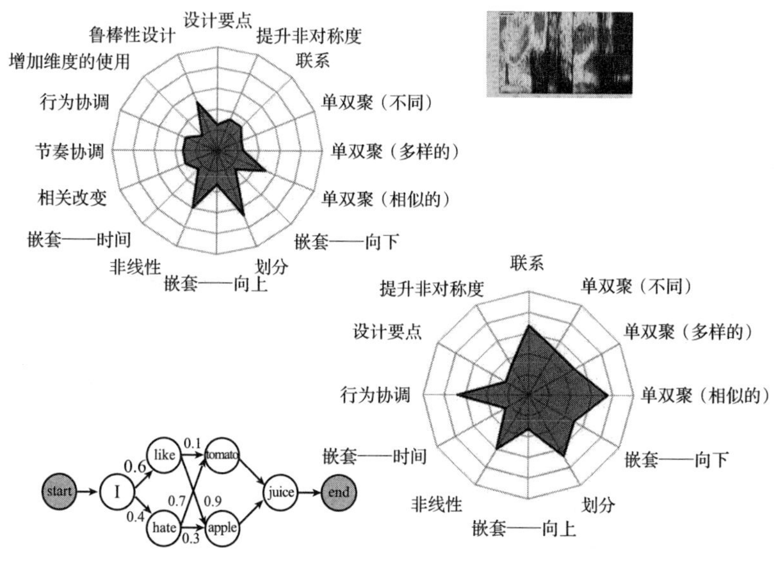

图 10-4　语音识别问题——进化潜力分析

下一步使用九窗口工具法对资源进行逐个检查，找出可能妨碍问题解决的潜在因素，如图 10-5 所示。基于标准的系统化创新理念的前提，即“某人在某地已经解决了你的问题”，资源搜索工作的焦点集中在人类如何解决声音识别的问题。

	过去	现在（输入信号）	未来
系统附近	环境 预校准 （背景噪声） 说话者态度 （健康状况等）	其他感应器的输入——如唇读、面部表情、手势 （20%的理解是言语的） 左右耳的差别 根据上下文补充缺失词的能力 过滤背景的能力 集中聆听特殊位置的能力	对信息理解的确认
系统 （语音识别）	说话者相似度（例如，语速、语调、词汇、智力） 记忆脚本 地理背景 情绪映射 识别节奏的能力	理解问题/语调的能力 区分动词、主语、宾语的能力 填补空白的能力 音素聚类 （层次式的大脑处理）	前向预测
系统内部	偏差 疾病（等）对语音影响的数据库	变音、语调转换 改变率 不同情况对应不同语音 （“电话语音”） 谐波/音色 麦克风特点（频率、音域）	

图 10-5　语音识别问题——资源分析

对于“人类怎么做这件事”的相关资源搜索，可以通过分析人类进化趋势与人类识别语音的方法之间的关系完成。图 10-6 是这项分析的结果。尽管推断出的结论同样包含在前面的图中，但这一推断过程是为了向读者说明：这个趋势不仅仅应用于软件系统。

目前，语音识别系统存在的问题是需要大量的训练数据。婴儿需要几年的时间来学习如何识别和理解单词及它们的含义，这一过程可以给我们一定的启示。参考文献 10.2 中提出，人类大脑中存在一个自下而上反复试验的学习系统，而在软件中可以复制一个类似人类大脑学习的系统来完成同样的工作。在这一过程中需要考虑到非极端情况下的成年人口音“校准”。当然，需要剔除类似“感冒了的喝醉的格拉斯哥人”这种极端情况，对于其他形式的语音通常要花几个小时去认识，并形成新的模式。

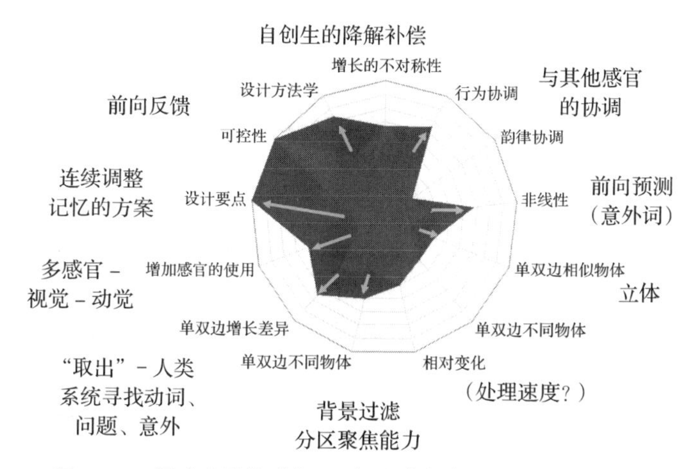

图 10-6　语音识别问题——与人类如何解决问题的比较

当别人不理解我们说的话时，会要求我们重复多次，这种情况我们是可以理解的，但很难理解电脑去做同样的事情。基于这种情况，为解决这个问题，人们设计的语音识别系统需要比人类做得更好。这就意味着在对人类的语音识别系统进行分析时，还需要对一些未开发的潜力进行挖掘。图 10-7 显示了分析的结果。

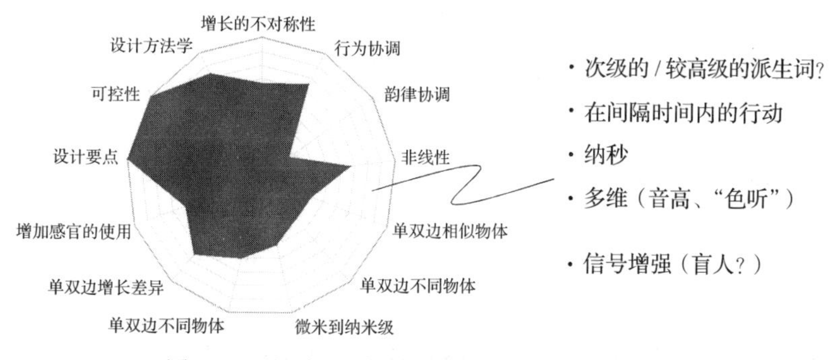

图 10-7　语音识别问题——人类不能做的事情

这些结果揭示了许多未开发的方向，后续以此为基础的专利搜索显示，语音识别研究人员还没有对这些方向进行开发。对于团队来说，对这个资源搜索案例中派生出来的任何方向做进一步的研究都很困难。原因很简单，因为他们没有捷径或者超越当前可以利用的软件或硬件来用在语音识别系统中。但是，这有助于说明系统化创新工具如何指导系统前进。

图 10-8 给出了调查结果的总结。“答案”有意脱离了概念层面，因为它希望该领域的研究人员将能够掌握原始的思想并在实际工作中使用，用来构建可行的、有前途的、可申请专利的解决方案。

（通过这一分析过程可以发现很多可用的资源似乎并没有被领域专家意识到或利用到，而绝大多数软件问题都是类似的，可以参考这一过程进行挖掘，因此这种方法是具有代表性的。）

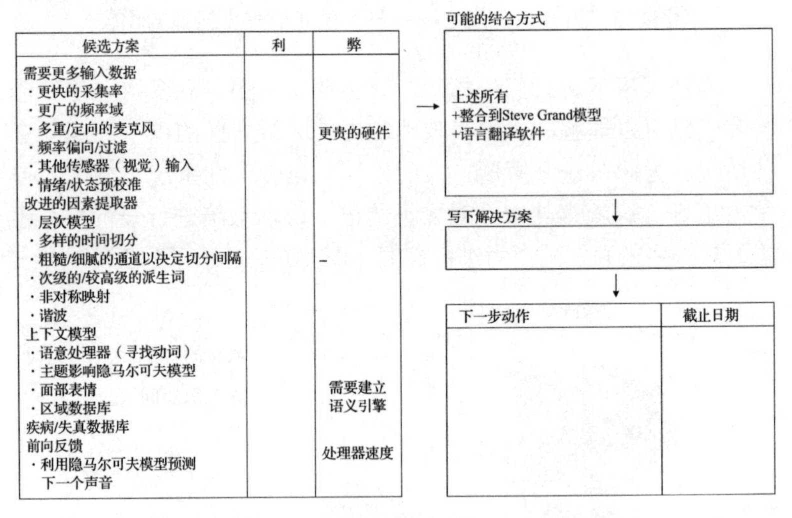

图 10-8　语音识别问题——总结

10.2　案例研究 2：Design4Wow 网站

对比第一个模板，有形的问题和无形的问题之间的一些差异会立即变得明显，例如语音识别算法的设计和“如何得到更多的网站流量”之间的差异。图 10-9 显示了 Design4Wow 网站的模板定义。

这个模板标志着一个真正的项目的开始，即建立一个真实的网站，形成一个面向外行人的系统性创新方法分支。Design4Wow 的设计是建立在一些早期的研究基础上的，即当人们听到某一段音乐，或者阅读某本书或某首诗时，是什么促使人们说“哇”(参考文献 10.3 和 10.4)。根据前面的分析，我们应该采用相对较少的需求者的观点。网站的最初想法是，通过大量的来自各行各业的人的活动来积累“哇”这个经验。

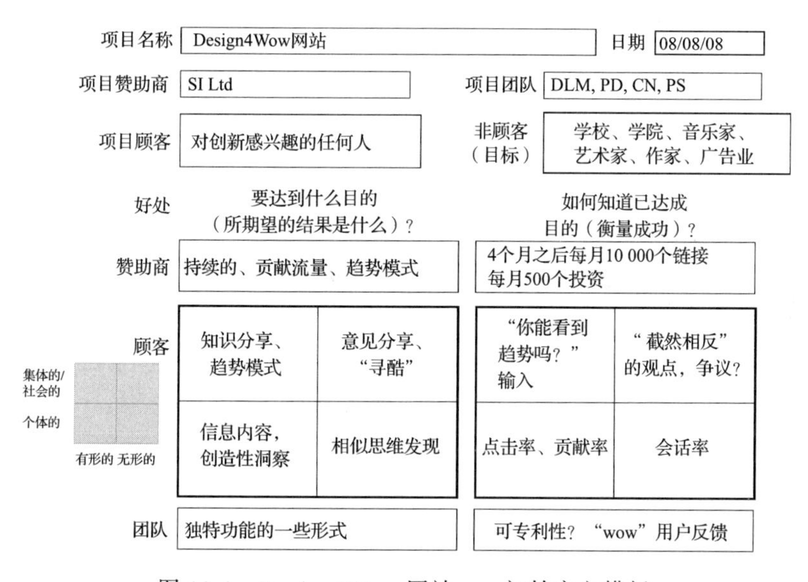

图 10-9 Design4Wow 网站——初始定义模板

该模板中应该注意的是不同类型的“客户”的数量。相比网站访问量这种有形的目标，无形目标的实现具有更高的难度。要解决这种“模糊”的无形的问题，最大的挑战是找到合理的问题“入口”。使用第 3 章中描述的为什么 - 什么 - 阻止（WWS）工具是一个不错的选择。图 10-10 显示了针对这个问题的 WWS 模板。

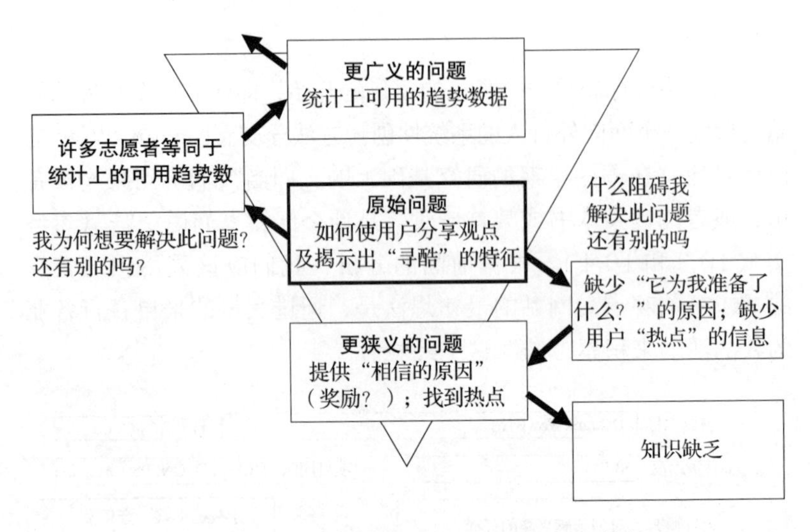

图 10-10 Design4Wow 网站——WWS 模板

在使用这个模板时通常会出现两种情况，一种是使用模板时会出现矛盾，另一种是在使用模板的过程中需要你掌握一些额外的知识。从模板中可以看出，问题的关键是缺乏对潜在客户群的了解。我们可以选择在这个阶段去调查潜在客户。不过，考虑到这个网站是为成千上万的“客户”服务，所以调查潜在客户的任务将非常艰巨。在这种情况下，我们可以换一种选择，将调查着眼于相关市场和客户的趋势。当然，实际上，在这里可能仍然有大量的数据需要收集和管理。如第 6 章所述，管理这项工作的方法是使用认知映射工具。图 10-11 显示了在检查 Design4Wow 网站时，利用该工具调查所得到的相关趋势是如何产生相关性的。这些趋势形成了参考文献 10.5 中描述的大集合中的一个小子集。参考文献 10.6 提供了其他例子，认知映射过程可以用来帮助理解不同趋势之间的隐藏关系。在对其他问题的分析过程中，可能多次使用这种分析工具，这些应该足以证明这个工具的价值。

当这个练习结束时，第一个对创新任务的有用的见解开始出现了。第一，关于 D-W 循环需要注意的是环境和反企业的问题。第二，更加积极的东西，关于 U-O-V-F-P-J-C 循环的洞察力和 L（部落）收集点。鉴于循环中包含即时性、享乐主义和未知因素 /Idol 循环，建议网站加入某种形式的“自我展示”的竞争元素。

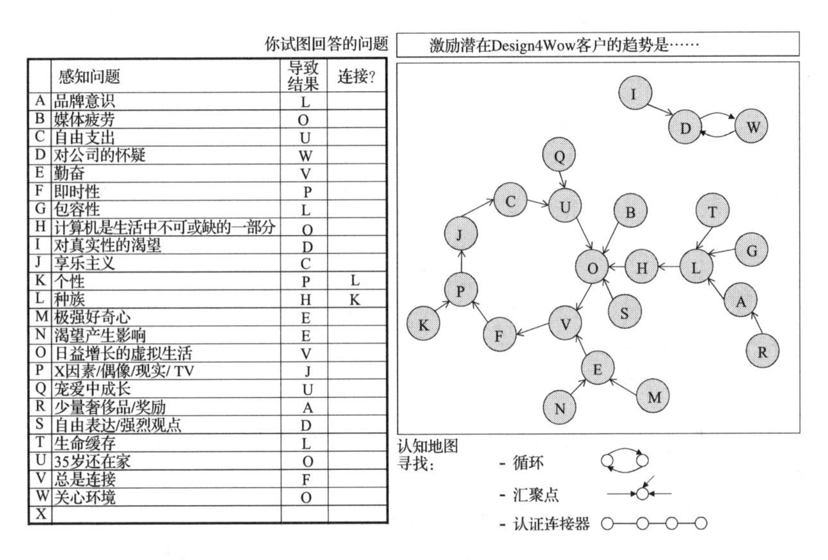

你试图回答的问题

	感知问题	导致结果	连接?
A	品牌意识	L	
B	媒体疲劳	O	
C	自由支出	U	
D	对公司的怀疑	W	
E	勤奋	V	
F	即时性	P	
G	包容性	L	
H	计算机是生活中不可或缺的一部分	O	
I	对真实性的渴望	D	
J	享乐主义	C	
K	个性	P	L
L	种族	H	K
M	极强好奇心	E	
N	渴望产生影响	E	
O	日益增长的虚拟生活	V	
P	X因素/偶像/现实/TV	J	
Q	宠爱中成长	U	
R	少量奢侈品/奖励	A	
S	自由表达/强烈观点	D	
T	生命缓存	L	
U	35岁还在家	O	
V	总是连接	F	
W	关心环境	O	
X			

图 10-11　Design4Wow 网站——趋势认知地图模板

可以看出，通过趋势认知地图模板，我们可以得到很多有价值的方向。下一步，我们将注意力转移到第三个模板——“在哪里创新”模板。图 10-12 显示了通过这部分的分析获得的结果。

事实上，模板的填写过程，就是寻找在线创造力领域或者其周边领域创新的过程。你可能会感到疑惑，分析显示，除了与该网站本身相关的几个创新：远程教育、在线思维工具等之外，在这个领域内似乎没有太多的创新。

不过，观察图的底部你会发现“空白空间”部分是如何驱动并发现网站在哪里可以进行创新的。在这部分的分析中，将学校、学院和教育课程连接成为一个整体，可以作为一个潜在的重要的驱动因素。

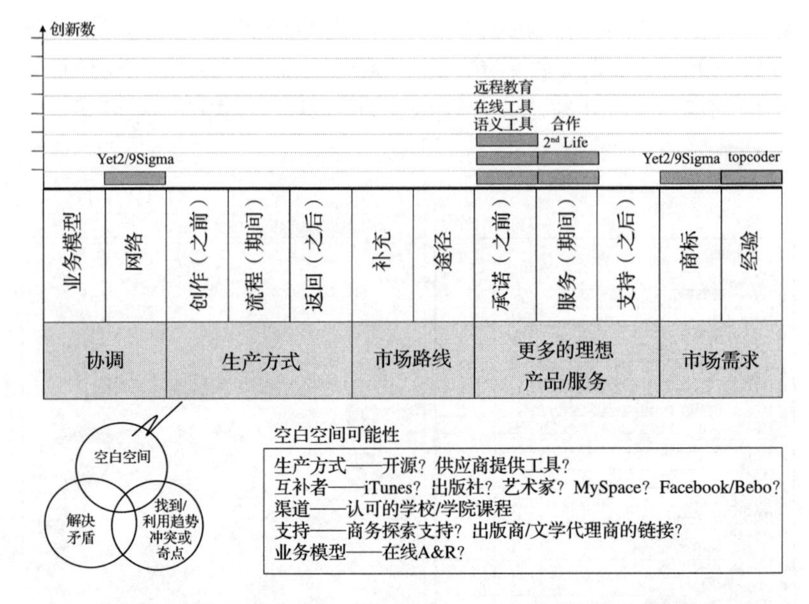

图 10-12 Design4Wow 网站——“在哪里创新”模板

这时开始过渡到创意 - 产生模式，下一步，团队将决定使用进化潜力工具，并且对其他类似网站进行趋势分析。这种分析的结果如图 10-13 所示。几乎所有的进化潜力练习都有一个最初的分析阶段：评估其他网站在哪里符合哪条进化趋势，紧随其后的是利用尚未开发的趋势层次进行构思。模板的左侧描述的是由团队在第二部分练习中产生的一些主要思想。

虽然使用模板是有效的，但进化潜力分析的输出让团队感到重点不突出。他们有许多想法，但是他们无法评估哪一个更重要。由于分析出的趋势都是关于“系统的声音”的，所以他们想换一种思路，从“客户的声音”中得到改善。因此，他们转移到了“理想目标 / 属性 - 冲突”模板。这个分析的结果如图 10-14 所示。

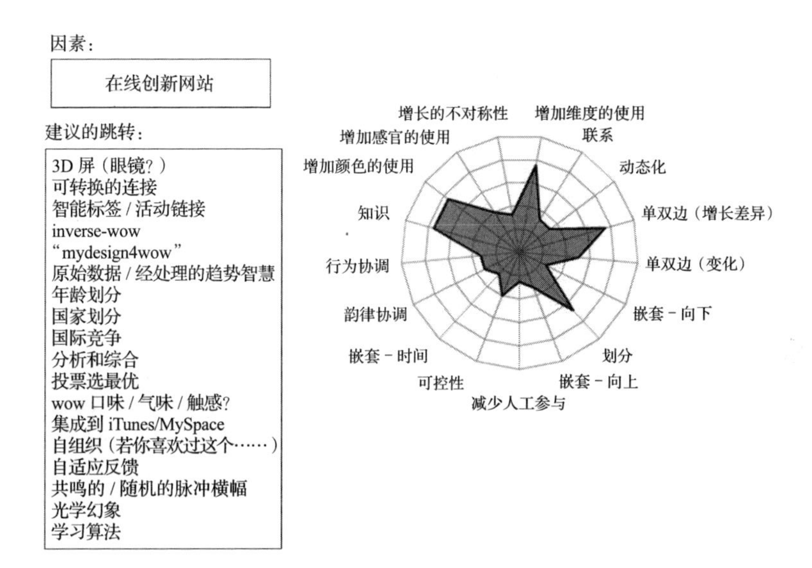

图 10-13　Design4Wow 网站——进化潜力的模板

属性冲突

属性	顾客A IFR	顾客B IFR	供应商 IFR	等等 ⟶
学习	0	“硕士学位”		
成本	0	高值		
质量	对所有人开放	专业输入		
娱乐	100%	100%		
相关度	持续的更新	持续的更新		
社交网络	开放	关闭		
“酷”	100%	教育 = 非 “酷”		
竞争	0	100%		

寻找冲突时的关键问题是：“是否有人不需要IFR？为什么？我们是否应该考虑新的属性？”

新的属性?

图 10-14　Design4Wow 网站——“理想目标 / 属性 - 冲突”模板

从图 10-14 中我们可以看出，只完成了部分模板，团队的焦点集中在关注客户，以及着眼于可能影响网站设计的多个属性的“理想目标”范围上。

这个分析似乎清楚地表明，即使只用了模板的一部分，就已经出现了大量的矛盾。这个模板迫使我们从一个更广泛的用户类型范围来看待这个网页。对于这些矛盾，其中对网站分类产生最重要影响的似乎是“打开和关闭”冲突。图 10-15 阐述了当我们认识到这个矛盾冲突，并将其放入冲突模板时所产生的结果。

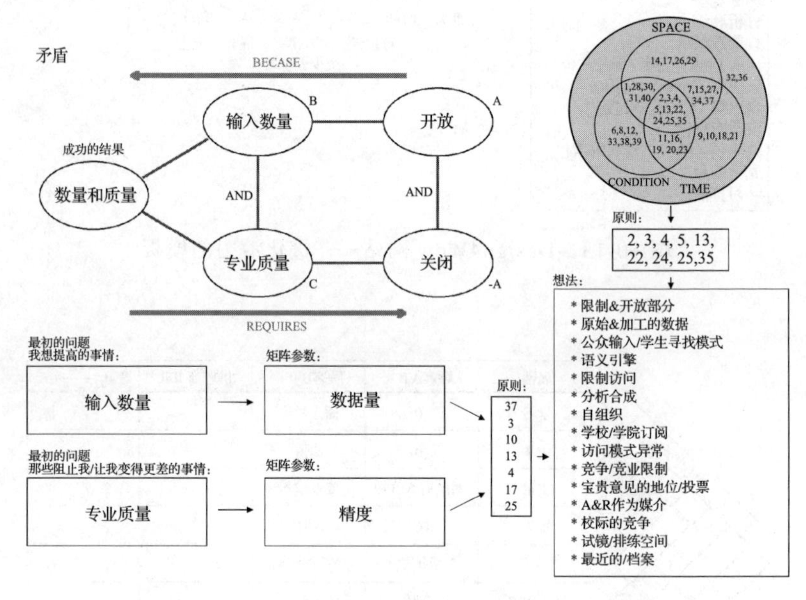

图 10-15 Design4Wow 网站，打开 / 关闭冲突模板

再次提醒读者注意，在模板的右下方，物理实体（打开和关闭）和一对冲突（数量和质量）是如何作为关键问题被关注的。首先观察别人是如何解决类似冲突的，然后产生解决这种冲突的思路。

通过处理，现在我们有很多的方向和想法，而这些方向和想法都是模糊的，起点不明确，也不知道会产生什么结果，这种情况十分典型。在这种情况下，试图通过简单地选择一种或两种想法重点突破，简化复杂性，并暂定为“答案”，是非常令人兴奋的。然而，这种策略几乎总会导致错误的结果。这种策略让人在许多方面回到了非此即彼的心态，而这种心态往往支配人们的思想。但问题是，通过选择得到少量的想法，却丢弃了很多其他的想法，而丢弃的这些想法也许是最有用的。处理这类问题时的状态，就像是图 10-16 中的转盘。

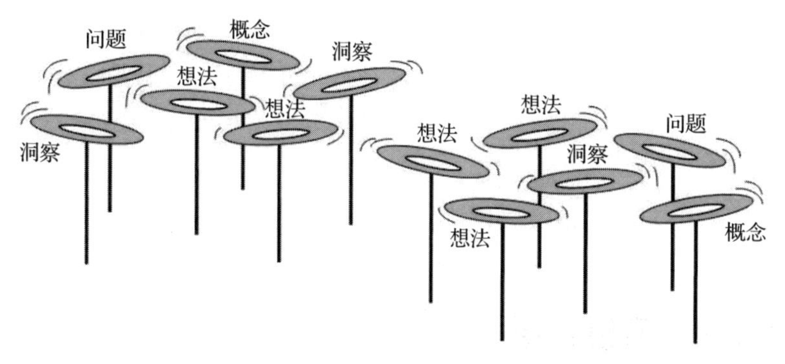

图 10-16　转盘——创新类比

很多成功的创新者都具备尽可能长时间地记住与要解决的问题相关联的问题、观点、概念和想法的技能。你记住得越多，当你开始在各种问题之间进行各种不同的补充和结合时，有突破的可能性就越大。通过 Design4Wow 项目我们已经展示了如何应用不同的工具来生成一系列问题的解决方法、见解和想法。最终，图 10-17 总结归纳了经过一段时间的探索，所有的旋转盘子是如何聚集在这个问题之中的。有兴趣的读者可以去看看实际的网站，看看各种不同的想法最终是如何聚集在一起的。

为了满足网站可持续改进的需求，注意模板的右下方有一些额外的措施以及预计截止时间，这些额外的措施也将出现在网站的后续版本更新中。

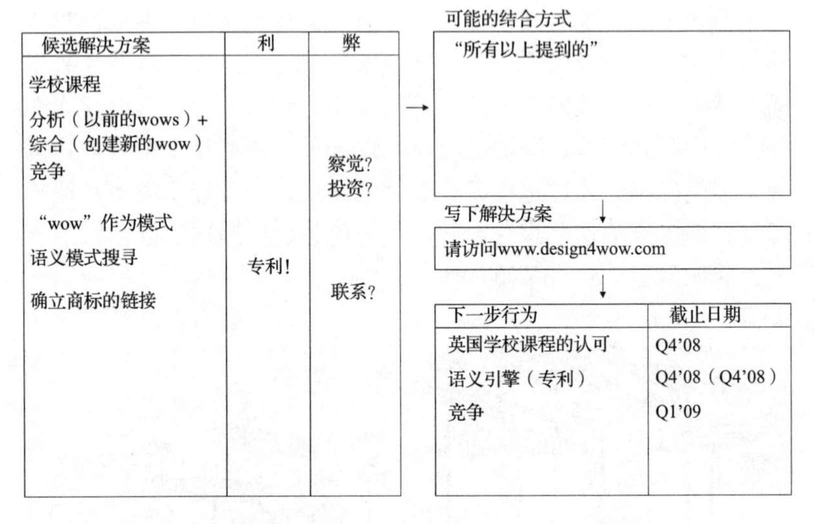

图 10-17　Design4Wow 网站——总结模板

10.3　场景介绍

在本章的后半部分，我们的关注点将从具体问题转移到更普遍的软件场景。首先是软件测试领域，这是一个极具挑战的领域。通常人们会认为，测试有什么创新？测试是构想创新后产生的，不是吗？不过也有另一种观点认为，经历软件测试过程本身也是创新的机会。

10.4　测试

这里，我要使自己变得像大部分普通读者一样，站在读者角度去思考问题。大量软件测试人员会加入系统化创新工作室，在很多方面他们已经在做着整个软件行业最困难的工作之一，他们认为有助于提升软件质量的事就是找到缺陷。系统化创新在这种情况下也是一个不错的选择。毕竟，和今天的软件状态相比，软件测试似乎需要一个阶梯式的进步。

很多事例都说明测试也能带来系统化创新。举个例子，我的第一个系统化创新软件工具是在班加罗尔（印度南部城市）编码完成的。在软件的设计即将结束之际，我们开展了长达一周的“缺陷发现”会议，在此期间，公司全体50个人，人手一份软件的副本，大家一起寻找缺陷。不管找到的缺陷对错与否，公司都会对找到缺陷的员工进行奖励。在工作结束的时候，尽管每个人都筋疲力尽（但经济上会得到一定补偿），但每个人都感到快乐，因为现在我们所编写的代码无坚不摧。一个星期后，错误修复完毕，我很自豪地将代码装在机器上，只用了30秒就达到了我预期的目标。

可能有人会觉得：“从来没有人告诉我们必须这么做”，对于这种说法，我也同意，不过你也应该告诉客户不要按照他们的思路使用软件。

不按照客户的思维方式进行软件测试真的是一个严重的问题，这个问题无所不在。编程人员更愿意为同行编写软件，不会为像我父亲这种毫无使用软件基础的人编写软件。2008年6月，为了录音，我的父亲曾给我打电话问了很多问题，比如当他想播放CD时，该如何关闭RealPlayer动画屏幕等。当时，他想在电脑上播放CD这件事让我印象深刻，当我说“你就不能最小化屏幕？ 就像你做的其他事情一样”时，他的回答是：“RealPlayer最小化按钮看起来和他用过的那些不大一样。”事实上，和其他应用程序一样，最小化按钮出现在同样的地方，但是现在不知怎么的，他认为那个按钮不可能起到相同的作用。所以当你编写的代码需要适应大众市场时，这类人群是你必须考虑的。人就是这么奇怪。他们认为每个人都像他们一样，在相同的环境中使用软件。当人们所处的环境中存在超过某种程度的压力时，他们可能迅速进入另外一种状态，这种状态就像一只兔子被对面汽车的前车灯照得不知所措一样。打个比方，你知道在飞机事故中无法解开安全带可能会让你送命吗？当你要解开安全带时，会下意识地想到解开汽车上安全带的方法，你会去按按钮，但在飞机上，你需要打开插销。成年人可能会一直被困在解安全带的思路中，但是一个孩子却能毫不犹豫地从安全带中钻出来。显然，当人们处于高风险时，大多数成年人可能会按照惯性思维采取行动，而这类思维模式需要应用在测试软件中。

如果你认为我的父亲是一个极端的例子，他只不过是一个被称为“约翰”的人的影子，那你就错了。约翰实际上是他的真名，所以我没有过多地去掩饰他的身份（顺便说一下，他对本书的完成有诸多贡献）。退休之前，约翰是一名空气动力学工程师。1985 年，当时我想通过写软件让他的生活更轻松，但是他很快就成了我的噩梦。他只要触摸键盘，烟雾就会在屏幕上开始翻腾，他做过的蠢事，要比戴着眼罩和拳击手套使用计算机更严重，这种情况让我很头痛。

什么情况驱使我转变了我的想法呢？事实上，当我意识到这个问题的关键不在约翰，而是在我的时候，我的整个思路豁然开朗。我意识到，约翰是客户，我需要用客户的思维和观念来进行软件设计和测试。所以，“约翰会怎么做？”就成了我的口头禅。这种思维模式，足以让我在不到一分钟的时间内摧毁我们在班加罗尔写的软件，当然那是 18 年后的事情了。

对于单机的软件应用程序测试，“约翰会怎么做？”的想法基本能够满足一般的用户需求。想象一下，用户会做些什么来摧毁你的软件。测试的内容很多，当然，也不仅是软件的测试，还包括软件和一些外部硬件之间的接口测试。我们的想法是，你的工作是测试所有可能的数据场景中所有可能的配置。这通常意味着要测试很多不同的场景，有时会是成千上万的场景。这种工作就像酷刑一样，测试上千个很接近但是又不完全一样的场景，能够完成这种工作的人让我敬畏。

是的，我说的是“敬畏”，除此之外我想不到什么更合适的词汇来形容这项工作。再来看约翰的例子，我认为，约翰可能会嘲笑这些勇敢的测试人员，因为很多时候，他们不得不处理一些非常相似的测试问题。尽管约翰不是一名软件工程师，但作为一名空气动力学家，他同样需要做测试工作，只不过他的关注点是要确保飞机能够安全飞行。这里说的安全至关重要，举个例子，如果一架飞机从天空坠落是因为你未能测试所有的场景，这就意味着你杀了人，这种责任观念必须时刻铭记于心。然而，飞机可能会遇到数百万种不同的场景，如果要"证明"飞机在每一种场景下都能够安全运行，可能需要数万美元。所有这些测试将在短时间内耗费大量资金。

本书中曾提到过："想象很有可能别人已经遇到一个更极端的类似问题，他们找到了解决方案。"要求用一万美元测试上百万的场景，这就是一个相当极端的问题。

所以像约翰这样的人们会怎么做？嗯，他们做的第一件事就是将世界划分为离散变化的事和连续变化的事。以飞机安全性测试为例，连续变化的包括高度、速度和飞机的燃油量。离散变化的事所包含的就是飞机起落架是否收起，或者武器是否已经使用过。

对于连续变化的事，飞机制造商会定义一系列的限制，要求飞行员必须遵照执行。这些限制就体现在著名的"飞行包线"中（"飞行包线"是指以飞行速度、高度、过载、环境温度等参数为坐标，表示飞机飞行范围和飞机使用限制条件的封闭几何图形）。图 10-18 显示了几个典型的"飞行包线"。"飞行包线"中的限制说明了飞机允许飞行的最高高度，或最大速度。事实上，这些限制都是在数学模型和严格的飞机测试基础之上制定的。因为高度和速度是连续变化的，所以根本不可能在飞行路线上的每一个点对飞机进行测试。那么测试人员怎么做呢？答案是，他们在"包线"边界集中进行大量的测试。依据前人的结论，边界就是危险所在。只要证明飞机在边界是安全的，就能证明"飞行包线"中的各种情况也是安全的。

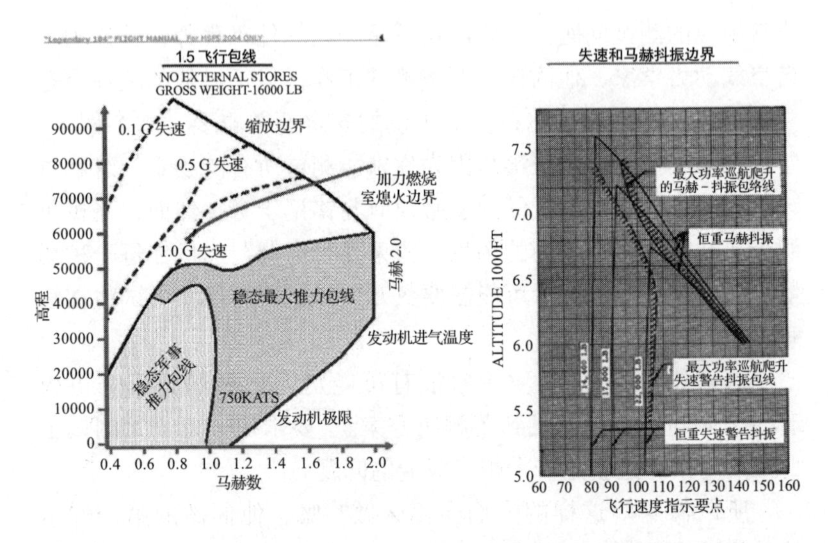

图 10-18 “飞行包线”映射

这是一个很好的开始，但还不够好。我们发现飞行员并不总是按要求去做。如果一个飞行员驾驶飞机飞行在“飞行包线”之外，当降落的时候，他肯定会遇到麻烦。由于空中监控器会清晰地记录整个飞行过程，所以在地面上的工作人员也已经知道飞机已超出它的“飞行包线”。因为飞行员做一些他们不应该做的事而责怪他们是一回事，但另一方面，谁也不想他们仅仅因为犯了一个错误而丧失生命。况且，通常飞行员会去做一些超出限制的事时，都有充分的理由，特别是军事飞行员。比如有敌人朝着你以 2 马赫（音速的 2 倍）的速度投掷导弹，你肯定会选择避开它，不管有没有“包线”。考虑到这点，在飞机的测试和达标检验过程中，工程师会进行极端的“超包线”测试，然后增加一个安全界限，告诉飞行员，他们能做什么和不能做什么。

所以进行超出限制之外的测试，然后增加一个安全界限是一个很好的策略。但它仍然不够好，因为在图 10-18 的右半部分中，操作路线有确定的部分，事件可能变得非常的非线性（即有尖角和竖线）。比如，只能以非常低的速度驾驶一架飞机，速度的可变范围非常小。对于这部分的“包线”，只有极小的容错空间，因此必须采取各种措施，以防止飞行员发生灾难性的事故，通常采取的措施包括警报和限速。换句话说，飞行员只需要保证自己的身体和精神不进入危险区域即可。

飞机测试仍然没有完成，因为还需要考虑所有的离散可变的情况。比如，在飞行过程中，飞行员（无意识地）决定将起落架放下。这时，应该有物理限制去阻止这种行为，因为这种行为会危及生命——例如，当你在以超音速飞行时拉下轮子，这将是一个非常糟糕的情况。因此，只要有可能，测试人员的工作就是识别，并使飞机能够在飞行员做极端和计划外的事情时进行处理。再次强调，在“包线”边界需要做大量的测试。这样做的逻辑是，如果飞机在其能力限制之内，当面对一个错误的离散行为时能存活下来，那么对于飞行路线中的其他记录点，飞机自然也能顺利渡过。

在第6章中描述的颠覆分析工具的方法能够帮助我们发现和解决这些离散变化和连续变化的组合条件。简而言之，软件测试人员通过查看各阶段的可靠性设计趋势（见图6-11）和配置，进行与具有鲁棒性水平目标的设计范式相匹配的测试，可以节省很多时间。这种策略使得颠覆分析工具成为一种定义极端场景的设计工具，当然，为了确保软件能够顺利通过测试，其中也涵盖了许多非极端的场景。

通过定义一个全面的操作手册（“操作包线”），飞机工程师有效地归纳了极端条件：证明系统在包线范围的上下限是安全的，同时也就证明了这个系统在上下限之间的各个中间点也是没有问题的。当然，其中一些中间点仍然需要被测试，以防有些不可预测的、非线性的，但远比极端条件的密度水平低的中间点。

工作中有很多“是的，但是”之类的理论，比如，很多软件测试人员对我说过：“我的客户坚持要我测试每一个点。”我的第一反应是什么？你应该写一份更好的合同。测试线路中间点对于系统的鲁棒性并没有任何提高，它只会浪费你宝贵的时间和金钱。下次写一份更好的合同，专注做在极端条件下，而不是特定条件下的测试。你会发现，这将是一份更有趣的工作，客户也将获得一个更具鲁棒性的系统。在“包线之外”进行测试会获得双赢。

10.5 再一次强调需求多样性法则

需求多样性法则（只有多样性可以吸收多样性）已经在本书中出现过几次。这听起来简单，但是对于软件设计而言意义重大。正如前几节讨论的测试一样，可能对于飞机制造商来说，也要让软件部门对这个法则的应用有更深刻的理解。航天工程师应该对能给他们设计的系统带来变化的每件事都非常清楚。对于任何可变的因素，当系统不能适应它时，结果可能变得异常糟糕。就拿飞机驾驶舱内的仪表盘为例，想象一下这种极端情况。图 10-19 显示了一个典型的仪表盘。仪表盘上的每一个仪器都包含一个变量，每一个按钮以及操纵杆都允许飞行员对这些变量进行控制。这是需求多样性法则在起作用。在飞机驾驶舱内你能看到的仅仅是飞行员需要观察和思考的一些信息，其实在后台还有大量的操控诊断信息。

需求多样性的设计是从第 7 章开始的，讨论集中在不可避免的软件系统内的有限的与软件之外真实世界的多样性之间的冲突和矛盾上。这里将要讨论的是，如何真正地将仪表盘设计精髓植入软件架构师和软件设计师的思维中。

这种“一个变量一个控制杆”的理念是考虑需求多样性法则时的一个很好的出发点。飞机驾驶舱布局很好地印证了使用这种设计策略解决复杂问题的可行性。不过很多时候，随着系统复杂性的增加，对客户而言事情开始变得不太理想，冲突随之出现。

对于系统中各个独立模块的控制，通常会采用“一个变量一个控制杆”的设计策略。一般来说，从设计的角度来看独立性是一件好事。独立的反面是“耦合”。耦合的设计意味着移动一个控制杆将影响多个变量。这反过来使得用户很难控制系统，因为每次他们试图控制一个参数，他们的操作也会影响其他参数。如果你曾经使用过一个有缺陷的鼠标，当你试图横向移动它时，它却在屏幕上垂直移动，那你一定能理解我们所讨论的这种情况。当只有两个这样的耦合变量时，你也许能很快适应，但如果耦合变量增加到 4 个或 5 个，甚至更多的时候，控制很快会变成一个似乎无法完成的任务。

图 10-19　典型的飞机——B777 仪器面板

举这个例子，是因为在这里有一项重要的（通用）创新的工作要做。“一个变量一个控制杆”的思想是一个明智的策略，但也是一个跟完美的概念有内在冲突的策略。“一个变量一个控制杆”的策略在系统中占据主导地位，使得在第 8 章中讨论过的复杂度增减趋势中的“增加复杂度”系数上升。而曲线的“另一边多变量多控制杆”的策略则会随时间的推移，使系统复杂度下降。这意味着耦合就是创新设计，如图 10-20 所示。

这里的创新工作都是关于如何降低复杂度和管理系统中不同变量间耦合度的。好消息是，像往常一样，某人在某地已经解决了这个问题。坏消息是，最好的解决方案通常是在自然界中发现的。例如，人类就是强耦合设计的系统。

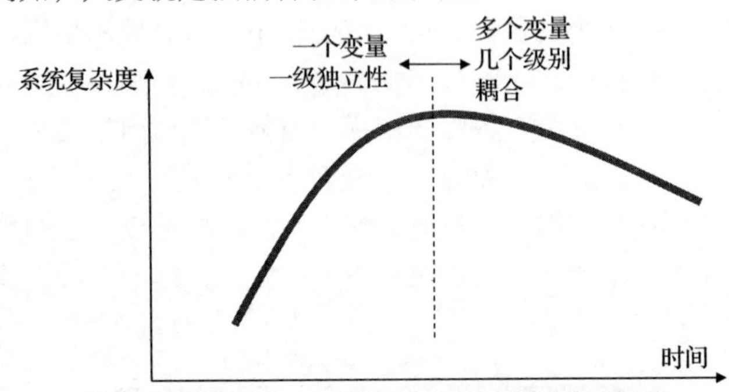

图 10-20　多样性、耦合性对系统复杂度的增减影响

某些教科书（例如参考文献 10.7）会告诉你，耦合设计本质上是不好的。而本书要告诉你的是，如果人类是强耦合设计的，那么耦合系统本身没有什么错。只是耦合系统相比非耦合系统需要非常不同的设计策略。软件设计在这里扮演很重要的角色。在像人体这样的系统中，一切器官都与其他器官相关联，系统能合理且有效运行的唯一方法是拥有一种自适应学习系统。

为了得出这样一个明显的结论，我们貌似经历了一个很长、很复杂的讨论过程。虽然我不喜欢陌生人告诉我要相信他们说的事，但是我希望你能相信我，设计自适应学习软件在未来几年将是必然趋势。与此同时，如果你知道你设计的软件将是“耦合”的，并且不介意进入矩阵代数的世界，参考文献 10.7 也许能为你提供一些参考。

10.6　度量

在软件领域关于度量的挑战很普遍。无论是设计一个喷气式发动机的控制系统，还是监控统计网页的使用情况，总有一些度量的需求。软件系统在度量方面很在行——计算机擅长频繁地重复动作和准确地计算数据。

然而，一个完美的度量系统和一个仅仅够用的度量系统之间是有区别的。接下来是一系列的启发式方法，旨在帮助软件设计师依据给定的需求，制定最合适的度量方案。图 10-21 展示了之前见过的一个通用版本的进化锥函数图像，它适用于函数度量。

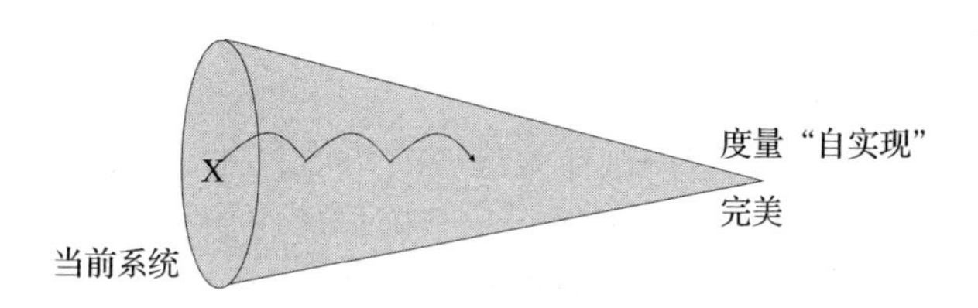

图 10-21　完美的度量系统

完美的度量系统可以提供你所需要的，不需要复杂化系统或花费任何成本。下面的启发式方法的完美程度是逐条下降的。使用列表方法从第一个启发式开始，在它提出的设计策略的基础上找出一个解决方案。只有当你在这个级别不能找到一个解决方案时，才应该考虑移动到列表中的下一个（不太完美的）启发式：

（对于每一个启发式，下面都配有一些例子来帮助说明别人是如何使用各自特定的设计策略来发现测量方案的。）

1）修改系统使之不需要做检测或度量。

- 自我补偿 / 自我校正 / 自我监控系统都通过允许已经包含在系统中的元素自行进行度量来消除度量的需求。
- “你不可能靠给母牛称重就能养肥它”，这告诉我们，在许多情况下，通过认识到它所提供的信息并不实用，可以消除度量的需求。
- 使用系统中的现有资源进行度量（比如，从度量的角度看，在每一个计算机系统中都有大量的已知数据未被利用。再比如，整理电子文件或会议纪要时，鼠标或按键的使用率能体现出用户的能力和资质信息等，这些能自动反馈的数据都可以作为项目管理的度量内容）。

- 一个系统透明度的增加，能够减少一些明显的度量需求，需要度量的通常是一些我们看不到的东西。
- 将不同的度量进行整合，也是一种消除度量需求的方式。

2）将度量或检测放在一个副本上，副本可以是虚拟图像或系统副本。

- 使用模拟或情景规划软件工具，构建工厂、组织、市场等数值模型。
- 开展网络验收测试作为最终的完整的用户群的一个缩影。
- 使用测试用户（例如，为了确定哪个版本更好，电影行业经常会测试电影的几种不同结局）或抽样技术。
- 破坏性分析（第6章）风险分析法。
- 使用基于互联网的表单和图片获得客户反馈测试。
- 虚拟顾客。

3）将问题转化为一个变化的连续度量。

- 衡量一个序列中连续度量之间的增量。
- 在任何有周期性的、连续采集的数据系统中，都有可能使用之前连续度量之间的增量作为附加功能的一个来源。
- 将按键/鼠标的使用率作为一种衡量用户能力的参考。
- 使用汽车控制反应率来确定司机是否喝了酒。
- 利用度量的变化实现未来的频率度量的需求。
- 利用变化的变化率测量作为一种识别接近潜在的非线性和危险的“峭壁边缘”的方法。

4）添加一个新元素（通信、人或元素）来提供一个容易检测的参数，关联需要度量或检测的参数。

- 顾客为度量信息的提供创造了可能性（例如，客户服务），否则很难可靠地获得信息。
- 建议箱不仅能收集想法，还能够为一个组织带来健康向上的风气。
- 物理或虚拟的布告牌允许人们贡献数据或信息。
- 匿名电子公告板。

- 信息记录程序。
- 眼球追踪软件。
- 交互式电视。
- 蓝牙 / 智能系统。
- GPS 跟踪系统。

5）如果没办法修改系统，那么为周边环境引入一个容易检测到的元素。

- 引入一个临时顾问进行度量。
- “现场调研”的度量收集策略。
- 闭路电视摄像机。
- （海森堡不确定性原理——任何做度量的尝试都不可避免地影响系统）。

6）如果不能为周边环境引入一个容易检测到的元素，就通过检测环境中现有东西的变化来获得需要的度量结果。

- 电脑键盘按键。
- 利用家人和朋友来获取团队成员的士气信息。
- 新闻媒体对世界上的变化尤其敏感，所以可以提出一种有效方法来度量市场变化、顾客感知等，特别是对于中断和非线性的信息的识别。

7）利用心理影响来辅助度量。

- 使用发生在或接近系统“临界点”的现象。
- 得不到的往往更能激发人们的获取欲望。这种心理经常可以用来改善问卷、调查和类似客户反馈机制的反应率。
- 大多数人都有一个潜在的想让自己显得更有用的欲望，因此如果能够找到一种适当的方式，他们将会提供信息，即便这意味着他们可能有些不方便。
- 人类思维的行为常像一个“积分器”（参考文献 10.2）。这意味着只有当一个适当的输入信号超过一定的总量之后人们才会采取行动。类似地，想象一个桶，只要里面的水满了，桶就会翻倒，而这个使它翻倒的信号就是倒进桶里的水。这个故事中的“漏洞”部分就是用来说明这样的事实：脑（桶）有一个小小的漏洞，因此每过一段时间，就需要倒入一些“水”来补偿渗漏出去的“水”。

- 当将问题公式化时，最好被“包含”进去——这里的心理影响跟因“所有人发笑”而发笑的笑话一样，强调人类从众心理是如何的普遍和常见，比那些倾向于孤立主义的观点更有效果。
- 坏消息比好消息传播得快——比起一段好的经历，客户更愿意告诉他的朋友们一段自己糟糕的经历。
- 相比没什么坏事发生，如果出了什么差错，客户通常对产品或服务的感知更明显，如果供应商能够提供一个适当的整改“经验”，会使客户体验更好。
- 利用沟通中的一大矛盾：你告诉人们的越多，他们越认为你在隐藏什么。

8）使用情感效果帮助度量。

- 识别和使用“激励器”。
- 识别和使用客户“热键”。
- 运动员和舞台表演者在表演的高潮经常谈到“专心致志”——他们当时的精神状态是全神贯注于手头的事情并且已经完全忘记外部影响。利用这种“专心致志”现象，来获取客户或员工的士气信息。
- 用心聆听会鼓励人们揭示他们的“真实”思想（无论如何，如果专心聆听被认为是假装的，则会导致完全相反的结果）。

9）使用相反的或对立的系统进行度量。

- 测量一个几乎满员的飞机或电影院里的空位置而不是测量里面的人数。
- 估量潜在客户而不是已有客户。这不仅应该包括购买竞争对手产品的人，还应包括任何形式的商品或服务的潜在顾客。

10.7 我该怎么做

灵活性是有效地使用系统的创新工具的关键。

记住，“系统”并不意味着与“顺序”一样。

使用附录 1 中提供的系统性创新模板。当然，也要允许自己放弃不喜欢的模板，调整订单，甚至添加新模板。你可以使用任何适合你的东西——系统性创新只是一个世界上最好实践的集合。大量的最好实践有可能已经在你的脑海中了。

记住要保持完美：

完美——向着任何创新项目进发。

摆脱——我们不得不远离心理惯性轨道。

资源——旅程中所需的燃料。

功能——我们开始旅程的原因。

涌现——无形的复杂障碍。

矛盾——所有创新的引擎。

乌龟——一路上必须遵守的规则。

参考文献

1) http://en.wikipedia.org/wiki/Traveling_salesman_problem.
2) Grand, S., 'Creation: Life And How To Make It', Weidenfeld & Nicolson, 2000.
3) Mann, D.L., 'Design For Wow- An Exciter Hypothesis', TRIZ Journal, October 2002.
4) Mann, D.L., Bradshaw, C., 'Design For Wow 2 – Music', TRIZ Journal, October 2005.
5) Mann, D.L., Ozozer, Y., 'Trend DNA', IFR Press, in press, 2008.
6) Mann, D.L., 'Hands-On Systematic Innovation', 2nd Edition, Chapter 9, 2007.
7) Suh, N., 'Axiomatic Design: Advances And Applications', OUP US, 2001.

第11章

总 括

Systematic (Software) Innovation

有句谚语说：“千里之行，始于足下”，但我认为：“还需要一张路线图。”

——Cecile M Springer

“为学日益，为道日损。”

——老子

矛盾不仅出现在设计软件和改进软件时，它几乎无处不在。相比那些不得不解决的软件技术问题，本书涉及更多的是如何找到一种方法并通过这种方法去解决矛盾。通过本书尝试去解决这些矛盾中的一部分，剩下的则需要你自己去解决。

和许多事情一样，发现矛盾、解决矛盾几乎就是创新和变革的全部。

本章分三部分，每一部分的核心都是矛盾。第一部分是关于个人层面的矛盾，你应该知道该如何独立解决。第二部分把方法进一步抽象，提升其乌龟结构层次，并考虑将这个方法传授给其他人。第三部分将抽象结构与其他方法结合，解决具体问题。在很多教学研讨会和促进问题解决的会议中，经常会听到使用系统创新工具解决这些问题的例子。下面让我们开始吧。

11.1　现在要做什么

问题：现今需要学习多少年才能成为一名成功的软件专业人才呢？一年？两年？五年？十年？还是二十年？

现今，需要花多少小时去学习创造力和创新力呢？两小时？五小时？十小时？还是二十小时？

你发现任何不平衡了吗？是什么让人们认为他们可以在学习装饰模式或 Excel 的同时学习创新这样一个丰富的主题呢？

软件工程师将肩负起地球的未来，这不是开玩笑！并且，他们可能是这个星球上装备最差的人。也就是说，不管喜欢与否，他们都必须承担这份巨大的责任，所以最好武装好自己，为承担这份责任做好准备。

毫无疑问你是一个聪明的软件设计师、工程师或一个项目经理（我深信这一点，因为你已经读到了本书的第 11 章），但你还可以更出色。任何一款软件都不可能为你工作太长时间。

比如说，为了帮助你的保险公司客户更好地工作，你就必须了解保险，理解风险管理、人类心理、市场趋势是什么，甚至还要了解社会和经济预测方面的知识。坦率地说，编写软件的过程反而是最容易的部分。

软件的系统化创新意味着没有更多的竖井心理。

软件的系统化创新意味着你的下一个软件创新挑战多半可能来自软件之外的领域。

软件的系统化创新意味着你与你的客户接触，或者与你的客户的客户接触，他们对软件知道得越少，你与他们的接触就应该越多。

在这个充斥享乐的世界里，软件赢家是那些了解客户并成为他们眼中的英雄的人。

编写好的代码仍然需要一些技巧，甚至在 5 年或 10 年后，我仍然可以胜任编码工作。软件将自行编写，我要做的就是弄清楚什么是正确的编程。假设给你一个场景，如果我是你，我会花时间学习一些东西，而不是去学习 VB.Net 版本 2.176 或者学习微软强加给我们的下一个软件。

软件赢家是那些创建的过程和协议都能灵活适应不同环境的人。今天做的不一定是明天必需的。除非你关注一些普遍真理。

本书围绕着被认为是七个普遍真理而构建的工具和过程展开讨论。故事还没有展开，但大部分是基本不变的，你可以在各章看到这些工具和过程。本书已经谈到了自我修正和一些离谱的想法：“在任何地方开始都没关系”，也谈到了“构建一种适合你的方法”。

接下来，是你要做的最重要的工作，也是你最优先考虑的工作之一。这就是另一种非常接近通用的方法，可以称之为“通用”，它将帮助你更好地完成工作。

通过创新过程能够认识到发散和收敛的重要性。通常在这种情况下，当你定义和解决一个问题时，你应该通过两个发散收敛周期，如图 11-1 所示。

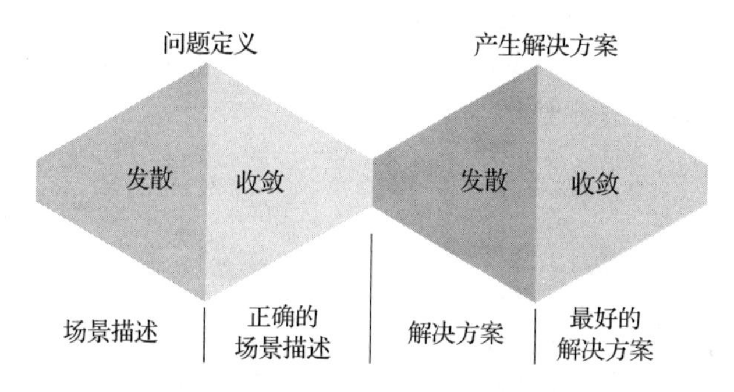

图 11-1　创新过程中的发散与收敛周期

发散是开放更多的可能性，收敛则相反。在项目的定义阶段，过早收敛等同于浪费大量时间。在解决方案生成阶段，过早收敛可能产生不太完美的解决方案，也不是一种有效的创新方式。

在发散收敛模型的引导下产生想法，然后，匹配不同的工具和技术，这些工具和技术蕴涵在不同任务的解决方案宝库中。图 11-2 描述了在周期中每个不同阶段我偏好使用的工具系列。当然你也可按自己的喜好列出自己的版本。注意，使用本书描述之外的工具也是允许的。

这里的主要目的是寻找一组符合你的思维方式的工具。至少，你应该考虑一个涵盖完整的发散和收敛周期的工具箱。

将工具组合在一起是很困难的。创新仍是一件十分艰巨的事情。在创新方面，全球的记录令人沮丧。纵观所有行业，平均来说，你有 5% 的机会成功。仅就软件行业来说，成功率进一步下降到约 2%。换句话说，如果你直接和市场打交道，你现在正在做的事情有 98% 的可能性不会带来任何利润。如果你只是简单地为你的客户编写一个软件，这个软件使他们赔钱的可能性为 98%。这一次你可以获得报酬，但是你下次前景堪忧。主要原因是“创新”与人们认为的“最佳实践”有时候背道而驰。这里有一些你可能认为并不直观的创新。这些方法植入你的思考的方式越多，创新成功的机会就越大。（注：像往常一样，所有这些都代表着矛盾，至少你现在知道，你不想要非此即彼的解决方案——你两样想都要。）

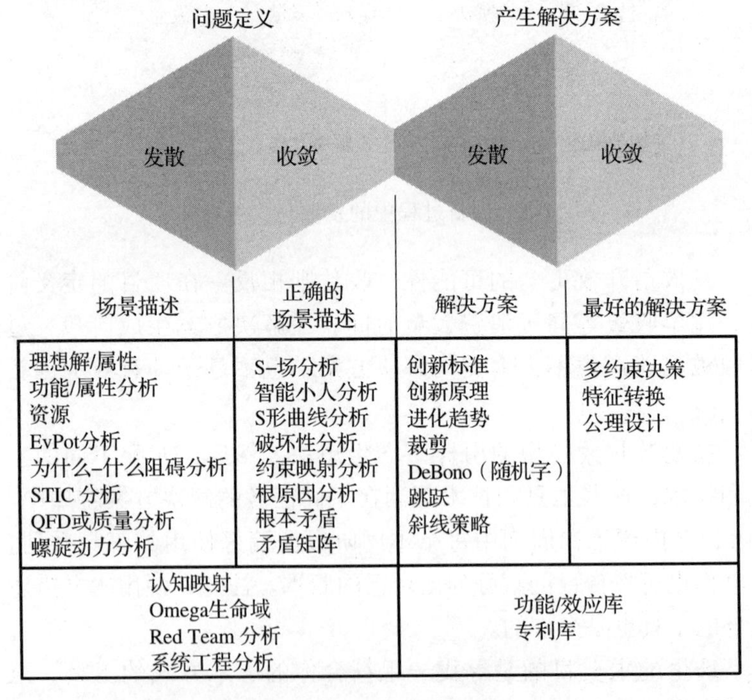

图 11-2　为不同的通用任务配备合适的工具

你知道的一切都是错误的——范式转变

常规（常识）	**创新要求**
最佳	理想
满意	总是需要更多
寻找相似	寻找异常
增加	阶段变化
合理	打破逻辑找到新的逻辑
线性的、连续的过程	非线性的过程
追求稳定	打破稳定
消除浪费	浪费是必然的
减少变化	变化是必然的
问题独一无二	问题已经解决
是，但是……封闭	是，但是……打开新的门
现在解决	潜伏是必然的
团队合作	个人然后团队
一个最好的答案	许多部分答案 / 组合
事实是不可置疑的	事实仅仅是“当前的理解”
EITHER/OR	BOTH/AND

11.1.1　不可思议的数字——3

现在是真正困难的部分（是不是感觉事情越来越糟）。强迫自己去解决三个问题，很有可能使这些事情都开始变得有意义。如果你在放下本书的一个月内解决了不到三个问题，那么你很可能再也不会打开这本书了，你也就退出了即将到来的创新游戏。

就类似于你被飞行员培训学校录取，从此你走上了成为一名创新精英的道路。作为一名军事飞行员，你看着面前的这些奇怪的东西，有点不知所措。精英是如何做到这些的？一次掌握一种工具，一次完成一项任务。对你完全一样，除非你遇到特殊情况：a）整个过程是自修正的（军用飞机是故意不稳定）；b）当你用无线电和控制塔里的人通话时，你是在和设计飞机的人通话……

11.1.2 七根支柱

七根支柱，立方体的六个面，概要总结了整个过程（见图 11-3）。听起来不错，很有用……

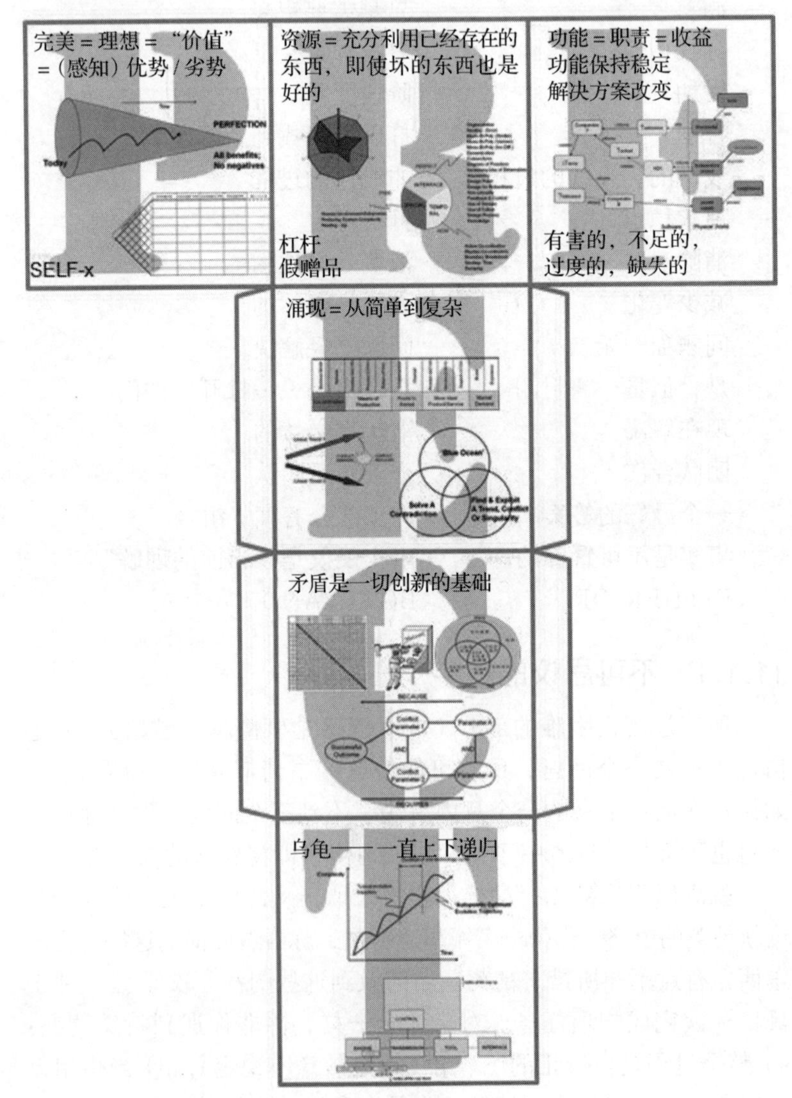

图 11-3　七根支柱

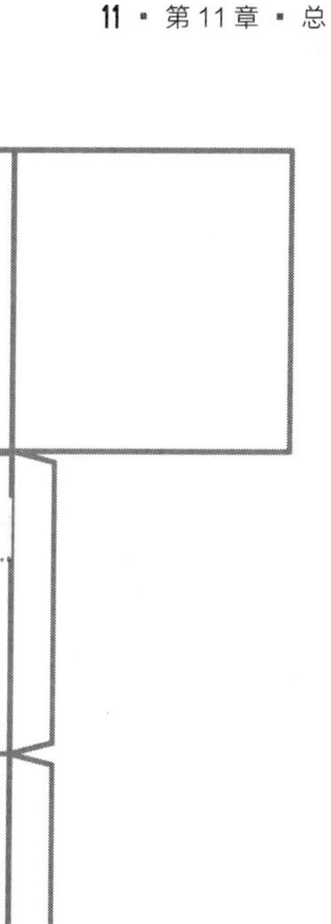

图 11-3 （续）

11.2　将这种方法传授给他人

在解决行业领域问题时常用试错法，那么你如何在这些领域推广系统化创新方法呢？在一个完全依赖于逻辑的行业中，如何传授一些几乎不符合当前所有逻辑定义的东西？

或者，更困难的是，你可能还想探究一下为什么你发现这里所讨论的一些事情是如此困难，以及为什么整个系统化创新方法在推广和应用方面仍然未能进入主流。下一章万物理论（TOE）中的详细描述应该能够帮助你去探究这些问题。一个特别的问题是“我”(产生新想法的人）和“它”(在这种情况下的系统化创新方法本身）之间的接口。根据 TOE，“我”被从一种思维模式到另一种思维模式的不连续转换所驱动，那么这种模式很可能会对你使用（传授）系统化创新的方式产生影响。著名的社会动力学研究包含 8 个主要的思维模式，如图 11-4 所示，所有工作方式在根本上互不相同。在这种情况下，有没有可能采用单一的使用或者教学方法满足所有不同模式呢？根据我们正在进行的研究得出的答案是“绝对没有”。这个想法足以结束这次讨论。接受这个概念也需要一个心理转变，它几乎与主流软件的“做事方式”完全相反。软件行业已经认识到逻辑和可重复性的必要性。你知道的，因为你所学的就是如此，一个受过训练的思维模式必须遵循特定的第 1 步、第 2 步……第 8 步等步骤。可以推测，假设不同的人思考方式不同，究竟为什么你会期望一个程序满足他们所有的要求呢？本节并没有把这个问题抛诸脑后，为了回答这个问题，让我们回顾一些关于螺旋模型中不同层次的思考方式以及它们将如何做出最佳反应的发现。在过去 12 年几乎在全世界每一个角落向人们传授这个道理，图 11-4 所示的表总结了我们学到了什么，不同类型的人学什么。这个表包含五个重点领域的六个主要类型的思维，可能在任何软件（或者说任何其他行业）公司都会遇到——你应该告诉人们关于基本理论是什么，如何最好地展示工具，是否使用模板，使用什么样的练习，应该看看什么样的流程。研究的目的不是规定，而仅仅是指导。阅读本章，你会对不同思维类型的人群有一个初步的了解。

在不同的思维层次上，你是否看到了需求与你教授或看到其他人尝试（和失败？）使用 TRIZ 和其他问题解决方法的方式之间的相似之处？希望从这张图中至少有一个或两个有用的想法出现。其中主要想法之一应该是：看看这一类与另一类之间存在巨大差异，难道我不应该更多地去了解它们之间的差异是什么吗？

	原　理	工　具	模　板	练　习	过　程
原始级	NO	隐藏复杂性	基本的	正确的回答	1～2 步
封建级	世界上最好	快速击打、卡、游戏	基本的	最好的回答	<4 步
有序级	世界最好的问题解决者	矩阵、九窗口、雷达标图、专利数据库、没有 PI 工具	基本的	根据上下文的最好的回答	顺序且严格的、没有偏差的
科学级	300 万数据点	适合你的工具	灵活、自由的应用	开放的问题、真正的问题、“专利的”	按你认为的合适顺序排列构建步骤
群体级	我们迄今为止的发现	按照什么适合什么人进行分组。强调定义重于解决方案	团体决定或者分组，一些组用模板一些组不用模板	经过辩论和讨论，辩论出有意义的问题点	流程图、if/then 门、发散 / 收敛周期、思考帽
概念与整体结构 / 全人类级	所有原理都是错的，或者部分有用	思考的着眼点；如果你能改进它，那就去做	NO	相关问题没有解决方案，问题越大越好	自我调整

图 11-4　在不同的等级水平传授 / 应用的系统化创新方法

如果你认为这是最坏的情况，等等，还有更坏的。就像在里面卡了壳，仍然需要一个扭转……

越过第二个障碍（跌倒后爬起来）

传授系统化创新方法的教学工作是很艰难的。此刻，每个能够成功地开展的教学都有两次失败的可能。遇到的第一个障碍是：当新手第一次接触这种方法时，需要克服的是负面情绪。每个人都知道，一生中对初次接触的东西很容易产生错误观点。在一些创意社区中，像俄罗斯人和同他们一样的其他人，似乎已经掌握了创造第一负面印象的艺术，一些负面印象甚至破坏了整个国家的人们对这种方法的兴趣。如图 11-5 所示，第一个障碍恰恰发生在时间线的开端。若第一个障碍搞砸了，产生的负面轨迹可能会造成永久的影响。

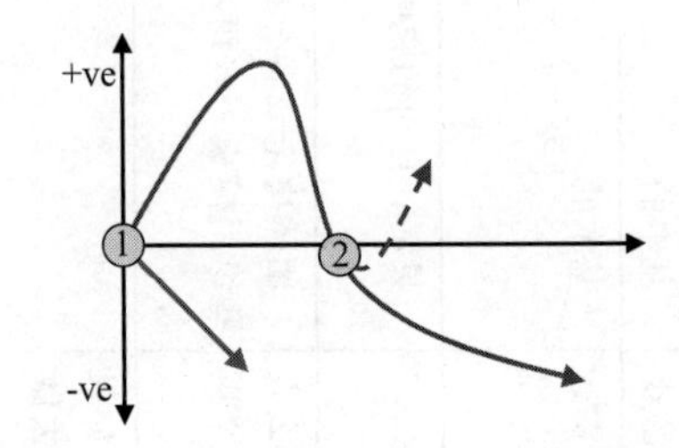

图 11-5　第一个和第二个传授障碍

问题仍然严重，焦点在第二个严重障碍。图 11-5 中的点 2 说明已成功地越过了第一个障碍，因此对系统创新有一个正面印象。如果你已经做到这一步了，祝贺你！现在，根据该图，给你的建议是无论最初的印象多么积极，在未来的某一时刻会不可避免地上升到一个峰值，但是马上就会下降到负面。导致这种现象发生的原因各种各样。这里研究两个主要的原因。采取策略确保在第二个临界点后能够回到积极的一面，而不是消极地延续。

第一次下降到负面印象区域的原因是：很可能出现在人们早期的方法应用中。当一个人意识到他们能够找到解决使他们没有头绪的问题的解决方案时，这种倾斜就会出现。一个典型的方案可能会促使下列事情发生：

1）一个人接触到这种方法，并被一种想法所激发，即这是一种为他们正在处理的特定问题提供解决方案的工具。通常这种方法为他们展现了以前从未考虑过的问题新视角——例如第一次认识到问题是矛盾。另外一种情况，它也会让你感觉到一丝欣喜，它可以帮助你逃出这种困难的束缚。

2）这种新的问题观点会产生令人振奋的感觉，然后提示他们将问题映射到通用问题的一个快速的路线，并且得到一些“通用的解决方案”(通常使用矩阵，这种矩阵对于新人来说是一种更有趣的工具)。因为人类的头脑更乐于去想解决方案，而不是定义问题，还有就是因为使用者对于这种方法的抽象过程的内在不是很确定。通常有些不确定会产生——我做得对吗？

3）已经得到通过这种方法产生的通用解决方案，会出现以下两种情况的任意一种：a）对通用解决方案（例如，发明原理）不太了解，无法与他们的问题产生有意义的关联；b）再一次因为头脑的工作方式，从你还没有使用工具之前已经生成的通用解决方案中产生想法，这是一种强烈的趋势。第二种情况的发生是因为大脑是一个伟大的连接者，它能够快速地对熟悉的事物产生转移并连接。所以如果你已经想过，例如，将你的问题分成几段，这时原理1就会传递给你。“分割”作为解决方案的一个方向，你的第一个想法就类似于——“我已经想到了”。在这种情况下，系统化创新想要你做的是观察在你没有考虑的地方是否还能够分割，但是对于大多数人来说这并不是一种自然的思考方法，最终他们只是重新发明了我们现有的解决方案。

4）以上两种情况的最终结果都是，从你开始的得意扬扬逐渐成为所有烦恼的答案，结果是什么也没有得到，或者你重新发明出已经拥有的东西。重新进入了“我没有起作用”的境地。

这种负面轨迹情形的唯一真正做法应该是鼓励新手在开始解决自己的领域问题前，使用这种方法解决他们专业以外的问题。在可以承担错误的事情上，他们可以犯错、学习并且掌握通用解决方案解决问题的过程。在几乎所有的内部研讨会上我们都会采用这种方法，例如，趋势/潜在进化和消除矛盾工具。

第二个障碍的第二个主要原因更严重，相比于第一个原因更不容易克服。第二个负面印象轨迹发生在以下的情况下：当使用者用某些形式完成这个过程，或者产生一些通用解决方案，或者计划将它们转化为特定专业方案。所以，如果使用者已经解决了他们的问题，究竟如何导致系统化创新的负面印象呢？

当然，有一些原因，下面给出了常见的几个原因：

1）“这个方案貌似是显而易见的”——当在系统化创新中经常使用“显而易见”的方案，就好像定义了一个“好”方案，当解决方案出现时，最初的欢欣鼓舞很快就被许多人怀疑。如果我向我的老板展示这个方案，他会认为这是那么显然的方案，就会奇怪为什么我花费了那么长时间去解决呢。

2）“这一点很清楚，我需要向 x 方向移动（例如，做一个半透明的窗口），但是现在我不得不重新运用优化方法去寻找确切的解决方案”（更糟的是，“我的优化工具不允许向 x 方向建模”）。

3）“我仍然需要一些数据”——通过这种方法对得到的概念性的解决方案进行优化，数据是必须的。最糟糕的情况是，从系统化创新工具产生出的新概念使得之前的一堆实验优化数据变得无关紧要。人类大脑不喜欢那些现在多余的工作。这就是俗称的“成本花费”现象——优化方法需要的数据所花费的时间越多，想要取消它的人越少。或者重新开始一系列的优化实验。

4）“我不知道如何……”——如果系统化创新工具展示的是专业领域之外的人，那么将存在双重威胁：a）不得不冒险学习专业领域之外的一些知识；b）不得不潜在地削弱他们长期积累的专业知识。

5）“那是骗子”——几乎和“显而易见”的解决方案一样，人们常常认为答案是骗人的。通常，当系统化创新向你展示你在解决错误问题时这种情况会发生。通常，当你找到软件问题的业务解决方案时，往往会感到失望。

6）“有些人已经想到了”——你常常会发现，在你查看专利数据库时，发现自己杰出的新解决方案实际上在5年前就有人想到了。

7）“我提出的解决方案，并不是系统化创新”——可能这是最严重的。毕竟，你提出了专业解决方案，所有的方法都能够为你指明正确方向。

没有简单的办法来补救这些负面印象的发生。唯一通用的方法是要认识到这些负面印象至少有一个会不可避免地发生，并且要记住，它们的发生并不是系统化创新方法的错。正确认识这个问题，从而坚信负面印象只是暂时的，并在此道路上迈出重要一步。

此外，能够提供给你的最好建议是，鼓励使用者仿照你使用创新方法那样去解决问题，但是很少有人愿意这样做，那就再循环一次。所以，一些人发现自己杰出的新方案已经被别人发明专利了，就会不可避免地感到失望，但这也是一个去设计更好的方案（新的专利）的机会。循环的另一个原因是考虑这个“老板认为这是显而易见的”问题不仅展示了一个想法，而是一整套想法。关键不仅在于提出“显而易见”的杀手级想法，还在于提出一套全面的解决方案。这里，进化潜力工具可以提供很大帮助，来构建新的解决方案，进化潜力雷达图提供了一个很好的平台，在这个平台上你会看到该方案的未来进化趋势。

或者换个角度，系统化创新的工作是让你和你的学生找到解决问题的创新方案。没有这一突破性的解决方案，你的创新注定失败。但是，在最好的情况下，只有1%的创新项目会有解决方案。这需要大量的工作：创意获取、开发、生产、测试、推向市场，并开始从中获取利益。当你走到整个过程的一半时，回过头看看这1%的创新项目中新概念最初产生的地方，系统化创新方法帮助你做了什么，开始看起来帮助很小，像远处的一个小斑点。世界就是这样。我曾经看到过从系统化创新的概念中成长起来的几十亿美元产业。不过，该公司永远不会说“系统化创新”

做到了这一点。几个人涡轮增压式地创意工作几小时是无法与数百万美元的开发成本相平衡的。不要太过奢望。老师的工作就是让学生在老板眼中看起来像突破性创新的英雄，这就足够了。

11.3 常见问题

从哪里开始呢？如果你一直读到本章末尾，仍然不知道如何用恰当的短语描述像“休斯顿，我想我们有一个问题”之类的话。不要担心，如果你读到一些有趣的内容，那么就从这开始吧。如果做不到这一点，选择一个问题或者某些问题去尝试一下。开始时可能会显得很奇怪或很愚笨，就好像你学习骑自行车那样。这是我一生中最糟糕的时刻之一，一名TRIZ爱好者走近我，跟我说他读了十几本TRIZ书，而我确实认为他需要准备将其应用于他的问题上了。投入进去，做点什么吧。(记得我给你的保证)。

难道这种方式不会把我天生的创造力带走吗？当我第一次接触到TRIZ时，我的直接反应是双重的：1）这不是真的；2）我是世界上最有创意的人。即便它是真的，究竟为什么我需要它呢？我花费了三年时间才认识到因为我的疑问是错的。我的天生创造力还是其他的方法，这不是一个二选一的选项。有时候我想按自己的方式，有时候我只是想要答案，这取决于当时的情况。另外，在一天结束的时候，涌现开始发挥作用，你影响这种方法，而它也同样影响你。当这种情况出现时，你可能是将这个主题提升到高一级水平的人。

难道这种方式不会把“神秘”感带走吗？无论你是否参与创新过程，都要了解这个过程是如何发生的。对我有帮助的是，让我意识到，无论何时，当你认为自己正在理解“一个谜”时，你只是在揭示新的谜。完美既是一个固定点也是一个移动点。

“30秒电梯演讲”对于系统化创新来说是什么呢？我讨厌人们问我这个问题，所以你也应该这样。这是一个毫无意义的问题，这个答案往好了说是愚笨的，而往坏了说是毫无意义的。每当有人问我这个问题，我总是请求他们给我 30 秒电梯时间选讲“物理”或“数学”？ 或无论提问者花三年或者更长时间研究什么。在极少数情况下，我得到一个明智的答案时，我点头或者问“现在，30 秒版本的化学、生物学、经济学是什么，因为当你把所有这些加起来，听起来你似乎要接近创新 30 秒版本的化学、生物学和经济学”。与此同时，如果一天下来，你都没有感到厌烦，尝试“它是创新 2.0，并且它是你的未来”。这只需要不到 30 秒的时间，而且似乎效果很好。

什么样的成功案例能证明这种方法有作用？这是我在 30 秒那个问题之后，第二个最喜欢的问题。从物理和数学的角度再次尝试。你能指出什么样的成功案例能够证明物理起作用吗？

整个软件产业已经成功地从“试错法”发展起来，为什么要改变呢？所有行业必须发展。当其他人都在做同样的事情时，试错法是有效的。作为一名开创者，当没有人为你指引方向和提供任何猜想时，每个人最好启用思考的帽子。启用多种方法思考会更好。

你提到 TRIZ 几次，TRIZ 与系统创新之间的区别是什么？在许多方面，这两个词是同义的。从严格意义上讲，你可能认为 TRIZ 是更大的“系统化创新”方法的一部分，但它确是相当大的一部分。系统化创新将 TRIZ 最初的“把所有好东西放在一起”的雄心又向前推进了一步，并将许多其他工具和技术整合成一个连贯的整体（希望是这样）。经典 TRIZ 主要是研究机械设计解决方案的成果。系统化创新研究的是几百万软件、电子、物理、化学、生物、商业、心理学与经济学的创新和方法，试图从整个事情的角度看待问题。

你也提到了设计模式。设计模式与系统创新有什么关系呢？许多研究人员都研究了最佳实践，并将成果集中在一起。TRIZ 是为了技术，克里斯托弗・亚历山大试图将它应用于建筑。在软件领域，“Gang of Four”跟随亚历山大的领导在软件领域研究

“最佳实践”。由此产生模式。系统化创新已经吸收了所有这些东西，并找到了一个更高层次的体系，将其全部整合在一起。

系统化创新能解决任何软件问题吗？埃德温·兰德说过非常著名的一句话：如果你可以定义一个问题，那么就可以解决问题。我们倾向于相信这种说法。系统化创新不可能实现冷聚变，或解决世界饥饿，或让布拉德福德的一支足球队更强大，但你也不知道它们是否是正确的问题。对于大多数的其他问题，我们倾向于认为它将引导你走向好的解决方案。更重要的是，我们也相信，只有当我们开始应用约束时，我们才会把一个可解的问题转化为一个无解的问题。换句话说，每一个问题都是可解的，直到有人说：“对不起，你不能那样做。”在这种情况下，你只是得到另一个需要解决的矛盾。说了这么多，系统化创新里几乎没有数学。因此，没有最优化问题。但是，在创新方面，不管怎样你都应该完全忽略优化类问题。

你一直在谈论走出软件领域找到解决办法，我应该怎么做？冒着听起来有偏见的风险，我们的另一本书应该能帮助你了解其他学科的人是如何解决他们的问题的。我们有一本“商业”的书和一本“技术”的书。如果你觉得我试图向你推销别的东西，你也可以去搜索世界专利数据库或管理文本，从那里获取未整理的版本。最终，这些东西将会整合成为一个统一的整体，人类现在还没有，但是有一天我们会将它们整合为一个整体。

我需要软件吗？软件的存在促进系统化创新方法，但却不是你需要它。系统化创新首先是一种思维过程。一旦你已经使用了这个过程并且你发现自己经常使用它，那么你可能会考虑加入一些省力的工具。在此之前，软件是你最不需要的。

11.4 我该怎么做

这是你的选择。你可以成为改变者或者被改变。

就个人而言，我喜欢改变。我讨厌被改变。

我们向往“更完美”的未来，我想成为一个驱动者。或者有时候我会：我想开车，但我不想开车。

如果现在听起来好像只是另一个矛盾，那么也许，只是也许，你已经开启了系统化创新的航行，飞机刚刚离开地面，征程已经开始。

12

第 12 章

预测未来

Systematic (Software) Innovation

"未来已经来临，只是分布不均，很多人没有意识到而已。"

——**威廉·吉布森**

"我们总是高估未来2年内将要发生的变革，低估未来10年将要发生的变革。"

——**比尔·盖茨**

"没有任何问题是由创造它的相同意识来解决的。"

——**爱因斯坦**

起初，世界上本没有软件，也没有软件工程师。随着科技的进步，计算机出现了。计算机的发明使得极客[⊖]世界欣喜若狂。只要有人知道如何传送正确的指令集给计算机，以前需要花费几周时间才能完成的计算任务，现在利用计算机在几个小时内就可以完成，许多原来不能做的事情现在利用计算机都可以实现了。极客们环顾四周后发现只有他们能够胜任这项工作。最初，使用计算机并不是一件很容易的事情，因为计算机只能进行加减运算和少量的布尔逻辑运算。为了解决这个问题，极客们发明了汇编语言。汇编语言出现不久之后，Fortran语言也出现了。由于极客们通常很少交流，不同的工作环境对计算机语言产生了不同的需求，使得大量的计算机语言被发明出来。

各种计算机语言层出不穷，使得人们对软件的需求激增。但是，市场上并没有足够多的极客能够满足人们的需求。因此，大学开始开设专门的软件编程课程。层出不穷的编程语言和日益增多的各种类型的软件，使得参加计算机语言课程学习的学

⊖ 极客常被形容为对计算机和网络技术有狂热兴趣并投入大量时间钻研的人，zh.wikipedia.org/zh/极客。——译者注

生需要付出全部的时间来学习软件开发类的课程，没有时间和精力学习其他方面的课程。由此产生的新一代的极客们开始谈论 VB、C++、面向对象和设计模式，并不关注除此之外的事情。

在这一时期，典型的软件工程师通常是 18 岁中学毕业后再花费三年的时间学习“软件”技术，然后获得一份编写软件的工作，最可能是为外包服务公司编写软件。

在一段时间内，这种培养软件设计人员的模式是可行的，因为当新一代的极客遇到问题时，有足够多的、具有丰富的软件领域之外的知识的老一辈极客能够指导新一代极客怎么做。然而，现在这种培养模式不再可行了。那些必须学习布尔代数，知道喷气式引擎如何工作，知道银行如何工作的老一辈极客已经成为过去时了（在赚到只有先行者才能赚到的大量财富后，这些老一辈的极客们大多在 35 岁的时候就退休了）。再没有人能够告诉新一代的极客软件之外的事情，即使这些极客非常想知道。

大多数新一代极客并没有意识到这个问题。客户通常知道自己需要什么。因此，客户告诉他们写什么，他们就写什么。“如果能够给出软件的详细需求，软件就能够被编写出来”是新一代的极客所奉行的信条。这个信条有什么问题吗？

从某个层面上来说，这个信条一点问题也没有。如果你一直在做相同类型的软件开发，这种方法事实上是正确的。在获得第一份工作后，新一代极客学会了这一行业的诀窍。然后翻来覆去地重复做同样类型的软件开发，变得越来越精通该类型的软件开发，从而使得老板们能够按照客户的要求节省开发费用。能做到这样就非常好了，大多数情况下确实能够达到这个目标。

不幸的是，所有的系统都会在某一个时刻止住前进的脚步。软件世界是充满竞争的。美国把软件开发外包给印度，印度再把软件开发外包给中国，中国再外包给越南。这个世界上总是存在着薪水比你低的开发人员。任何期望通过不断优化他们一直从事的工作来实现更好的发展的软件公司或者工程师，都应该从全球化飞速发展的经济角度重新考虑问题。当出现困境时，解决问题的唯一办法是创新。

任何一个合格的软件公司都已经了解了创新这个词。这也就是在工业界出现许多显而易见的创新的原因。比较容易的创新果实都已经被摘光了，剩下的都是处于树的顶端，不容易被摘取的创新果实了。尽管老一辈的极客们拥有获取树顶端的创新果实的知识，但新一代极客们却不具备获取这些树顶端的创新果实的知识。

创新机会出现在现实中1800摄氏度喷气发动机涡轮叶片的表面上，出现在花费15分钟在银行排队的客户中，出现在急于寻找替代路线来摆脱堵车境况的司机中，出现在那些担心孩子遭受不耐烦的司机打骂的父母中，出现在那些想知道如何才能吸引更多客户的超市经理中。创新机会出现在那些软件工程师不了解的每一件事情上。因为不论是在学校里还是在工作中，学习如何正确地编写代码已经占用了软件工程师的全部时间。那又如何能期望他们了解编写代码之外的事情呢？

但假设这里有创新机会，那恰恰是你的用武之地。

你是否正在困惑这个思想有什么新鲜的呢？接下来的内容将告诉你确实没有新鲜的。创新完全是可预测的，具有完全通用的趋势。创新是本书前面章节在不同语境中介绍的模式。创新是一种由系统自身经历的多个复杂性从增加到降低的阶段所构成的趋势。

也许，这种趋势和软件工程界最重要的直接联系在于，当软件系统处于S形曲线中复杂性增加的阶段（见图12-1）时，分工越来越细，专业化程度越来越高，出现了越来越多的专家。成千上万的软件工程师仅仅是在越来越狭窄的领域中钻研得越来越深。这并不是批评，仅仅是对通用模式的一种反思——因为有许许多多的工作要做，所以分割是必要的，专业化也是必要的。

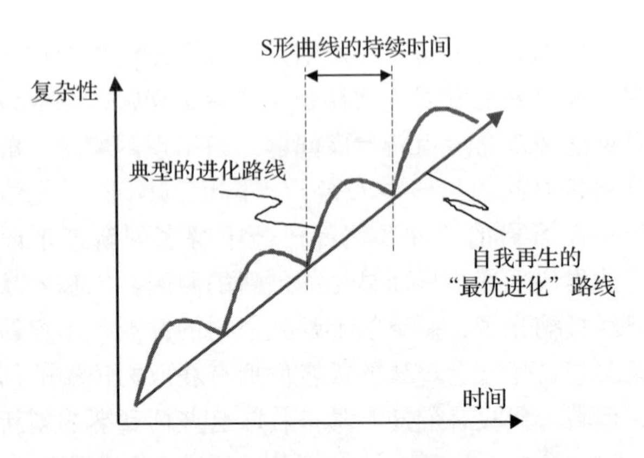

图 12-1　增加 - 降低复杂性和软件工程进化

也许这种趋势模式与软件工程之间最直接的联系是，随着系统沿着曲线中复杂性不断增加的趋势，需要融合越来越多的领域专业知识。领域越专业，软件工程师了解的相关领域知识就越少。这里并不是苛求，只是一种普遍性模式——进化曲线必须分割为一段段的，因为有太多的专业化工作要做，它们是基础。

未来处于 S 形曲线复杂性再一次降低的部分。注意，这并不意味着软件本身将会降低复杂性，因为在这种情况下距离 S 形曲线中全局复杂性的最高点可能仍然有很长的路要走。此时，仅仅意味着从整体上看，工业界将向复杂性下一次降低的路径前进。这就是软件创新需要走的道路。

这是一条需要结束软件工程专业化的道路。也就是说，如果创新机会出现在代码之外的地方，那些代码之外的地方才是你应该去寻找创新机会的地方。未来的成功取决于用通用的知识来解决专业化的问题。那些能够很好了解其他领域知识的软件工程师便能够更好地发现问题、解决问题。

为了弄清楚我们正在说什么，考虑这样一个例子。当今，几乎一半的计算机错误属于遗漏类型的错误。所谓的遗漏类型的错误是指软件工程师忘记了，或者根本就不知道真实情况是什么样子，就以一种一无所知的态度开始编写软件。因此，第一个创新原则是让软件工程师充分了解这个奇妙的真实世界，进而避免这类遗漏类型错误的出现。第二个创新原则是集成软件工程师了解的软件所能做到的和那些还没有解决、超出了软件工程师的能力之外的问题（在某些情况下，这些问题甚至还没有被发现）。

从现在开始，本章分为 3 个不同的部分。第一部分走出软件舒适区主题，深度挖掘并审视开始处理“真实世界”主题至少需要做什么。第二部分审视系统化创新工具是如何通过那种很有可能令我们迷失方向的迂回曲折的方式进化的。第二部分的重点在于策略和策略性启示。第三部开始描述和开发系统化创新工具的有关工作。通过这部分，人们会发现系统化创新工具仍然有很大的改善和扩张空间。无论现在的事物多么完美，仍然会有更加完美的事物在等待着我们去发现。

12.1 真实世界——万物理论

随着讨论越来越深入，有一个道理会越来越明显：关于软件创新的书籍应该少讲述关于软件的内容，多讲述软件之外的内容。人类心理学在这点上可能有所缺失，计算机和软件之所以存在，是因为人们设计出它们来帮助自己做那些不喜欢做的事情。软件始于人类，现在开始影响人类的行为。如果你想创造更好的软件，你需要更好地理解软件要实现什么功能，以及人类为什么需要这些功能。说起来有点矛盾，软件世界最不适合也最没有办法演好自己在前进方向上所扮演的角色。接下来我们讨论如何保持平衡。

如同前面提到的趋势所建议的那样，所有的系统都会经历复杂性增加和降低的连续阶段。人类理解世界也遵循类似的规律。有时，如同 20 世纪那样，主流看法是知识需要增强专业化和碎片化。在其他年代，如文艺复兴期间，则强调知识的综合与整合。

感谢系统化创新研究工作者。在经历了一个发展阶段后，知识的综合与整合又重新开始受到重视。系统化创新和 TRIZ 所做的工作就是映射和集成不同领域的技术，包括生物学(Margulis)、物理学(Einstein)、社会史(Strauss &Howe)、心理学(Graves)、文学(Brooker)、宗教(Wilbur)和经济学(Mandelbrot Gilmore&Pine)。

为了更好地看清软件的未来，审视不同领域专属的万物理论之间的兼容性和冲突是非常有必要的；探索把不同领域的知识综合成一个高级的统一理论并加以应用是非常有必要的。

考虑到许多人会发现万物理论的概念可能是无用的，或者是不可行的，或者是自大的，或者三者兼而有之，首先抛开这些困扰，我们的意图仅仅是开始考虑迄今已知的万物理论。从早期的“完美”支柱讨论可以得出结论：当正在寻找问题的解决思路时，越接近当前的完美的含义时，新的完美定义将会以一种不可预测的方式出现。如同第 2 章所述的向着地平线航行的帆船，无论到达哪一个你认为是地平线的地方，你都会发现一个新的地平线出现在远方。

用更正式的表达方式来说，集成存在的知识意味着开始沿着增加 - 降低复杂性周期中降低复杂性的部分曲线进化，如图 12-2 所示。

把那些试图为 TOE 理论做贡献的肤浅尝试放在一边，最近大量出现的宣称掌握了天地万物秘密的文章表明，越来越多的人开始朝着这个方向思考。Gilmore 和 Pine 在他们的最新文章中，把商品 - 产品 - 服务 - 经验趋势描述为经济领域的万物理论就是一个很好的例子。来自超弦理论物理学家的剩余 TOE 讨论也是一个很好的例子。Wilber 的世界宗教和心理学的 TOE 合成理论也是一个很好的例子。也许，大量的实例是建立在万物理论是从领域专属知识中构建起来的前提下的。因此，为了简要描述两个极端，Wilber（也许是读者群中两极分化最严重的 TOE 作者）建议在没有完全理解任何科学或技术的前提下发现万物世界的秘密，物理学家认为他们能够忽视涉及心理学、社会学和人类学的任何领域的影响。

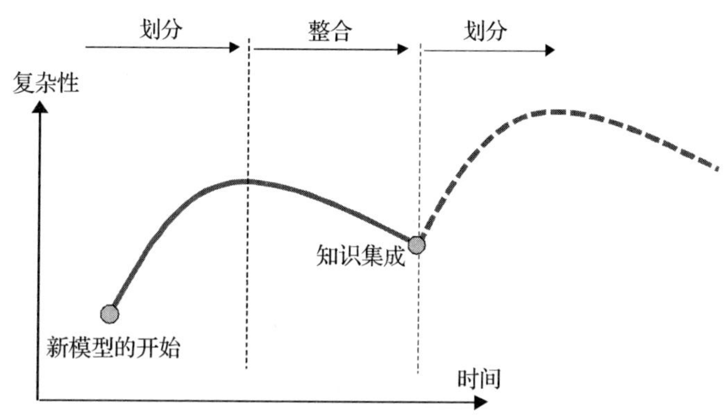

图 12-2　连续的知识收敛与发散周期

如果你能认同如下结论：任何真正的 TOE 尝试都需要包含所有的已知领域，当尝试把所有拼图拼在一起时，确定从哪里开始会产生海量的潜在问题。尽管存在许多切入点来讨论万物理论，系统完整性法则能够让我们以一种结构化的知识组织形式来开始了解万物理论。如果系统完整性法则是通用的，如果万物理论存在，那么引擎－传输－工具－接口－控制模式结构就肯定存在。Staffor Beer 意识到了系统完整性法则的存在，并指出这种模式必然是反复循环出现的（参考文献 12.1），如图 12-3 所示。

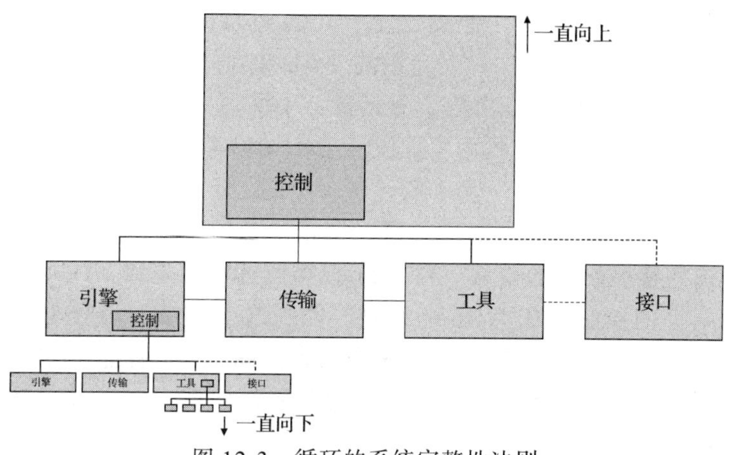

图 12-3　循环的系统完整性法则

这种“循环”的模式我们将在稍后的部分进行论述。首先，我们需要弄清楚 TOE 语境下系统完整性的相关概念。

12.2 系统完整性法则

严格地说，在开始讨论完整性系统的组成元素之前，首先应该明确的是什么是系统的有用功能。为了避免陷入“什么是生命的意义”这样的辩论从而远离讨论的主题，在这里我们简要地介绍一下有用功能的定义。从严格的生物学角度看，系统存在的目的是生存、复制、产生更多的系统。从人类学的角度看，上述结论可以引申为包含一些与“进步”相关的概念。换句话说，人类的存在是为了让生活变得更好。或者用我们这个时代的一个伟大的哲学家的话说，“人类存在的目的是大胆地探索前人没有去过的地方”。人类为了变得更好而应该做什么，应该交由那些真正的哲学家来给出建议。同时，回到能够传递进步功能的完整性系统应该包含哪些组成部分这个概念上来。

尽管早期有一些批评的声音，Wilber 提供了一个最接近真实世界的尝试，他提出了一个具有反映引擎、传输、工具、接口、控制模式 5 个元素的 TOE 模型（参考文献 12.2）。Wilber 的模型与其说是 5 个元素，不如说是 4 个象限，包括我（I），它（IT），我们（WE），它们（ITS）换言之，是一个具有外在/内在，一元/多元的 2×2 的矩阵。如图 12-4 所示，这 4 个象限分别对应引擎、传输、工具和接口这 4 个组成系统完整性法则的要素。Wilber 模型所遗漏的是和上述 4 个元素同等的控制。在 Wilber 看来，控制这个高级的角色是他的目的。无论他是否已经控制这个元素，图 12-4 所提供的是一种结构，该结构可以描述一种把世界分割成若干个交互部分的方式。

当你开始把完整性系统和“进步”功能联系起来时，Wilber 的组成要素定义和系统化创新中的组成要素定义之间的联系就更容易理解了：

引擎——是那些能够进步的、来自引擎的想法。想法基本上来自个体的智力（其他人也可以产生一个想法，但每个想法的产生仅仅来自每个人的大脑），所以，Wilber 把它放在 I 象限。

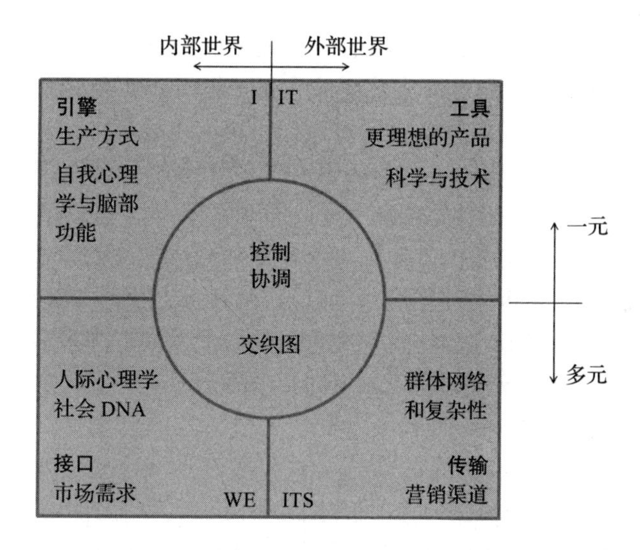

图 12-4　系统完整性法则和 Wilber 的外在 / 内在——一元 / 多元模型

传输——传输是指连接引擎（个体想法）和工具（实现了的个体想法）的事物。因此，在 Wilber 模型中，传输是指“WE”，它用来帮助执行传输操作。

工具——一个想法的物理表现，代表了完整性系统中的工具元素。一个想法的表现形式是指个体的内在想法被转化为外在的实现，与 Wilber 的 IT 象限联系在一起。

接口——如果接口是工具在其上进行操作的事物，在 TOE 模型中，接口则是已经实现的想法借以进行相关操作的世界。在

Wilber 的模型中，被作用的事物是 IT，想法已经对 ITS 产生了影响。

这 4 个要素的排名不分先后，但从引擎开始可能最容易理解，因为引擎是与本书主要内容的中心主题关联最密切的要素。接下来依次解释这四个要素中的每一个。

工具（内在 - 一元）——技术的世界

大家一致认同，TRIZ 理论的创造者——Genrich Altshuller 是对“IT”这个具显化想法的世界做出最大贡献的人。如果一个 TOE 需要发现和合成进化模式，最初的 TRIZ 和后续的系统化创新研究必须被提及，它们对于标识科学与技术中的进化模式做出了重大贡献。此外，为了使读者更熟悉这些进化模式，从 IT 域的模式发现开始介绍的另一个原因是人类工程环境下产生的变化和进步趋势要比其他环境快得多。同样地，生物学家之所以研究果蝇，是因为进化模式可以很容易地从生命周期较短的物种中发现。研究专利和技术系统可以使人们发现许许多多的短期内的突然变化。无论是从 Altshuller 的研究，还是从系统化创新的后续努力中，人们都可以发现大量失败的创新尝试。根据最新的数据，大约 98% 的创新尝试失败了。从这些失败的创新尝试中人们可以吸取很多教训，但远不及从成功的创新尝试中吸取的经验多。在 2007 年，全世界范围内大约有 50 万个专利被授权。假设这些授权专利中的 98% 已经或即将在商业上失败，即使这样，仍然有 10 000 个专利在商业上获得成功。每年 10 000 个描述世界范围内的科技如何进步的专利的数量依然很大。人们会很容易地发现这个数量已经足够让我们去发现这些创新中所蕴涵的显著的进化模式。

也许，最大的支柱是冲突出现和消除组成的连续链。与此相对应的是，当系统沿着每个冲突解进化时会出现不连续的转换。和其他四个 TOE 域相比，海量的不连续转换提供了一个清晰的 S 曲线模型和从一个 S 曲线到另一个相继的 S 曲线之间的非线性转换，如图 12-5 所示。

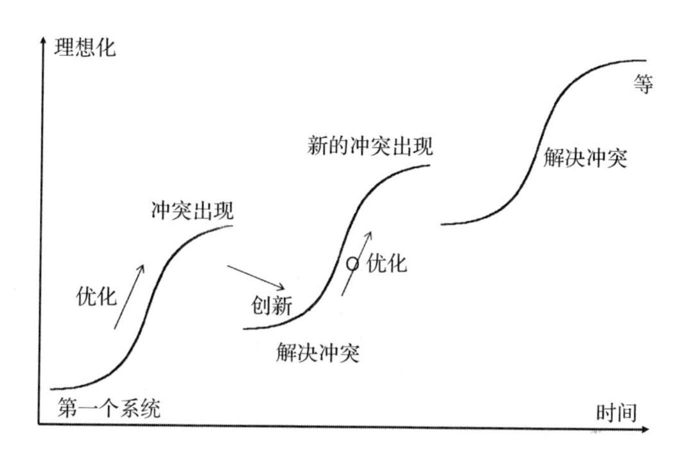

图 12-5　进化模型中的优化和不连续变化

通过问一些诸如"这些快速转换看起来像什么"的问题，系统化创新能够标识许多显著的不连续进化模式。在软件世界的系统化创新模型中，我们已经在附录 3 中详细讨论了 27 个进化趋势。在技术世界，存在着 37 种进化模式（参考文献 12.3）。在商业世界，存在着 32 种进化模式（参考文献 12.4）。其他领域的研究者采用类似的方式来导出不同数目的进化模式。

然而，这些进化模式变得切片化（sliced），在技术世界中仍然保持不变的是固体 - 液体 - 气体 - 场模式（见图 12-6），这是最核心的部分。

引擎（外在 - 一元）——人际心理学和脑功能

因为存在许多反映技术世界变化的数据，所以像对象分割这样的不连续的进化模式相对容易理解。通过比较发现，人类大脑进化得非常缓慢。即使在今天，有关大脑是如何工作的知识，人们依然了解得很少。然而，如果你赞同"不连续转变是进化的动力"这个结论的话，你可以看到把许多不同的心理学拼图拼成一块完整的图案。在这些拼图中，美国心理学家Clare Graves的发现可能是最大的一块拼图。从许多方面来看，Graves就是心理学领域的Altshuller。

Graves试图集成不同的人类心理学模型来创造（尽管他从来没有用过这个词）一个人类发展的统一理论。事实上，Graves用的词是“成人行为系统的突发周期构想及发展”。现在，这个理论更为人所知的名字叫作“螺旋动力”(参考文献12.5)。

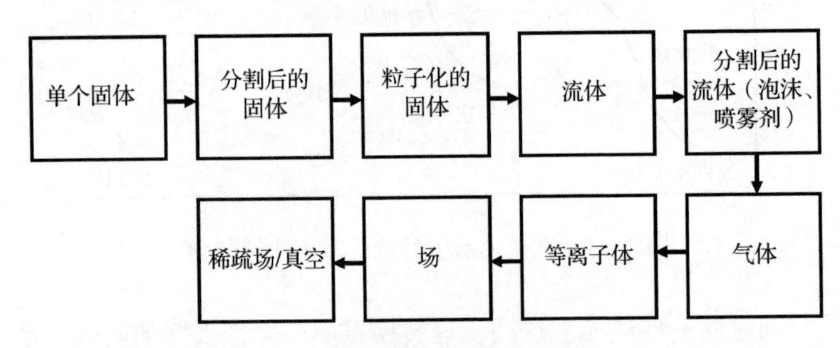

图12-6　目标分割模式（参考文献12.3）

也许Graves最大的贡献是揭示了不连续跳跃会产生不同的人类思维模型。图12-7描绘了用来激发不同层次之间转换的不同的思维模型和典型的冲突。

螺旋动力模型展现了许多和系统化创新的研究结果相一致的概念和思想。在众多已经被大量心理学家达成一致的方面至少包括递归的思想，尽管人们从未明确地把两个不同领域的递归概念关联起来。德国哲学家Hegel（1770～1831）是第一个把冲突解决的重要性提升为进化机制的人。Hegle的学位论文的核心思想就是通过确定一个能够保证A和B同时成立的更高级的“C”来最优解决“A或B”冲突。

尽管很难用简单易懂的方式描述清楚Hawkins所做的新贡献，但Hawkins提出的回归脑生理学（参考文献12.6）依然值得集成到“I”模型。Hawkins关于脑结构和功能的解释，DeBono的创新过程中非线性的重要性（参考文献12.7）和

Schank 的大脑结构信息组织模型（参考文献 12.8），这些理论结合在一起可以用来为个体创新过程提供丰富的理论指导。

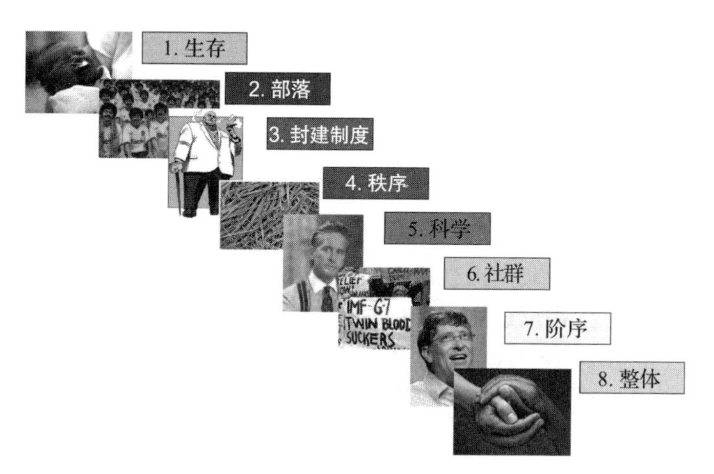

图 12-7　螺旋动力思维层次

接口（内在 - 多元）——人际心理学和社会 DNA

在创造了一个想法之后，为了测试和验证想法的有效性，其他角色需要参与进来。在 TOE 模型中，“WE”和“接口”用来充当客户的声音。其他人是否喜欢所提出的“进步”将成为一个新的想法是否成功的重要决定因素。

在从“I”发展到“WE”的过程中，关注点需要从个体转向组织和社会心理。如果 TOE 需要来自那些试图集成知识的人们的输入的话，与 Altshuller、Graves 最相似的人就是美国历史学家 William Strauss 和 Neil Howe（参考文献 12.9）。与 Altshuller、Graves 一样，William Strauss 和 Neil Howe 最初的研究目标是揭示大量人类社会历史方面的研究数据中隐藏的规律。在从个体技术向群体技术进化的过程中，学者们发现每次进化都会在复杂性方面产生一个数量级的飞跃。除了复杂性增加之外，由于大量历史记录中可靠的数据相对稀少，这使得社会规律发现任务更为困难。然而，作为结果的“第四次转换”发现提供了一些与 Altshuller 和 Graves 高度一致的发现。在 Strauss 和 Howe 的世界模型（严格地说是他们的研究基于美国和西欧世界）中，最具特色的就是回归和不连续。尽管他们从来没有使用回归和不连续这种表达，也从来没有把它们联系在一起，事实上，Strauss 和 Howe 所揭示的是一个可重复的生命周期，这些可重复的生命周期组成了所谓的社会 S 形曲线。图 12-8 给出了一个简单的总结。该图和第四次转换模型的基本元素都是大规模的四代社会模式，这种模式来自体现了父辈对后代影响的自底向上模型。简单地说，每个人所受到的、来自父母的养育方式反过来会影响他们对自己孩子的养育方式。这种来自上一代对下一代的父辈影响中的明确但微小的变化会对社会产生宏观的变化。如果你曾经困惑为什么婴儿潮一代出生的人和 X 一代出生的人差距非常大，或者困惑为什么新成长起来的 Y 一代也和 X 一代不同，Strauss 和 Howe 给出了一个令人信服的解释。

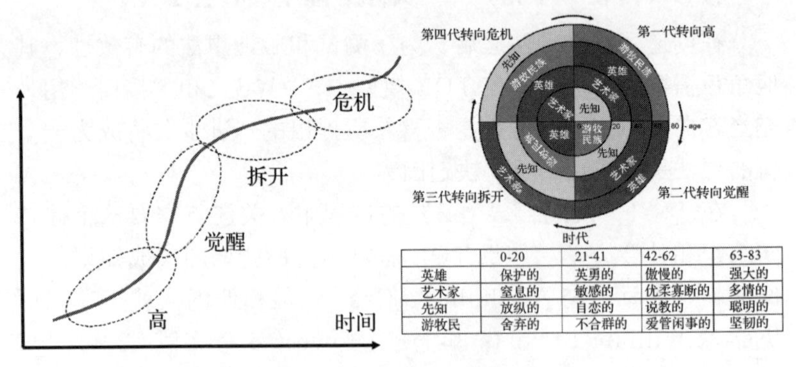

	0-20	21-41	42-62	63-83
英雄	保护的	英勇的	傲慢的	强大的
艺术家	窒息的	敏感的	优柔寡断的	多情的
先知	放纵的	自恋的	说教的	聪明的
游牧民	舍弃的	不合群的	爱管闲事的	坚韧的

图 12-8　世代周期

图 12-8 中另一处重要的地方在于进一步表明了冲突出现和冲突解决是首要的社会进化驱动力。根据 Strauss 和 Howe 的理论，这些社会冲突大约每 80～90 年（也就是每 4 代）出现一次，冲突的顶点会导致重要的社会变革。

假设根据上述模型，人类正进入某个社会冲突周期，你可以选择推测一些能够表明社会进步方向的预示。毫无疑问，这很有趣，但不幸的是，该模型无助于构建 TOE 模型，以致留下很多未解决的问题。在已解决的问题中，最重要的是给出了第四次变革和客户、市场趋势模式之间的联系。根据我们的最新研究成果（参考文献 12.10），通过集成 Strauss 和 Howe 的世代周期理论和螺旋动力，我们构建了一个不但可以映射过去和现在的市场趋势，还可以预测未来趋势的理论框架。图 12-9 提供了具有 1 个或 2 个当前趋势实例的该理论框架的示意图。接下来我们把这些图拼起来。

基于迄今为止的观察，如果你从事软件相关的工作，需要直接与客户打交道，那么你需要这些资料。

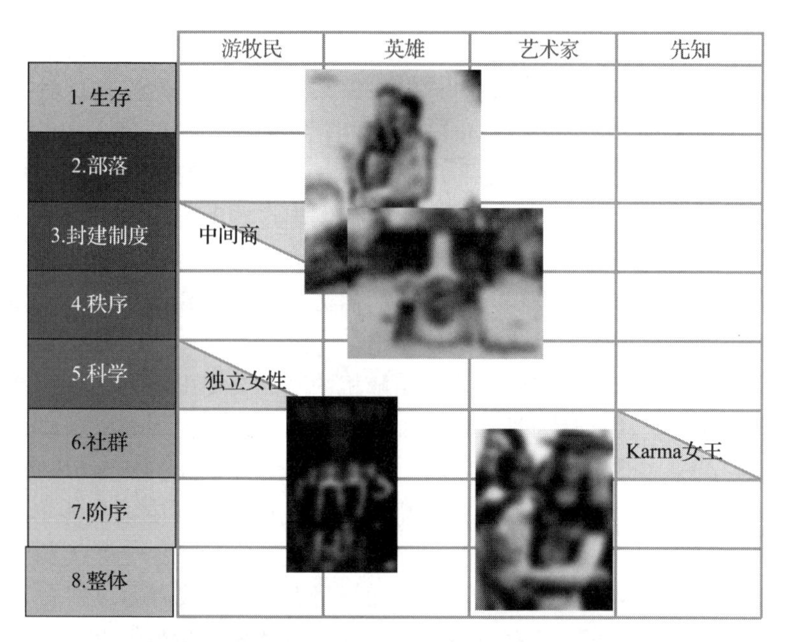

图 12-9　世代循环 + 螺旋动力 = 客户 / 趋势框架的声音

转换（外部 - 多元）——网络、环境和复杂性

当开始探索完整的 TOE 系统的第 4 个元素时，拼图工作开始转向复杂性增加这方面。“传输”或 Wilber 的“ITS”，从许多方面来看，都是目前为止最复杂的元素。考虑到“ITS”是这个世界上所有的与进化路线相关的知识，“ITS”的复杂性就不那么令人吃惊了。外部 - 多元的世界，换句话说，是适者生存的世界。如果 98% 的技术进步失败了，那么失败的大部分原因在于它们没有赢得生存竞赛。在大多数情况下，失败的另外一个原因是它们所属的组织没有理解其所在的市场环境的复杂性。创新如同买彩票，没有人能够理解事物之间是如何联系在一起的。

达尔文可能是 TOE 理论中最大那块拼图的贡献者。如同 Altshuller、Graves、Strauss 和 Howe，达尔文花费了大量的时间来揭示存在于海量数据中的进化规律。自从在 19 世纪中期发表他的奠基性著作《物种起源》以来，在今天仍然没有过时并且具有影响力。当然，Mafgulis 的《微观世界》和 Dawkin 的《自私的基因》在生物进化方面也做出了重要贡献，介绍了这些年来取得的大量新进展。然而，人们发现这些理论只考虑了一些基本的、通用的事实。达尔文模型中的大部分内容可以在上述讨论过的其他模型中发现。当然，达尔文也没有把 S 曲线和不连续转变联系起来作为进化的基础理论。

达尔文认为不连续转换是由随机的基因突变引起的，尽管这个最初的提法被认为是一种物种形成机制，但作为主导机制已经受到越来越多的挑战。不论是随机基因突变，还是 Margulis 提出的更合理的建议——主要的机制是两种形式的共生结合体（参考文献 12.11），事实表明，当解决了冲突时，阶跃变化就发生了。这些冲突通过环境突变（例如，恐龙灭绝）或者通过捕食者和被捕食者之间的“军备竞赛”出现在自然界。从整体上看，自然界和自然系统是作为一个更好的优化者（连续的改善）而非创新者（阶跃变化）而存在的。因此，即使要发现存在于技术世界

中的一小部分跳跃式进化也是非常困难的。导致这种困难的一大原因是，技术创新在市场上至少是短期可见的，而在自然界中失败的基因突变可能在科学家有机会观察到它之前就出现并消失了。

自然界类推到其他领域的另一方面是高级复杂性。自然界中的事物彼此之间都联系在一起，因此，这个系统中的一部分的任何变化都会对其他部分产生潜在的非线性影响。因此，突变系统和复杂性理论构成了"ITS"模型的基本部分。当需要模拟自然界之外的系统之间的交互时，这些理论也是适用的。例如，Gilmore 和 Pine 在经济领域中重做了 Altshuller/Graves 的模式发现工作。在他们新的巨著中（参考文献 12.14），他们把客户期望趋势叫作经济 TOE。无论这种叫法是否是对现实部分理解的过度夸张，都表明了不连续趋势（见图 12-10）在不连续进化中充当的重要角色。一个很好的思考这种趋势的方式是，这种进化趋势形成了与在图 12-6 中描述的对象分割技术趋势相同的"脊柱"。

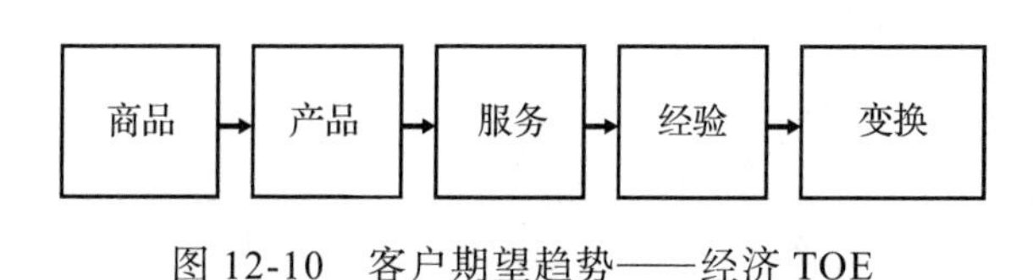

图 12-10　客户期望趋势——经济 TOE

在商业和商业系统领域，一些研究者，如 Mandelbrot、Drucker、Deming 和 Peter Senge 对 TOE 模型做出了重要贡献。尤其是 Senge，使得 S 曲线、自纠正系统和系统思维这些思想流行起来（参考文献 12.13）。

复杂性和复杂系统可能是"ITS"中对更高级的 TOE 有贡献的元素中最大的一部分。就此刻观察到的来看，进化成功与否是由大量元素之间的复杂交互来驱动的。当审视这些交互的元素时，标识不同趋势之间的奇异点和冲突成为最关键的驱动力。

控制——编制挂毯

如同 TRIZ 里面的系统完整性定律，控制元素充当其他四个元素的监督者。在 TOE 语境下，控制成为能够决定引擎、工具、传输和接口如何一起工作的规则。图 12-11 给出了 TOE 模型及其 5 个元素，以及一些有益于理解每个元素的关键图片。

在 TOE 语境下，很少有人敢操作控制角色。也许是因为对于我们来说控制在一个更高级的存在平面进行操作。如果你不理解这个系统的其余部分的话，请扮演控制的角色，敞开心扉，倾听其他人的批评。

令人困惑的是，在这个领域中做出最重要贡献的人们，可能从来没有把他的研究和 TOE 联系起来。然而，前计算机游戏设计者 Steve Grand 在研发智能机器人 Lucy（参考文献 12.14）的过程中，不得不深入考虑在与驱动机器人相关的多个学科的知识中寻找智能生物是如何思考、学习和交互的解决方案。

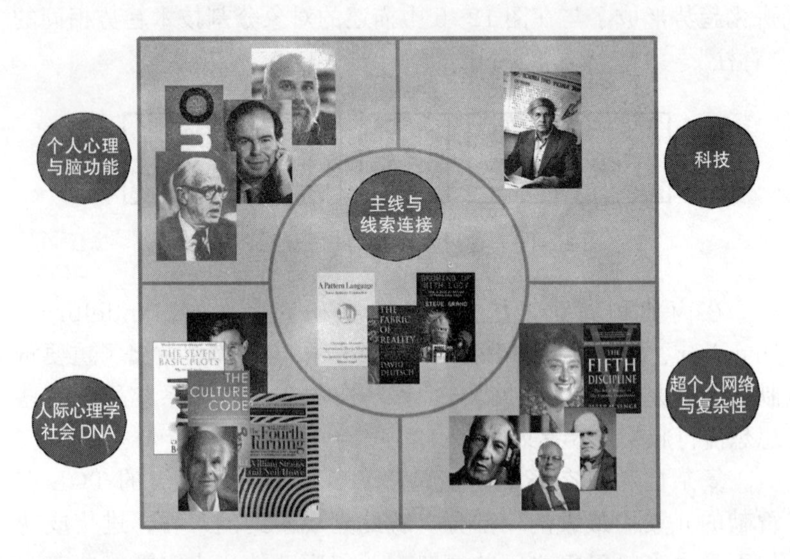

图 12-11　5 个创新 DNA 链

在 Grand、Christopher Alexander（参考文献 12.15）和

David Deutsch（参考文献 12.16）等人的研究工作的基础上，接下来将会给出部分比较重要的 TOE 模式。

第一个是在每个不同领域中都保持相关性的支柱。此时，7 个支柱都已经标识出来了。它们都是本书所描述的“完美”支柱。在这些支柱之间纵横交错的是一些统一的概念和思想。接下来我们将介绍这 7 个支柱，在这里排名不分先后：

- 仅当系统传递有用的功能时，系统才会产生和生存。
- 系统沿着增加完美度或理想度的方向进化，其中，理想度是由那些希望执行系统所传递的有用功能的人来定义的。
- 所有的系统都是通过可以用 S 形曲线模式来描述的顺序优化和阶跃变化周期来实现进化的。
- 每个领域都拥有某些独特的、可重复的、不连续变化的模式。这些模式描绘了该领域内的系统如何从某种行事方式跳跃到另外一种行事方式。这些模式在所有的系统中一致性地重复发生。
- 这些阶跃变化式的跳跃有时是正确的，有时是错误的。一个复杂但可映射的、反映市场趋势和模式之间的交互能够最终确定跳跃何时是成功的，何时是失败的。
- 跳跃的幅度有时是正确的，有时是错误的。幅度过大会失败，幅度过小也会失败。跳跃的最佳幅度取决于一个复杂但可映射的、存在于市场趋势与模式和技术可行性之间的交互。
- 对于任何一个能够到达可行系统状态的跳跃，在跳跃前、跳跃期间、跳跃后都必须直接存在。

12.3 系统软件创新策略

在 TOE 研究中，一个最明显的结论是本书中讨论的系统化创新工具和策略扮演着重要却相对小的角色。这是因为创新工具的基础是建立在 IT 和软件方面的分析上的。因此，对于系统化创新这个大画卷来说，本书可以被看作一个必要但不充分的部分。举例来说，从创新的观点来看，从本书中所学习的知识能够对关于未来的软件系统应该进化到什么样子这个问题提供相关指导。然而，本书的内容根本不可能决定什么时候走哪条进化路线是对的，也不可能给出创新何时、从哪里开始这样的答案，也不可能回答一个给定的任务如何实现相关的问题，更不可能回答其他的诸如此类的问题。

毋庸置疑，这里暗示的朴素 TOE 离成型期还很远。为了和“所有的理论都是错的，但其中的一些是有用的”这个思想保持一致，朴素 TOE 仍然被用作研究活动的基础。这些活动有 40 个全职的科研工作者参与，并和世界上的许多学术研究机构建立了联系。他们每天的工作就是对该理论进行实验和证伪。所有的读者都被邀请参加这个任务。为了使读者能够理解从哪里开始融入这个故事，未来几年中系统化创新这个故事将如何演化，我们将审视下面几个方面：

软件创新策略

仿佛被一个合并周期所支配，接下来几年，软件世界的创新将会出现，进而弥补不同学科之间的差距。正如前面章节所讨论的那样，这个周期让软件产业巨头肩负了巨大的责任。

即使不是在所有的实例中，那也是在许多实例中，软件在任何系统中都行使着控制、协调功能。研究宏观商业层次的“系统完整性法则”的结果表明，控制和协调扮演着比其他 4 个元素更高级的角色（见图 12-12）。如果软件工程师想回应挑战，并在这种高级角色中茁壮成长的话（高级并不意味着更重要，系统完整性法则指出，如果 5 个组成部分中的任一个缺失，都会导致系统失败。所以，在这种意义下，5 个组成部分都是平等的），他们需要成为和其他 4 个基本元素进行沟通的桥梁。

需要牢记的是，本书仅仅是开始介绍如何构建这些沟通的桥梁。在理想情况下，专门阐述系统化创新的书籍应该覆盖所有的

5 个领域。正如结果所展示的那样，这是第 3 个领域（前两个是针对“技术”和“商业”人士而言的）。接下来本书会完成对第 4 个领域的介绍。

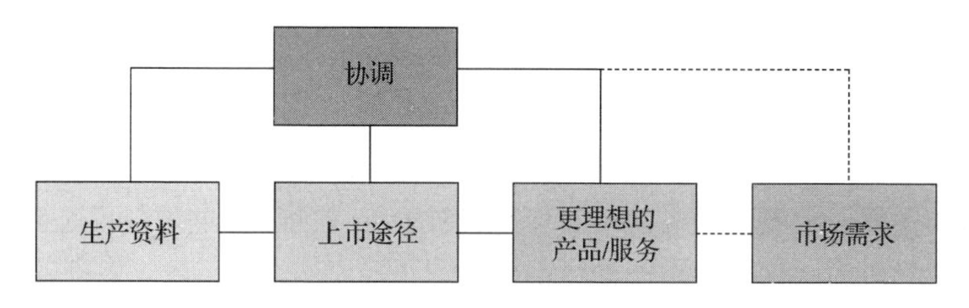

图 12-12　5 个基本的商业级系统元素

很少有客户要求我们举办由那些能够保证商业上成功的不同学科的专家学者参加的创新研讨会。原因在于，每个人讲着不同的语言，每个人都很忙，因此，如果一个专家出席一个自己研究领域之外的会议，那么他通常会不可避免地被认为是“对我没有帮助”的。用一个伟大的商务思想家的一句话来说，我们都是“忙碌的傻瓜”。

创新的赢家是那些能最快、最好地弥补差距的人。为了弥补差距，什么是必须做的呢？这确实是一个大问题。目前还不清楚系统化创新是否是能帮助我们实现这个目标的正确工具。然而，我们有预感（信奉系统化创新的人们可以有预感吗？），本书所描述的支柱是通用的。读者可以在商业中发现与所有的 7 个原则等价的原则。读者也可以在技术书籍中发现其中的 5 个原则，因为所有的市场研究都宣称其他两个是多余的。

大致上，我们的研究项目所做的每一件事都是为了把“每一件事”整合到一起。在软件领域，我们所看到的事情之一就是为了使软件工业发展到今天这种水平，有数千万的从业人员，他们所做的海量工作将被精简为一个可管理的工具。当我们研究商业和技术领域时，同样的事情出现了，同样的结果也出现在建筑、音乐、艺术和文学领域。这一切可归结为一句话，我们所思考的事情是一个可管理的、海量的有用内容。我们的主要工作是更好地凝练本书所讨论的理论，使得我们最终能够用一个 50 页左右的袖珍书来描绘完整的故事。我们感觉这个工作是可行的。

显然，我们失败了（最终为那些几乎不读书的人写了一本 400 多页的书）。但是，我知道有些时候为了使事情变得不那么复杂，首先要做的是把它变得更复杂。顺便说一句，写 50 页左右的书的想法可能会促使你开始思考是不是要等一等，看看情况的发展，但我怕最后实现目标时，你已经失业了。这不仅仅是因为我对出版这样一本书已经不抱希望了。

在心里回想一下之前进行整合的同时，下一阶段整合和凝练进程的任务不仅包括技术和商业领域之间的集成，还包括所有的成千上万种不同的问题解决工具和方法的集成，如图 12-13 所示。

我们所做的大部分工作是期望把所有的素材资料整合成一个可管理的整体。正如结果所展示的那样，大量的数据看上去令人难以置信，就像信噪比很低也会让人难以置信那样。这里给出一些有助于且期望继续有助于高级创新的故事：

Lean/SixSigma：在这个世界上，每个非常大的组织都会在组织内部实施某种 Lean 或 SixSigma。许多组织把它们的主要思想（分别是 waste 消除和变化消除）扩展到了软件领域。软件非常擅长击败“3.4 每百万操作缺陷数”目标。程序员还有很长的路要走。优化把学科化的思维带入工业界，这是一件非常有益的事情。然而，无论是 Lean 还是 SixSigma，首先是关于优化当前现状的方法。其中存在的最大问题是如果当前的状态是错误的，那么会导致你花费大量的金钱做错误的事情。以前软件部门的名声并不好，因为设计出来的可靠系统通常不可靠。对于进化非常迅速的工业界来说也是一样的。最终结果？当你把某些事物优化到 SixSigma 级别时，它可能已经被其他级别的事物替代了。通常 SixSigma 或 Lean 改善项目需要花费几个月的时间才能完成。我几乎都能闻到大量金钱被烧毁时的味道。

QFD：QFD 是一种非常优秀的方法，能够捕捉和确定用户喜好的优先次序。在非软件世界里，很少有公司能够很好地运用 QFD，在软件领域中利用 QFD 获得重大改善的机会是很渺茫的。QFD 起源于一个伟大的想法——去观察你的客户正在做什么样的工作，然后你就可以去设计能够让他们的工作更有效的事物——然后倾向在优化策略方面下赌注。QFD 能够帮助你发现创新金粉（冲突），但不能帮助你实现阶跃变化。我们还不是很清楚 QFD 在软件行业能否获得立脚点。如果能的话，可以通过 QFD 的视角来进行客户观察，然后转向一种能够实现所期望的阶跃变化进化的方法，比如，系统化创新。

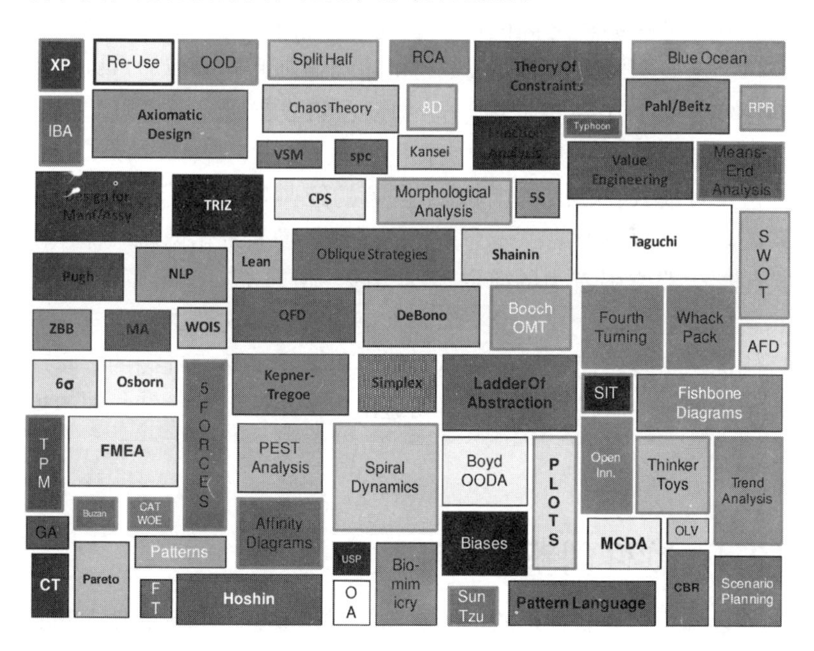

图 12-13 “死”于一百万种工具

XP 极限编程：在许多方面，与受 Lean 和 SixSigma 支配的高度学科化的方法相反，XP 和系统化创新之间的主要联系在于提供给软件工程师快速失败的权限。换句话说，就是实现了许多次设计迭代。当你抛弃 XP 的随机试错哲学，利用一些诸如发明原理和进化趋势之类的能够降低代价的、优秀的方法来替代，可能会获得一个非常好的结果。

重用：尽管重用已有的代码的思想恰好与系统化创新中“某人在某处已经解决了你的问题”的思想非常切合，但仍要注意，重用是一种需要仔细管理的设计策略。简单地重用优秀代码无助于公司进行必要的创新工作。如果重用做得不好，会导致丧失正确思考问题的能力。也许在某种程度上，会发生创新瘫痪。为了向完美更进一步，重用旧代码才是更合理的。

遗传算法 / 进化编程：在接下来的几年中，系统化创新和遗传算法 / 进化编程之间的联系会变得非常密切。a）因为通过系统化创新研究所揭示的有限数目的可用原理和趋势明显可以通过编程实现自动化创新工具。b）如同在第 6 章所述，可以使用计算机模拟工具来发现某些冲突。

设计模式：Gang of Four 所著的经典教材《设计模式》和系统化创新故事形成了一个完整的循环。像系统化创新一样，模式起源于非常强有力的研究最佳实践、逆向工程通用原理思想，然后扩展到其他领域。设计模式术语中的最佳实践事实上意味着最佳优化实践，而非最佳创新实践。哲学含义是很准确的。实现和结果模式朝着创新需要的事物迈出了一小步：非线性，即不连续的跳跃。

12.4 软件创新工具和过程

系统化创新软件形式的工具箱相对比较新。当新的输入和实例被添加到知识库中后，出现的事物会越来越少，导致框架甚至内容的改变。同样地，现在正是编撰、发表本书（尽管比预想多花了 3 年的时间）的合适时机。话虽如此，本书仍然有许多需要改进的地方。例如，技术版本有更长血统的优势，自从这个工作第一次开始后已经持续了 60 年。例如，人们认为于 1973 年发表的冲突矩阵工具非常不同于系统化创新中所得到的研究结果，后者是在 2003 年发表的（参考文献 12.18）。在这个研究中并没有发现新的发明原理（尽管寻找了好久新的发明原理，也获得了一些重要的发明原理的组合），但是发现了新的参数，可以扩展冲突矩阵。同样被观察到的是，21 世纪的发明家经常会选择不同于前人的发明原理来解决一个给定的问题。并没有理由来假设商业和软件世界会以比技术世界的进化速度稍慢的速度进化。总之，很显然的是软件和商业世界现在、未来都会以较快的速度进化。

系统重新继续追踪软件世界的创新研究。在美国专利商标局，通常一周有 3000 多个专利被授权，其中 500 个与软件相关，或者包含大量的软件内容。通过研究这些软件专利，可以期望在如下几个方面提高创新方法论的研究和本书的未来版本：

- 从形式上和内容上更新软件冲突矩阵（例如，更新包含 21 个参数的参数列表）。冲突矩阵的内容会保持足够稳定，与 2003 年发表的第一版冲突矩阵和本书发表的新版冲突矩阵尽可能保持一致，即修订版本在 2010 年前是没有必要出版的。当然，随着对新的实例进行分析和总结，修订版本会出版。
- 标识新的发明原理。发明原理列表保持 40 条已经很长时间了，在一个给定的解决方案中使用的发明原理的数目和解决方案的有效性之间出现了强烈的关联关系。由此导致的结果是出现了许多重要的发明原理组合——2 个、3 个甚至 4 个发明原理组合在一起，值得把组合后的原理作为新的原理进行发表。
- 标识新的进化趋势。在这点上，可能会发现许多以前没有发现的不连续软件进化趋势。随着时间的进展，我们强烈地相信会发现很多以前没有发现的进化趋势。
- 标识和集成新工具。当前，系统化创新框架外的工具被集成到系统化创新框架的速度，很大程度上取决于用户市场的需求。任何已经被使用，并且会继续被使用的工具或策略，如果它们现在不在系统化创新框架内，则都将会被集成到系统化创新框架中。我们将继续寻找这样的机会。本书中呈现的所有工具都是至成书时为止我们看到过的最新的工具。也就是说，我们要意识到应该包含进来的每一种工具我们都考虑了。

- 一个值得一提的专业化新工具是“assumption finder”语义工具，该工具当前正处于测试阶段。本书在第3章所讨论的一个主题就是做出错误假设的问题，假设发现工具计划被用作帮助软件工程师挑战假设，给出设计摘要和详细规范的一个半自动工具。
- 知识和资源检查列表的扩展。除了我们的内部团队，我们还有一个联系人网络和一个用户社区，能够持续帮助我们添加新的内容。
- 随着对软件需求的持续性爆炸式增长，优秀的软件工程师的供应并没有随之增长。相反，自动的“写软件的软件”解决方案却得到了迅速增长。这种情况也相应地被扩展到创新领域中。2008年的第三届CAI会议，其中一个研究论坛调查了这种系统的可能性和技术可行性。如果确实存在一系列有用的发明策略和进化模式，整件事情听起来就变得非常合理。所有需要解决的事情就是寻找能够给出这样一个解决方案的人。如果其他工业的历史在这里重复的话，也许并没有软件工程师能够完成这个任务。但是，我们把它叫作需要软件工程师解决的真正的下一代冲突。至少，现在我们已有的工具可以做这件事。

12.5 我该怎么做

牢记整合和沟通的主题，本章用 *Systematic (Business) Innovation* 的等价章节中同样的话来结束：

系统化创新方法论正在以稳步增长的速度进化，如果全部目标是从所有已知的资料中封装最有用的资料，按理说，这是一件难以忽略的事情。一些人将明确他们很满意海量资料中的一小部分元素，另外一些人将发现他们不仅想拓展他们的知识，还想为事物的进化任务做出贡献。

为了使下一代创新能力能茁壮成长，仍然有许多工作要做。结果证明，现在可能还不是做这件事的合适时机。在这一点上，我们不能确定。然而，能确定的是每个人都有自己认为的优秀的资料需要添加到这个画卷中。下一代创新能力当然需要自底向上和自上而下的输入。大局思考者和细节精算者都需要参与进来。

系统化创新的最大的目标之一是它应该由所有人来共同发展，并为所有人服务。还不明确的是在当前资本家占统治地位的西方世界中是否会允许这样的事情发生。我们只能去尝试。

参考文献

1) Beer, S., 'Decision and Control: The Meaning of Operational Research and Management', John Wiley, 1966.
2) Wilber, K., 'A Theory of Everything: An Integral Vision for Business, Politics, Science and Spirituality', Gateway, 2001.
3) Mann, D.L., 'Hands-On Systematic Innovation', Second Edition, IFR Press, 2007.
4) Mann, D.L., 'Hands-On Systematic Innovation For Business & Management', Second Edition, IFR Press, 2007.
5) Graves, C.W., 'The Never Ending Quest', ECLET Publishing, California, 2005.
6) Hawkins, J., Blakeslee, S., 'On Intelligence', Times Books, New York, 2005.
7) DeBono, E., 'The Mechanism Of Mind', Jonathan Cape, 1969.
8) Schank, R.C., 'Dynamic Memory Revisited', Cambridge University Press, 1999.
9) Strauss, W., Howe, N., 'The Fourth Turning: An American Prophecy', Bantam, 1998.
10) Systematic Innovation E-Zine, 'A Universal Market Trend

Framework?' No.72, March 08.
11) Margulis, L., Sagan, D., 'Acquiring Genomes: A Theory Of The Origin Of Species', Basic Books, 2003.
12) Gilmore, J.H., Pine, B.J., 'Authenticity: What Consumers Really Want', Harvard Business School Press, September 2007.
13) Senge, P.M., 'The Fifth Discipline: The Art And Practice Of The Learning Organisation', Random House Business Books, 2nd Edition, 2006.
14) Grand, S., 'Creation: Life And How To Make It', Phoenix, 2001.
15) Alexander. C., 'A Pattern Language: Towns, Buildings, Construction', Oxford University Press, 1978.
16) Deutsch, D., 'The Fabric Of Reality: Towards A Theory Of Everything', Penguin, 1998.
17) Systematic Innovation E-Zine, 'Teaching The Different Spiral Dynamic Levels', No.71, February 08.
18) Mann, D.L., Dewulf, S., Zlotin, B., Zusman, A., 'Matrix 2003: Updating The TRIZ Contradiction Matrix', CREAX Press, June 2003.

附录 1

问题定义模板

附录中提供了一系列当你试图寻找如何更好地定义和解决问题的方法或机遇时，你应该问的问题。

主要目的是让你从客户的角度来考虑当前境况。当你回答问题时，你应该寻找的主要目标是冲突、矛盾和权衡。

基本上只有两种方法可以产生突破性的解决方案：1）你消除了其中一个权衡；2）在你为客户提供的服务中添加一些新的内容（使他们能够更好地完成他们想做的工作）。

将表格打印出来，或者通过电子方式填写（可从 www.syslematic-innovation.com 下载）。如果你需要更多的空间，也可以复印或使用空白的纸。

尽管这里为你提供了一种结构化的方式来与他人沟通你的情况，但你可以根据自己的工作方式使用这些表单。你可以随意更改完成表单的顺序。

任何时候，当你对一项重要的权衡或妥协有了新的见解时，请随意跳到倒数第二页，尝试解决这个问题（如果不能解决问题，稍后可以返回起点）。

记住，把你想到的所有想法都写下来——不管它们听起来有多离谱——最好的解决方案往往来自最奇怪的想法。

项目标题 日期

项目发起人 项目团队

项目客户 非用户（目标）

好处	我们试图达到（期望的结果是什么）？	我们如何知道何时能达到（成功的衡量标准）？
发起人		
客户		
团队		

集体的/社会的

个体的

有形的 无形的

第5、9章

表单1

理想的最终结果/属性冲突

（使用此模板是为了全面搜索不同涉众和属性之间的冲突和矛盾）

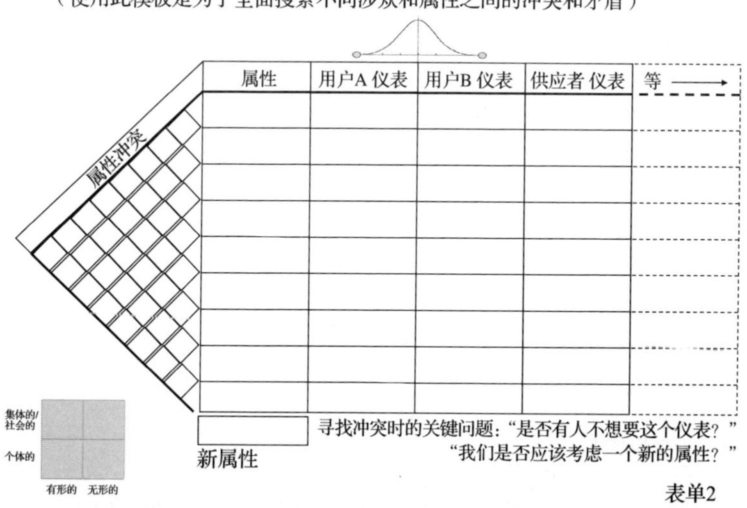

表单2

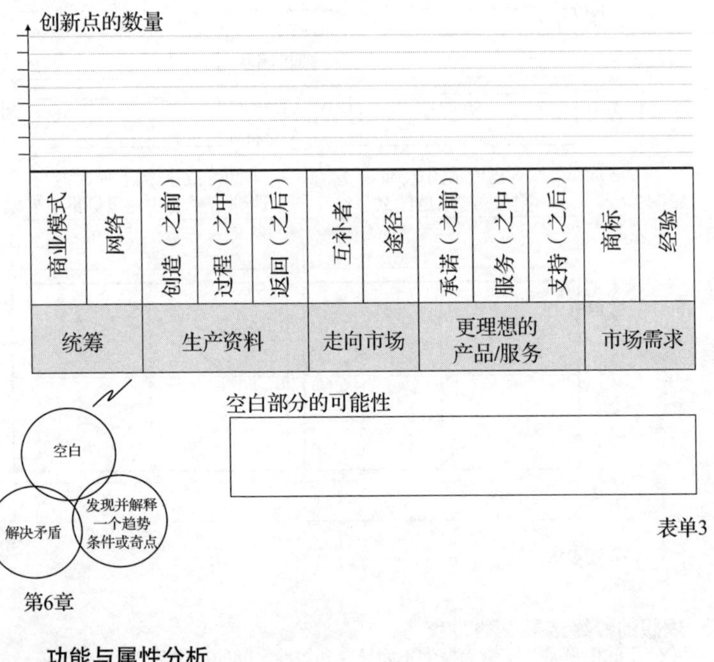

表单3

第6章

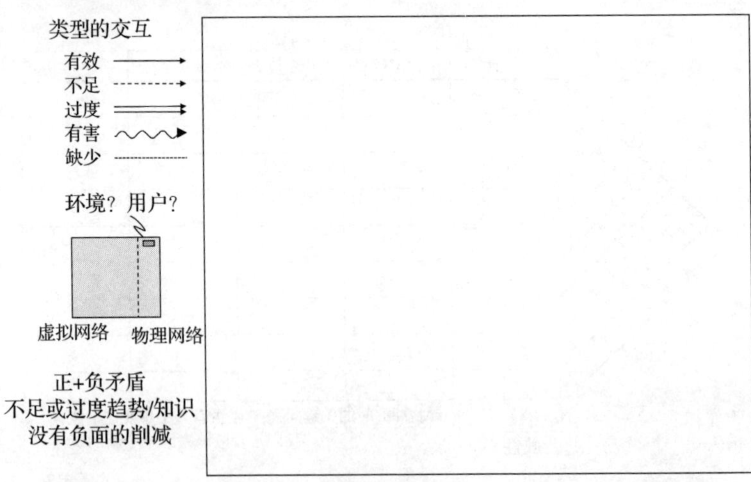

第5章

（绘制系统中的当前组件，然后确定组件之间的积极功能关系，然后确定消极关系。）（如果要对流程建模，或者希望显示时间的影响如何改变系统的行为，请考虑为每个步骤构造一个新的工作表。）

表单4

专利/知识检索

（如果你希望对专利或其他知识来源进行结构化搜索，请使用此模板。）

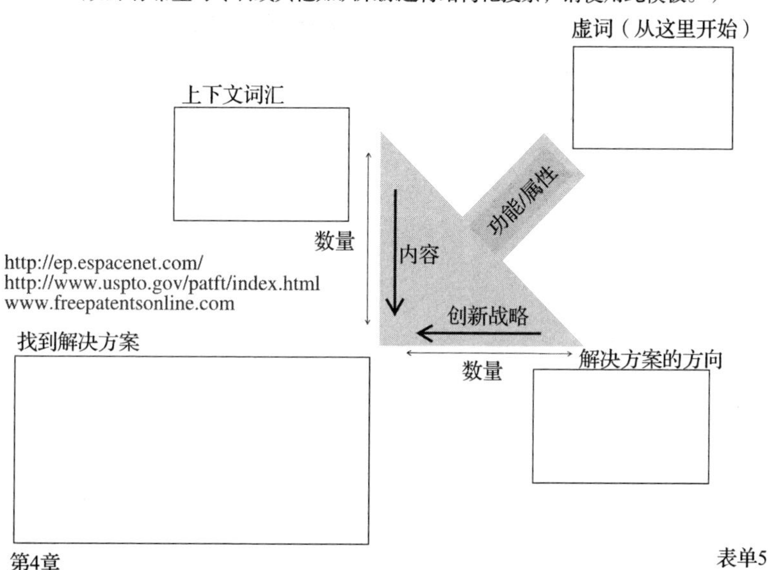

第4章　　表单5

为什么–是什么–阻碍 分析

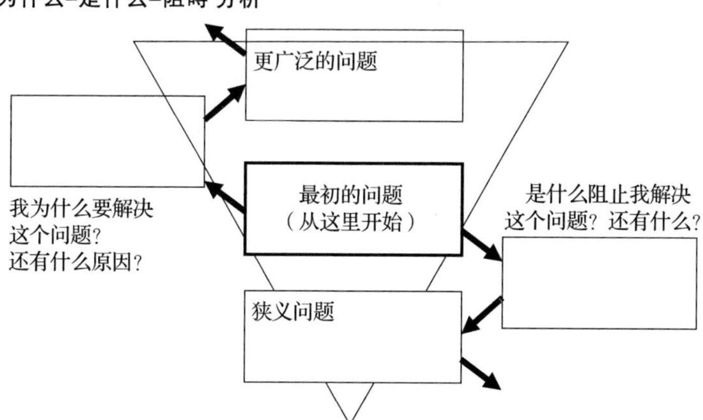

（注：为了将问题扩大或缩小到更多或更少的层次，可能会重复这个过程。）
这张表的目的是让你思考你的问题是什么，以及你打算在什么层次上尝试解决它。

第3章　　表单6

资源（能量、实体、偏见、错误的假设，等等）
（特别注意那些没有被充分利用的东西，以及消极的东西。）

	过去	现在	未来
在系统周围			
系统			
系统内部			

根据问题细节或创建额外的基于时间的窗口，考虑系统中的关键时刻。

第4章 表单7

趋势/进化潜力
（考虑对系统中的所有元素建模，放大以探索最小子系统中的元素）

元素

建议跳跃：

根据相关趋势绘制当前位置，然后利用未开发的跳跃暗示未来的进化跳跃。
每个元素使用一个模板，或者覆盖图。

第4章 表单8

认知映射？（用于稀疏、丢失、模糊或易产生误解的概念。）

你想回答的问题：

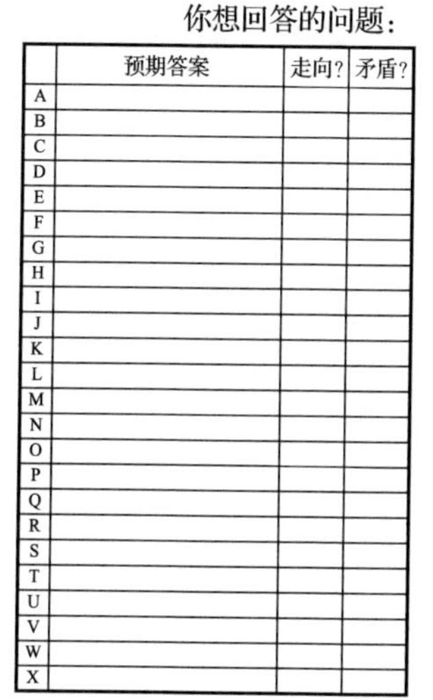

	预期答案	走向？	矛盾？
A			
B			
C			
D			
E			
F			
G			
H			
I			
J			
K			
L			
M			
N			
O			
P			
Q			
R			
S			
T			
U			
V			
W			
X			

（建议的最少预期数目：10）

认知地图

寻找：
- 循环
- 收集点
- 冲突连接链

第6章

表单9

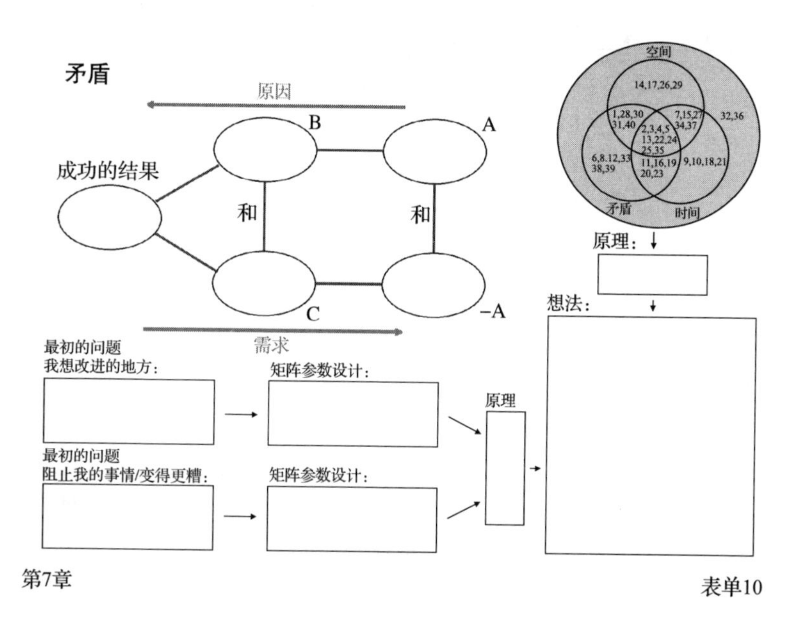

第7章

表单10

SUBVERSION的分析

（我们试图追踪系统失败的原因）

利益驱动 成本驱动 限制事件 为最坏的情况而设计

你的设计方法是否顺应发展趋势？你的问题的根源很可能在发展趋势的下一个阶段。

"尝试与错误"→稳态设计→瞬态设计→缓慢下降效应→交叉耦合效应→Mrphy设计

改变了什么？←→改变了什么？

	问题出现之前的时间	现在
系统周围		
系统		
系统的详细信息		

问题出现之前的时间 ←→ 现在

必要的变异：
我假设常数发生了改变

第6章　　表单11

总结及下一步

候选解决方案	优点	缺点

我们是否达到了最初所说的衡量成功的标准？
所有的利益相关者？
再绕一圈有什么好处？

可能的组合

→

获得解决方案

下一步行动	最后期限

第9章　　表单12

附录 2

资源清单

Systematic (Software)
Innovation

- 免费 / 廉价的资源
- 人类与人类心理资源
- 商业资源
- 智能资源
- 知识资源

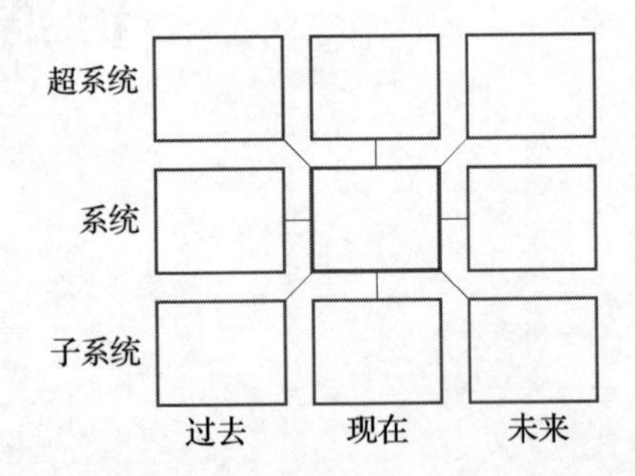

这些资源列表可以帮助你识别待改进系统的系统内哪些资源没有使用或者没有得到充分使用。

除了考虑现有资源，也可以考虑资源分割和资源组合。

免费 / 廉价的资源

如果确定你无法使用系统中的现有资源解决问题，并且从根本上需要添加一些资源，那么这些资源将非常有用。可参考以下资源列表：

语　境	资　源
物理的	上游 / 相邻过程造成的浪费 岩石、石头、沙子（硅酸盐）、土、黏土、粉笔、灰尘 木材、生物量、天然纤维 水、蒸汽、冰、水蒸气（湿度） 泡沫、气溶胶、烟雾、空气、空洞

（续）

语　境	资　源
时间的	固有频率 / 共振 全球时区 / 格林尼治时间 太阳（白天 / 晚上）、月亮（潮汐）、行星、恒星的周期 工作日 / 周末 / 假期 计算机使用情况统计 声速（随密度变化） 光速
相互作用	国际标准大气 气压 / 高度的变化 环境温度 / 高度的变化 地球的磁场 GPS 卫星 GSM 等移动电话网络覆盖 电磁波光谱、紫外线、红外线 声衰减（频率依赖） 氮循环 碳循环

人类资源

当设计人机界面时应该考虑：

	吸引人的东西	人们反感的东西
视觉	自然舒适的照明 阳光 明亮、高度饱和的色调 笑脸 瞳孔放大（眼睛） 有魅力的人 对称 圆形的 / 微弯的物体 令人愉悦的形状 黄金比例	黑暗 极度明亮 人工照明 冲突的颜色 空旷、平坦的地形 拥挤的场面 直线 垂直线 非常规的窗体

（续）

	吸引人的东西	人们反感的东西
听觉	舒缓的声音 性感的声音 简单的旋律 简单的节奏 & 韵律节拍 和谐的声音 响亮的音乐声（110～140dB）	突然、未预料的声音 噪音（70～110dB，大于 140dB） 摩擦的声音 刺耳的声音 在耳朵共振频率的声音
触觉	温暖 爱抚 光滑的纹理和物体	极冷 极热
嗅觉	芳香的味道 食物的味道 清新的汗味 信息素	腐烂的气味 臭汗味 粪便 呕吐物
味觉	甜味 辣味	苦味 意想不到的味道
其他	感官的感觉 受控的恐惧 性功能 年轻人夸张的身体特征 水	陈腔滥调 高度 拥挤的人群 他人的体液 尖锐的东西 蛇、蜘蛛

为不同类型的用户设计人机界面时应考虑的问题：

螺旋动力学描述了不同类型的人是如何思考的（注意不是他们想什么）。下表概括了八种不同的思考模式以及人们所喜欢的或讨厌的。所有人都有这些不同模式的元素，但通常他们把大部分时间归属于一个单一的模式。这些模式及其相应的好恶的重要之处在于，它们在人们如何与软件程序交互和响应方面发挥着非常重要的作用。

思考模式	特　征	寻求快乐	避免痛苦
1）幸存者 （小于成年人人数的 1%）	新生儿、阿尔茨海默病的受害者、炮弹休克、肉欲的	性	食物 水 温暖 安全

（续）

思考模式	特　征	寻求快乐	避免痛苦
2）部落（小于成年人人数的 3%）	帮派、部落仪式 魔法、血盟 世界是个谜 “我们”主导	好运气 帮派之一 复仇	诅咒 魔法 排斥 孤立
3）封建的（大约占成年人人数的 10%）	自我，英雄主义，掠夺性，“可怕的两人”（以任何代价表达自我冲动）自我主导	自我满足 “自我方式” 阿谀奉承 反抗	失败 失去动力 竞争对手 威胁
4）规则的（大约占成年人人数的 30%）	行为准则 规则、等级制度，“道德多数”“一种正确的方式”“我们主导”	稳定 服从 奖牌 地位 提升	改变、他人的反抗、失去地位 弃儿 质疑权威
5）科学的（大约占成年人人数的 40%）	唯物主义 竞争 利益 “被驯服的自然” 成功者 / 失败者，（为了个人利益表达自我） “自我主导”	同伴认可，“显示最好的” 最大、最好、最快 绩效工资	失败 被证明是错误的 “跟上琼斯”
6）社群的（大约占成年人人数的 15%）	“自我敏感” 深生态、“政治正确”、共识（为得到认可否定自我） “我们主导”	“有影响” 和谐 “放大自我潜能”	橙色或蓝色的侵略态度 冲突 等级制度
7）合体（小于成年人人数的 1%）	灵活 / 适应 独立、合作，双赢，（表达自己关心他人） “自我主导”	知识、智慧、“一生学习” 发现、挑战	局部优化 僵化 “愚蠢的规则”
8）全盘意识（小于成年人人数的 0.1%）	通用规则 精神和谐 “我们主导”	“定义拼图” 看较大的画 同理心 / 信任	非整体 非精神

商业资源

商业资源分为两部分：内部资源和外部资源。内部资源存在于系统内，这类资源确定在可控范围，因此在理论上比在系统外的资源更容易利用。这类资源包含许多子类，包括基本的、系统的、功能的、信息的、金融的和社会的。以下列表详细地罗列出了在每个无形或者有形语境中可以获取的资源：

内部资源

类别	有形	无形
基本的	产品、服务、员工	市场观念
	道德标准	市场价值
	地理位置	品牌形象
	大小（营业额、利益、市场、分成等）	期望
	部门 / 其他设施	智慧
	空置的空间 / 表面	
	被不必要元素占用的空间	
	进程开始之前的时间（初步工作）	
	进程期间的时间	
	进程的持续时间	
	并行工作 / 流程	
	破坏、中断	
	后处理时间（反馈）	
	速度 / 反应时间 / 动力	
系统的	劳动力	哲学
	结构层次 / 正式链接	愿景
	报告结构	策略
	角色之间重叠	目标
	协调 / 监控系统	非正式网络
	让与	“团队精神”
	继任计划	灵活性
		一致性
信息的	知识产权	知道怎么样 / “智慧”
	版权专利	专有知识
	技术数据 / 知识数据库	正确使用
	公式	预测 / 估计过程
	客户名单 / 联系过程（写）	过往历史经验（失败 / 成功）
	核心竞争力 / 方法	“学过的课程”
	软件 / 内部网	大师、预言家
	标签	影响者 / 积极者 / 创造者 / 创造性
	冗余知识（忘记能力）	
金融的	固定资产	奖励
	许可证	社会 / 声望
	合同设备（例如，机器、软件）	
	原材料、库存	
	在制品 / 半成品	
	设备、植物	

（续）

类　别	有　　形	无　　形
金融的	土地投资、现金储备 奖励——汽车、礼物等	
社会的	个人记录 训练 健康 实习生 / 布置学生 交流技巧 主题专家 领袖	企业文化、同侪文化 社会许可 工作氛围 士气 “潜规则” “老朋友行动” “非我发明” 生活经验 直觉、尊重个人魅力 信任 / 忠诚 道德标准“家庭”/ 团队 政治 / 宗教立场

外部资源

外部资源存在于系统外，这类资源通常不在我们可控范围内，因此利用这类资源可能需要与外部部门谨慎协商。

类　别	有　　形	无　　形
基本的	产品 / 服务 共享价 顾客 供应商、渠道 竞争对手 股东 赞助商 / 利益相关者 开发者社区 测试社区 调解员 / 经纪人 议会 / 政客 媒体 有潜力的员工 退休 / 半退役人员、慈善 交流机构 贸易机构 大学 / 学院	市场估值 客户 “经验” 客户忠诚 真实性 信任 品牌 历史 临界点 家庭关系 大家庭

（续）

类别	有形	无形
基本的	独立研究员 当地学校	
系统的	特许经营 供应商 / 供应商网络 合作伙伴 风险 / 收益分成合作伙伴 合资企业 退休人员	前雇员链接
功能的	主要的有用的客户功能 辅助功能	感知功能（时尚 / 地位等）
信息的	媒体 网络、标签 大学 / 学院 出版文章 / 论文 “在阁楼上的伦勃朗”	商标 贸易名称
金融的	法律 / 税收 国家 / 国际政策 贷款 投资	奖赏 / 金牌（间接经济利益）
社会的	慈善 / 赞助 社区链接 客户忠诚度 商业环境 贸易机构 / 共同兴趣团体 政治联系——本地 / 区域 / 国家 / 国际	品牌形象 声誉 商誉

智能资源

已知创新中解决矛盾的重要性，任何材料或系统，只要能够根据某种刺激，以某种方式调整其行为，就可以成为解决冲突的一种极其强大的工具。以下是一组已知的“智能”或“聪明”的资源：

响应 刺激	电	磁	光	热	机械	化学
电		磁电子 自旋电子 自旋电子学	电镀 冷光 电光 压致变色 克尔效应 口袋效应	电热 (玻尔帖)	压电 电致伸缩 电流变 电动	电解 电气化学 电迁移
磁	磁电子学 自旋电子学 霍尔效应		磁光 压致变色	磁热	磁致伸缩 磁流变	核磁共振 磁化学
光	光电导	光磁	光学 双稳定性	光热	光机构	光化学 光合作用 光化催化剂
热	热电 超导 辐射计效应 焦热电	居里点	热致变色 热致发光		形状记忆	
机械	压电 电致伸缩	机械－磁 致伸缩	磁铬 流变铬		震凝增大 剪切稀化膨胀 非牛顿 伪塑性	
化学		磁化学	色变 石蕊试剂 发冷光	散热、 吸热		催化作用

（注：这个表格中所罗列的关键字可以用来指导在网络或者专利数据库中进行更详细的搜索。）

知识资源

专利数据库：

http://ep.espacenet.com/

（欧洲专利局：世界专利的大部分综合收集。）

http://www.uspto.gov/patft/index.html

（美国专利局：最好的专利搜索引擎。）

www.google.com/patents

www.freepatentsonline.com

（两者都提供一种将专利下载到文档的方式。）

其他网址：

www.triz-journal.com

（月刊资源和偶尔鼓励创新资源。）

www.systematic-innovation.com/organiser/

（“创新组织者”：来帮你确定“好”文章在创新和系统创新的位置。信息按主题和工具类型分类。）

www.systematic-innovation.com/articles/

（本书所参考的文章收集。）

www.systematic-innovation.com/scan/

（许多免费的测量工具用来评估个人和组织创新能力。）

www.？？？？？？

（至今仍没有按功能分类的软件系统的数据库。因为面向对象编程已经在现有软件解决方案中占主导模式，越来越难找到现有的例程和实现所需功能的动态链接库，鉴于在创新过程中功能的重要性，这并不是一个好现象。希望将来有一天，某人在某地会意识到在软件领域，依照功能进行组织的数据库是一种更有效地组织创新知识财富的方式。）

附录 3

不间断的软件进化趋势

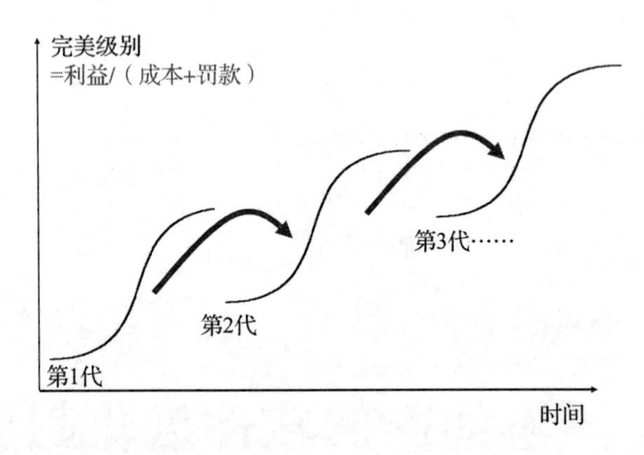

使用以下趋势：

1）针对每一种趋势，确定系统当前所处阶段。

2）对于系统所处趋势位置右侧的每个未使用的阶段，建议系统跳跃到未来可推进到的阶段。使用“跳跃原因”来说明为什么向某个特定的未来跳转是有用的。记住，在这个阶段，想法的数量远比质量更重要……即使一个想法听起来不清晰，但无论如何你都要写下来。

3）如果一个特定的跳跃没有任何意义，可以考虑使用与趋势相关的关键字查询在线知识资源（例如，专利数据库），看看其他产品从跳跃中获得的益处。

4）当研究过所有趋势之后，把得到的想法进行组合。最强大的解决方案通常会利用多次跳转获得。

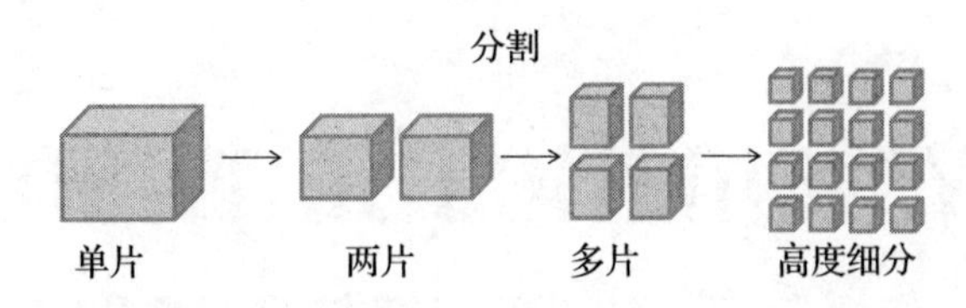

例子

代码架构（单一过程、函数和子程序、面向对象），数据库结构，可执行文件，初级－中级－高级用户选项，分布式软件，分区存储器，多重 USB 接口，桌面上的文件夹，不同容量的闪存驱动器，多功能交换器，多频音调补偿器的频段，分布式处理器。

跳跃的原因

进化阶段	跳跃原因
任何进入下一步的阶段	- 加深对系统结构的理解 - 提高代码清晰度 - 提高系统的可维护性 - 减少系统的整体规模 - 提高系统性能效率 - 提高可用性 - 应对个人 / 本地条件的能力 - 识别和解决冲突的能力

注：

分割趋势是导致系统在初始时复杂性增加的两个因素之一，然后系统复杂性逐渐减少。当采用分割策略时，收效显著，通常以增加系统复杂性为代价。分割在空间、时间和接口集群三个方面都具有意义，因此在物理上可以进行分割。我们能分割时间；不同实体之间的接口及其交互。采用分割趋势时，最好考虑这三个方面。一个系统被分割得越多，每一部分后序变化的改进变得越不重要：

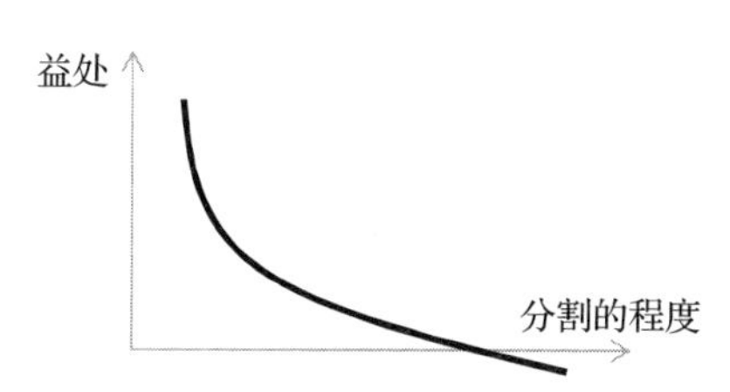

检索词：分裂、分割、多重、成分、划分、双分歧、阶段、纳米、微型、迷你。

嵌套

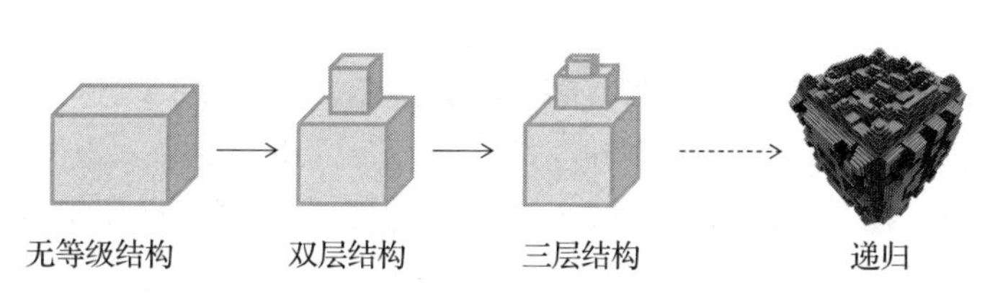

例子

系统架构（单层、客户 / 服务器层、服务器 / 业务逻辑 / 客户，等），嵌入式软件，嵌套窗口，超链接，多功能键，人类大脑中的记忆结构。

跳跃的原因

进化阶段	跳跃原因
任何进入下一步的阶段	- 增加系统灵活性 - 提高存储效率 - 提高（时间）效率 - 提高频率协调 - 解决物理矛盾（过渡到子系统）

注：

这一趋势与在系统中引入越来越多的层次级别有关，每个新级别都提供一个越来越小的透视图。趋势适用于接口（例如，超链接）和时间（例如，动作内的动作）透视图，适用于宏观和微观范围。

检索词： 嵌套、分层、嵌入、收缩、堆栈、隧道、层、递归、分形。

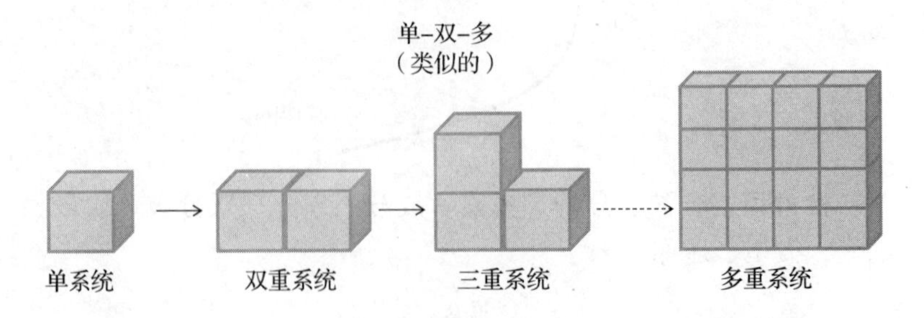

例子

文本字体，双核、四核等核心处理器，键盘键，二进制计数系统，笔记本电脑上的多种连接器类型，网络中的个人电脑，邮件合并，用户组的用户，同义词，“另存为”选择，鼠标按钮。

跳跃的原因

进化阶段	跳跃原因
任何阶段	- 提高有用功能交付量 - 改善功能分布（例如，分担负载） - 提高使用者的便利性 - 协同效应 - 降低系统组件的成本

注：

趋势中“相似”的关键在于所有新增的部分都提供相同的基本功能。

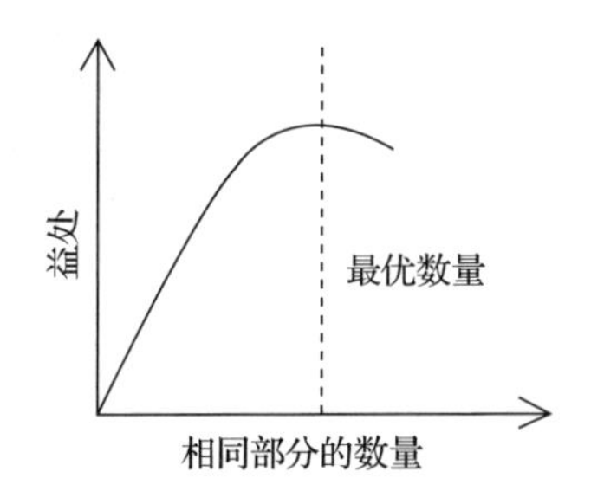

M-B-P 趋势的主要问题是当增加的对象数量达到一个最佳点时，超过了这个点，不可能获得更多的好处：确定最佳数量的方程可能是相对固定的，也可能是高度动态的。当考虑到理想方程的上、下两部分都随着系统中添加部件数量增多而变化时，情况尤其如此。几乎不可避免的，增加更多部件的好处与增加成本之间的冲突构成动态冲突——例如，在风力涡轮机上发现的“最佳”叶片数量的变化。适用于时间和接口问题。

检索词：合并、整体、联合、多重、混合、双重、三重、通用的、标准、ISO、套接字、协议、语言。

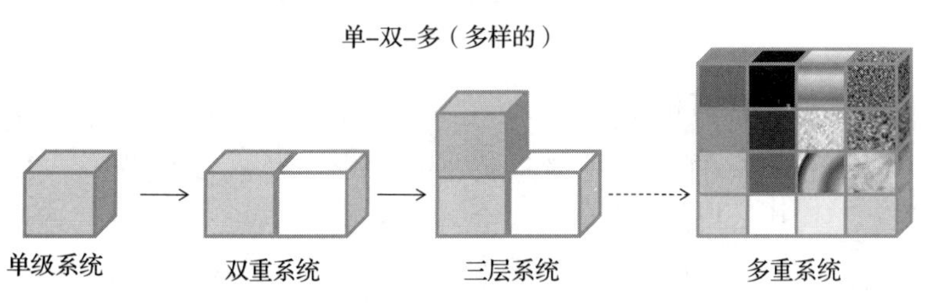

例子

瑞士军刀，软件包（如Office），计算机外围设备，手机（电话、MP3播放器、全球定位系统、相机等），家庭娱乐中心。

跳跃的原因

进化阶段	跳跃原因
任何阶段	- 提高系统功能性 - 提高可操作性 - 增加使用者的便利性 - 减少包装 -（协同效应） - 减少系统数量 - 减少网络系统规模

注：

趋势“多样化”的关键在于，添加到系统中的所有部件都提供了不同的功能。

与M-B-P（类似的）趋势一样，M-B-P（各种）趋势的主要问题是增加的部件数量达到了一个临界点。超过了这个临界点，想通过增加更多不同的部件来继续获得利益是不再可能的。

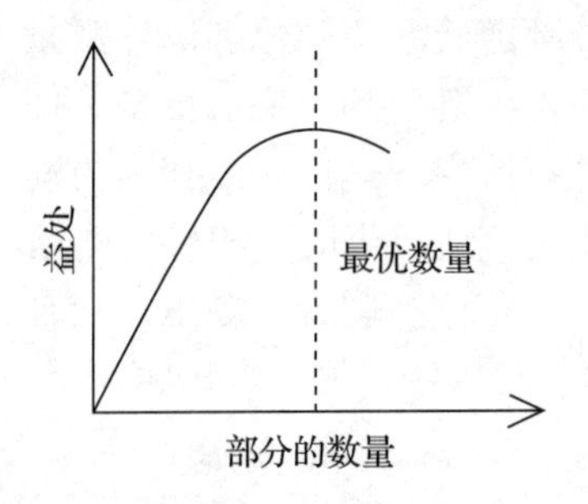

适用于时间和接口方面。

检索词： 合并、整体、联合、多重、混合、双重、三重、包、一体化、协议、语言。

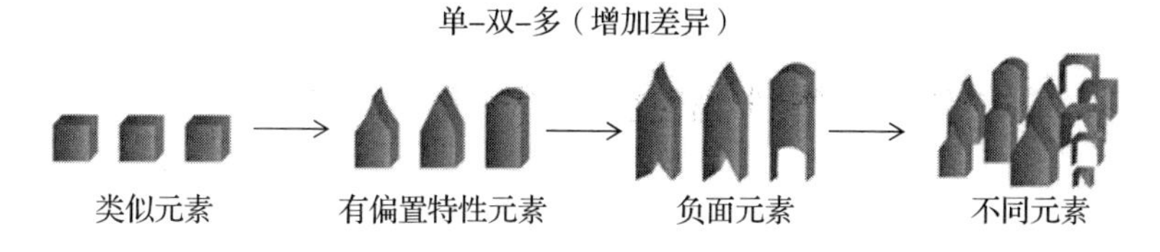

例子

绘画工具（负面组件 = 橡皮），本地定制的软件，知识 / 反知识，“撤销”功能，可定制的软件 / 恢复出厂设置，开始 / 快进 / 后退。

跳跃的原因

进化阶段	跳跃原因
类似偏置	- 提高系统功能性 - 提高可操作性 - 提高适应不同使用环境的能力 - 增加用户便利性 -（协同效应）
负面的偏置	- 增加达到相反作用的能力 - 提高适应性 - 提高操作灵活性 - 减少包装 -（协同效应） - 提高用户便利
不同组件的负面	- 增加系统功能性 - 提高可操作性 - 提高用户便利 - 减少包装 -（协同效应） - 减少系统数量 - 减少网络系统规模

注：

跳转到“负面”组件（即提供与现有功能相反的功能组件）是一个非常重要的功能——某人在某个地方可以积极尝试与传统预期功能相反的系统。例如，出现了一种全新的所谓“负面材料”，它具有负热膨胀系数、负泊松比、负磨损等特征。

跳跃到负面的时间很难预测，因为负面可能不存在，市场的规模是未知的，因此风险很高。

检索词：局部、偏差、通道、非同质、(非）均匀、隔离、带状、区域、部分、质地、粗糙、光滑、(上/下）流、稀疏、对数、斑、边缘、角、转化、相反、负面。

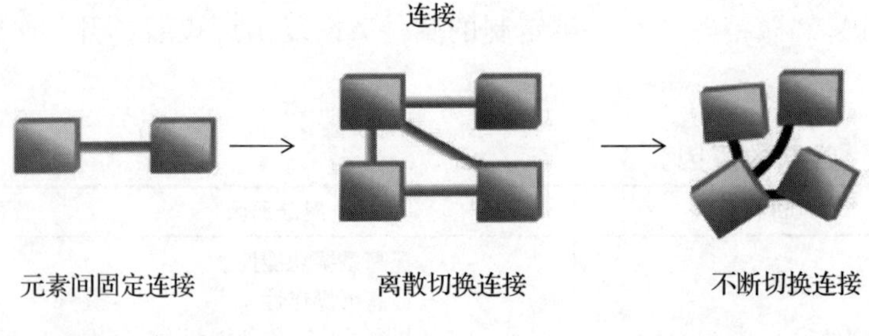

例子

基于遗传算法的专家系统，效应计算机，DAO / RDO / ODBC / ADO，主动标签，光子交换，可切换扩散结电容器，多频，可切换的过滤器。

跳跃的原因

进化阶段	跳跃原因
固定连接到离散切换	- 有不断变化的客户需求适应的能力 - 提高操作灵活性 （一个机器可操作多项任务） - 提高速度 / 效率 - 提高处理器负载平衡
离散切换到不断切换	- 提高系统鲁棒性 - 提高处理非线性变化的能力 - 提高多任务 - 提高机器学习能力 （人工智能）

注：

另一种趋势是最近才出现的，与自由度和过程思维趋势重叠。柔性连接可实现自适应流程功能。其更侧重系统内部连接以及系统所包含的人员和实体，因此这个趋势被独立出来。

检索词：开关、动态、适应、灵活、接口、中间、流体、硬/软连接、活动、耦合、可配置。

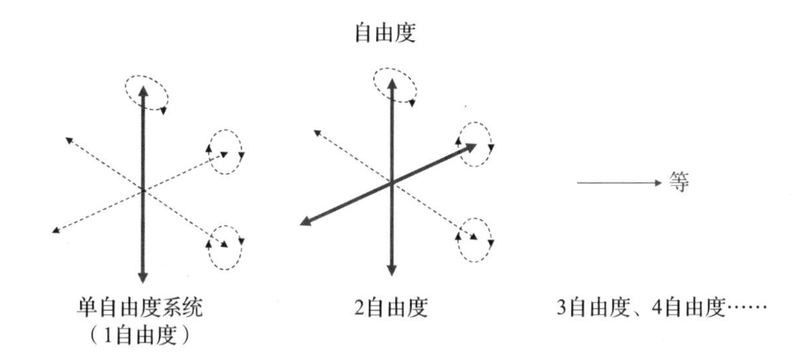

例子

多轴机床，飞行模拟器，机器人肢体关节，计算机鼠标，触觉技术，操纵杆，Wii 游戏机，眼球追踪软件，软件开关，全景转换软件，飞机控制。

跳跃的原因

进化阶段	跳跃原因
任何进入下一步的阶段	- 提高可操作性 - 提高位置灵活性 - 提高与人类行为的协调 - 增强现实主义 - 提高系统效率 （两点之间最短路线） - 提高动态响应

注：

自由度主要与三个线性维（x、y 和 z）有关，并围绕这些正交轴旋转三次。

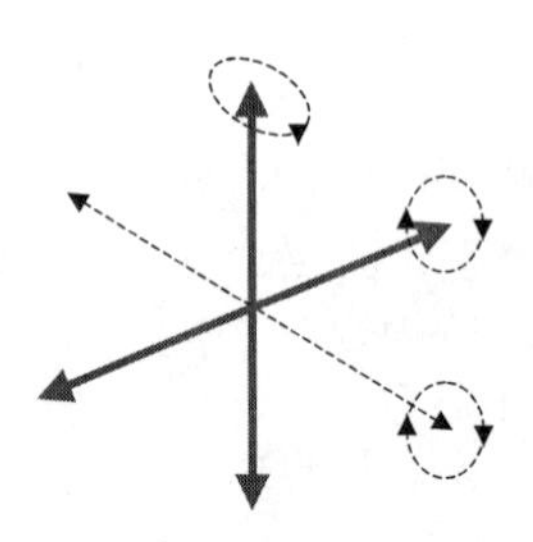

检索词： 自由度、六自由度、六维、五维、平移、俯仰、滚动、偏航、扭转、定向、触觉、空间。

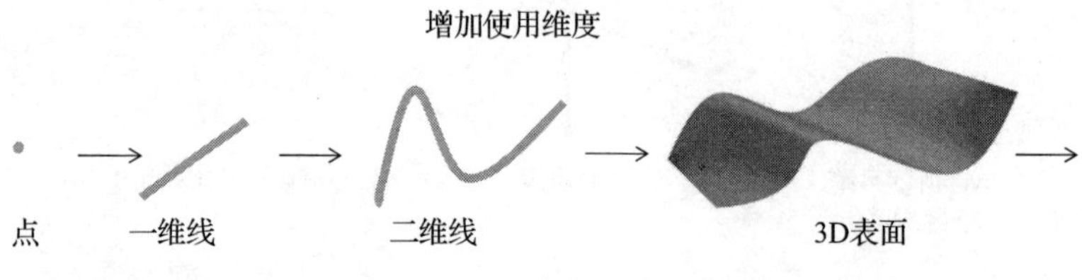

例子

CAD系统，鼠标，图绘制软件，3D按钮，“弹出”图片，覆盖窗口，深度增强屏幕，多维关系数据库体系结构，光栅扫描，打印机技术，曲线拟合的算法，苹果的图形用户界面。

跳跃的原因

进化阶段	跳跃原因
点到一维	– 增加识别 / 改变组件取向能力 – 提高查看对象的能力 – 提高可控制性
一维到二维	– 提高可控制性 – 增加新功能 – 改善美学 – 改善人体工程学 – 改进精度 / 精密
二维到三维	– 提高“现实世界”的真实性 – 改善美学 – 改善人体工程学 – 改进结构外观 – 改进算法的效率 – 增加新功能

注：

几何进化与制造技术的发展密切相关。我们生活在三维世界里，但是传统制造的产品大都是根据一维和二维图纸制造的。随着 CAD/CAM 功能的出现，许多传统制造的限制正在消失。

趋势应用于宏观和微观范畴——在微观层次上，这一趋势鼓励用户去思考产品表面的纹理结构及相关影响。

当然，在虚拟环境中，我们可以考虑使用三维以上的维度来实现额外的功能（如果不是美学上的，或与利益相关的）。

检索词：直线、曲线、二维、三维、像素、体素、表面、样条、轴对称、螺旋、旋转、圆形、扭曲、离心、角、半径、螺旋形、抛物线、双曲线、螺杆、球体、轨道、球、拱门、穹顶、锥形、耀斑、自旋、非平面、锥形、平面、锯齿状、扇贝状、堆栈、（重新）定向。

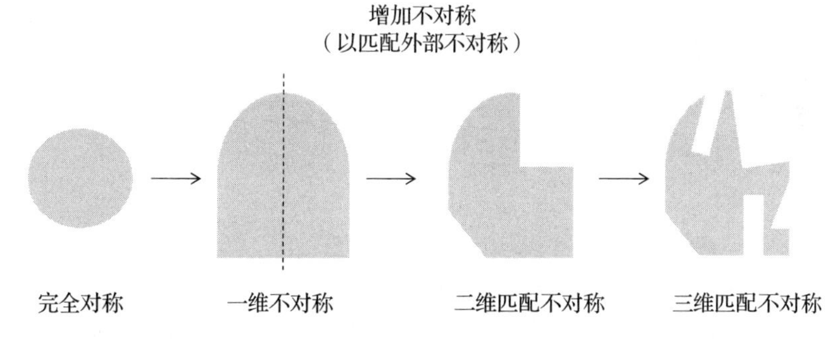

例子

大多数具有符合人体工程学功能要求的系统或组件（例如左 / 右手），偏态正态分布曲线，螺旋形式，对数刻度盘，黄金比例 / 三分法，一对多通信，非对称多处理，ADSL。

跳跃的原因

进化阶段	跳跃原因
完全对称到一维不对称	- 改善人体工程学 - 改善结构外观 - 提高效率

（续）

进化阶段	跳跃原因
完全对称到一维不对称	– Poke Yoke 组装 – 易于操作 – 更加紧凑的安装 / 压缩 – 变速运动控制（凸轮） – 提高模拟精度 – 方位能见度
一维到二维匹配或三维匹配不对称	– 改善人体工程学 – 改善结构外观 – 易于操作

注：

这种不对称趋势与许多传统制造转向大规模生产对称工艺品有关。CAD 系统默认为对称形式，也经常给这种趋势带来压力。删除这些传统约束，转向匹配表单以适应用户。这一趋势与工程环境中的人机界面问题密切相关。

检索词：不对称、扭转、偏斜、不平等、偏心、定向、倾斜、不可逆转。

设计点

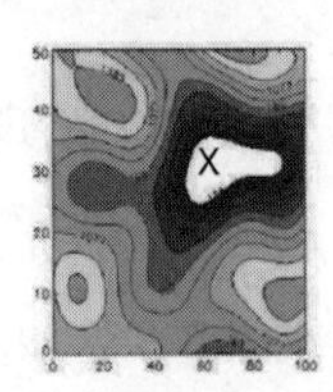
单操作点设计优化

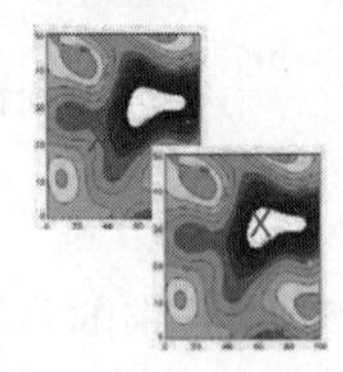
双操作点设计优化

多操作点设计优化

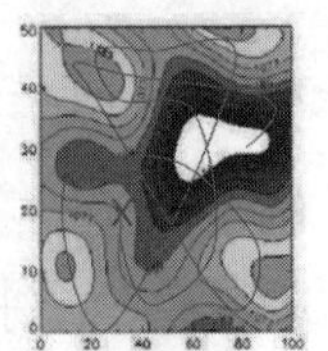
每个操作点设计优化

例子

所有类型的控制系统（如飞机 / 发动机优化巡航操作），自调优系统，适用于个人设置的系统，智能控制器。

跳跃的原因

进化阶段	跳跃原因
任何进入下一步的阶段	– 提高所有操作条件的性能 – 提高系统效率 – 减少能力丢失 – 提高用户操作灵活性 – 拓展操作范围 – 提高操作安全的边界 – 解决物理矛盾

注：

这是另一个新兴趋势。许多技术系统的性能都是在单一条件下进行优化的——大多数传统内燃机都是在一定转速，不同的“恒定转速”“恒定流量”“恒定 x”系统（直升机转子、风扇、电动机、气雾剂喷雾等）下进行优化，以实现最佳燃油燃烧。所讨论的问题系统远远不是最佳设计点的运行状态时，这一趋势的应用有助于减少低效。

这一趋势在某些效果上与单双多趋势有关。它提醒人们思考设计点的重要性，因为“不断重新优化”设计思想并没有在 M-B-P 思考中充分体现。

检索词：设计点、非设计点、自适应、动态、重新优化、可变、灵活、自由、浮动、活跃。

可靠性设计

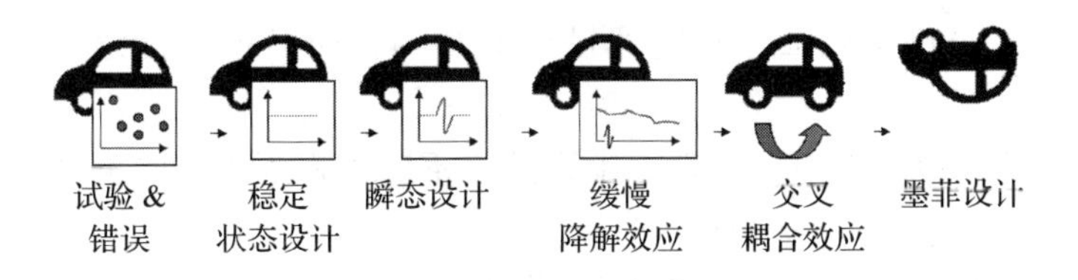

例子

在汽车、快速消费品、航空航天等许多行业都可以看到这一普遍趋势。软件社区也开始关注这种模式的重要性。核能和太空代表了一种艺术状态，即“如果有什么东西可能出错，它就会出错”的设计理念。

跳跃的原因

进化阶段	跳跃原因
试验 & 错误到稳定状态设计	– 提高设计资源的使用 – 减少时间 / 成本的浪费 – 减少资源浪费 – 减少产品发展时间
稳定状态设计到瞬态设计到缓慢降解到交叉耦合	– 提高产品可靠性 / 稳健性 – 减少毁灭性的失败的风险 – 提高安全性 – 提高操作效率
任何上述设计到墨菲设计	– 提高可靠性 / 稳健性 – 提高安全性 – 轻松转变为“功能性销售模式”

注：

这一趋势与提高系统可靠性密切相关。有关这一趋势的更多细节，请参阅第 6 章和第 10 章。

一般来说，如果你使用的是不正确的设计，那么有人已经找到了更好的设计方法。

不同阶段趋势的例子：

瞬态——考虑到暂时的影响，加速、减速、启动、停止等。

缓慢降解效应——物理世界的影响，如磨损、疲劳、污染物等。

交叉耦合效应——理论上系统中不应该相互影响的事物，实际上有时会产生交叉连接效应。

墨菲设计——“如果客户能够用这个做一些愚蠢的事情，他们就会去做。”

检索词：稳态、持续、瞬态、激增、脉冲、冲击、停歇、启动、关闭、耦合、磨损、退化、不连续、包络、九分之七、九分之八、故障率、平均故障间隔。

（外部匹配）非线性

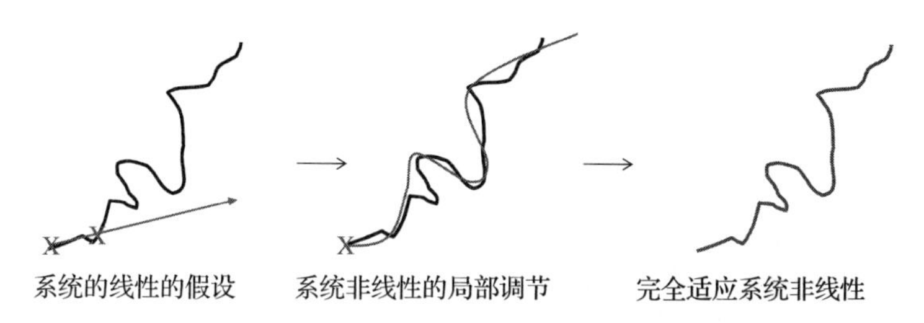

例子

PID 控制器，安全关键系统传感器，包络限幅器，睡眠探测器，自动防故障装置的设计策略。

跳跃的原因

进化阶段	跳跃原因
任何进入下一步的阶段	– 减少（硬件）复杂性 – 减少（硬件）生产成本 – 提高可靠性 – 提高可维护性 – 提高用户安全 – 减少（悬崖边缘）灾难性故障的可能性

注：

另一种正在出现的趋势是，大多数技术系统设计为了避免暴露于非线性操作区域，迫使系统停留在已知安全操作的既定范围内。不幸的是，我们有时会弄错这些边界，或者对它们做出不适当的妥协，从而影响系统性能。正如在“扩展 TRIZ 以帮助解决非线性问题”（2002 年 4 月，该论文发表于 TRIZCON2002，作者是 Apte P、Mann D L）。越来越多的设计师开始寻找识别非线性的方法，从而打破矛盾产生新的设计。

检索词：非线性、临界、超临界、保护、限幅阈值、包络线、过渡、峰值、最大、最小、异步、灵敏度。

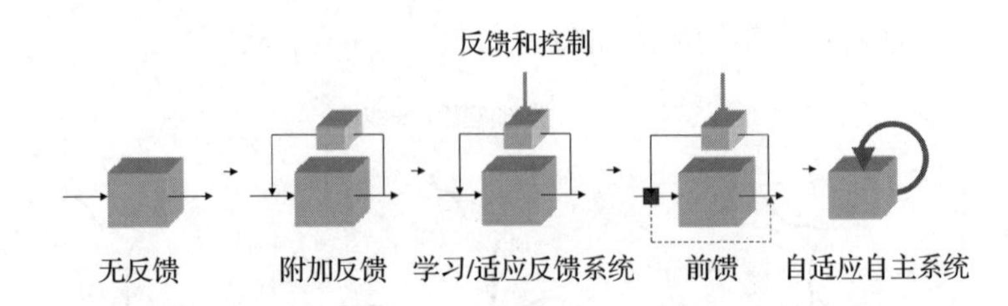

例子

开关设备，温室里窗口启闭机制；转向系统（智能反馈——针对个别用户进行调整和优化的系统），自动对焦摄像头，街道自动照明，语音识别软件，电脑游戏，先进的机器人（“Lucy”），拼写检查程序软件。

跳跃的原因

进化阶段	跳跃原因
无反馈到反馈	– 提高用户安全 – 减少用户作用 – 提高系统灵活性
反馈到学习 / 适应反馈	– 系统自我纠错 – 减少错误 / 突然失败的可能性 – 控制功能传送能力 – 改进用户防护 – 减少用户参与 – 提高动态性能 – 提高效率
学习 / 适应反馈到前馈	– 提高动态性能 – 增加总性能 – 提高安全性
前馈到自适应自主	– 自我学习系统 – 自我修复系统 – 自我更新 / 自我复制系统

注：

现在，廉价微处理器的出现意味着许多系统已经发展到“反馈”阶段。智能反馈表明控制算法在某种程度上能够适应不断变化的环境。当趋势结束时，就会出现“对系统需求消失”现象，这是一个常见例子。也就是说，原来系统由某个东西控制着，现在变成了系统的“自我控制”。

检索词：反馈、自适应、学习、自动、智能、自我、前馈、自主、动态、传感器、控制、傅里叶、监控、比例、积分、微分、PID、预测。

增加感官的使用

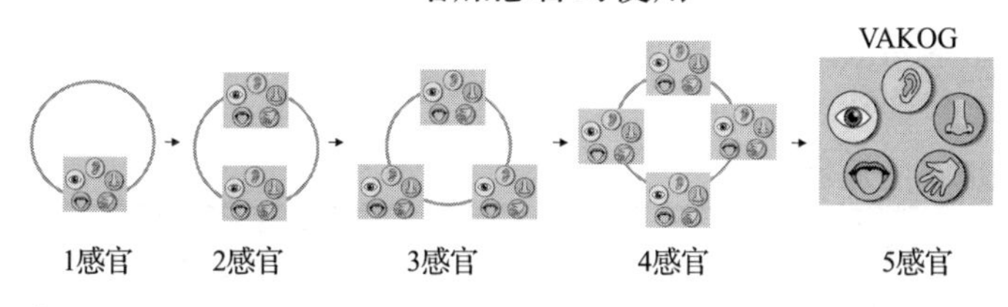

例子

无声电影 - 有声电影 - 现场包围音响 - 增加嗅觉，多媒体计算机，虚拟现实，全沉浸式系统，一般通信（例如，出现可视频手机），触觉技术，Wii，远程医疗诊断系统，气味调配软件。

跳跃原因

进化阶段	跳跃原因
任何进入下一步的阶段	– 提高接口控制 – 增加人的参与 – 感官沉浸 – 提高模拟现实度 – 增加沟通效率

注：

这种趋势是增加系统与人类感官能力的互动。趋势只与纳入系统的趋势数量有关，而与序列无关。

这一趋势涉及五种关键感官——视觉、听觉、触觉、嗅觉和味觉。缩写词 VAKOG 被广泛用于帮助记忆这些感觉。

检索词：视觉、听觉、动觉、嗅觉、味觉、多感官、触觉、虚拟现实、沉浸。

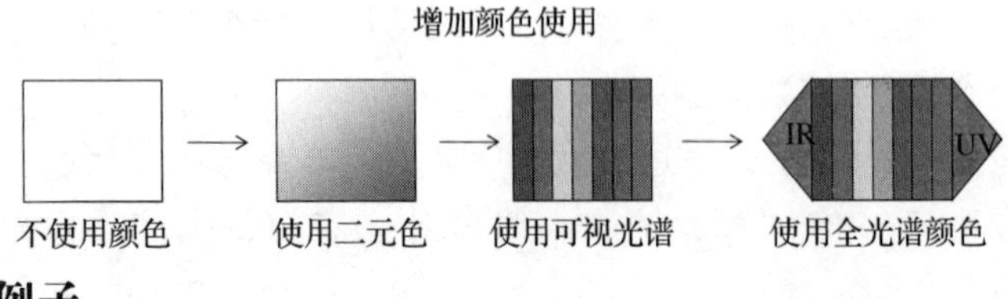

例子

摄影、检查系统、图形用户界面、光电传感器、Vista 系统、现实主义算法、动态伪装、生物传感器（IR & UV)、红外通信媒介、热影像（IR)。

跳跃的原因

进化阶段	跳跃原因
单色到二元色	- 能够进行简单的是 / 否测量 - 警告指示器 - 提高结构外观 - 提高检测能力
二元光到可视光谱	- 增加测量的灵活性 - 改善结构外观 - 增强图片现实性
可视光谱到全光谱	- 消除对人机界面的干扰 - 增加新功能 - 扩大可测量范围

注：

全光谱技术包括红外线和紫外线——这两种技术越来越多地被挖掘出应用优势。在许多软件系统中，颜色很少被视为一种资源，除非在美学意义上。这一趋势表明，有人在某地发现了利用颜色的优势。

颜色还包括“透明度”——Windows Vista 中为数不多的明显改进之一是在窗口覆盖上加入了半透明 / 透明度。

检索词：紫外光谱、红外光谱，模式、伪装、半透明的、透明的、变色。

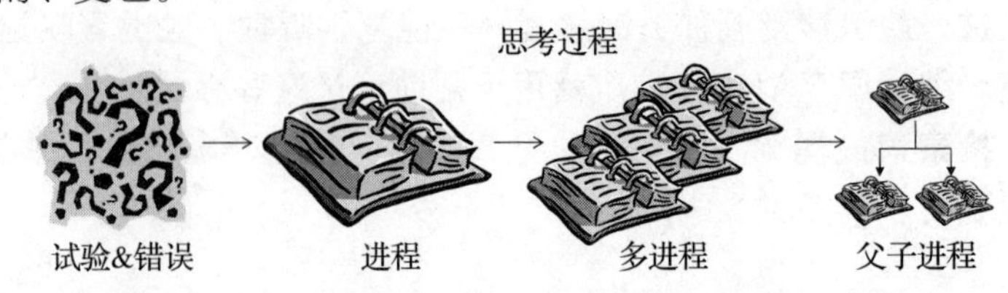

例子

20 世纪五六十年代，一些企业认识到进程的重要性，从而促进了试验和错误阶段的进化。成功模型的出现使得“正确”的过程被定义和转换。这种成功模型反过来被看作一系列不同的进程。每个进程在不同上下文环境之间又有关联。近期，允许针对特殊情况设计进程的指南出现了：先是出现了“计划 - 做 - 研究 - 实施”持续改进计划的倡议，紧接着在六西格玛哲学设计中出现了“设计进程”指南。

跳跃的原因

进化阶段	跳跃原因
“试验 & 错误”到进程	- 减少时间 / 费用 / 风险 - 提高最终结果的质量 - 改进交流 - 改进过程监督 - 确定问题
进程到多进程	- 提高变化的灵活性 - 改进沟通和回应 - 提高质量 - 提高投资组合的管理
多进程到父子进程	- 提高灵活性 / 应答性 - 改进对变化的管理 - 提高处理风险的能力 - 提高投资组合的管理 - 提高质量 - 给员工力量 - 提高自主系统

注：

这种趋势与能力成熟度模型有很强的联系。因此，相对于对特定代码段进行详细的演化潜力分析，它在软件系统的宏观评估中更有用。不过请注意，即使达到 CMM 5 级，它也仍然只是一个不断改进的软件开发模型。从这个意义上说，系统的软件创新可被认为是一个第 6 级——允许从持续改进到持续创新的转变。

检索词：进程、能力成熟度模型、业务流程重组、再造工程、协议、设计、关键过程域。

客户购买的焦点

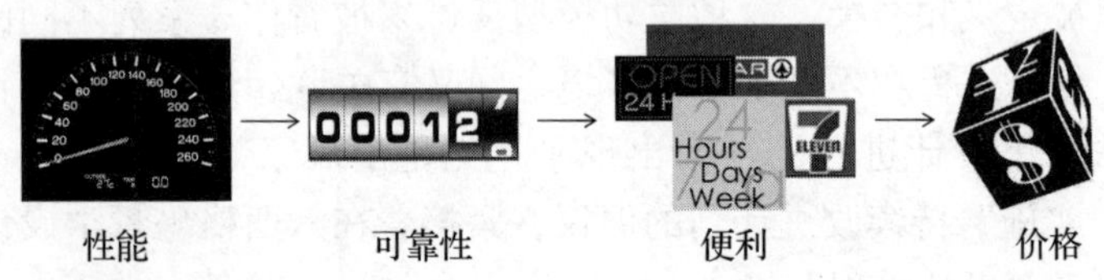

例子

光盘、硬盘、闪存、影音播放器、手机、开源软件、搜索引擎、网页设计、办公、几乎任何事物都开始变得商业化。

跳跃的原因

进化阶段	跳跃原因
任何到下一步的阶段	– 用户渴望更多的功能被实现 – 竞争优势 – 克服常见的技术问题 – 用户需求

注：

这一趋势的运作方式与其他大多数趋势略有不同。从一个阶段跳转到另一个阶段是在给定的客户接收到“足够”的当前购买焦点时进行的。例如，大多数个人软件购买者并不关心诸如更好的文字处理功能之类的问题，他们已经转向购买“可靠性”软件。那些对功能感兴趣的人都不太可能过分关注可靠性、方便性或价格。

该趋势与系统在 S 曲线上的位置有关：

随着曲线趋势，不同的用户将在不同的位置上。

当所有客户都关注价格时，就有必要确定一种新的衡量方法，这样才能让循环重新开始。

检索词：性能、可靠性、便利、价格、消费、模式转变、商品化、特征、收益、实用性。

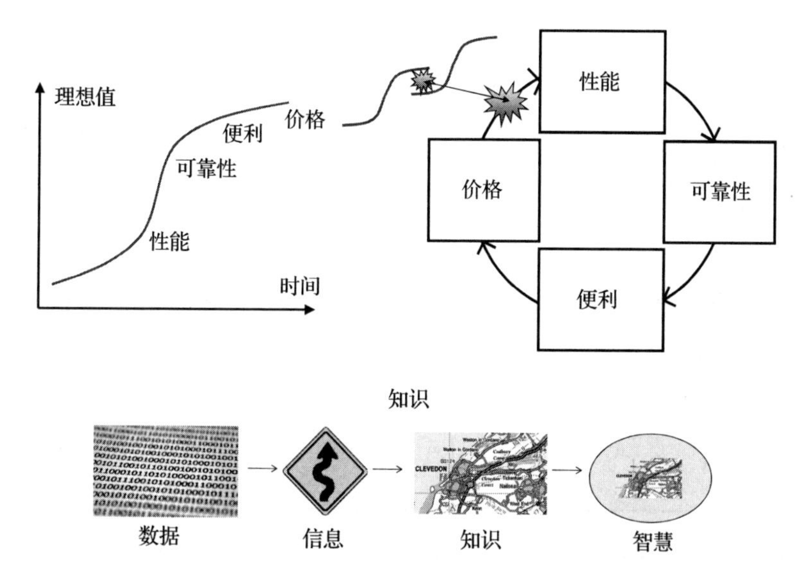

例子

商业信息的进化是从收集和展示原始数据开始，到电子表格的显示，再到复杂的解释算法，再到认识到“最重要的数字是未知的和不可知的”（W.E. Deming）。文字将一个个数据转换成有用的信息，语义处理技术将从文本中提取有用的知识，再添加上应用背景就会转换为智慧。

跳跃的原因

进化阶段	跳跃原因
数据阶段到信息阶段	– 提供结构 – 添加语义 – 允许解释
信息阶段到知识阶段	– 过滤掉无关紧要的知识的能力 – 时间管理 – 增加信号 \ 噪声比 – 提供多变的结构
知识阶段到智慧阶段	– 衡量知识对错 – 将正确恢复做上标记 – 消除噪声 – 概括相关上下文 – 能够认识到有时即使正确的数据也会传达错误的答案

注：

产生大量“数据”的计算机技术逐渐占据主导地位，意味着计算机技术会被纳入这种趋势。很多软件设计师发现他们被淹没在数据海洋中。这种趋势本质上是从大量的可用内容中获得智慧。

智慧 = 知识 × 背景

检索词：知识管理、记忆、模式、信号 / 噪声、语义、下文、含义。

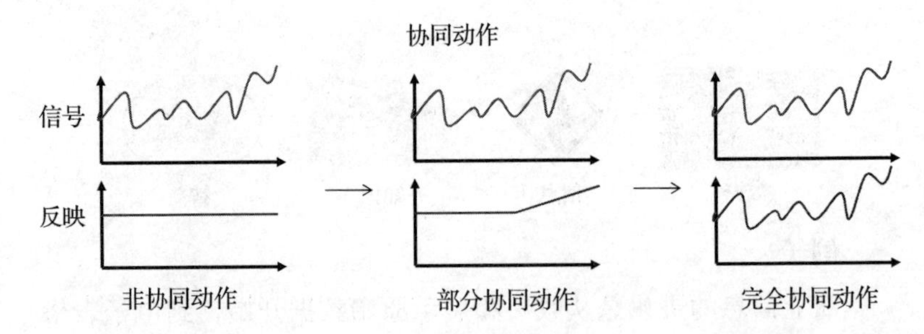

例子

大多数的软件程序，软件的控制过程，客户关系管理（CRM）软件，企业全程管理软件（ERP），工程管理软件，交通管理系统，交流协议，产量预测软件，自动聚焦成像系统。

跳跃的原因

进化阶段	跳跃原因
任何到下一步的阶段	– 减少时间浪费 – 增加系统的有效性 – 提高对外部变化的应答性 – 提高安全性 – 减少系统崩溃的可能性 – 简化系统 – 增加用户的便捷性

注：

在这个趋势中关键的连接词是“动作”——当一个系统被测

试时会发生什么样的动作？

这种趋势与时间和接口方面的趋势都有关。

检索词： 进程、协议、时间、延迟、序列、缓冲、提前、初步、局部、延迟、消耗、变形、激增、阻止、部分、提早、顺序、反向、存储、暂时、紧急、备份、临时。

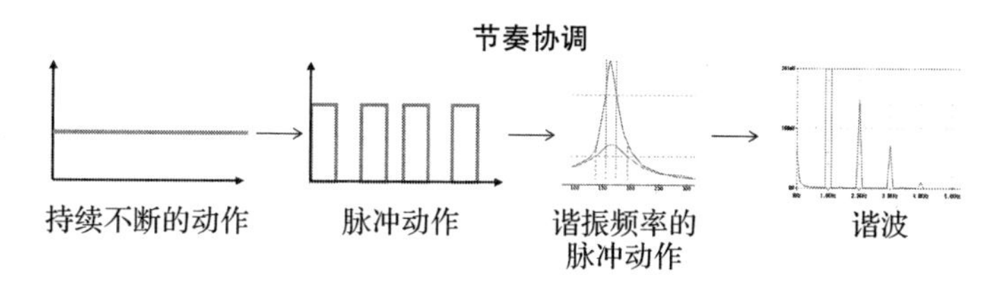

例子

这种趋势主要是由物理系统（而非软件系统）的进化造成的，尤其是最后两个阶段。先进的控制器，如钻井作业、运动探测器、语音识别利用共振，在某些情况下，也利用谐波实现其功能。

跳跃的原因

进化阶段	跳跃原因
持续阶段到周期阶段	– 减少能源的使用 – 克服物理矛盾（及时分离） – 提高有效效率 – 引入时间测量能力 – 减少浪费
周期阶段到共振的使用阶段	– 扩大有用的影响 – 提高有用影响的效率 – 减少资源的使用 – 减少浪费 – 降低系统复杂度 – 减少花销（共振是一种免费的资源）
共振阶段到谐波阶段	– 提高操作灵活性 – 提高对操作转换的动态响应 – 提高资源利用率

注：

许多系统将会出现在这一趋势的左边。部分原因是大家通常认为共振是一件“坏事”。这一趋势表明（就像发明原理“塞翁失马焉知非福”——附录5），在某个地方共振可以发挥有益的作用。对于许多系统来说，这种趋势具有相当大的进化潜力。

这种趋势旨在补充之前的“动作协调”趋势。这种趋势是为相对较长的时间段而设计的，而节奏协调的趋势通常集中在秒或分钟的时间段。

检索词： 脉冲、周期、共振、谐波、自然频率、节点、杠杆、放大镜。

边界分解

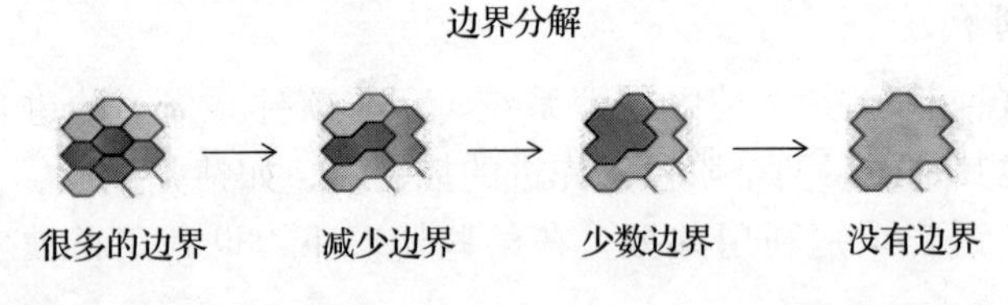

例子

嵌入式软件（硬件－软件边界消除），标准协议需要减少中介接口，蜂窝通信体系结构。

跳跃的原因

进化阶段	跳跃原因
任何进入下一步的阶段	－提高稳定性 －提高效率 －减少失误 －提高沟通性

注：

将这种趋势与给定的创新场景进行比较，主要涉及接口。接口通常意味着缺陷和效率低下，而进化表明我们逐渐能够更好地消除它们。

这种趋势既包含连续阶段也包含离散阶段。

注意，这种趋势与时间和接口都有联系。

检索词：边界、离散、模拟、集成、合并、接口、嵌入、细胞、中介。

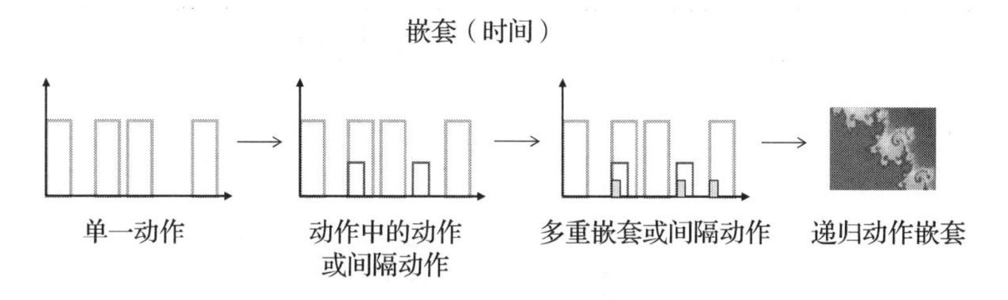

例子

嵌入式动作，数据传输中的奇偶校验位，多模通信，嵌入式校准信号通信，多帧日历，应用程序接口，分组交换，统计多路复用。

跳跃的原因

进化阶段	跳跃原因
任何进入下一步的阶段	– 提高回复率 – 提高进程效率 – 提高相互操作的协调性 – 提高沟通性

注：

嵌套（向下）趋势和发明原理中的“套娃”紧密相关。这种趋势是一种在更精细的时间分隔下的检查系统，然后在这些时间分隔中插入新的动作。

检索词：嵌套、间隔、递归、异步、多路复用、夹带。

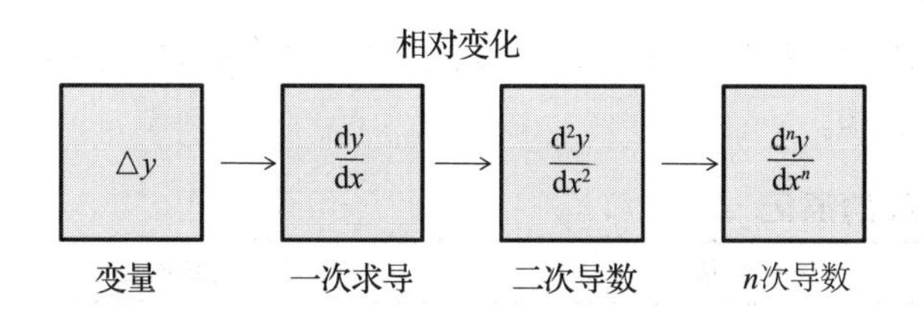

例子

功率传输和运动控制器，语音识别软件，FFT 传感器反馈算法，加密算法，数据压缩算法。

跳跃的原因

进化阶段	跳跃原因
任何进入下一步的阶段	– 提高测量精确度 – 提高可控性 – 提高确定非线性的能力 – 提高分析复杂性 – 提高系统动态运行 – 降低损失

注：

趋势与控制算法设计有关，随着控制器从模拟到数字的过渡，数学复杂性的提高成为可能。进行 *n* 阶微分计算允许将相同数量的输入数据转换为多个可变维度，从而潜在地增加了度量的复杂性。

注意，这种趋势在时间和接口方面都有联系。

检索词：线性化、导数、微分、比例、积分、一阶、二阶、三阶、*n* 阶、在……之上、在……之下、比较器、变化率、加速度、非线性。

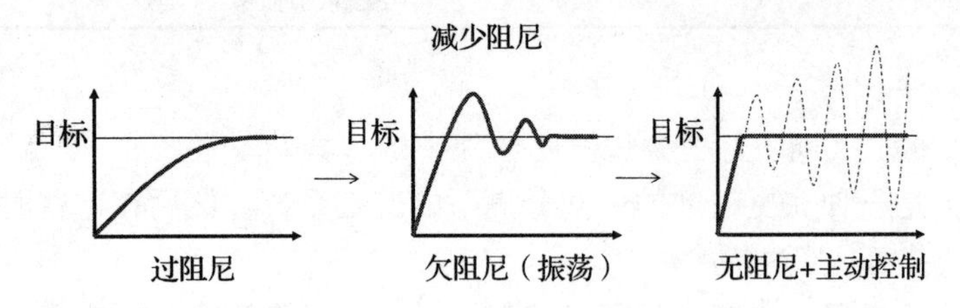

例子

飞机的飞行控制架构，计算机芯片缓冲主动控制系统，主动悬架控制器。

跳跃的原因

进化阶段	跳跃原因
任何进入下一步的阶段	– 减少系统中的能量流失 – 提高动态性 – 改善响应时间

注：

这种趋势降低了阻尼，因为阻尼往往和低效率以及（更多的是）延迟和瞬时性联系在一起。

减少阻尼的趋势要求同时提高控制能力，以便能够安全地交付功能——从这个意义上说，它与沿可控性趋势发展过程是基本耦合的。

这种趋势仍处于相对不成熟阶段——主要取决于复杂控制算法和硬件的出现。

检索词： 阻尼、主动、关键、欠阻尼、无阻尼。

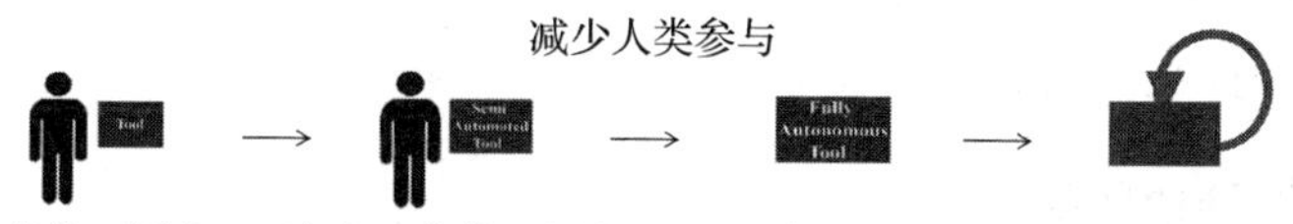

例子

计算机辅助系统，汽车导航系统，机床，家庭采暖系统，遗传算法 / 自学软件系统，遥感系统，软件助理，智能标记，Self-X 系统。

跳跃的原因

进化阶段	跳跃原因
任何进入下一步的阶段	– 减少人类参与 – 减少人为错误影响的可能性 – 增加精度 – 能提供超出人类能力范围的极限功能，如举、连接、投掷等 – 减少疲劳效应 – 降低成本

注：

自创生： 软件具有自我复制、自我更新等功能——相当于生物系统的硅。

人类根本无法完成高水准的重复性工作，而且还会经常出错（出错概率为九分之二到九分之三）。因此，任何需要达到更高可靠性的系统都需要逐步地将人工控制从系统移除出去。

检索词：自主、自治、自动、自创生、远程。

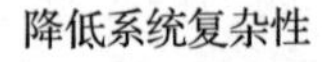

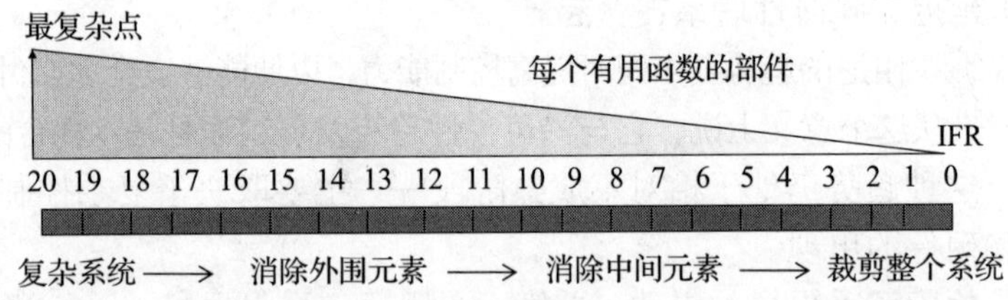

例子

一次性手机，多彩的 LED。

跳跃的原因

进化阶段	跳跃原因
任何进入下一步的阶段	- 减少复杂度 - 减少制造的花销 - 提高可靠性 - 提高可维护性

注：

所有的精简操作都旨在减少系统的部件数量 / 总体复杂性，而不会对功能产生负面影响。

这种趋势与嵌套（向上）趋势有很强的联系，因为元素常常在系统的某个级别被删除，它们交付的功能被迁移到系统的更高级别部分。

关于这种趋势，需要记住的要点是，在一个系统的演化过程中，有时裁剪是一种适当的行为，有时则不是。

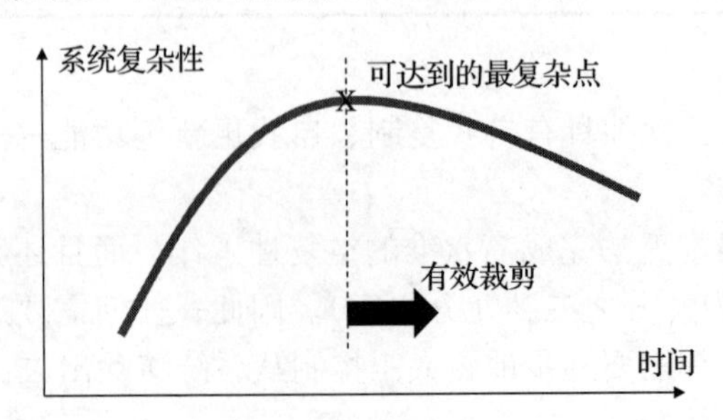

检索词： 面向制造和装配的设计、装饰、中介、外围、单独、额外、移除。

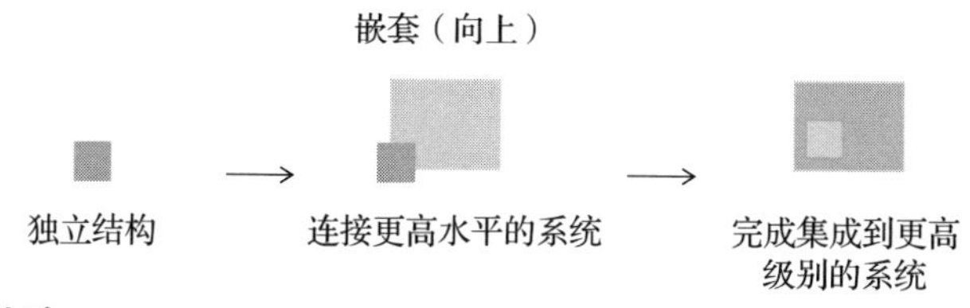

例子

功能向上迁移：手动对焦机制包括自动对焦、嵌入式软件、分布式软件、射频识别标签。

跳跃的原因

进化阶段	跳跃原因
任何进入下一步的阶段	– 提高系统协调性 – 减少系统复杂性 – 提高协调性 – 解决物理矛盾（“向超系统过渡”）

注：

随着系统朝着更理想的状态进化，功能也开始趋向于从子系统到更高系统的迁移。这种趋势和增减复杂性趋势循环具有很强的关联。

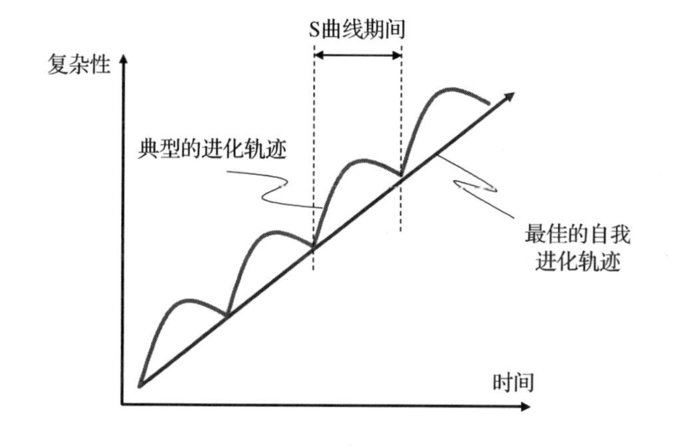

附录 4

软件矛盾矩阵

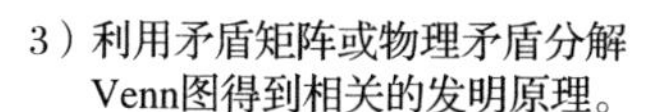
3）利用矛盾矩阵或物理矛盾分解
Venn图得到相关的发明原理。
2）将问题转化为矩阵
参数中使用的单词，
研究分离策略在何
处、何时使用。
2.通用问题
3.通用解
4）（难点）将这些原则
转化为你的系统应该
采取的有意义的方向。
1）用自己的语言描述
冲突。
-我们想要改进什么？
-是什么阻止我们呢？
什么会变得更糟？
1.特定问题
4.特定解

1）用你自己的语言描述矛盾

- 你想改善什么？
- 什么阻止你？什么会变得更差？

2）将问题转化成矩阵参数

也考虑：

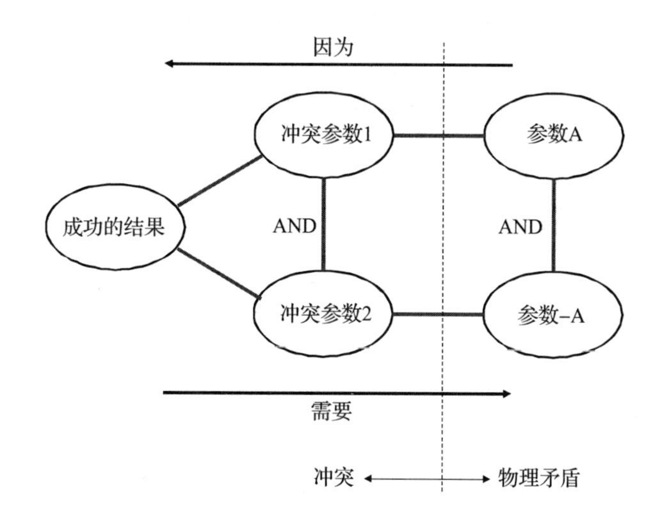
因为
冲突参数1
参数A
成功的结果
AND
AND
冲突参数2
参数-A
需要
冲突
物理矛盾

物理冲突解决策略

我们既想要 A 又想要 -A

我们是否可以用空间分离来解决这对冲突呢？

（思考想在什么地方获得 A？什么地方获得 -A？如果答案是不同的，那么我们就可以采用空间分离策略。）

我们是否可以用时间分离来解决这对冲突呢？

（思考什么时候可以获得 A？什么时候可以获得 -A？如果答案是不同的，那么我们就可以采用时间分离策略。）

我们是否可以用条件分离来解决这对冲突呢？

（思考获得 A 的条件是什么？获得 -A 的条件是什么？如果答案是不同的，那么我们就可以采用条件分离策略。）

创新发明原理：

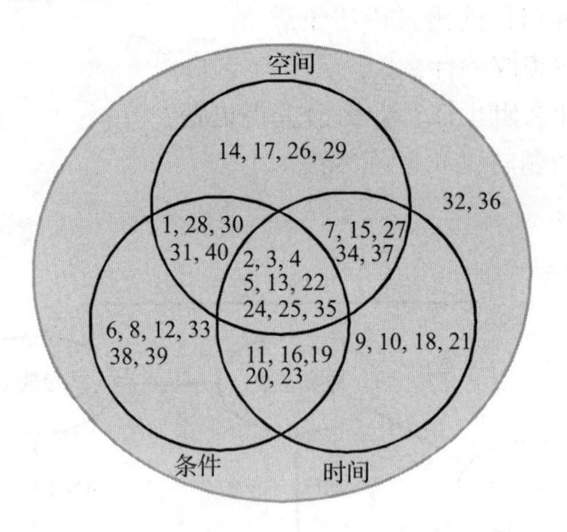

改善的参数——大小（静态）

含义：系统或其要素的静态组件的大小或容量。

同义词、反义词和等价含义：存储空间、永久性的内存、ROM、光盘空间、屏幕尺寸、相关硬件的物理大小。

改善此参数，一般应考虑如下原理（根据使用频率的降序排列）：3，24，1，7，10，15，2，17，35，25，5，13。

与特定恶化参数相关的原理列表如下：

恶化参数	相关发明原理一览表（根据使用频率的降序排列）
大小（静态）	（物理冲突）
大小（动态）	3 24 13 2 25 1
数据量	1 10 7 24 5 2 25
接口	2 35 13 1 4 17 23
速度	10 24 17 3 15 29 25
精度	24 37 3 7 25 5 40 14
稳定性	24 3 15 19 5 23 2
检测或测量能力	32 35 37 3 19 24 4 17
时间损失	3 10 15 26 14 5 7 32 4
数据损失	13 2 5 11 12 35 4
系统产生的有害因素	2 17 9 35 19 32 31 15 13
适应性 / 灵活性	17 7 25 15 1 28 24
兼容性 / 连接性	3 2 24 13 7 28
易用性	10 17 6 15 27 23
可靠性 / 耐用性	25 7 1 33 10 25 8
安全性	17 15 24 28 13 3 11
美观 / 外形	3 7 15 10 26 1
系统的有害影响	1 23 19 31 21 35 24
系统的复杂性	5 3 34 7 10 20
控制的复杂性	1 25 35 21 4 9
自动化	10 34 1 7 17 4 2

改善的参数——大小（动态）

含义：系统或其要素的动态组件的大小或容量。

同义词、反义词和等价含义：动态存储器、RAM、带宽、缓存大小、突发内存、相关动态硬件物理尺寸。

改善此参数，一般应考虑如下原理（根据使用频率的降序排列）：35，10，24，3，2，15，25，4，13，7，37，5。

与特定恶化参数相关的原理列表如下：

恶化参数	相关发明原理一览表（根据使用频率的降序排列）
大小（静态）	25 35 2 7 4 5 13
大小（动态）	（物理冲突）
数据量	35 1 25 24 21 3 7 14 36
接口	24 4 10 15 35 32 3 13
速度	2 21 3 20 40 35 5
精度	25 7 37 10 35 4 3
稳定性	5 35 23 24 3 15 39
检测 / 测量能力	37 24 4 35 15 9
时间损失	10 13 20 14 35 7 2 16
数据损失	7 5 11 24 3 12
系统产生的有害因素	2 35 9 12 40 24 3
适应性 / 灵活性	10 15 1 25 19 26 24
兼容性 / 连接性	24 2 6 13 3 10
易用性	15 1 26 10 2 17 19
可靠性 / 耐用性	35 2 5 9 37 30 7
安全性	24 10 35 28 13 2 15 19
美观 / 外形	3 17 32 4 15 13 35
系统的有害影响	15 35 10 2 27 25 37 34
系统的复杂性	25 10 15 14 4 26 12
控制的复杂性	25 37 3 10 21 4 20
自动化	10 13 25 24 40

改善的参数——数据量

含义：数据系统或信息资源的数量“数据”简单地说就是在两个或多个对象或系统之间传递的任何形式的信息。

同义词、反义词和等价含义：数据、知识、字节、属性、消息。

改善此参数，一般应考虑如下原理（根据使用频率的降序排列）：

10，3，25，24，13，2，17，4，19，37，5，15。

与特定恶化参数相关的原理列表如下：

恶化参数	相关发明原理一览表 （根据使用频率的降序排列）
大小（静态）	10 24 7 19 2 5
大小（动态）	7 2 25 35 10 4 13
数据量	（物理冲突）
接口	17 15 2 7 28 29 24
速度	10 7 37 13 3 5 12 24
精度	37 3 10 13 4 17 25
稳定性	24 3 37 10 2 25 13
检测 / 测量能力	3 37 25 4 40 24 32 28
时间损失	2 19 3 7 5 17 10 13 28
数据损失	7 4 15 19 37 32 10 1
系统产生的有害因素	10 13 17 24 7 2 40 32
适应性 / 灵活性	3 24 4 1 25 15 17
兼容性 / 连接性	24 25 10 7 6 13 2 3
易用性	25 10 6 17 7 13 19
可靠性 / 耐用性	10 24 35 25 13 40
安全性	7 10 17 24 3 1 19 4
美观 / 外形	7 3 32 15 19 25 17
系统的有害影响	1 15 35 11 28 2 24
系统的复杂性	10 25 2 3 5 40 6 13
控制的复杂性	25 40 4 3 1 0 7 5
自动化	25 3 1 26 13 37 9

改善的参数——接口

含义： 系统中不同元素之间的连接和交互方式。接口可以在系统中、用户间以及系统间使用。例外情况——“易用性”和“兼容性”，这是两个独立的参数。

同义词、反义词和等价含义： 反馈、沟通、链接、数据传输协议。

改善此参数，一般应考虑如下原理（根据使用频率的降序排列）：

24，28，35，10，3，15，17，2，13，7，1，23。

与特定恶化参数相关的原理列表如下：

恶化参数	相关发明原理一览表（根据使用频率的降序排列）
大小（静态）	10 17 15 24 35 3
大小（动态）	7 2 10 3 32 13 24 5
数据量	3 15 13 17 2 28 32 18 37
接口	（物理冲突）
速度	24 10 17 32 4 35 28 5
精度	37 3 28 10 23 1 14 7
稳定性	15 23 9 24 16 19 40
检测 / 测量能力	35 15 37 28 3 32 24 17
时间损失	10 24 26 25 35 28 13
数据损失	2 5 23 24 3 34 19
系统产生的有害因素	2 35 9 28 17 14 7 13
适应性 / 灵活性	3 15 13 26 1 24 19
兼容性 / 连接性	1 10 24 7 2 25
易用性	13 35 28 6 26 23 25
可靠性 / 耐用性	28 24 2 3 35 17 23 15
安全性	10 28 35 15 25 1 19
美观 / 外形	32 1 17 28 4 15 14
系统的有害影响	23 2 35 7 31 28 39
系统的复杂性	17 10 24 2 5 35 4
控制的复杂性	10 25 37 13 7 5 14
自动化	10 24 3 26 16 13

改善的参数——速度

含义：一个系统的速度或者任何种类的处理或操作的速度。速度可能会相对或绝对地，与瞬时速度相关，或者与完成一个操作所需的总时间有关。

同义词、反义词和等价含义：速度、急速、快速、加速度、慢度、运行时、执行时间、时钟时间。

改善此参数，一般应考虑如下原理（根据使用频率的降序排列）：10，13，3，24，17，35，4，2，5，37，19，25。

与特定恶化参数相关的原理列表如下：

恶化参数	相关发明原理一览表 （根据使用频率的降序排列）
大小（静态）	3 10 17 35 31 14 13 15
大小（动态）	2 7 34 10 4 13 5
数据量	7 10 5 37 3 2 28 4
接口	10 2 7 5 16 32 13
速度	（物理冲突）
精度	24 25 37 1 32 17 3 1
稳定性	24 3 10 13 33 40 39
检测 / 测量能力	3 37 24 32 28 35
时间损失	13 10 5 25 3 19 4
数据损失	10 7 24 6 37 3 26 35
系统产生的有害因素	35 24 2 4 11 17 12 15
适应性 / 灵活性	15 10 1 35 28 29 19
兼容性 / 连接性	7 1 9 3 1 24 13 6
易用性	25 13 15 17 37 28 32
可靠性 / 耐用性	25 40 5 13 28 35
安全性	24 1 0 28 1 19
美观 / 外形	3 32 4 17 13 10
系统的有害影响	2 24 35 3 19 10 17
系统的复杂性	5 10 13 17 4 40 3
控制的复杂性	25 10 1 4 13 19 37
自动化	10 25 13 24 17 2

改善的参数——精度

含义：精确的程度。度量值与系统属性的实际值的接近程度。测量误差。

同义词、反义词和等价含义：容差、通过 / 不通过、错误、标准差、平均数、中位数、众数、模糊性。

改善此参数，一般应考虑如下原理（根据使用频率的降序排列）：35，24，10，13，25，3，37，2，1，4，28，7。

与特定恶化参数相关的原理列表如下：

恶化参数	相关发明原理一览表（根据使用频率的降序排列）
大小（静态）	1 3 10 37 25 40 35
大小（动态）	7 37 1 4 35 3 10
数据量	25 37 2 7 4 3 35
接口	10 7 35 37 2 13 32 15
速度	37 13 24 35 28 32 4 3
精度	（物理冲突）
稳定性	24 35 1 13 14 37 3
检测 / 测量能力	28 10 13 1 32 35 3
时间损失	10 25 37 6 24 2 34
数据损失	24 7 25 37 1 4 6
系统产生的有害因素	10 3 7 13 37 24 26 31
适应性 / 灵活性	13 10 35 25 2 24 7
兼容性 / 连接性	2 6 15 24 17 4 10
易用性	25 2 24 15 1 35 28
可靠性 / 耐用性	24 11 25 35 15 7 5
安全性	13 9 24 2 14 28 4
美观 / 外形	3 17 22 4 13 28
系统的有害影响	28 2 35 14 15 4 24 12 10
系统的复杂性	3 10 28 35 13 25 5
控制的复杂性	25 3 10 7 1 13 17
自动化	25 34 1 10 24 2 28 35

改善的参数——稳定性

含义：在规范运行时，如果条件发生变化，系统能够以可预测和理想的方式继续运行。该参数可以在宏观（系统）或微（字节）级别应用。

同义词、反义词和等价含义：惯性、失真、一致性、可重复性、可预见性、趋势、过载行为、运行时错误。

改善此参数，一般应考虑如下原理（根据使用频率的降序排列）：24，10，2，13，25，35，7，1，3，40，5。

与特定恶化参数相关的原理列表如下：

恶化参数	相关发明原理一览表（根据使用频率的降序排列）
大小（静态）	35 24 2 10 39 25 5
大小（动态）	3 2 25 7 31 5 35
数据量	7 10 24 5 35 2 12 37
接口	24 2 15 11 1 13 28
速度	24 13 40 25 28 10 15
精度	25 37 4 13 17 32
稳定性	（物理冲突）
检测 / 测量能力	7 24 37 28 32 17 35
时间损失	35 10 24 5 28 7 2 13
数据损失	24 7 3 32 40 28
系统产生的有害因素	39 13 40 24 3 23
适应性 / 灵活性	15 10 7 13 1 35 40
兼容性 / 连接性	1 1 0 13 7 6 24
易用性	2 13 24 4 3 17 1 25
可靠性 / 耐用性	3 35 40 39 5 25
安全性	2 24 10 17 13 30
美观 / 外形	17 3 32 4 24 10 19
系统的有害影响	24 40 7 11 13 2 22
系统的复杂性	13 26 10 2 25 35
控制的复杂性	25 10 24 4 37 5
自动化	25 10 1 24 2

改善的参数——检测/测量能力

含义： 在系统内部或周围进行查找和测量非常困难。要将检测或测量成本降低到令人满意的水平，同时保证质量。此外，还要提高在使用软件的过程中检测到用户意图的能力。

同义词、反义词和等价含义： 可视性，能够找到“正确”的参数进行测量，自动检测，检验。

改善此参数，一般应考虑如下原理（根据使用频率的降序排列）：

35，37，10，28，3，13，7，15，1，24，4，19，2。

与特定恶化参数相关的原理列表如下：

恶化参数	相关发明原理一览表（根据使用频率的降序排列）
静止物体的大小（静态）	10 7 1 32 15 28 17 35
运动物体的大小（动态）	37 4 10 13 7 19 15 28 35
数据量	19 3 7 32 10 13 25 4
接口	3 28 37 19 15 23 32 13
速度	3 1 25 37 35 28 34
精度	3 13 37 4 10 24 7
稳定性	24 35 2 10 28 3 19 14
检测/测量能力	（物理冲突）
时间损失	37 28 9 13 26 35
数据损失	7 35 5 24 2 26 37
系统产生的有害因素	2 10 37 31 16 35 12 14
适应性/灵活性	15 13 35 19 24
兼容性/连接性	25 13 1 35 15 28 3
易用性	25 2 15 7 35 5
可靠性/耐用性	35 10 37 4 1 28
安全性	1 3 23 13 10 32 17
美观/外形	7 17 3 28 2 24 15
系统的有害影响	24 9 28 1 22 23 37
系统的复杂性	10 3 15 25 32 19 37 4 28
控制的复杂性	37 4 10 7 3 32 35
自动化	2 25 37 10 35 5 4

原理 25（可能与原理 10 结合）通常与遗传算法和其他“学习型算法”的解聚性增加有关。

改善的参数——时间损失

含义：时间效率低下——等待期、延迟时间等。

同义词、反义词和等价含义：延迟、重复工作、在冗余或不必要的活动上损失的时间、等待时间、用户等待系统完成操作的时间、挫折、关键路径。

改善此参数，一般应考虑如下原理（根据使用频率的降序排列）：

10，35，3，25，13，37，4，2，7，1，24，5，19。

与特定恶化参数相关的原理列表如下：

恶化参数	相关发明原理一览表 （根据使用频率的降序排列）
大小（静态）	10 24 5 25 37 3 4
大小（动态）	7 25 10 4 37 5
数据量	10 25 7 3 2 35 5 24 19
接口	15 10 32 23 5 7 13 28
速度	3 10 4 28 37 5 35 34
精度	25 34 35 37 4 1 13
稳定性	25 24 10 5 35 13 2 3
检测 / 测量能力	37 10 4 35 7 24 13
时间损失	（物理冲突）
数据损失	34 2 10 7 35 32 3
系统产生的有害因素	35 24 3 19 9 23 28
适应性 / 灵活性	25 13 15 3 19 35 10
兼容性 / 连接性	1 24 10 17 35 3 25
易用性	10 25 13 26 1 35 28
可靠性 / 耐用性	35 3 7 2 37 4
安全性	2 9 25 24 13 15 19 28
美观 / 外形	17 32 3 7 10 1 4 35
系统的有害影响	35 1 13 19 34 3 2
系统的复杂性	10 2 13 37 1 7 4
控制的复杂性	10 4 37 3 35 1 19
自动化	25 24 1 9 15 3

改善的参数——数据损失

含义：一个系统损失或浪费的数据与信息，还有无法访问的数据。包括与任何五种感官相关的数据——视觉、听觉、动觉、嗅觉或味觉（VAKOG）。可以是部分的或完全的，永久的或暂时的。

同义词、反义词和等价含义：损坏，由噪声或干扰引起的数据丢失。

改善此参数，一般应考虑如下原理（根据使用频率的降序排列）：3，25，24，7，10，2，35，37，1，13，28，32。

与特定恶化参数相关的原理列表如下：

恶化参数	相关发明原理一览表（根据使用频率的降序排列）
大小（静态）	2 3 35 24 15 32 1 28
大小（动态）	5 25 9 13 7 34 3
数据量	2 7 24 3 32 5 37
接口	25 5 10 28 40 32 23 4
速度	13 37 32 15 24 7 10
精度	37 4 25 10 7 32 13
稳定性	24 25 10 15 3 1 28
检测 / 测量能力	5 7 37 32 19 3 28
时间损失	10 23 25 2 28 13 4 35
数据损失	（物理冲突）
系统产生的有害因素	40 7 35 14 1 34 3 19
适应性 / 灵活性	25 1 9 1 17 35 2
兼容性 / 连接性	2 24 37 13 1 4
易用性	10 7 3 15 1 24 2
可靠性 / 耐用性	2 13 35 5 3 17 24
安全性	25 2 24 7 31 14 15
美观 / 外形	32 3 7 17 37 15 13
系统的有害影响	11 25 24 31 14 35 28 1
系统的复杂性	25 13 9 28 35 3 37
控制的复杂性	25 10 3 37 14 4
自动化	5 35 28 10 24 25

改善的参数——系统产生的有害因素

含义：任何与效率相关的参数，都与时间或数据损失无关。这个参数被设计成一种万能的工具，用于解决系统内部或周围的任何形式的低效，这些低效会对系统周围的某些东西产生有害影响。

同义词、反义词和等价含义：污染、EMI、RFI、副作用、抖动、产生干扰或噪音。

改善此参数，一般应考虑如下原理（根据使用频率的降序排列）：1，5，35，3，24，2，4，10，7，13，28。

与特定恶化参数相关的原理列表如下：

恶化参数	相关发明原理一览表 （根据使用频率的降序排列）
大小（静态）	24 7 35 9 4 13 23 5
大小（动态）	5 10 2 35 7 39 3 24
数据量	10 7 4 3 17 32 35 28
接口	2 15 13 28 35 3 18 9
速度	3 19 2 35 4 28 13 24
精度	37 1 4 3 24 34 14
稳定性	40 24 3 1 35 7 12
检测 / 测量能力	1 37 32 19 15 17 4
时间损失	25 10 5 3 15 13 21
数据损失	3 7 4 32 37 9 2
系统产生的有害因素	（物理冲突）
适应性 / 灵活性	1 15 12 4 24 40 35
兼容性 / 连接性	5 24 23 28 2 15 7
易用性	10 25 15 24 26 2 6
可靠性 / 耐用性	35 28 5 3 15 23 16 12
安全性	1 28 17 15 13 19 3
美观 / 外形	2 7 24 17 35 1
系统的有害影响	35 24 25 13 12 11 3 19
系统的复杂性	10 3 2 35 5 34 15
控制的复杂性	25 23 10 1 37 35 4 40
自动化	2 13 3 10 34 15 35

改善的参数——适应性 / 灵活性

含义： 系统 / 对象能够响应外部变化的程度。还涉及能够以多种方式或者在多种情况下使用的系统。操作或使用的灵活性。可定制性。

同义词、反义词和等价含义： 转换性、可调节性、调制、变化、合规性、刚性、系统可训练性、系统学习能力、普遍性。

改善此参数，一般应考虑如下原理（根据使用频率的降序排列）：10，3，35，4，13，1，19，24，25，28，15，2，17。

与特定恶化参数相关的原理列表如下：

恶化参数	相关发明原理一览表（根据使用频率的降序排列）
大小（静态）	19 2 5 26 34 40
大小（动态）	10 25 2 7 4 13 1
数据量	7 37 19 4 1 3 10 35
接口	28 15 25 13 17 10 2
速度	10 15 24 7 28 35
精度	1 37 3 35 4 13 40
稳定性	24 3 35 40 15 19 4
检测 / 测量能力	37 32 25 28 4 10
时间损失	15 1 0 4 1 6 13
数据损失	3 7 37 24 10 4 13 26
系统产生的有害因素	24 35 25 12 11 17 40
适应性 / 灵活性	（物理冲突）
兼容性 / 连接性	1 25 3 13 15 19
易用性	3 10 15 28 25 24 13
可靠性 / 耐用性	10 17 35 2 13 19
安全性	4 24 17 10 28 1 3
美观 / 外形	32 3 24 7 28 2
系统的有害影响	35 3 19 17 24 11 31
系统的复杂性	19 2 7 25 35 13 6 17
控制的复杂性	19 3 25 37 1 4 28
自动化	1 15 29 35 10 2 28

改善的参数——兼容性 / 连接性

含义： 系统或系统组件能够与其他系统或元素连接和操作的程度。（参见“接口”——当系统连接但连接不能有效工作时，应该使用接口。）

同义词、反义词和等价含义： 标准、协议、结合、连接、耦合、隔离、互不兼容、语言兼容性、可移植性。

改善此参数，一般应考虑如下原理（根据使用频率的降序排列）：

10，24，2，7，3，25，13，1，4，28，6，37，17。

与特定恶化参数相关的原理列表如下：

恶化参数	相关发明原理一览表（根据使用频率的降序排列）
大小（静态）	1 2 24 35 31 13 25
大小（动态）	24 2 7 31 6 19 21 25
数据量	10 24 3 1 37 2 6
接口	2 15 13 7 4 1 28 3
速度	1 19 10 4 6 29
精度	17 37 25 3 7 4 2 10
稳定性	24 35 3 10 23 7 37
检测 / 测量能力	25 37 4 17 28 3 13
时间损失	2 10 13 25 6 7
数据损失	7 24 5 13 4 2 17 32
系统产生的有害因素	24 3 1 11 32 6 35 28
适应性 / 灵活性	10 7 24 28 29 15 3
兼容性 / 连接性	（物理冲突）
易用性	25 10 28 2 6 7
可靠性 / 耐用性	35 37 10 2 24 12
安全性	24 28 25 10 1 3 26
美观 / 外形	3 17 7 13 4
系统的有害影响	3 24 28 35 12 2
系统的复杂性	17 13 5 10 6 24
控制的复杂性	10 25 13 5 2 37
自动化	10 5 7 1 17 4

改善的参数——易用性

含义：用户能够学习如何操作或控制系统或其元素的程度。使用方便。

同义词、反义词和等价含义：本能的操作、培训、教育、可用性、学习曲线、熟悉时间、便于使用。

改善此参数，一般应考虑如下原理（根据使用频率的降序排列）：

10，1，25，13，32，24，2，4，7，3，23，19，37

与特定恶化参数相关的原理列表如下：

恶化参数	相关发明原理一览表（根据使用频率的降序排列）
大小（静态）	7 17 3 6 23 13 4
大小（动态）	25 2 10 19 32 37
数据量	7 2 10 4 17 32 6 18
接口	10 23 26 15 24 28 13 32
速度	25 13 24 5 2 35 10
精度	25 1 37 13 24 32 7
稳定性	24 3 25 1 40 7 37
检测 / 测量能力	1 37 25 32 28 5 9
时间损失	25 5 4 23 3 10 28 32
数据损失	10 37 24 32 1 4 7
系统产生的有害因素	35 24 19 3 25 1 13 2
适应性 / 灵活性	15 19 3 25 1 10 26 6
兼容性 / 连接性	25 24 13 17 6 4
易用性	（物理冲突）
可靠性 / 耐用性	23 2 35 40 17 22
安全性	3 25 23 10 13 2 28
美观 / 外形	7 32 15 22 19 17 24
系统的有害影响	2 11 35 13 4 17 19 23
系统的复杂性	5 26 10 7 1 6 28 32
控制的复杂性	1 25 37 4 10 3 6 13
自动化	10 13 1 15 19

改善的参数——可靠性 / 耐用性

含义：系统在所有类型的使用中以可预测的方式和条件执行其预期功能的能力，包括超出规范操作。包括长时间内对象或系统的性能或性能下降相关的耐久性问题。这个参数不同于“稳定性”——稳定性与短期的、规范内的、运行时问题有关。

同义词、反义词和等价含义：生活、生命周期、终生成本、在服务内、平均故障间隔时间（MTBF）、平均故障间隔检修（MTBO）、完整性、维护、故障、故障率高、耐久性、耐用、“墨菲校正”。

改善此参数，一般应考虑如下原理（根据使用频率的降序排列）：

2，10，25，1，24，3，7，5，13，19，37。

与特定恶化参数相关的原理列表如下：

恶化参数	相关发明原理一览表 （根据使用频率的降序排列）
大小（静态）	24 2 23 10 13 5 35
大小（动态）	1 10 2 37 5 27
数据量	10 3 32 24 25 5 7 2
接口	25 28 40 2 7 4 37
速度	3 19 28 4 13 2 5
精度	3 10 32 37 4 1 7
稳定性	24 39 1 2 37 25 40
检测 / 测量能力	25 32 37 3 19 35
时间损失	10 25 5 4 2 7 24
数据损失	10 25 24 5 37 13 17
系统产生的有害因素	2 7 19 9 1 6 33 28
适应性 / 灵活性	19 15 24 7 3 10 25
兼容性 / 连接性	1 25 10 3 5 13 24
易用性	25 7 19 10 40 17 13
可靠性 / 耐用性	（物理冲突）

（续）

恶化参数	相关发明原理一览表 （根据使用频率的降序排列）
安全性	2 13 24 1 7 31
美观 / 外形	3 32 17 1 5 40 1
系统的有害影响	7 24 5 2 15 1 9 3
系统的复杂性	5 15 13 17 3 2 10
控制的复杂性	1 25 37 10 4 1 9
自动化	25 13 2 10 1 17

改善的参数——安全性

含义：一个对象或系统保护自己免受未经授权的访问、使用、盗窃或其他不利影响的能力。

同义词、反义词和等价含义：访问、预防、防御、病毒、保护、预防措施、加密、复制、盗版。

改善此参数，一般应考虑如下原理（根据使用频率的降序排列）：13，2，4，3，37，15，17，24，10，1，19，25。

与特定恶化参数相关的原理列表如下：

恶化参数	相关发明原理一览表 （根据使用频率的降序排列）
大小（静态）	15 19 31 14 29 3 4
大小（动态）	28 3 4 35 37 24
数据量	3 13 2 24 7 37 15
接口	2 15 19 17 13 7 24
速度	4 37 1 15 19 35 2
精度	37 25 3 4 1 10
稳定性	2 13 17 3 24 35 40
检测 / 测量能力	37 4 28 31 17 13 32 15
时间损失	25 2 10 28 4 3
数据损失	2 37 4 13 10 3

（续）

恶化参数	相关发明原理一览表（根据使用频率的降序排列）
系统产生的有害因素	3 24 15 11 5 12 32 19
适应性 / 灵活性	1 13 24 17 15 28
兼容性 / 连接性	15 17 4 24 37 1 6
易用性	25 2 10 13 17 3 22
可靠性 / 耐用性	28 13 37 35 4 2 10
安全性	（物理冲突）
美观 / 外形	7 3 1 28 24 1 7
系统的有害影响	2 33 24 10 15 19 3 31 13
系统的复杂性	6 2 13 4 26 37 28
控制的复杂性	25 9 37 13 1 7 4
自动化	2 10 13 25 6 17

改善的参数——美观 / 外形

含义：物体或系统的美学外观。

同义词、反义词和等价含义：美丽、优雅、形式、X- 因素、吸引力、丑陋、号召力、精神、本质、可取性。

改善此参数，一般应考虑如下原理（根据使用频率的降序排列）：

7，10，24，3，15，19，13，2，17，32，1

与特定恶化参数相关的原理列表如下：

恶化参数	相关发明原理一览表（根据使用频率的降序排列）
大小（静态）	10 2 22 32 13 19 40
大小（动态）	10 32 3 35 24 20 1
数据量	7 24 10 17 32 3 28
接口	26 13 32 10 19 25
速度	1 5 17 3 19 7 22

（续）

恶化参数	相关发明原理一览表（根据使用频率的降序排列）
精度	3 37 32 25 12 24 1
稳定性	24 3 19 7 17 35 10
检测 / 测量能力	32 15 19 17 1 37 13
时间损失	10 7 6 3 15 4 1 29
数据损失	3 7 32 4 10 24 19 15
系统产生的有害因素	2 22 15 35 13 32 7 24
适应性 / 灵活性	1 5 13 1 7 2 3 19
兼容性 / 连接性	24 2 5 17 28 7
易用性	1 3 37 17 24 25
可靠性 / 耐用性	2 4 13 10 28
安全性	7 24 9 31 13 10
美观 / 外形	（物理冲突）
系统的有害影响	2 5 19 12 31 15 4 35
系统的复杂性	2 13 24 7 5 4 28 17
控制的复杂性	7 1 9 25 15 10 2
自动化	35 25 10 1 17 15 3

注意事项：原理 3 和原理 32 经常被结合使用。

改善的参数——系统的有害影响

含义：任何与效率相关的参数，都不涉及时间或数据的丢失。这个参数被设计成一个包罗万象的参数，适用于系统内或系统周围的任何形式的行为或现象，这些行为或现象表现为对系统内的某些东西产生有害影响。

同义词、反义词和等价含义：不受欢迎的影响，噪音或干扰影响的系统，病毒影响，错误的读数或信号。

改善此参数，一般应考虑如下原理（根据使用频率的降序排列）：3，24，2，10，4，17，1，15，13，25，37。

与特定恶化参数相关的原理列表如下：

恶化参数	相关发明原理一览表 （根据使用频率的降序排列）
大小（静态）	14 35 15 9 2 37
大小（动态）	35 3 34 37 2 15 4
数据量	2 25 7 24 13 1 10
接口	24 9 13 14 27 7 11
速度	19 1 24 13 3 17 35
精度	37 5 4 1 15 3
稳定性	3 24 10 25 4 35 28 2
检测 / 测量能力	5 17 32 15 3 37 28
时间损失	10 24 3 19 15 40 23
数据损失	25 32 10 7 3 14 34
系统产生的有害因素	3 13 24 4 17 15 19 32
适应性 / 灵活性	15 4 10 29 17 13 2
兼容性 / 连接性	17 2 7 24 3 19 1
易用性	25 3 10 15 13 6 1
可靠性 / 耐用性	35 24 2 5 17 4 37 28
安全性	3 24 7 2 5 28 13 17
美观 / 外形	2 3 32 31 17 24
系统的有害影响	（物理冲突）
系统的复杂性	2 4 17 10 19 5 28
控制的复杂性	1 10 37 25 24 4
自动化	10 3 23 1 4 25

改善的参数——系统的复杂性

含义： 系统边界内以及跨系统元素和元素间相互关系的数量和多样性。用户可能是增加系统复杂性的一个元素。包括诸如函数数量、接口和连接数量、组件数量过多等问题。

同义词、反义词和等价含义：部分数、模块数、设备的复杂性、对象的复杂性。

改善此参数，一般应考虑如下原理（根据使用频率的降序排列）：

25，10，13，2，3，24，19，7，37，15，35，1。

与特定恶化参数相关的原理列表如下：

恶化参数	相关发明原理一览表（根据使用频率的降序排列）
大小（静态）	25 17 10 5 2 24 35
大小（动态）	25 1 9 1 0 5 35 2
数据量	25 7 2 19 3 32 37 10
接口	13 3 35 32 25 6
速度	10 13 19 3 4 2
精度	37 24 4 10 2 31 7
稳定性	1 24 25 3 15 12 33
检测 / 测量能力	10 32 15 28 37 19 13 24
时间损失	3 10 25 24 7 28
数据损失	25 7 32 1 19 37
系统产生的有害因素	1 35 19 15 12 3 4 13
适应性 / 灵活性	1 15 25 37 28 2 17 13
兼容性 / 连接性	6 13 24 4 7 28 2
易用性	2 10 25 1 3 24 1
可靠性 / 耐用性	35 1 3 2 5 40 10
安全性	5 10 19 13 24 3 17
美观 / 外形	32 35 3 15 17 37 25 13
系统的有害影响	19 2 4 15 7 5
系统的复杂性	（物理冲突）
控制的复杂性	3 37 25 7 15 6 10
自动化	1 10 13 17 25 3 24

改善的参数——控制的复杂性

含义：控制系统的复杂性——无论是物理组件还是其包含的算法，用于控制整个系统完成预期的有用功能。

同义词、反义词和等价含义：PID、比例、积分差、微分、负反馈、正反馈、信号数、信号组合、解释、预测、预判。

改善此参数，一般应考虑如下原理（根据使用频率的降序排列）：10，25，3，13，1，7，37，2，35，24，4。

与特定恶化参数相关的原理列表如下：

恶化参数	相关发明原理一览表（根据使用频率的降序排列）
大小（静态）	17 25 13 35 1 3 24 26
大小（动态）	2 24 10 25 35 16 7
数据量	25 10 37 7 3 13 4 6
接口	10 35 25 6 4 37 26
速度	25 7 10 37 4 5 19 2 28
精度	10 2 7 3 4 37 1 5
稳定性	9 2 25 13 24 5 3
检测 / 测量能力	13 37 10 7 3 25 32 28
时间损失	15 3 2 10 13 4 25 19
数据损失	25 10 7 3 4 1 32 24
系统产生的有害因素	37 1 19 25 12 14 13 17
适应性 / 灵活性	7 25 10 35 17 3
兼容性 / 连接性	6 10 13 2 24 1
易用性	2 25 10 24 1 7
可靠性 / 耐用性	3 10 35 23 13 1 27
安全性	2 24 13 17 10 7 4
美观 / 外形	7 10 25 3 32 37 2
系统的有害影响	1 19 37 10 35 13 31 5
系统的复杂性	15 37 10 13 19 351 4
控制的复杂性	（物理冲突）
自动化	1 25 10 35 24 3

原理 23 建议提出这样的问题——系统中或系统周围没有得到反馈的是什么？原理 4 的建议通常与系统中滞后效应的积极应用有关。

改善的参数——自动化

含义：系统或对象在没有人工使用或干预的情况下执行其功能的能力。自动化的程度或水平。

同义词、反义词和等价含义：机器人、人在回路内 / 人在回路外、独立、自主、远程操作。

改善此参数，一般应考虑如下原理（根据使用频率的降序排列）：10，35，25，3，2，28，13，24，.7，1，37，17。

与特定恶化参数相关的原理列表如下：

恶化参数	相关发明原理一览表（根据使用频率的降序排列）
大小（静态）	2 24 3 7 10 13 35
大小（动态）	3 10 2 5 40 7 34
数据量	37 5 4 10 24 3
接口	10 1 15 24 28 35
速度	10 25 37 19 28 35 3
精度	25 10 13 37 3 24 32 28
稳定性	24 3 13 17 14 35
检测 / 测量能力	25 28 37 1 17 16 35
时间损失	5 15 35 25 7 28 24 2
数据损失	5 3 25 7 35 11 28
系统产生的有害因素	2 7 3 10 24 23 25
适应性 / 灵活性	10 15 25 4 1 13 35
兼容性 / 连接性	6 13 2 10 1 7 3
易用性	25 10 2 1 13 28
可靠性 / 耐用性	23 7 35 3 12 37 27
安全性	25 13 2 10 7 28

（续）

恶化参数	相关发明原理一览表 （根据使用频率的降序排列）
美观 / 外形	3 25 15 32 2 13 17
系统的有害影响	2 25 23 1 24 35 17 13
系统的复杂性	15 35 10 4 17 14
控制的复杂性	35 37 10 25 4 28
自动化	（物理冲突）

附录 5

40 个发明（软件）原理与实例

创新设计过程中运用创新原理的两个步骤：首先，要与系统建立联系，然后原理指出系统应该朝着哪个方向发展。

写下所有可能建立的联系，以及挖掘出来的部分或完整的解决方案。当你没有新想法的时候，你应该尝试将不同的想法结合在一起，从而做出最强大的解决方案。

记住，创新往往来自最初听起来很荒谬的想法。检验这一点的一个好方法是，把你能想到的最糟糕的主意拿出来，然后看看如何把它转变成一个好主意。

列举的例子中包含的一些示例听起来很“明显”。这是好方案的特点——这是很明显的。然而，当这个想法第一次出现时，它并不明显。如果你不喜欢这些例子，想添加自己的例子，在每一页的底部都留有空白来插入你认为有意义的内容。你也可以考虑做一个自己的 40 条原理列表的电子版本，这样就可以自己控制包含什么和不包含什么。

思维实验：想想你面临的某个难题。总有一天，某个人——希望是你——会在这个问题上找到一个消除矛盾的突破口。当对这一突破性的答案进行逆向工程时，可以保证能将答案映射到 40 条原理中的一条或多条的组合。换句话说，答案就在这里。如果你找不到，那是因为你缺乏恒心，而不是因为原理有错误。

这些原理是基于 300 万个数据点的普遍策略。也许还有第 41 条原理，但到目前为止我们还没有找到。如果你有新的发现，请告诉我们。

原理 1：分割

1）把一个系统分成单独的（可能是独立的）部分。

- 将一个组件划分为更小的独立组件（标准化）。
- 基于 COM 的应用程序由不同的 COM 对象构成。

- 结构化系统测试方法（SSTM）中复杂或冗长的测试过程可以划分为多个任务。
- 分布式计算可以衔接各个节点，从而产生更好的容错性，具有更容易且成本更低的可伸缩性。
- 用个人电脑取代大型计算机主机。
- 根据初级、中级和专业级用户的能力重设 GUI。
- 分治算法的自动并行化（数学编程）。
- 沙箱服务器——这个想法是在一台机器上部署一个操作系统内核，但将内核的系统资源划分为多个“精简”虚拟服务器或沙箱。
- 高性能计算机结构——小型并行系统把程序分成很小的板块。
- 把 SDLC 划分为规划、设计、编码、实现、反馈等阶段。
- 大型硬盘分区——创建物理和逻辑分区，将磁盘内存划分为逻辑集群。
- 将文件整理分到不同的目录和子目录中，避免把不同种类的文件归为同一目录。
- 像在分布式数据库中一样在网络上的多台机器上分布数据。
- 分布式计算 / 分布过程。
- 分布检索——访问来自多个异构数据源的数据的单个查询。
- IP 地址由网络地址和主机地址组成。
- 使用拆分器 / 拆分窗口。
- 将一个大型网络划分出子网。
- 对网页中的大图像进行分割以便快速下载。
- 将大型网络应用程序划分为客户端和服务器端。
- 按照三层架构将应用程序分为前端、后端和业务逻辑。
- 将大型数据库分区管理。
- 软件开发周期——一个开发周期可以分为许多不同的阶段，包括规范、设计、样机、试验、测试、最终系统集成和培训 / 文档。

2）使系统易于组装和拆卸。

- 模块化架构。面向对象的系统具有模块化设计的自然结构，如对象、子系统、框架等。因此，OOD 系统更容易修改。OOD 系统可以以简便方式进行更改，而不会中断，因为可变部分都被巧妙地封装了。
- 模块化应用程序。将常用代码保存在单独的函数、例程和模块中，以便轻松地引入或排除模块。
- 通信——在发送端将任意大小的数据包分解成更小的块。
- 在应用程序中使用动态链接库（DLL 文件）。
- 在可视化开发环境中使用拖放组件。
- C++ 模板辅助代码封装。
- 将应用程序分段处理成一个个单独运行的程序。

3）增加分割程度。

- 数据标准化。
- 增加粒度级别，直到达到一个已知的原子阈值（原子临界值是一个对象或组件的最小的结构单位。比如，在编码体制环境中，二进制数字可以作为原子）。
- 可信对象分割趋于或者超出原子阈值。其目的在于在进行对象设计时减少对可信对象的处理。设计时产生的非可信对象越多，在计算机上运行的非可信应用对象也就越多，计算机也就越不可信。当一个可信对象被继续分割，由可信对象变为不可信对象时，这时的这个点就是原子阈值。

关　联	方　向
一个单独的组件	进行分割，使之容易聚集和拆分
一个组件被分割后的一部分	进行更多分割

原理 2：抽取 / 分离

如果一个系统提供几个功能，其中一个或多个功能在某些条件下是不需要的（而且可能是有害的），则重新设计该系统，将这些功能去掉。

- 非规范化：用移除、减少或者合并表格的方式来提升速度（尽管表格正在被取出，但数据量仍然保持不变）。
- 用禁用软盘驱动器、网络链接和互联网接入的方式来确保数据的保密性。
- 在软件中取出无用的数据以及程序，以此来使软件变得更轻量、有效。
- 卸载应用程序时清除应用程序的注册表项。
- 自动压缩较少使用的文件并储存在 Novell Netware 中。
- 自动压缩老旧并过时的电子邮件并储存在 Outlook Express 中。
- 禁用不相关的按钮或菜单项。
- 包装数据文件。
- 在数据库中使用数据筛选器——当数据库中存储的数据很多时，使用数据筛选器能在特定情况下提高效率。
- 锁定数据库。例如，在更新操作期间设置排他锁。
- 将文件属性更改为只读。
- 将不太常用的或较大的组件从主可执行文件中分离到已编译的库，这些库可以在运行时作为动态链接库调用。
- 闭包效应——将一组独立的元素视为一个可识别的整体，即使其中一些元素以后会被删除。
- 图像中的文本提取——一种文本分割技术，在定位和提取图像中的文本块时是有用的。
- 解析或语义处理软件从全部数据中提取“有用的信息”。

关　联	方　向
两个或者两个以上的功能由系统来传递	分离或者取出其中一个功能

原理 3：局部质量

1）当一个物体或系统是均匀的或齐次的，使它变得非均匀或非齐次，反之，如果是非均匀或非齐次的，则让它变得均匀或齐次。

- 设计软件，使用户能够根据自己的审美和功能需求定制代码。
- 更改软件以适应不同的文化和社会规范。
- 控制 / 服务于系统或者子系统。
- 使用不同的光标（比如沙漏）来显示系统处于繁忙状态。
- 登录点——在网页或者 GUI 中设立一个引人注意的登录点。
- 命名空间的使用——将代码封装在一个命名空间。
- 通过改变屏幕的颜色、图标、外观以及各种应用程序的用户体验来配合运行系统。
- 根据主窗口的大小调整内框的大小。
- 使应用程序适合用户屏幕分辨率。
- 高亮——在 GUI 里使用高亮让特定的项目获得更多的关注（小于总项目的 10%）。
- 在程序编辑器或者文字处理器中，使用不同的颜色来高亮排序。
- 使用下划线实现网页中的超链接。
- 使用不均匀的取样方式来进行字符识别。
- 非一致的访问算法——利用预测或建立应用模式的算法，根据不同的需求调整性能或响应。
- 识别大于记录——相对于记录来说，人类更擅长于识别。
- 雷斯托夫效应（Von Restorff Effect）——运用了记忆力的一些特点，比如，相比于相同的事物，反差较大的事物更容易被记住。

2）改变系统周围的环境等，使其从均匀的变成不均匀的。

- 多学科团队在协同环境下进行分布式软件开发。
- 从基类派生新类，改变其属性和行为。
- 开发高鲁棒性软件系统以关注极端操作，比如动力故障、干扰等。
- 图像 - 背景关系——利用人类视觉感知现象，要么看到图像（焦点），要么看到背景（其余部分）。

- 自上而下的灯光偏置——人们倾向于将阴影或者阴暗的区域看作在光照射下一个物体的影子。

3）使系统的各个部分都能在局部最优的环境下工作。

- 软件开发生命周期的不同阶段——例如瀑布模型（概念化、需求分析、架构设计、细节设计、编码、集成和测试、部署等）。
- 在主要版本中加入临时的中间版本（比如在 1.0 和 2.0 版本中间插入 1.2 版本）。
- 开发一个基础构架用以加载不同功能的 COM 组件。
- 在本地机器上编译应用程序使其运行得更快。
- 使用本地组，而非 Windows 环境中的全局组。
- 本地服务器而不是远程服务器。
- 使用本地变量来节省内存。
- 使用本地驱动程序 / 引擎，而不是通用 / 第三方驱动程序。
- 在编辑之前，将文件、图片和数据转变成本地编辑器的格式。
- 确保动画在不同的机器上以相同的速度运行。

4）确保一个系统的每个部分和部件都有不同的功能。

- 使用成套的软件工具，如数据库、数据表格、文字处理器等。
- 避免出现 .dll 文件的版本冲突，以便运行同一应用程序的不同版本。
- 选择 MS SQL 服务器环境中的本地供应商。

关　联	方　向
一个统一的组件	将其变得不统一
系统周围的不确定因素	本地最大化
系统的不同部分	不同的功能

原理 4：非对称

1）在一个物体或者系统是对称的或者包含对称线时，引入非对称。

- 非对称加密系统是很难破解的，因为它们用不同的密钥加密和解密数据。
- SQL链接——内部链接是对称的，在所有连接表中，行必须匹配。外部链接是非对称的，链接一侧的所有行都包括在最终的结果集中，不论它们是否与另一侧的行匹配。
- 非对称多处理器——为不同的处理器分配不同的角色（一个处理器处理I/O操作，其他处理器执行用户程序）。
- 非对称压缩——对比解压图像，系统需要更强的图像压缩能力。
- 80/20帕雷托定律。
- 脸型比例——通过改变一个人的脸型与身体的比例，使其形象更有吸引力或看上去更睿智。
- 用COM组件的接口实现客户端应用程序间的指针交互。

2）改变一个物体或系统的形状以适应外部的非对称情况（例如，人体工程学特性）。

- 鼓励软件工程人员积极参与其他组的活动（组间协调）。
- 使Windows系统根据物理内存的大小和硬盘的大小协调虚拟内存的空间。
- 考虑不同的人体工程学方面的要求，例如，使用左手还是右手，或者用户是男性还是女性。
- 利用黄金比例/Phi/三分之二定律改善形象。

3）如果一个对象或系统已经不对称，那么改变不对称的程度。

- 使用光学中的散光合并颜色。
- 考虑设计一对多通信系统可能存在的影响（特别是“多”的一侧数量增加时会出现的问题）。

关　联	方　向
线性对称	打破对称
找到外部的非对称部分	使其匹配
找到非对称部分	使其更加不对称

原理 5：合并

1）加入或合并相同或相关的物体、操作或功能。

- 网络环境下的个人计算机。
- 多媒体通信系统。
- 集成掌上电脑、移动电话、笔记本电脑、全球定位系统等。
- 并行处理器计算机的多个微处理器。
- 邮件合并——合并主文档和数据来源。
- 在 Visual SourceSafe 中合并分支的文件。
- 层叠样式表集成到 Web 页面。
- 在字（词）处理技术中使用水印或 Web 页面。
- 对象链接和嵌入（OLE）。
- 更新多用户数据库，为用户提供数据的本地副本。当允许修改时，将数据再合并到主数据库。
- 联合索引——使用表中多列索引数据。
- 连接——将两个或多个字符串或表达式组合成一个字符串或表达式。
- 合并分区——合并两个分区为一个分区。
- 封装 / 数据隐藏——在类中封装函数 / 变量。
- 连接两个 64kbit/s 的 ISDN 连接以获得更高的带宽。
- 企业应用集成（EAI）——软件领域，包括预定义的组件，用于连接架构的各个层。集成异构应用程序的中间件组件。

2）加入或合并对象、操作或功能，使其在同一时间运行。

- Linux 的超级计算机——并行处理 / 对称多处理机。
- 数据并行性——多目标跟踪应用。
- 交叉。
- 修订控制系统——可以合并多条开发线，当多条并行开发线合并为一条线时，自动变更合并。
- 及时同步执行线程。同步原语 monitor 将不同优先级的线程“合并”到主仲裁器中，主仲裁器决定哪个线程获得处理器以及何时获得处理器。

- 多个线程一起工作（如 Word 中的拼写检查 / 同义词库）。
- 将用户添加到用户组。
- Microsoft SQL Server 的 HOLAP（混合 OLAP）概念。
- 框架——通过控制上下文信息呈现的方式来影响决策和判断的技术。

关　　联	方　　向
两个或两个以上相同或相关的物体	加入或将它们合并

原理 6：多用性

使一个物体或系统能够执行多种功能而不再需要使用其他系统。

- 递归的多线程（RMT）软件生命周期，它支持在开发过程中监测进度，满足开发中的面向对象软件的特定需求，并试图弥补在许多现有软件生命周期中发现的缺陷。
- Java 虚拟机，这是负责硬件和操作系统独立性的技术组件。
- 以用户为中心的逻辑交互设计方法设计的重点是软件的“前端”：评估用户的需求，设计能够支持系统功能需求的外观、软件给人的整体感觉和导航流。
- 多语言软件开发组件。
- 向后兼容性，使应用程序兼容所有 Windows 版本，如 98、NT、XP 等。
- 认证——基于用户登录验证软件性能的执行效果。
- 语境形成——在当前语境下正确的符号序列的形成。印度语脚本需要语境形成，因为一个元音符号的形式取决于它所附加的字符。
- 在采用 VoIP 技术时，使用相同的以太网电缆和相同的路由器。
- 角色——服务器角色、数据库角色等，能够基于角色类型执行多种活动。
- 使用可从应用程序的所有不同模块访问的全局 / 公共变量 / 函数。

- 微软网络框架的 CLR(共同语言运行时)支持的语言互操作性。
- 一个 URL（统一资源定位器）唯一地定义了一个 Web 网页或网络中的其他资源。
- 并发访问——当有多个用户同时访问和在同一时间更新共享数据时发生。
- 编辑可编辑文本、图形、电子表格和网页。
- 使用数据交换标准。
- 一致性——通过以相似的方式表达相似实体来提高系统的可用性。
- 原型的使用——采用能让用户立即联想到其所代表含义的图像，例如，红色让人联想到危险，学士帽让人联想到学习等。

关　联	方　向
一个对象或系统	使其执行多种功能

原理 7：嵌套

1）把对象或系统嵌套在另一个对象或系统中。

- 用 FORTRAN 编程结构（如嵌套循环、子程序）。
- 嵌套的事务为可靠的分布式计算提供一个统一的处理故障和获取并发性的机制。
- 包装器组件，如 MFC。
- 在 Web 页面中使用框架加载和管理独立的 Web 页面。
- 为了更好地识别，把标记嵌入数据。
- 进程内组件，如 COM。
- 内部连接——如果连接字段的值满足某些特定的条件，把两个表的记录相结合，并添加为一个查询结果。
- 级联更新——所有相关数据库中的行 / 列的更新。
- 级联删除——删除一个相关的数据库中的行 / 列。
- 分层结构。

- 增量 / 差异数据库备份。
- 嵌套查询——SELECT 语句包含一个或多个子查询。
- 超链接的 HTML/Web 页面。
- 将一个文件嵌入另一个文件中，就像在 OLE 中一样。
- 使用元数据或相关数据。
- 在按钮上方显示提示信息。
- 三层架构的应用程序——GUI→Active X 服务器→数据库。

2）将多个对象或系统放在其他对象或系统中。

- 嵌套类和接口（Java）——嵌套类和接口允许用户关联与该接口密切相关的接口里所嵌套的那个接口类型。
- 引用完整的嵌套表。
- 由操作系统线程管理的应用程序。

3）允许一个对象或系统通过一个适当的接口嵌套到另一个中。

- 通过 TCP/IP 套接字 / 端口传输数据包。
- ISO 标准的 OSI 协议栈。

关　　联	方　　向
一个对象或系统 一个对象或系统中的接口	把一个对象嵌套到另一个里面 一些其他的数据、处理过程等通过这个接口穿过去

原理 8：重量补偿

计算“失去平衡”的影响。

- 高频核心——小体积的非晶态金属芯改善开关模式电源（SMPS）的性能并减小尺寸和重量。
- 包括这种软件的新功能、演示、教程、帮助文件。
- 对于重型软件，建议使用更好的处理器 / 内存。
- 当处理需要很长一段时间时，提示类似“请稍候…”或“处理中…”等信息。
- 微软的 DirectX8.1（C++）恒定力——恒定力是一种具

有限定大小和持续时间的力。可以给一个包络线施加一个恒力来给它定型。

- 微软的 DirectX8.1（C++）斜坡力——斜坡力是一种具有定义的开始和结束的幅度和有限的持续时间的力。斜坡力可以在单一方向上持续，或者在一个方向上施加强推力，使运动减缓、停止，然后在负方向加强。
- 共享对象可以在多种环境中同时使用，每一个都是相对独立的对象。
- 当运行一个复杂的程序时可以（暂时）关闭或者暂停其他程序。

关　联	方　向
失调	结合某些事物重新达到平衡 用其他外力来达到平衡

原理 9：预加反作用

1）当一个动作中既含有有害的效果又含有有益的效果，用相反的动作来减少或消除有害的效果。

- 建议为重型软件配置更好的处理器 / 存储器。
- 软件开发生命周期的风险管理——不准确的估算和进度计划，不正确的、盲目乐观的状态报告，破坏软件项目的外部压力等都与风险相关。特别是在采用“颠覆分析”策略时，我们积极主动地试图实现的功能也会导致项目失败。
- 在用户进行一个潜在的危险操作之前使用警报消息提醒。
- 在运行一个应用程序时要关闭其他窗口的应用程序来安装要更新的组件。
- 对数据进行加密，以保持敏感信息的机密性。
- 当连续 3 次输入错误时，禁用密码。
- 意外的恢复计划要保持现场 / 异地备份。
- 在 CMM-5 缺陷预防。

- 将技术变革管理作为 CMM-5。
- 使用杀毒软件。
- 使用防火墙来保护系统 / 服务器。
- 在匹配换行符之前将文本换行，以提高匹配模式的效率。

2）引入应力抵消已知的有害的工作应力。

- 压力测试——对新的应用、现有系统进行压力测试，以隔离和识别操作系统、软件或硬件中的性能瓶颈。
- 用操作系统的虚拟内存机制来防止大型应用程序崩溃。
- 在应用程序请求下一个数据块之前，将下一个数据块加载到内存。

关　　联	方　　向
有用和有害效果的行为 有害的工作应力	在这个动作之前用相反的动作 引入预压力

原理 10：预操作

1）在使用对象或系统（全部或部分）之前引入有用的操作。

- 最可取的办法是在错峰时间进行预先处理，这样那些耗时的查询的结果已经写入营销数据库，第二天获取答案会很快。该技术被应用到万维网的索引系统，如 Lycos、AltaVista、Excite 等。
- 为了保证格式，预定义变量类型（例如 int i,j）。
- MSIL.NET 和 Java 字节码为半编译的代码。
- 查询优化——不同数据库的优化技术是不同的。通过存储过程优化查询。
- 使用聚合表进行快速的数据呈现。
- 定义数据完整性以保持数据的准确性和可靠性。
- 训练遗传算法 / 学习算法。
- 尽可能地定义默认驱动器、默认目录、默认数据库、默认路径、默认值、默认语言等。
- Java 虚拟机先将文本“代码”翻译成中间形式，然后再执行或者编译成机器中特定的二进制文件。

- 预先计算——在多维数据集处理过程中计算数据组合。
- 引进智能计算——使系统可以预测用户需要的功能并提前加载必要元素。

2）预先在最方便使用的时间和位置部署对象或系统。

- 使用预装的蓝牙模块——该方法可快速、方便地整合蓝牙功能。
- 存储过程——被预编译并存储在数据库服务器的结构化查询语言（SQL）语句。
- 使用高速缓冲存储器——用作磁盘和内存之间输入 / 输出过程中保存数据的缓冲区。
- 渐进披露——管理信息的复杂性意味着只有被请求时才透露更详细的信息。
- 在做这个项目之前进行需求分析。
- 首要 / 当前效应——相对于序列的中间部分，人们更容易记住其开始或结束的部分。

关　联	方　向
一个操作或系统	在需要用到它之前引入一个操作 预先安排的操作

原理 11：预先缓冲

为潜在的低可靠对象引入应急备份（双重保险）。

- SUN 企业服务器的备份 / 恢复实践是负责架构备份 / 恢复的 IT 组织的实用指南。
- 三重（或更多）冗余计算适合关键的应用程序。
- 对网络进行压力测试，以模拟预计的流量水平。
- 双内核系统——防止实时软件组件延迟或干扰非实时应用程序和操作系统的运行。
- 不间断电源系统或备用电池。
- 用缓冲器和队列来管理额外的活动。

- 将删除的文件保存在回收站。
- 把删除的数据保存在一个地方，需要时可恢复数据。
- 软件的允许（或不允许）合法（非法）使用被定时激活（或取消激活）。
- 在会话或事务开始时对用户进行身份验证。
- 在不使用系统的特定时间启动屏幕保护程序。
- 采用磁盘镜像 / 磁盘列阵 / 服务器镜像对服务器进行备份。
- 自动保存计算机程序。
- 在无线分组网络中的公平调度。
- 纳入安全因素。

关　　联	方　　向
低可靠的对象或系统	引入紧急备份

原理 12：等势性

减少或消除一个系统不同方面之间的无用的潜在的差异（例如能量流）。

- Java 数据对象（JDO），基于对象的透明持久性方法。
- 以用户能够读取和处理的相同速度和形式显示输出数据。
- RAM 页面——这是系统托盘上的免费的小应用程序，它显示内存信息，双击图标可释放未使用的内存。
- 移动虚拟内存的数量取决于可用的物理内存。
- 开发数据采集与监控系统软件。

关　　联	方　　向
对象或系统暴露于外部因素中	重新设计环境，消除或平衡这些因素

原理 13：反向

1）使用相反的行动来解决问题（如加速而不是减速，增加而不是减少）。

- 数据库回溯过程，当子目标失败时，Prolog 系统向后追溯其步骤之前的目标，然后再匹配。

- 逆向工程——重新规范执行功能，分解协议，分析文件格式，反编译二进制和字节代码。
- 使用反汇编程序。
- 非规范化——在数据表中引入冗余，以合并相关表中的数据，这样可以删除相关的表。
- “返回”按钮/事务回滚。
- 回滚/前滚事务。
- 以相反的顺序回退（后进先出）的方式存储的事务。
- 恢复和回溯系统。
- 利用干扰效应——利用参与竞争的心理过程，可以确保用户放缓和从事重要内容（如在交通灯图标中的停车标志）。

2）使活动对象固定，固定的对象移动。

- 停靠工具栏/窗口。
- 虚拟购物（店铺展示在用户面前）。

3）将对象、系统或过程“颠倒”。

- 动态系统开发方法（DSDM）——可行性研究和业务研究应以相反的顺序进行，业务研究应首先进行。
- 颠倒（静态项目）版本——静态项目版本控制是通过颠倒由项目还原选择模型索引的当前动态文件，用包含文件静态模型的项目替换它来实现的。
- 软件工效学评价（可用性工程）——通过在真实的运行环境中进行可用性检查与合作测试，评估软件的使用范围。
- 倒金字塔——按重要性的降序或升序呈现信息。

关　联	方　向
一个行动	引进相反的或颠倒的行动
一个移动的目标	停止其移动
一个固定的目标	使其移动

原理 14：循环

1）引入曲率或循环直线或非循环元素。

- 循环程序包含一个定义为自引用或递归的数据结构。使用这样的定义可以编写高效的函数程序，可以避免重复评估和创建中间数据结构，这些中间数据要作为垃圾进行收集。
- 循环缓冲区——使用“无符号字符”作为 256 字节缓冲区的索引，当已经到缓冲区末尾时，索引会自然地环绕到头部。循环缓冲区的数据类型用于高效循环过滤。
- 螺旋开发——一个软件开发方法，即在风险评估驱动的开发活动中选择迭代次数。

2）线性和旋转运动之间切换。

- 使用鼠标或轨迹球在计算机屏幕上产生直线运动的光标。
- 推 / 拉与旋转开关。

关　　联	方　　向
直边或平的表面 线性或旋转运动 一个系统	将它曲面化 切换到其他的地方 离心力的使用 加滚轮、球、螺旋形、圆顶[⊖]

原理 15：动态化

1）允许一个系统或物体在不同条件下达到运行状态。

- DLLS：动态链接库——多种功能的集合，这些功能虽然不能建立程序，但是可以加载到程序并且被引用。加载应在运行时而不是编译时完成。
- 软件应用程序中，用户可配置的工具栏和接口。
- 异步消息传递。
- 外部环境——如果一个程序依赖于其外部环境，则允许它随着外部环境的变化而变化。
- 动态点平均。

⊖ 加滚轮、球、螺旋形、圆顶的目的是使鼠标从最初发明时只能做直线运动变得能做曲线运动。——译者注

- DHTML/动态服务器网页——代替静态服务器网页。
- 使用动态“加载…”而不是静态。
- 使用 onmouseover 事件使按钮/图片被激活。
- 使软件界面在不同的屏幕分辨率下可调整大小。
- 使用可配置的软件。
- DHCP——动态 IP 地址的主机配置协议。

2）将一个对象或系统分成能够相对移动的部分。

- 飞/浮动窗口。
- 面向对象的程序设计。

3）如果一个实体是刚性的或非刚性的，使其可移动或可适应。

- 可适应的过程模型——适应机构特定项目需求的软件过程模型。可适应的过程模型旨在作为开发定制软件过程的基础。
- 可编程的 PERT 或甘特图允许将工作计划作为一个项目进程而改变。
- 异步传输模式（ATM）系统中基于速率的反馈。
- 使用滚动选项或滚动条（滚动是能够移动方向而不是单向游标）。用户可以上下移动光标。
- 使操作系统的屏幕可滚动，以获得像 Windows 中一样大的虚拟屏幕。
- 动态软件。

关　联	方　向
一个系统或实体 一个刚性或不灵活的系统	让它改变/重新优化 分开或分裂 让它可移动或适应性强

原理 16：减少或过度操作

如果一个动作的执行次数很难实现，可以使用“稍微少一点”或“稍微多一点”来减少或消除问题。

- 摄动分析过程——在可执行程序中注入错误数据状态并

追踪其对中间结果和输出的影响进行追踪的过程。注入用摄动函数实现，是在随机变化的程序数据的状态下进行的。

- 通过软件补丁和服务包完成系统更新——无须重新编译源代码来创建可执行文件。
- 在应用程序窗口中，使用分配器调整帧的大小。
- 按屏幕分辨率自动调整大小的窗口。
- 为数据传输系统增加冗余。
- 在某个重要数字之后四舍五入。
- 抖动补偿。
- 当使用可用资源不能完成所有任务时，使用帕累托分析来确定任务的优先级。

关　联	方　向
其很难达到需要行动的次数	使用“稍微少一点”或“稍微多一点”的行动

原理 17：维数变化

1）从一维到二维对象 / 结构的过渡。

- 与扁平文件方法相比，应用数据库方法。
- 使用无条件跳转——一种控制结构语句，顺序执行的程序中出现跳转语句时，程序无条件跳转或打破顺序执行方式。
- 可视化拖放并建立组件，系统后台生成代码（如 IDEs）。
- 提供可视化图表等（如 Rational Rose。用户可以通过图表构建代码，也可通过代码绘制图表）。
- 将垂直向改为水平向的旋转按钮、分路器、滚动栏、工具栏、标尺等。
- 分两个阶段提交而不是直接提交。
- 下拉菜单或下拉组合框。
- 使用图形图标代替文本按钮。

- 古腾堡效应——在人们看均匀分布的信息时，视线按从上到左到下到右的顺序移动。
- 与垂直过滤相对应的水平过滤——创建一个项目，只复制基表中选定的行。用户只接收水平过滤数据的子集。可以使用水平过滤对基表进行水平分区。
- 与垂直分区相对应的水平分区——根据选定的行将一个表分割成多个表。每个表列数相同，但行数较少。

2）从二维转换到三维（或更高）的对象或结构。

- 螺旋模型（SDLC）——瀑布模型上的一系列交互，每个交互都增强了系统的一个或多个特性。例如，第一次迭代可能仅仅是创建一个简单的应用，捕获需求。第二次迭代可能包括报告和分析其他数据。第三次迭代可能包含性能和可扩展性的增强。
- 锥形方法（CM）是一个层次化的建模方法。从自顶向下的模型定义开始，然后是自底向上的模型规范。这种方法适用于大型离散事件仿真模型（这是从两个角度——设计者角度和用户角度讨论的）。
- 多维数据存储阵列。
- 从“像素”到实体建模软件的“立体像素”。
- 使用三维按钮而不是平面的三维边框按钮等。

3）使用堆叠排列而不是单一的水平排列的对象。

- 数据叠加过程，降低了数据中的噪声，并使其易用。
- 状态叠加是一种技术。通过这种技术，每个对象维护一个序列化状态堆栈，以便在需要时将其恢复到适当的位置。
- 除了保留菜单选项之外，还保留用于经常访问的功能的工具栏按钮（其中的一些可以通过键盘快捷键，如C，V控制。相同的功能可通过键盘、工具栏和菜单操作，这样给用户提供了更多的操作上的灵活性）。
- 类对象的多层组装——例如，聚合继承对象以实现新的功能。

- 创建层次结构，它提供了创建关键信息最多6个备份的选项，这些关键信息在任何逻辑崩溃期间都会丢失。

4）重新定位对象或系统。

- 重组通常被用作一种预防性维护的形式，以改善主系统的首要标准的物理状态。它也可能涉及调整主系统新的环境约束，不涉及在更高的抽象层次上的重新评估。
- 使用别名（用另一个名字命名表、目录或用户邮件等具有一定优势，例如可以提供更具描述性的名称）。
- 用电子信号替代汇编语言中的机器代码。
- 方向灵敏度——利用这一事实：行方向上的内容比其他方向上的被识别和处理的速度更快（例如30°分离）。

5）使用给定对象或系统的“另一面”。

- 采用不同的图片表示按钮的正常与被按下的状态。
- 在硅卡的两面安装计算机芯片元件。
- 使用CD的其他面存储数据（能否实现有待商榷）。

关　　联	方　　向
一条直线	移动到线外
一个平面	移动到平面外
一个单级对象/系统	堆叠多个水平对象或系统
一个对象	使用另一面

原理18：振动

1）使一个对象或系统摆动或振荡

- 振动文本——振动的文本可以更容易被看到，而不是在网页和软件应用程序中使用闪烁的文字（移动的图像，也更容易在一个复杂的背景中引人注意）。
- 振动GUI——振动GUI显示一个警报消息给用户。
- 用于手持设备的软件——可振动的手持设备的一些特定功能由用户完成。

2）利用对象或系统的谐振频率

- 周期性地改变对象上的算法的速率，从而使整个系统共振达到理想状态。找到一个软件开发团队的“谐振频率”，并尝试在该“频率”上进行管理。

- 闪烁图像与人眼形成“共振频率”，更能吸引人的注意。
- 阈下启动——瞬间闪烁的图像。

3）使用组合场振荡。

- 结合音频和视频信号。
- 多媒体事件信号。

关 联	方 向
一个对象 一个振动的对象	导致它振动 增加振动频率 利用共振 添加压电振子 使用组合场振荡

原理 19：周期性作用

1）用周期性运动或脉动代替连续运动。

- 调度算法（例如警报机制、复制事件）。
- 用应用程序中使用的脉冲声代替连续的声音。
- 计划备份——当安排和计划一项工作时，由 SQL Server 来实现自动备份。
- cron/crontab 文件在 UNIX 环境中的功能。
- 垃圾收集——定期清理未使用的内存。
- 定期为 Windows NT 域选择主浏览器。
- 在网络中定期广播系统信息。
- 在 SQL 服务器中存储和转发数据库或分布式数据库。
- 周期性地执行 ping 命令，以保持设备的正常运转。
- 自动提交——提交数据库的变化。
- 定期进行系统审查，以评估系统的性能和用户满意度。
- 定期检查软件更新——应用软件自动定期检查并更新（例如，IE 浏览器、聊天软件等）。

2）如果一个动作已经是周期性的，那么改变周期幅度和频率，以满足外部要求。

- 在应用程序中改变声音的幅度和频率，以提醒用户注意替换的脉冲声音。
- 建立进程的优先级（与普通的进程相比，重要的过程被赋予较高的优先级，某些系统进程在操作系统调度器中给出非常高的优先级）。
- 动画文字比网页上闪烁的文字更具吸引力。

3）用操作之间的间隔来执行不同的有用的操作。

- 多线程发送和接收——高级的程序到程序间通信（APPC）发送/接收事务的应用程序演示了如何使用多个线程以及每个线程中的多个对话。
- 在操作系统中按照任务/流程来调度优先级。
- 无连接协议，如IP地址。
- 当用户正在忙着敲键盘时，加载下一组数据。
- 将后台的过程分布在不同的线程中。

关　联	方　向
连续动作	使其具有周期性
周期性动作	改变频率或幅度
动作之间的间隔	间隙期间执行不同的功能

原理20：有效作用的连续性

1）使对象或系统的所有部件一直在满负荷或最佳效率下工作。

- 优化数据库访问——数据库访问通常会给应用程序带来最大的性能损失。在这些应用程序中，特别是分布式应用，它是多个客户端同时访问通用表和列。选择正确的数据访问技术（如OLE DB与ADO）是解决高性能需求的重要步骤，但现实是，大多数应用程序的数据库访问速度的改善取决于严谨的数据结构、查询的优化，以及巧妙处理的多用户并发情况。

- 物理部署——架构设计中最重要的策略是为实现最佳效率部署网络组件。
- 通过垃圾收集释放内存，以保持最大可用内存。
- 暴露效应——对于慢热的人来说，进行反复的曝光将会增加喜好程度。
- 近视频点播（NVoD）调度不同的电影，实现最大吞吐量和最低平均相位偏移。使用缓冲的视频传输，保持其连续性（例如真正的播放器或 Windows 媒体播放器）。

2）消除所有空闲或非生产性的行为或工作。

- 空闲连接清理——远程过程调用（RPC）使空闲连接得到清理，客户端定期扫描连接池，并关闭未使用的连接。
- 数字存储介质允许进行信息随机存取（而不像磁带那样需要倒带）。
- 在打印机回车期间打印，例如，点阵打印机、菊瓣字轮式打印机、喷墨打印机。
- 屏障同步解决方案；读和写数据库事务的算法。

关　联	方　向
对象或系统不是一直工作	让它一直工作
空闲或非生产性操作	消除

原理 21：减少有害作用的时间

以非常快的速度采取行动以消除有害的一面。

- 先进先出（FIFO）。
- 在异步传输模式（ATM）网络中，使用突发级优先级方案来处理数据的流量。
- 网格计算 - 高速网络技术组件。
- 为实现高宽带网络通信，使用具备 I/O 通道的光纤通道技术。
- 差异备份代替完全备份。
- 在同步时降低延迟。
- 潜在的一致性——一个复制模型，它允许在原始数据修改和复制副本更新之间有一个时间差。

关　　联	方　　向
一个动作（带有坏的副作用）	高速执行

原理 22："变害为利"（把损害转换为效益）

1）改变有害的对象或功能（尤其是环境或外界），以提供一个正面效应。

- 战胜分布式拒绝服务（DDoS）攻击。
- 使用映像备份，100% 的数据可以恢复到另一个硬盘。
- 同步镜像——每次主机写入主系统时，辅助系统都会镜像写入。
- 使用未使用的计算机时间进行批量的后台处理。
- 在其他网络计算机使用未使用的计算机时间。
- 鲁棒性设计策略——想办法摧毁系统，然后成为帮助设计更强大系统的资源。
- 利用用户固有的心理偏见（见第 3 章）。

2）添加第二个有害的对象或功能抵制或者消除现有的有害的对象或功能的影响，或增加一个同等级的有害因素直至它不再造成损害。

- 给灾难后数据恢复的业务中断保险。
- 在软件 / 网页中插入故意的错误以便在客户控诉时显示良好的恢复响应。

关　　联	方　　向
一个有害的功能	把它转换成一个积极的事物 添加第二个功能来抵抗它 增加到不再有害的水平

原理 23：反馈

1）引入反馈改进过程或功能。

- 测试客户端。

- 信息记录程序。
- 具有动态路由的通信网络中的自动反馈机制。
- 所有反馈都应作为评估客户对所接受服务的评估的手段保存。
- 在异步传输模式（ATM）系统中基于速率的反馈。
- 使用提醒、警告或错误信息来了解系统中正在发生什么。
- 数据传输过程中的确认数据包。
- 使用一个日志文件——错误日志、系统日志、访问日志、事件日志、应用程序日志等。
- 在应用程序崩溃期间通过 Internet 的自动反馈，如 Windows XP。
- 软件项目跟踪与监控，如 CMM 二级。
- 通过反馈保证软件质量。
- 自动回复无人值守的标准电子邮件。
- 操作性调节——通过强化期望的行为和忽略或惩罚不期望的行为来改变用户行为。

2）如果反馈已经被使用，使其适应操作要求或条件的变化。

- 模拟数字转换器向软件发出反馈信号，使软件做出控制决策。
- 任何新版本的软件系统都可以使用反馈来增强。
- 系统级软硬件 / 协同仿真是一种为设计人员的设计选择提供反馈的方法。
- 利用详细的反馈报告，深入了解你的在线政策和程序在你的组织中的使用情况。
- 通过电子邮件将系统错误自动转发给管理员。
- 按要求配置日志格式和文件。
- 根据用户能力和操作特性 / 偏好改变软件控制的灵敏度。
- 使用比例、积分和微分控制算法组合。

关　联	方　向
一个过程或动作	添加反馈
一个反馈过程	使反馈自适应

原理24：借助中介物

1）在两个对象、系统或动作之间引入中介。

- 中介服务作为中间层，提供数据访问和集成，以便区分数据源之间的差异。
- 数据集成系统、主动中介对象系统（AMOS）II基于包装中介的方法。
- 对于CA-Clipper/中介的终端允许使用中介RDD软件运行应用程序。
- 使用带有XML的中介来增强半结构化数据。
- 编译为中间格式，如.NET中的MSIL或Java中的字节码。
- 信息记录程序。
- 使用API（应用程序编程接口，是应用程序中一组可用的例程），如数据库应用程序，在软件程序员设计应用程序接口时使用。
- 使用压气学代替机器代码和汇编语言。
- MS SQL服务器复制组件中的分发代理，在订阅服务器中用于分发数据库表中的移动事务和快照作业。
- 编译器、解释器、.NET框架、Java虚拟机等，在应用程序代码和操作系统/硬件之间的工作。
- 使用网桥、交换机连接不同的网段。
- 使用网络适配器将计算机连接到网络。
- 网关——网络软件产品，允许计算机或通信网络运行不同协议进行通信，对各种各样的外国数据库管理系统（DBMS）提供透明的访问。
- 微软的开放数据库连接（ODBC）、UNIX上的DBI，等等。
- SQL语句的子集DDL和DML——用于定义和操作数据。
- 用于访问ODBC数据源的数据源名称（DSN）。
- 使用中介器结合可扩展标记语言（XML）来增强半结构化数据。

2）引入一个临时中介，该中介在完成其功能后消失或易于移除。

- 开发用于快速多分析物检测的临时传感器。
- 在执行程序期间的临时工作文件。
- 在数据库中使用游标（如结合存储过程）。
- MS SQL 中的临时表——表放在临时数据库 tempdb 中，并在会话结束后删除。

关　联	方　向
两个或多个对象 / 系统 / 功能	在它们之间添加一个中介 ……可能是暂时的

原理 25：自服务

1）使物体通过执行辅助或维护功能为自身服务。

- 软件更新频道——软件更新频道为开发人员提供了一种工具，用于在内部网上自动分发更新。频道定义格式（CDF）和 OSD 是两个 XML 词汇表，它们组合在一起使软件更新频道成为可能。软件更新频道为开发者提供了一种自动分配互联网的升级工具。
- 基于系统的自学习、自适应、遗传算法。
- 自主软件代理。
- 自动更新检查 Windows Update Web 网站的关键更新、自动下载和安装程序。
- 使用 Open Archives Initiative(OAI) 获得自存档软件。
- 自稳定算法，例如使用自稳定的方法用不超过六种颜色为平面图的节点着色。
- 独立计算器产生结果之间的关联性。
- 自动填库。
- 自动保存——定期保存用户所做的更改。
- 基于设计的代理——使用智能代理，可以彼此独立地运行，实现同一个目标。

- 自动恢复文件操作。
- 自动重复请求（ARQ）传输误差校正。
- 热修复——一个能检测硬盘存在的问题并自我校正的系统，这个特性对于服务器和关键机器非常有用。磁盘管理工具的自动修复选项。
- 杀毒软件的自动保护和自动修复功能。
- SQL Server的自动数据同步。
- 每次应用程序或系统开始时，会运行一个自动恢复过程，如MS Windows和MS SQL Server。
- 数据字典——包含数据库对象描述及其结构的系统表。

2）使用废弃的资源、能量或物质。

- 将老版本的软件低价出售给需求较少或不同功能的其他市场部门（例如，某些行业的Word 2市场）。

关　联	方　向
对象或系统	本身可以执行的功能 发现并利用废物、能量或物质

原理26：复制

1）使用简单的、廉价的替代品代替昂贵的、脆弱的对象或系统。

- 使用拖放或剪贴板复制已注册数据源之间的表和查询，而不是重新创建它们。
- 在可执行文件格式中组件允许分配可重用的代码——不需要源码。
- 组件也可以跨语言的重复使用或复制。
- Microsoft内容管理服务器（MSCMS）用于轻松移动内容。
- 浅拷贝构造新的复合对象和插入引用。
- 在NT域中的备份域控制器（BDC）。
- 磁盘镜像——为了防止介质故障，通过在另一个磁盘上拷贝一个分区的完全冗余的过程。

- 使用出现在文档每个页面上的页眉 / 页脚。
- 使用别名（别名是表、目录或电子邮件用户的替代名称，具有某些优势，例如，提供更具描述性的名称）。
- 派生类。继承自基类的派生类可以使用基类提供的任何虚拟方法的实现。
- 创建对象——对象是类的一个实例，通过调用类的方法和访问它的属性、事件、域实现一个对象的功能。

2）用光学拷贝替换对象或行为。

- 从浏览器或代理服务器的高速缓存存储器提供网页（浏览器在预定义的时间段内保留网页的本地副本，以反复服务相同的网页，而非每次访问远程网站）。
- 虚拟设计。

关　联	方　向
一个（脆弱的）对象或系统	用复制品替代 用光学复制替代 使用 IR/UV

原理 27：廉价替代品

用大量廉价的、短生命周期的物品代替昂贵的物体或系统。

- GC 进程解释了在托管堆中的分配与收集工作。
- 终结器从终结队列中删除或处置最终确定的对象。
- 在 VB.Net 中，当对象没有剩余的引用时，将释放该对象，并回收其消耗的内存和资源。
- 使用临时文件（. tmp）存储临时数据，而非数组和长变量。
- 一次性（或快速）原型而非完全应用。
- 硬盘上的虚拟内存。
- 虚拟硬盘（昂贵并且一次性）。
- 30 天试用版软件。
- 虚拟机（如 JVM）代替实际机器。
- 虚拟操作系统，如 VMware。

- 通过浏览器或代理服务器从缓存中提供 Web 页面（浏览器会在预定义的时间段内保留网页的本地副本，以便一次又一次地提供相同的 Web 页面，而不是每次访问网页远程站点）。
- 在开发完整的应用程序之前开发原型。在建立实际复杂系统前，原型相对廉价、制作时间短、一次性使用，并且有效（“廉价和肮脏的一次性使用”）。
- 使用高级语言来开发项目，这些项目运行起来可能并不快，但是开发起来可能更快。在某些情况下，仅仅一个原型是不够的，对功能和机制的决定是稳定的，同样可以使用低级语言重新开发，以获得更好的性能。
- 用 .net 运行主机——CLR 通过运行时间主机支持各种不同类型的应用程序。运行时主机把执行时间加载到一个进程中，在过程中创建应用程序域并把用户密码加载到应用领域。
- 在编程中使用常量避免重复和产生额外的内存。在预编译期间，常量将被实际值替换（可使用）。
- 使用存储过程（存储过程是存储在名称下并作为单元处理的 Transact-SQL 语句的预编译集合）。

关　联	方　向
一个（昂贵的）物体或系统	利用可选择的、便宜的、短周期的替代

原理 28：机械系统替代

1）用另一种感觉（视觉、听觉、味觉、触觉或嗅觉）代替现有的方法。

- 用组合框替换列表框，用滑块替换旋转按钮，用工具栏按钮替换菜单项，等等。
- 使用数据定义语言（DDL）和数据操作语言（DML）代替数据库用户界面。
- 加密——通过把数据改变成一种不可读的形式来保持敏感信息的机密性。

- “自动信号装置”是指自动发出信号的电动仪器。
- 使用光纤代替普通电缆进行通信。
- 具有实际操作环境的机器人，甚至具有碰撞、摩擦等机械证据。
- 微软光学技术使用光学传感器来跟踪运动，而非鼠标中的标准球和运动部件。
- 语音识别减轻了打字的机械动作。
- 触觉学。

2）用无线方式代替物理方式。

- 全球移动通信系统（GSM）。
- 全球定位系统（GPS）。
- 蓝牙。
- 无线射频识别（RFID）。

关　联	方　向
已存在（机械性）的意义	使用另一种意义 介绍性领域 移动性 / 多变性 / 结构性领域 具有活性物质的介绍性领域

原理 29：气动与液压结构

使用连续的流体动作代替离散的动作。

- 非二进制数据传输协议——分子计算 / 化学 / 模拟计算机。
- 数据流。
- 实体之间的动态流连接。

关　联	方　向
固体实体	用液体或气体代替

原理 30：薄且有弹性

采用薄且有弹性的结构。

- 包装器或适配器对象通过维护内部对象和外部对象之间的固定接口将对象与其外部环境隔离（同原理 24）。

- 对声音处理软件的包装对象使用双缓冲区来操作声音数据处理和回放包装器。
- 关系型包装器和HTTP包装器。
- “巴基球”数据管理结构。

关　　联	方　　向
固体结构	向柔性外壳/薄膜转变 使用薄膜分离

原理31：洞

1）在系统或对象TCP端口中引入用于通信的间隙、暂停或漏洞。

- 用于通信的TCP端口。
- 合并磁盘缓存缓冲区、文件缓冲区、键盘缓冲区、数据缓冲区等。
- 在流程操作期间引入停顿时间。
- 呼吸空间和停顿。
- 缓冲区域能使软件的输出速度更好地与用户能力相匹配。

2）如果一个对象已有间隙、停顿或洞，可以给它们加入一些有用的东西。

- 不同的协议使用不同的TCP端口通信，例如端口21-FTP、25-SMTP、23-Telnet、80-HTTP、110-POP3，等等。
- 插入干扰来吸引用户注意，使用户等待加载/运行应用程序时不会变得烦躁（参见第4章）。

关　　联	方　　向
（固体）对象 洞/间隙/停顿	增加洞/间隙/停顿 在停顿时加入某些东西

原理32：颜色改变

1）改变对象或周围环境的颜色（格式）。

- 使用颜色提醒人们注意不寻常的情况（在文字处理器中

的拼写检查）。

- 不同颜色的文本有助于用户加快数据的解释和输入选择。
- 数据从一种格式导出 / 导入另一种格式。
- 编辑之前数据 / 图像转换为可支持的格式。
- 允许从黑白输出切换到彩色输出。
- 改变图形化界面的外观和感觉。
- 根据用途将图形 / 图像从一种格式转换为另一种格式（比如 jpg 网页等）。
- 数据加密。
- 改变数据类型（浮点型改成整型，整型改成短整型，日期类型改成短日期类型等）。

2）改变一个对象或其周围环境的透明度。

- 网络透明性——操作系统或其他服务允许用户通过网络访问远程资源，而无须知道该资源是远程的还是本地的。例如，Sun Microsystem 公司的网络文件系统，实际上已成为行业标准，可以通过一个在 TCP/IP 上层运行的虚拟文件系统（VFS）的接口访问共享文件。用户可以操作共享文件，好像它们是在用户自己的本地硬盘上存储。
- 在相片或绘图程序中添加透明功能。

关　联	方　向
一个对象	改变它的颜色 改变它的透明性 添加活跃元素

原理 33：同质性

使用相同的元素（或具有匹配属性的事物）创建交互对象。

- 使新旧版本的软件兼容，以使旧版本中的数据或项目文件可用于新版本。
- 让用户界面的外观和感觉类似于已有产品，使界面的交互性更加友好。

- 使用标准的 Windows 规则，来实现 Windows 应用程序。
- 使用本地格式编辑数据。
- 使用本地驱动程序可以加快操作速度。
- 数据对象容器，例如，数组——每一个数组元素必须具有相同的数据类型，便于一致的读写操作。
- 共同性——与朝不同方向运动或者固定不动的元素相比，朝着同一方向运动的元素更有相关性。

关　联	方　向
两个或两个以上相关作用的对象或系统	由相似的材料组成 由具有匹配性能的材料组成

原理 34：抛弃和再生

1）使完成其功能的对象或系统的元素消失（通过溶解、蒸发等）或接近消失。

- 可丢弃的内存——可移动的段也可被标记为可丢弃的。意思是说，当 Windows 需要额外的内存空间时，可释放被可移动部分占用的空间。Windows 使用“最近最少使用”（LRU）算法来确定在试图释放内存时要丢弃哪些段。
- 用 Java 或 .Net 框架编写的垃圾收集器进程，就是通过清除历史性文件来进行周期性的清除缓存，释放空间。
- 当内存中的 COM 组件没有被任何进程使用，它们会被自动卸载。
- Windows 中的分页或脏页概念。
- 可串行化——事务隔离级别。确保数据库可以从一个可预测的状态改变到另一个状态。如果多个并发事务可以串行执行，并且结果是一致的，那么该事务被认为是可串行化的。
- 同步——在发布服务器中发布和订阅服务器上的发布副本中维护相同模式和数据的过程。

2）消除的部分应当在工作过程中直接再生。

- 回溯数据库，允许一个应用程序恢复（或返回）到更早的事务状态。

关　联	方　向
一个对象（已经实现其功能）	使其消失 使其从有到无
过程中消耗或退化的事物	状态恢复

原理 35：物理或化学参数变化

1）改变系统的参数，直到触发一个阶跃性的变化。

- 通过将数据转变为不可读的格式，使用加密来保护敏感信息。
- 更改语言、工具、平台或操作系统等。
- 改变系统的配置。
- 改变显示分辨。
- 有着丰富语言文字的图画。
- 安装程序初始化文件——使用 Windows.ini 格式的文本文件存储配置信息，允许安装 SQL Server 应用程序，而无须用户亲自响应安装程序的提示。
- 一个软件应用程序，动态性的属性转换，可以被转变为提供不同的服务。这种灵活性，使得一个应用程序拥有更多的功能对象。

2）改变系统参数。

- 改变操作系统。
- 改变操作系统环境变量。
- 改变 / 升级硬件 / 改变外观尺寸。

3）改变灵活度。

灵活度——传统的仪器可能包含一个集成电路执行一组特定的数据处理功能。在虚拟仪器中，这些功能将由 PC 处理器上的软件执行。你可以使用有限的软件，轻松地扩展功能集。

4）改变浓度或黏度。

- 稀疏领域。
- 数据压缩 / 解压。

关　联	方　向
对象	改变物理参数 改变浓度或黏度 改变灵活性 改变温度 改变压力 改变其他属性

原理36：相变

利用物质相变时产生的某种效应。

- Java 代码→字节码→原生机器码。
- .net 语言→MSIL→机器码。
- 模数转换（数模转换）。
- 从二进制文件转移到其他架构。
- 转换为分子计算概念。
- 使用量子效应。

关　联	方　向
一个系统或实体	不连续性地转移到另一个系统

原理37：相对变化

1）利用存在于对象或系统之间的相对差异来做一些有用的事情。

- 用在相邻数据块之间的相对差异来获取附加信息。
- 数据变化率的获得——提供所需要的附加信息，而不必获取更多的附加信息。
- 增量分析——将检查实体的相对变化率，作为它们之间比较的标准。
- 永恒效应——万物是永恒不变的，尽管在感觉上，输出有些改变。
- 扰动分析。
- 具有创造性的冲突——某些组织雇佣两个相对独立的队

伍去研发一种新产品或新程序，然后两个队伍相互竞争。这种方法经常被用到，当用一个队伍沿着传统的路线构造时，另一个队伍用较少的、不符合常规的类型，而且这些类型不适合于传统的结构。

2）用二阶和更高阶的差分做一些有用的事情。

- 利用微分和差异率数据来获得从相同数量的输入获得的额外的信息。
- 电子键盘仪器中按键速度的监控。
- 陀螺运动探测器。

关　联	方　向
某类系统 某类测量	相对于另一部分改变一部分 利用不同的变化

原理 38：增强

1）用增强的版本替换对象或系统。

- 软件升级到新版本。
- 交互式教程提高学习效率。
- 使用补丁和修复改善现有的可执行文件。
- 使用添加插件或嵌入插件来增强当前的软件的功能。
- 有效的加密。
- 使应用程序启用 Web。
- 涡轮增压控制（专业版）。

2）丰富环境。

- 员工培训方案——训练方案的关键过程区域的目的是拓展个人的技能和知识，以便高效地履行他们的职责。
- 升级内存、处理器、硬盘或其他硬件。
- 利用软件产品中的互联网功能。

关　联	方　向
某类系统 一个对象或系统周围的环境	用浓缩版进行替换 添加丰富的元素

原理 39：惰性环境

1）用一个惰性的环境代替正常的环境。

- 操作室——例如，规划软件设计、软件实现等。
- 数据静止。

2）把中性部分或惰性元素添加到一个对象或系统。

- 缓冲区。
- 阻尼器。
- 考虑按人脑的思考模式在软件输出中引入“创造性暂停”周期。
- 对热带大草原的偏爱——在设计网页和图形用户界面背景时，充分利用人们偏爱热带大草原环境的倾向。

关　　联	方　　向
在一个对象或系统周围的气氛	替换为一个惰性的 添加中性部分或惰性元素

原理 40：复合结构

从均匀材料改为复合材料（多种），每种材料都根据特定的功能需求进行优化。

- 在数据库中使用组合键（组合键是由两个或多个列组成的键）。
- 复合索引——表中使用多个列来进行数据索引。
- 多处理器硬件——在多处理器硬件支持下，程序员一般不需要了解监控端口，用户也不会发觉系统在运行，系统需求中要求的质量特征监控功能已经完成。
- 使用用户角色而非个人用户定义访问权限（角色用于服务器操作系统、数据库服务器和许多多用户环境中。根据具体功能要求创建和优化角色）。
- 关系数据库——每个表都是信息的集合，每个表模型是类对象的信息描述（例如，客户、配件、供应商）。表中每一列是对象的属性（例如，姓、价格、颜色）。表中每一行代表类对象实体（例如，客户名 John Smith 或零件号 1346）。可以使用一个表中的数据来查找其他表中的相关数据。

- 分批的垃圾回收算法（在 .net 平台，托管堆分为三个"批"——0、1、2。最近被分配内存空间的对象被放置于第 0 批。在应用程序的生命周期中最早创建的对象存储在第 1 批和第 2 批中。这个模式允许垃圾回收器每执行一次回收，即释放内存中特定的一批，而非释放内存中全部托管堆）。
- 每个进程都在一个单独的内存空间执行，允许多个应用程序在同一台计算机上运行（应用程序是隔离的，因为内存地址是与进程相关的）。

关　联	方　向
一个（统一的）实体	改变为多个实体的组合